STM32 DANPIANJI YINGYONG YU SHIJIAN — XIANGMU QUDONG JIAOXUE

STM32 单片机应用与实践

——项目驱动教学

主　编：曾菊容

副主编：文良华　魏康林

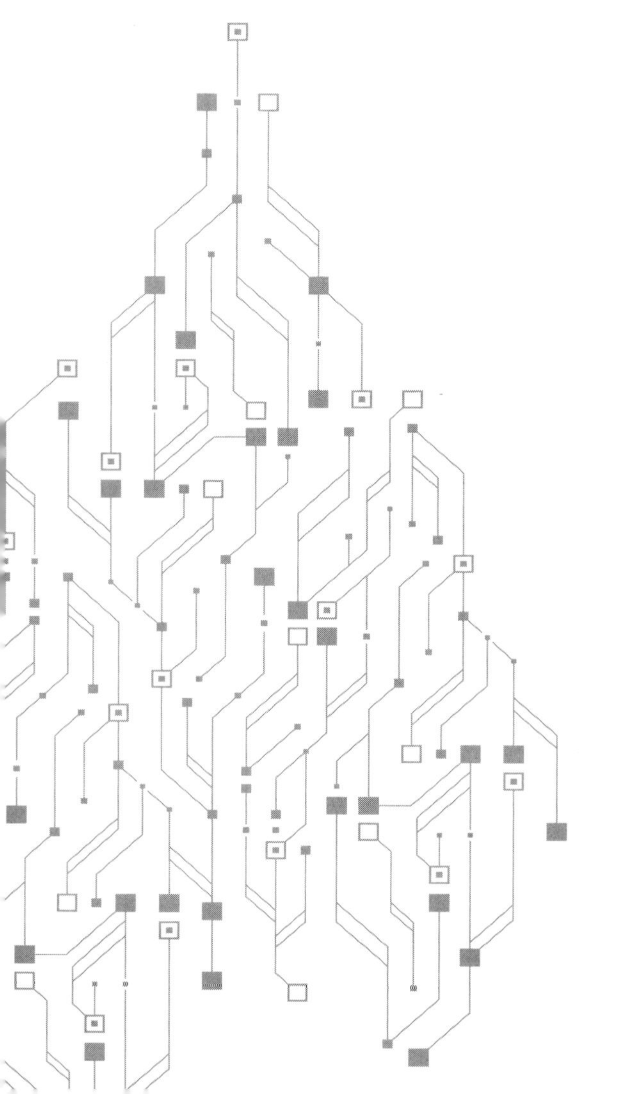

四川大学出版社
SICHUAN UNIVERSITY PRESS

图书在版编目（CIP）数据

STM32 单片机应用与实践 ：项目驱动教学 / 曾菊容主编. 一 成都 ：四川大学出版社，2022.7（2023.8 重印）

ISBN 978-7-5690-5479-8

Ⅰ. ①S… Ⅱ. ①曾… Ⅲ. ①单片微型计算机一高等学校一教材 Ⅳ. ①TP368.1

中国版本图书馆 CIP 数据核字（2022）第 088848 号

书　　名：STM32 单片机应用与实践——项目驱动教学
STM32 Danpianji Yingyong yu Shijian——Xiangmu Qudong Jiaoxue

主　　编：曾菊容

选题策划：王　锋

责任编辑：王　锋

责任校对：刘柳序

装帧设计：裴菊红

责任印制：王　炜

出版发行：四川大学出版社有限责任公司
地址：成都市一环路南一段 24 号（610065）
电话：（028）85408311（发行部）、85400276（总编室）
电子邮箱：scupress@vip.163.com
网址：https://press.scu.edu.cn

印前制作：四川胜翔数码印务设计有限公司

印刷装订：成都金阳印务有限责任公司

成品尺寸：185mm×260mm

印　　张：22

字　　数：492 千字

版　　次：2022 年 9 月 第 1 版

印　　次：2023 年 8 月 第 2 次印刷

定　　价：75.00 元

四川大学出版社
微信公众号

前　言

单片机自 20 世纪 70 年代问世以来，在电子信息、电气工程、工业自动化控制、机电一体化、智能仪器仪表、家用电器等诸多领域得到了广泛的应用，已对人类社会产生重大影响。

意法半导体（STMicroelectronics，ST）公司是世界上最大的半导体公司之一，在很多领域居世界领先水平。STM32 嵌入式单片机是以 ARM 为内核架构，基于 Cortex-M3 内核的嵌入式微控制器。其集成度高，外围电路简单，配合 ST 公司提供的标准库，开发者可以快速开发高可靠性的工业级产品，自推出以来就受到重视并获得广泛应用。STM32F1 系列属于中低端的 32 位 ARM 微控制器，该系列芯片按片内 Flash 的大小可分为三大类：小容量（16KB 和 32KB）、中容量（64KB 和 128KB）和大容量（256KB、384KB 和 512KB）。芯片集成 TIM、CAN、ADC、SPI、I2C、USB、USART 等多种片上资源，适合测控系统的开发。

为了使读者更加快速并深入地掌握 STM32 嵌入式单片机的设计与开发，本书以具有代表性的 ST 公司产品中的 STM32F103ZET6 和 STM32F103R6 为例，结合最新的库开发方式，全面系统地介绍 STM32 单片机的原理和应用。本书从应用角度出发，采用“项目引导，任务驱动”的编写方式，突出“做中学”的基本理念，通过完成任务来掌握知识和技能。首先从 STM32F103ZET6 的硬件基础入手，分析 STM32 内核架构的组成；接着讲述 STM32 最小应用系统，以及 STM32 的开发工具；然后结合 LED 流水灯控制、多位数码管的动态显示、按键输入识别、液晶显示、简易数字钟等 10 个项目，给出 GPIO、外部中断、USART、ADC、定时器、DMA 等常用硬件外设的原理及使用方法；最后以基于线性 CCD 的小车循迹系统设计为例，详细讲述 STM32 应用系统的软硬件设计方法。

全书共 12 个项目。项目一为 STM32 单片机基础，简要介绍嵌入式系统、ARM Cortex-M3 处理器、STM32 最小应用系统设计以及 STM32 软件开发工具。项目二以 LED 流水灯控制为引导，讲述 GPIO 模块的原理及使用方法。项目三至项目五分别以多位数码管的动态显示、按键输入识别、LCD 液晶显示为引导，介绍单片机系统人机交互接口设计原理及程序设计。项目六以按键中断控制流水灯为引导，介绍 NVIC 与中断控制的原理及程序设计。项目七和项目八分别以简易数字钟和 PWM 输出控制电机运转为引导介绍通用定时器模块、定时器脉冲宽度调制的原理及程序设计。项目九以外部输入模拟电压的采集为引导，介绍 STM32 内部 ADC 的原理及程序设计。项目十以串口通信为引导，介绍 USART 模块的原理及程序设计。项目十一以利用 DMA 实现数据传输为引导，介绍 DMA 控制器模块的原理及程序设计。项目十二是 STM32 在智能小车中的应用，系统介绍基于线性 CCD 的小车循迹系统的硬件设计和软件设计。每个项目的例程都是经过调试的，可正常运行，并在最后附有习题与思考题，以便读者实践。

本书结合编者多年的教学经验，将理论和实践一体化的教学方式融入其中，内容系统、详实，章节安排结构合理，讲解通俗易懂，使读者可以循序渐进地推进 STM32 的学习与开发。

本书由曾菊容主编，文良华、魏康林参编。在本教材的编写过程中，参阅了许多资料，在此对本教材参考资料的作者表示诚挚感谢，对不能标明来源的资料的作者表示真诚的歉意和敬意。对于收集到的共享资料没有标明出处或找不到出处的，以及对有些资料进行加工、修改后纳入本书的，我们在此郑重声明，其著作权属于原作者，并向他们表示致敬和感谢。

由于时间紧迫和编者水平有限，书中难免会有疏漏和不妥之处，敬请广大读者和专家批评指正。

编　者

2022 年 5 月

目　录

项目一　认识 STM32

1.1　嵌入式系统简介

1.1.1　嵌入式系统

嵌入式系统（Embedded System）是指以应用为中心，以计算机技术为基础，硬件、软件可剪裁，适合应用系统对功能可靠性、成本、体积、功耗有严格要求的专用计算机系统。嵌入式系统主要由嵌入式微处理器、外围硬件设备、嵌入式操作系统（可选）以及应用软件系统四个部分组成，其结构如图 1－1 所示。

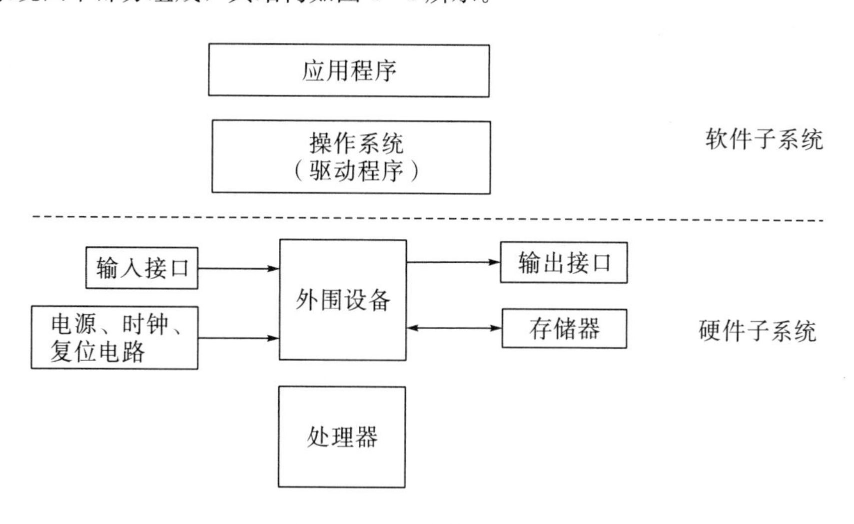

图 1－1　嵌入式系统基本结构

按嵌入式微控制器类型划分，嵌入式系统可分为以单片机为核心的嵌入式单片机系统、以工业计算机板为核心的嵌入式计算机系统、以 DSP 为核心组成的嵌入式数字信号处理器系统、以 FPGA 为核心的嵌入式 SOPC（System on a Programmable Chip，可编程片上系统）等。嵌入式系统在含义上与传统的单片机系统和计算机系统有很多重叠部分，在实际应用中，嵌入式系统具有以下特点：

（1）可裁剪性。支持开放性和可伸缩性的体系结构。

（2）强实时性。嵌入式操作系统（Embedded Operation System，EOS）实时性一般较强，可用于各种设备控制中。

（3）统一的接口。提供设备统一的驱动接口。

（4）操作方便、简单，提供友好的图形GUI和图形界面，追求易学易用。

（5）提供强大的网络功能，支持TCP/IP协议及其他协议，提供TCP/UDP/IP/PPP协议支持及统一的MAC访问层接口，为各种移动计算设备预留接口。

（6）强稳定性，弱交互性。嵌入式系统开始运行是不需要用户过多干预的，要求负责系统管理的EOS具有较强的稳定性。EOS的用户接口一般不提供操作命令，它通过系统的调用命令向用户程序提供服务。

（7）固化代码。在嵌入式系统中，嵌入式操作系统和应用软件被固化在嵌入式系统计算机的ROM中。

（8）具有更好的硬件适应性，即良好的移植性。

（9）嵌入式系统和具体应用有机地结合在一起，其升级换代也是和具体产品同步进行的，因此嵌入式系统产品一旦进入市场，具有较长的生命周期。

嵌入式系统主要应用在以下领域：

（1）智能消费电子产品。例如智能手机、平板电脑、家庭音响、玩具等都将用到嵌入式技术。

（2）工业控制。目前已经有大量的32位嵌入式微控制器应用在工业设备中，如打印机、工业过程控制、数字机床、电力系统、电网安全、电网设备监测、石油化工系统等。

（3）医疗设备。嵌入式系统已经在医疗设备中取得广泛应用，如医疗电子应用技术及设备、医疗影像设备、医疗微波治疗与诊断设备、医疗监护设备和便携式电子医疗设备等。

（4）信息家电及家庭智能管理系统。具有用户界面，能远程控制、智能管理的电器是未来发展趋势。例如冰箱、空调等的网络化、智能化等。另外，安防产品进入嵌入式发展阶段，如网络摄像头、硬盘录像机、网络数据采集器等以嵌入式系统为基础的网络化设备。

（5）网络与通信系统。嵌入式系统将广泛用于网络与通信系统中。例如，ARM把针对移动互联网市场的产品分为两类，一类是智能手机，一类是平板电脑。平板电脑是介于笔记本电脑和智能手机中间的一类产品。ARM过去在PC上的业务很少，但现在市场对更低功耗的移动计算平台的需求带来了新的机会，因此，ARM不断推出性能更高的CPU来拓展市场。ARM新推出的Cortex－A9、Cortex－A55、Cortex－A75等处理器可以用于高端智能手机，也可用于平板电脑。现在已经有很多半导体芯片厂商采用ARM开发产品，并用于智能手机和平板电脑。例如高通骁龙处理器、华为海思处理器均采用ARM架构。

（6）环境工程。嵌入式系统在环境工程中的应用也很广泛，如水文资源实时监测、防洪体系及水土质量检测、堤坝安全、地震监测网、实时气象信息网、水源和空气污染监测。在很多环境恶劣、地况复杂的地区，依靠嵌入式系统将能够实现无人监测。

（7）机器人。嵌入式芯片的发展将使机器人在微型化、高智能化方面优势更加明显，同时会大幅降低机器人的价格，使其在工业领域和服务领域获得更广泛的应用。

1.1.2　ARM Cortex—M3 处理器

ARM（Advanced RISC Machines）这个缩写至少有两种含义：一是指 ARM 公司；二是指 ARM 公司设计的低功耗 CPU 内核及其架构，包括 ARM1～ARM11 以及 Cortex，其中获得广泛应用的有 ARM7、ARM9、ARM11 以及正在被广大客户接受的 Cortex 系列。

ARM Cortex 处理器系列是基于 ARMv7/8 架构的产品，从尺寸和性能方面来看，有高性能的 ARM Cortex—A 系列、微控制器类的 ARM Cortex—M 系列和实时类的 ARM Cortex—R 系列，见表 1—1。

表 1—1　ARM Cortex 处理器系列分类及应用领域

系列	核心	架构	应用领域
Cortex—A	Cortex—A8/9/55/73/75	ARMv7/8	移动计算、智能手机、高能效服务器、高端微处理器等
Cortex—R	Cortex—R5/52	ARMv7/8	工业微控制器、汽车电子、硬盘控制器等
Cortex—M	Cortex—M3/4/7	ARMv7	微控制器、深度嵌入式系统等

Cortex—M 系列处理器更多的集中在低性能端，但是这些处理器相比于许多微控制器使用的传统处理器性能仍然很强大。例如，Cortex—M4 和 Cortex—M7 处理器应用在许多高性能的微控制器产品中，时钟频率可以达到 400MHz。当然，性能不是选择处理器的指标。在许多应用中，低功耗和成本是关键的选择指标。因此，Cortex—M 系列处理器包含各种产品来满足不同的需求，如表 1—2。

表 1—2　Cortex—M 系列处理器

处理器	描述
Cortex—M0	目前最小的 ARM 处理器（最小 12K 门电路）；功耗超低（最小为 16μW/MHz）；超级简单的指令集（只有 56 个指令），易于开发。主要面向家电、汽车等低端应用，替代 8051 等低端 MCU
Cortex—M1	标准的处理器架构，是第一个专为实现 FPGA 功能而设计的 ARM 处理器
Cortex—M3	专门针对微控制器应用开发的主流 ARM 处理器。高性能+高代码密度+小硅片面积，三壁合一，是 M 系列当前最流行的微处理器，占领了高性能的 MCU 市场
Cortex—M4	具有高效的信号处理功能，主要面向电动机控制、汽车、电源管理、嵌入式音频和工业自动化市场的新兴领域

本书重点介绍 Cortex－M3 处理器。Cortex－M3 处理器是 32 位处理器，是专门为对成本、低功耗及性能有较高要求的应用而设计的，其核心是基于哈佛结构的三级流水线内核。该内核基于最新的 ARMv7 架构，采用 Thumb－2 指令集，集成了分支预测、单周期乘法、硬件除法等众多功能。

Cortex－M3 处理器内核是嵌入式微控制器的中央处理单元。完整的基于 Cortex－M3 的微控制器还需要很多其他组件，如图 1－2 所示。芯片制造商得到 Cortex－M3 处理器内核 IP 的使用授权后，就可以把 Cortex－M3 内核用在自己的芯片设计中，添加存储器、外设、I/O 及其他功能模块。不同厂家设计出的微控制器会有不同的配置，包括存储器容量、类型、外设等，都各具特色。

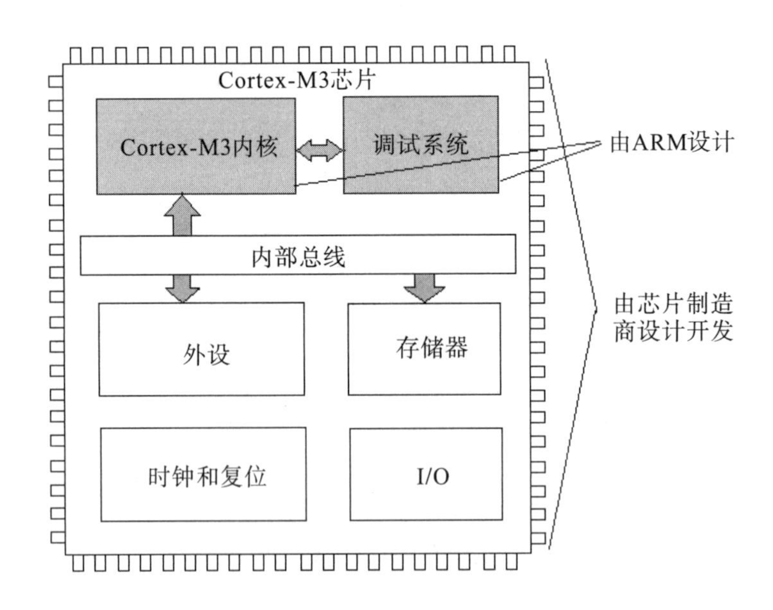

图 1－2　Cortex－M3 内核基本结构

1.2　STM32 微处理器

STM32 是意法半导体（STMicroelectronics）较早推向市场的基于 Cortex－M 内核的微控制器系列产品，该系列产品具有高性能、低成本和低功耗等优点，并且以系列化方式推出，方便用户选型，在市场上获得广泛好评。

STM32 按内核架构可以分为以下产品系列：

（1）通用微处理器产品系列：STM32MP1。

（2）高性能产品系列：STM32F2、STM32F4、STM32F7、STM32H7。

（3）主流产品系列：STM32F0、STM32F1、STM32F3。

（4）超低功耗产品系列：STM32L0、STM32L1、STM32L4、STM32L4＋。

（5）无线系列：STM32WB。

其中，STM32F1 为目前应用最多的主流微控制器，基于 ARM Cortex－M3 内核，主要分为 3 个系列：基本型、增强型和互联型。STM32F100xx、STM32F101xx 和 STM32F102xx 为基本型系列，是 STM32F1 系列的入门产品，主频分别为 24MHz、36MHz 和 48MHz；STM32F103xx 为增强型系列，该系列产品性能较好，主频为 72MHz，能实现高速运算；STM32F105xx 和 STM32F107xx 为互联型系列，互联型相对于增强型增加了网络功能，主频为 72MHz。

1.2.1　STM32 的内部结构

STM32 与其他单片机一样，是一个单片计算机或单片微控制器。这里单片就是在一个芯片上集成了计算机或微控制器该有的基本功能部件。这些功能部件通过总线连接在一起。就 STM32 而言，这些功能部件主要包括：Cortex－M 内核、总线、系统时钟发生器、复位电路、程序存储器、数据存储器、中断控制、调试接口以及各种功能部件（外设）。不同的芯片系列和型号，外设的数量和种类也不一样，常有的基本功能部件（外设）是：输入/输出接口 GPIO、定时/计数器 TIMER/COUNTER、串行通信接口 USART、串行总线 I^2C 和 SPI 或 I^2S、SD 卡接口 SDIO、USB 接口等。根据 ST 官方手册，STM32F10x 的系统结构框图如图 1－3 所示。

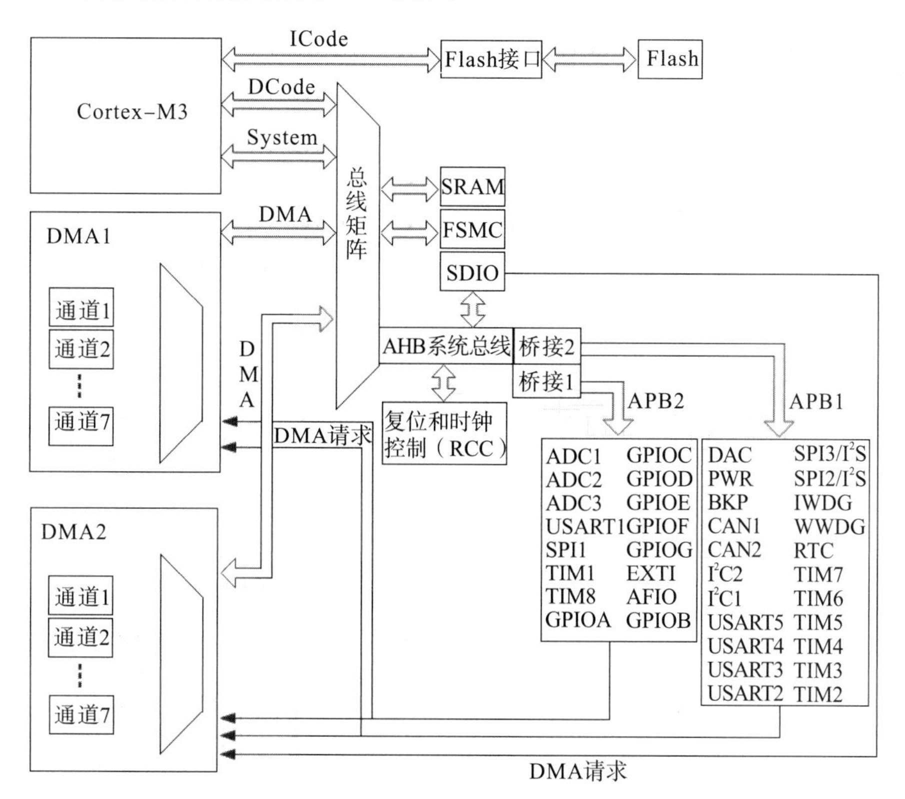

图 1－3　STM32F10x 系统结构框图

为便于理解，将图 1−3 简化，如图 1−4 所示。

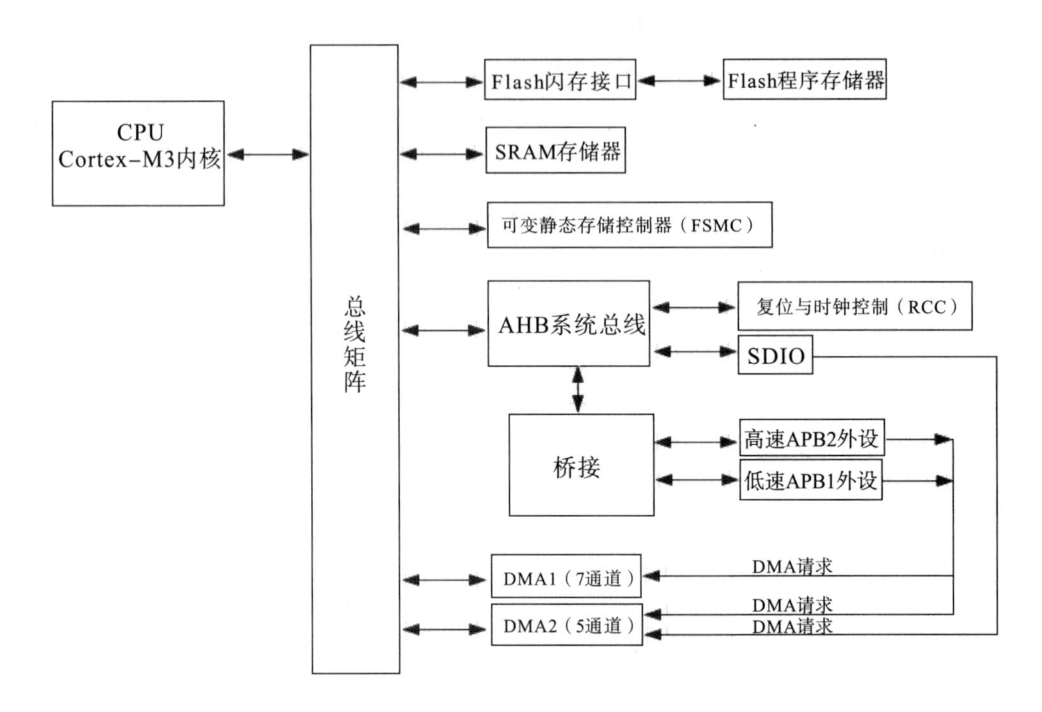

图 1−4　STM32F10x 系统结构简化框图

对图 1−3 和图 1−4 作简要说明如下：

（1）程序存储器、静态数据存储器、所有的外设都统一编址，地址空间为 4GB。但其各自具有固定的存储空间区域，使用不同的总线进行访问。具体的地址空间请参阅 ST 官方手册。如果采用固件库开发程序，则可以不必关注具体的地址问题。

（2）可将 Cortex−M3 内核视为 STM32 的“CPU”，程序存储器、静态数据存储器、所有的外设均通过相应的总线再经总线矩阵与之相接。Cortex−M3 内核控制程序存储器、静态数据存储器、所有外设的读写。

（3）STM32 的功能外设较多，分为高速外设、低速外设两类，各自通过桥接再通过 AHB 总线连接至总线矩阵，从而实现与 Cortex−M3 内核的接口。两类外设的时钟可各自配置，速度不一样。具体某个外设属于高速还是低速，已经被 ST 明确规定，可参阅图 1−3 表示的信息。所有外设均有两种访问方式：一是传统的方式，通过相应总线由 CPU 发出读写指令进行访问，这种方式适用于读写数据较少、速度相对较低的场合；二是 DMA 方式，即直接存储器存取，在这种方式下，外设可发出 DMA 请求，不再通过 CPU 而直接与指定的存储区发生数据交换，因此可大大提高数据访问操作的速度。

（4）STM32 的系统时钟均由复位与时钟控制器 RCC 产生，它有一整套的时钟管理设备，由它为系统和各种外设提供所需的时钟以确定各自的工作速度。

1.2.2　STM32 的命名规则

各个型号的 STM32 微控制器在封装形式、引脚数量、闪存（Flash）大小、最高工作频率（影响产品的性能）等方面有所不同，开发人员可根据应用需求选择最适合的 STM32 微控制器来完成项目设计。STM32 微控制器型号的命名规则如图 1－5 所示。例如型号为 STM32F103ZET6 的芯片是有 100 个引脚，512Kb 闪存，LQFP 封装，工作温度范围为－40℃～＋85℃的增强型的 STM32 微控制器。

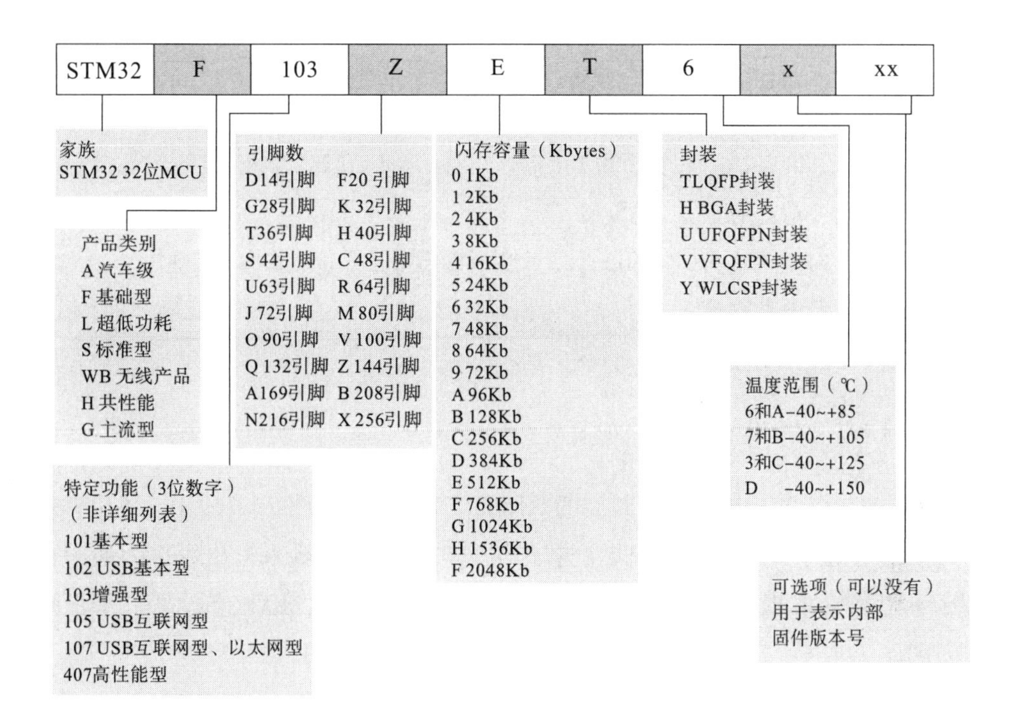

图 1－5　STM32 微控制器型号的命名规则

1.2.3　STM32F103ZET6 的特性

根据程序存储容量，ST 芯片分为三类：小容量（LD，小于 64Kb）、中容量（MD，小于 256Kb）、大容量（HD，大于 256Kb），STM32F103ZET6 属于大容量类，具有如下特性：

（1）基于 ARM Cortex－M3 核心的 32 位微控制器，LQFP－144 封装。

（2）512Kb 片内 Flash（相当于硬盘，程序存储器），64Kb 片内 RAM（相当于内存，数据存储器），片内 Flash 支持在线编程（IAP）。

（3）高达 72MHz 的系统频率，数据、指令分别走不同的流水线，以确保 CPU 运行速度达到最大化。

（4）通过片内 BOOT 区，可实现串口的在线程序烧写（ISP）。

（5）片内双 RC 晶振，提供 8MHz 和 40KHz 的频率。

（6）支持片外高速晶振（8MHz）和片外低速晶振（32KHz）。其中片外低速晶振可用于 CPU 的实时时钟，带后备电源引脚，用于掉电后的时钟供电。

（7）42 个 16 位的后备寄存器（可以理解为电池保存的 RAM），利用外置的纽扣电池实现掉电数据保存功能。

（8）支持 JTAG、SWD 调试。可在廉价的 J－LINK 的配合下，实现高速、低成本的开发调试方案。

（9）多达 80 个 GPIO（大部分兼容 5V 逻辑）；4 个通用定时器，2 个高级定时器，2 个基本定时器；3 路 SPI 接口；2 路 I2S 接口；2 路 I2C 接口；5 路 USART；1 个 USB 从设备接口；1 个 CAN 接口；1 个 SDIO 接口；可兼容 SRAM、NOR 和 NAND Flash 接口的 16 位总线的可变静态存储控制器（FSMC）。

（10）3 个共 16 通道的 12 位 ADC，2 个共 2 通道的 12 位 DAC，支持片外独立电压基准。ADC 转换速率最高可达 1μs。

（11）CPU 的工作电压范围：2.0～3.6V。

1.2.4　STM32 芯片的引脚功能

LQFP－144（144 引脚贴片）封装的 STM32F103 芯片如图 1－6 所示，各引脚按功能可分为电源、复位、时钟控制、启动配置和输入输出，其中输入输出可作为通用输入输出，还可经过配置实现特定的第二功能，如 ADC、USART、I2C、SPI 等。下面按功能介绍各引脚，涉及第二功能的引脚将在后面相关章节详细介绍。

（1）电源：VDD_x（x=1～11）、VSS_x（x=1～11）、VBAT、VDDA、VSSA。

STM32F103 系列单片机的工作电压在 2～3.6V 之间，整个系统由 VDD_x（接 2～3.6V 电源）和 VSS_x（接地）提供稳定的电源供应。需要注意的是：

①如果 ADC 被使用，VDD_x 必须控制在 2.4～3.6V；如果 ADC 未被使用，VDD_x 可控制在 2～3.6V。VDD_x 引脚必须连接带外部稳定电容器的电压。

②VBAT 引脚给 RTC 单元供电，允许 RTC 在 VDD_x 关闭时正常运行，需接外部电池（1.8～3.6V），如果没有接外部电池，VBAT 引脚需接到 VDD_x 电压上。

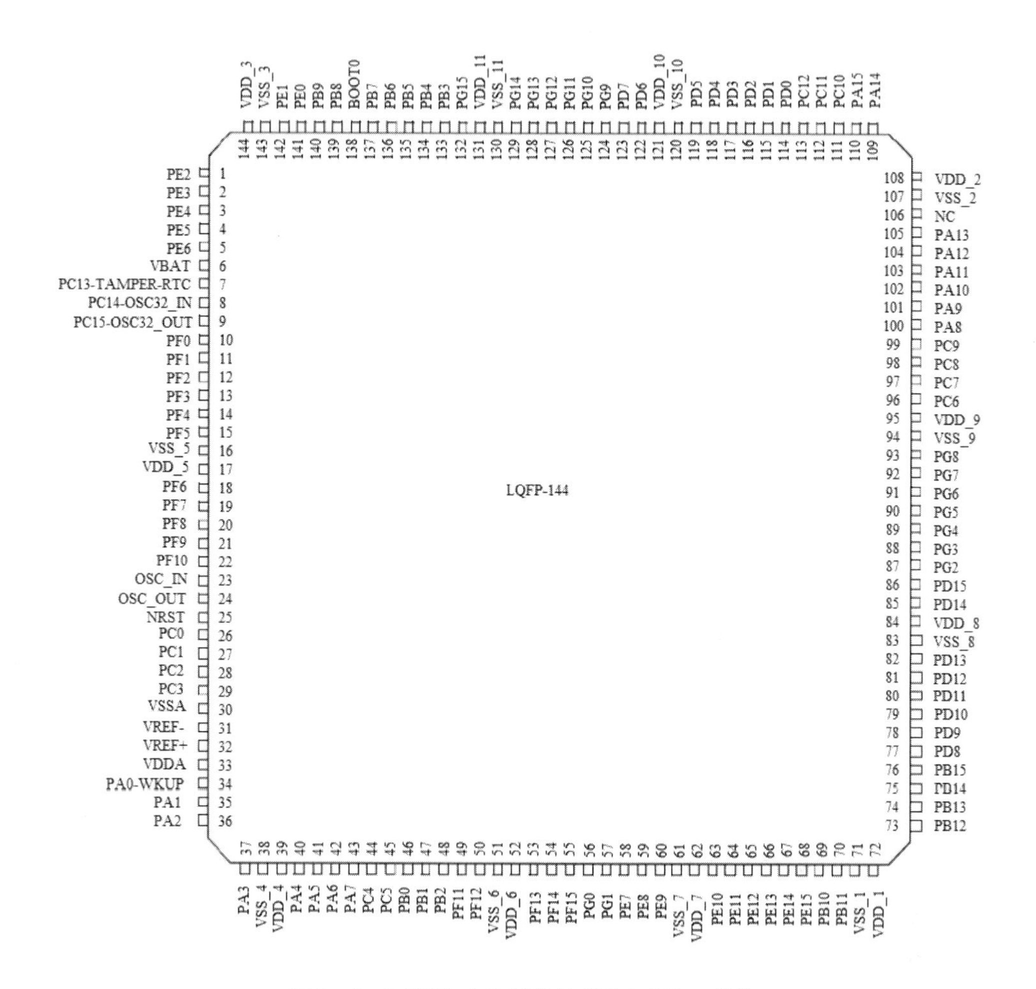

图 1-6　LQFP-144 封装的 STM32F103 芯片

③VDDA 和 VSSA 可为 ADC 单独提供电源以避免电路板的噪声干扰，VDDA 和 VSSA 引脚必须连接两个外部稳定电容器。

（2）复位：NRST。

NRST 引脚出现低电平将导致系统复位，通常加接一个按键连接到低电平以实现手动复位功能。

（3）时钟控制：OSC_IN、OSC_OUT、OSC32_IN、OSC32_OUT。

OSC_IN 和 OSC_OUT 接 4～16MHz 的晶振，为系统提供稳定的高速外部时钟；OSC32_IN 和 OSC32_OUT 接 32.768KHz 的晶振，为 RTC 提供稳定的低速时钟。

（4）启动配置：BOOT0、BOOT1（PB2）。

通过设置 BOOT0 和 POOT1 的高低电平配置 STM32F10x 的启动模式，为便于设置可通过跳线与高低电平连接。

（5）输入输出：PAx、PBx、PCx、PDx、PEx、PFx、PGx。

7 个输入输出端口可作为通用输入输出口，有的引脚还具有第二功能（需要配置）。

1.3 STM32 最小应用系统设计

STM32 最小应用系统是指用尽量少的外围电路构成的可以使 STM32 正常工作、实现基本功能的最简单系统，也称为最小硬件系统或最小系统。STM32 最小系统如图 1-7 所示，主要包括 STM32 芯片、电源电路、复位电路、时钟电路、调试接口和外围扩展电路。

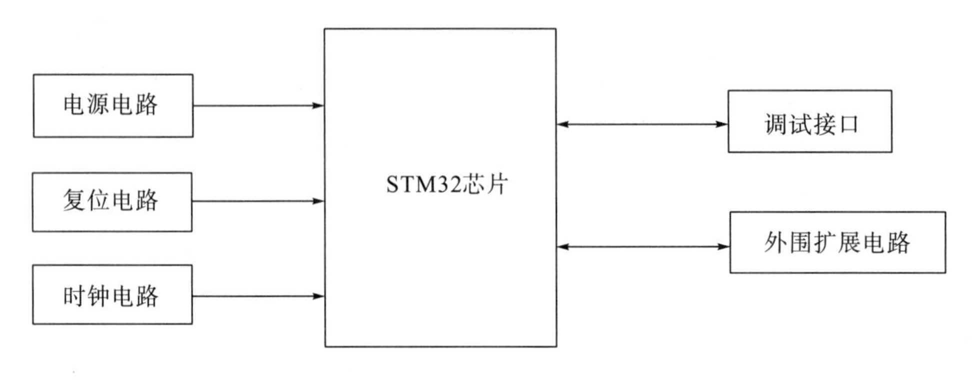

图 1-7 STM32 最小应用系统框图

1.3.1 电源电路设计

电源是 STM32 微控制器不可缺少的重要组成部分。一个良好的电源设计是系统稳定工作运行的保障。在进行硬件系统设计之前需要估算整个系统的整体功率，然后进行电源芯片的选型工作，其性能的优劣直接关系到硬件系统的可靠性、稳定性及电磁兼容性。

如图 1-8 所示，STM32 使用单电源供电，工作电压范围为 2.0～3.6V。STM32 含有一个内置的电压调节器，提供 Cortex-M3 所需的 1.8V 电源。当主电源 V_{DD}掉电后，通过 V_{BAT}引脚为实时时钟（RTC）和备份寄存器提供电源。但如果最小系统没有使用备份电池，则 V_{BAT}引脚必须和 V_{DD}引脚连接。如果要启用 ADC 功能，为了确保输入为低压时获得更好的精度，用户可以连接一个独立的外部参考电压到 V_{REF+}和 V_{REF-}引脚上，注意 V_{REF}的电压范围为 2.4V～V_{DDA}。对于 64 引脚或更少引脚的 STM32 芯片，其没有外部 V_{REF+}和 V_{REF-}引脚，事实上，它在芯片内部与 ADC 的电源（V_{DDA}）和地（V_{SSA}）相连。

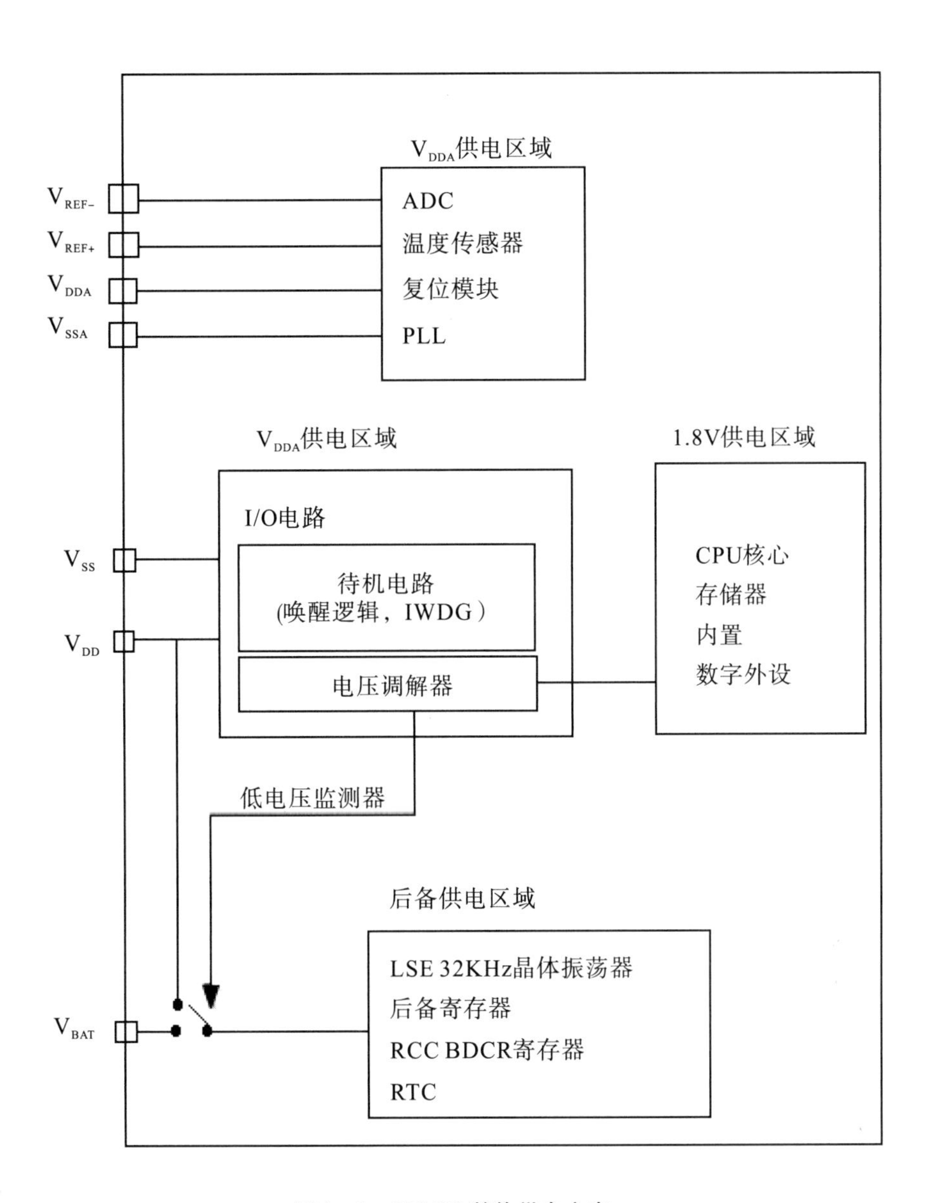

图 1—8 STM32 **整体供电方案**

由于常用电源为5V，因此必须采用转换电路把5V电压转换为2～3.6V之间。电源转换芯片LM1117（AMS1117）是一款正电压输出的低压降三端线性稳压电路，LM1117有可调电压的版本，通过2个外部电阻可实现1.25～13.8V输出电压范围，另外还有5个固定电压输出（1.8V、2.5V、2.85V、3.3V和5V）的型号。图1—9为固定电压3.3V输出的参考电路。图1—10为可调电压输出的参考电路，其中，$V_{out}=V_{REF}\left(1+\frac{R_2}{R_1}\right)+I_{ADJ}R_2$。

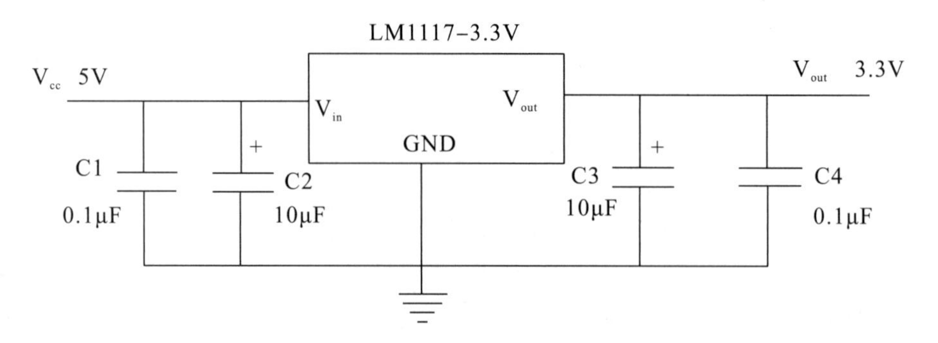

图 1-9 固定电压 3.3V 输出的参考电路

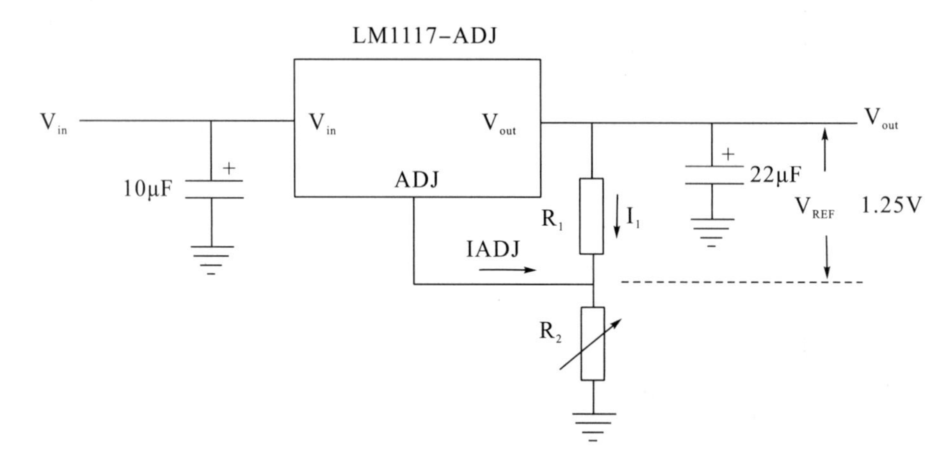

图 1-10 可调电压输出的参考电路

1.3.2 时钟电路设计

时钟电路是单片机的"心脏"，它控制着单片机的工作节奏。单片机就是通过复杂的时序电路来完成不同的指令功能。

从时钟频率来看，可分为高速时钟和低速时钟。高速时钟是提供给芯片主体的主时钟，而低速时钟只是提供给芯片中的实时时钟（RTC）及独立看门狗使用。

从芯片角度来说，时钟源可分为内部时钟和外部时钟源。内部时钟是由芯片内部 RC 振荡器产生的，可以为内部锁相环（PLL）提供时钟，因此依靠内部振荡器可以在 72MHz 的满速状态下运行。内部时钟起振较快，所以在芯片刚上电的时候，默认使用内部高速时钟，而外部时钟信号是由外部的时钟源，即晶体振荡器输入的，在精度和稳定性上都有很大的优势。外部时钟源通常可以设计为两个电路提供两个时钟源：一个是 32.768KHz 晶振，为 RTC 提供时钟；一个是 8MHz 晶振，为整个系统提供时钟。外部晶振的电路原理图如图 1-11 所示。

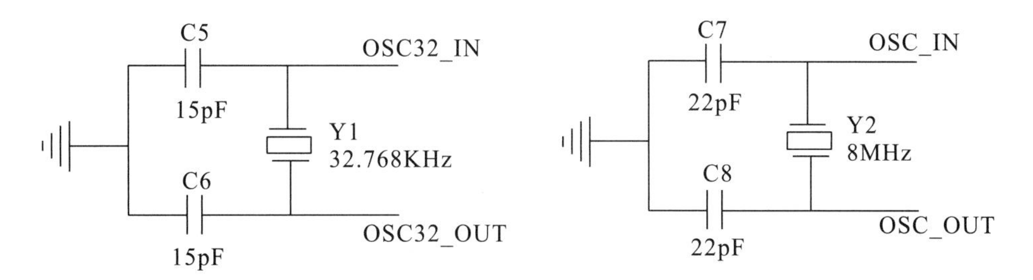

图 1—11　外部晶振的电路原理图

1.3.3　复位电路设计

复位电路的主要作用是把内部各功能寄存器的数据刷新为默认数据，单片机在运行过程中由于干扰等外界原因造成寄存器中数据混乱，不能使其正常继续执行程序（称死机）或产生的结果不正确时均需要复位，以使程序重新开始运行。单片机在刚上电时也需要复位电路，系统上电时复位电路提供复位信号，直至电源稳定后，撤销复位信号，以使单片机能够正常稳定地工作。

若 NRST 引脚被拉低，并保持至少 20μs 的低电平脉冲延时，将产生系统复位。采用按键和保护电阻、电容构成复位电路如图 1—12 所示，当接上电源的瞬间，由于电容电压不突变，NRST 保持为低电平，系统产生上电复位，直至电源向电容充电至 2V 时，系统正常工作。当按下按键时，电容迅速放电，使 NRST 为低电平，系统复位。

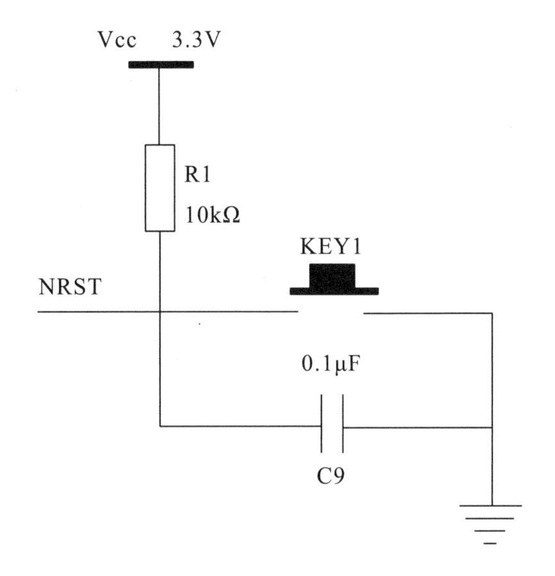

图 1—12　复位电路原理图

1.3.4　启动模式配置电路设计

STM32 微控制器有 3 种启动模式，它们对应的存储介质都是芯片内置的，分别是主

Flash 存储器、系统存储器和内置 SRAM。用户通过配置两个启动模式选择引脚 BOOT0 和 BOOT1 可选择从哪个存储介质启动。启动模式配置方法见表 1－3 所示。

表 1－3　启动模式配置方法

启动模式选择引脚		存储介质	说明
BOOT1	BOOT0		
×	0	主 Flash 存储器	主 Flash 存储器被选为启动区域，这是正常的启动模式
0	1	系统存储器	系统存储器被选为启动区域，一般用于从串口下载程序
1	1	内置 SRAM	内置 SRAM 被选为启动区域，一般用于调试

启动模式配置电路的原理图如图 1－13 所示。通过跳线帽可以配置三种不同的启动模式。

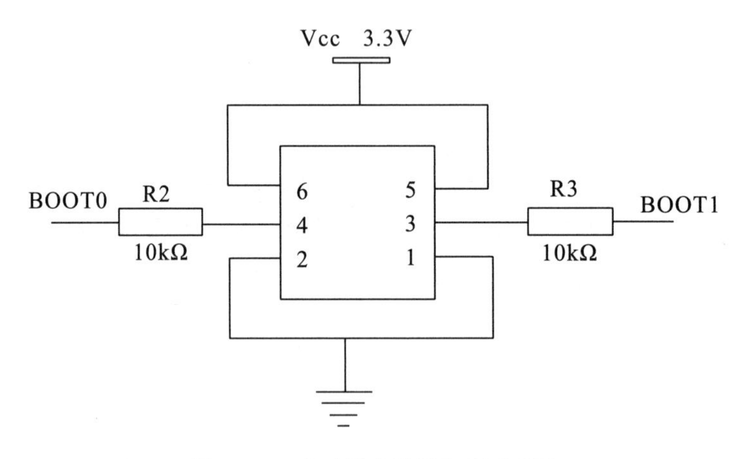

图 1－13　启动模式配置电路原理图

1.3.5　调试接口设计

STM32 的 CoreSight 调试系统支持 JTAG 和 SWD 两种接口标准，这两种接口都要使用 GPIO 来供给调试仿真器使用。选用其中一个接口即可将在 PC 机上编译好的程序下载到单片机中运行调试。

JTAG 是一种国际标准测试协议，主要用于芯片内部测试。现在多数的高级器件都支持 JTAG 协议，如 ARM、DSP、FPGA 器件等。5 线的 JTAG 引脚分配如表 1－4 所示。

表 1-4　JTAG/SWD 引脚分配

引脚名	JTAG 调试端口		SWD 调试端口		引脚分配
	类型	描述	类型	描述	
JTMS/SWDIO	输入	JTAG 测试模式选择	I/O	数据 I/O	PA13
JTCK/SWDCLK	输入	JTAG 测试时钟	输入	串行线时钟	PA14
JTDI	输入	JTAG 测试数据输入	—	—	PA15
JTDO/TRACESWO	输出	JTAG 测试数据输出	—	异步跟踪	PB3
JNTRST	输入	JTAG 测试复位	—	—	PB4

SWD 是串行总线调试接口。在高速模式和大数据量的情况下，JTAG 下载程序会失败，但是 SWD 出现失败的概率会小很多，更加可靠。只要仿真器支持，通常在使用 JTAG 仿真模式的情况下，都可以直接使用 SWD 模式。SWD 模式支持更少的引脚接线，所以需要的 PCB 空间就小，在芯片体积有限的时候推荐使用 SWD 模式，可以选择一个很小的 2.54mm 间距的 5 芯端子做仿真接口。SWD 的连接需要 2 根线，其中 SWDIO 为双向数据口，用于主机到目标的数据传送；SWDCLK 为时钟口，用于主机驱动。

SWD 与使用串口下载代码差不多，而且速度更快。STM32 的 SWD 接口与 JTAG 是共用的，图 1-14 所示为 JTAG/SWD 标准连接方法，可以看出只要接上 JTAG，就可以使用 SWD 模式。

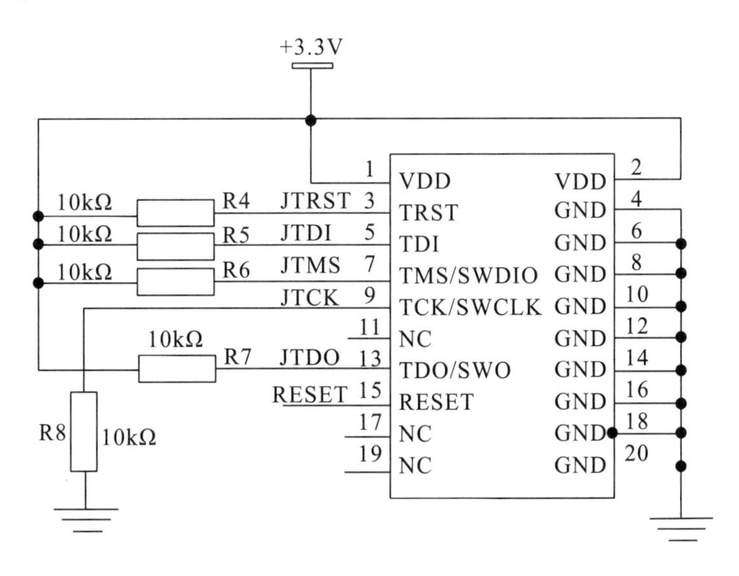

图 1-14　JTAG/SWD 仿真调试接口电路原理图

1.3.6　外围扩展电路

STM32 最小系统的外围扩展电路是指通过 GPIO 口或串口与 STM32 主芯片相连的应

用电路。为了方便扩展，把所有 I/O 口都引出来，按 GPIO_A、GPIO_B 等分类引出，并按 GPIO_A0~GPIO_A15、GPIO_B0~GPIO_B15 等的顺序排列。

1.4 STM32 的软件开发模式

开发者可基于 ST 公司提供的软件开发库进行应用程序的开发，常用的 STM32 软件开发模式主要有以下 3 种。

（1）基于寄存器的开发模式。

基于寄存器编写的代码简练、执行效率高。这种开发模式有助于开发者从细节上了解 STM32 系列微控制器的架构与工作原理，但由于 STM32 系列微控制器的片上外设多且寄存器功能复杂，因此开发者需要花费很多时间和精力研究产品手册。这种开发模式的另一个缺点是，基于寄存器编写的代码后期维护难、可移植性差。总体来说，这种开发模式适合有较强编程功底的开发者。

（2）基于标准外设库的开发模式。

基于标准外设库的开发模式对开发者的能力要求较低，开发者只要会调用 API 函数即可编写程序。基于标准外设库编写的代码容错性好且后期维护简单，但其运行速度相对于基于寄存器编写的代码偏慢。另外，基于标准外设库的开发模式与基于寄存器的开发模式相比，不利于开发者深入掌握 STM32 系列微控制器的架构与工作原理。总体来说，这种开发模式适合想要快速入门的初学者，因此大多数初学者会选择这种开发模式编写代码。

（3）基于 STM32Cube 的开发模式。

开发者基于 STM32Cube 开发软件的流程如下：

①根据应用需求，使用图形化配置工具对 MCU 片上外设进行配置；

②生成基于 HAL 库或 LL 库的初始化代码；

③将生成的代码导入集成开发环境并进行编辑、编译和运行。

基于 STM32Cube 的开发模式的优点如下：

①初始代码框架自动生成，简化了开发者新建工程、编写初始代码的过程。

②图形化配置工具操作简单、界面直观，为开发者节省了查询数据手册以了解引脚与外设功能的时间。

③HAL 库的特性决定了基于 STM32Cube 编写的代码可移植性最好。

基于 STM32Cube 的开发模式的缺点是，函数调用关系较复杂、程序执行效率偏低以及对初学者不友好等。

本书在综合考虑各种软件开发模式难易程度的基础上，选取了对初学者比较友好的“基于标准外设库的开发模式”展开讨论。

1.5 STM32 开发工具

随着 ARM7 和 ARM9 内核在微控制器领域应用的深入，出现了越来越多支持 CPU 开发的工具，主要有 Green Hills、Keil、IAR、GCC 和 TASKING 等。本书采用的是 Keil MDK 开发工具。

MDK 源自德国的 Keil 公司，是 RealView MDK（Microcontroller Development Kit）的简称。目前在全球，MDK 被超过 10 万的嵌入式开发工程师使用，其集成了业内最领先的技术，支持 ARM7、ARM9 和最新的 Cortex－M3 核处理器，自动配置启动代码，集成 Flash 烧写模块，以及强大的 Simulation 设备模拟、性能分析等功能。MDK 适合不同层次的开发者使用，包括专业的应用程序开发工程师和嵌入式软件开发的入门者。MDK 包含工业标准的 Keil C 编译器、宏汇编器、调试器和实时内核等组件，支持所有基于 ARM 的设备，能帮助工程师按照计划完成项目。

1.5.1 Keil MDK 软件安装

1.5.1.1 安装 MDK

获得 KEIL5 的安装包后，双击安装文件，弹出如图 1－15 所示对话框。建议在安装之前关闭所有其他应用程序，单击 Next 按钮，弹出如图 1－16 所示对话框。

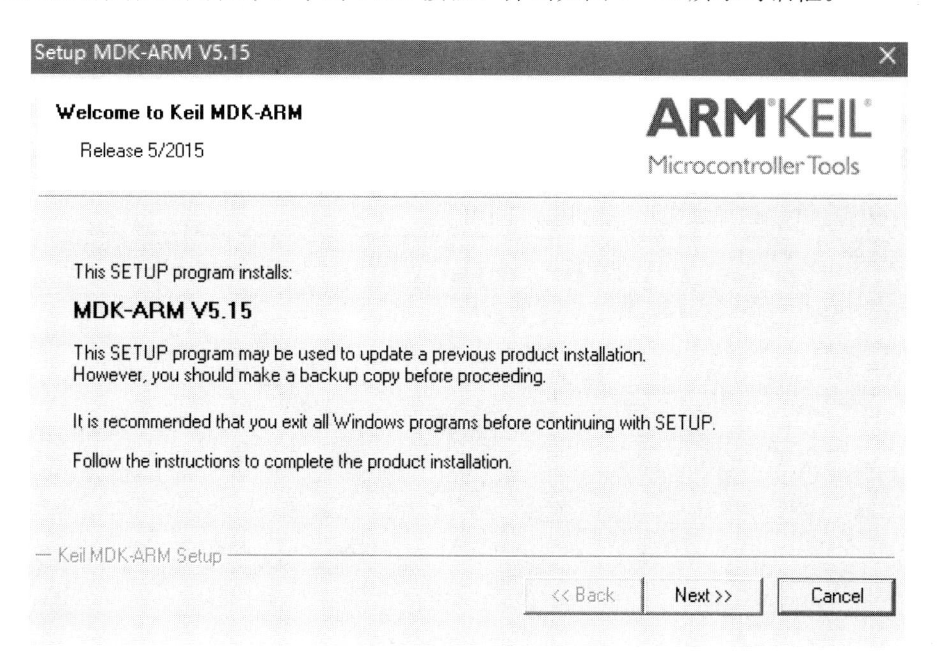

图 1－15　MDK 安装界面 1

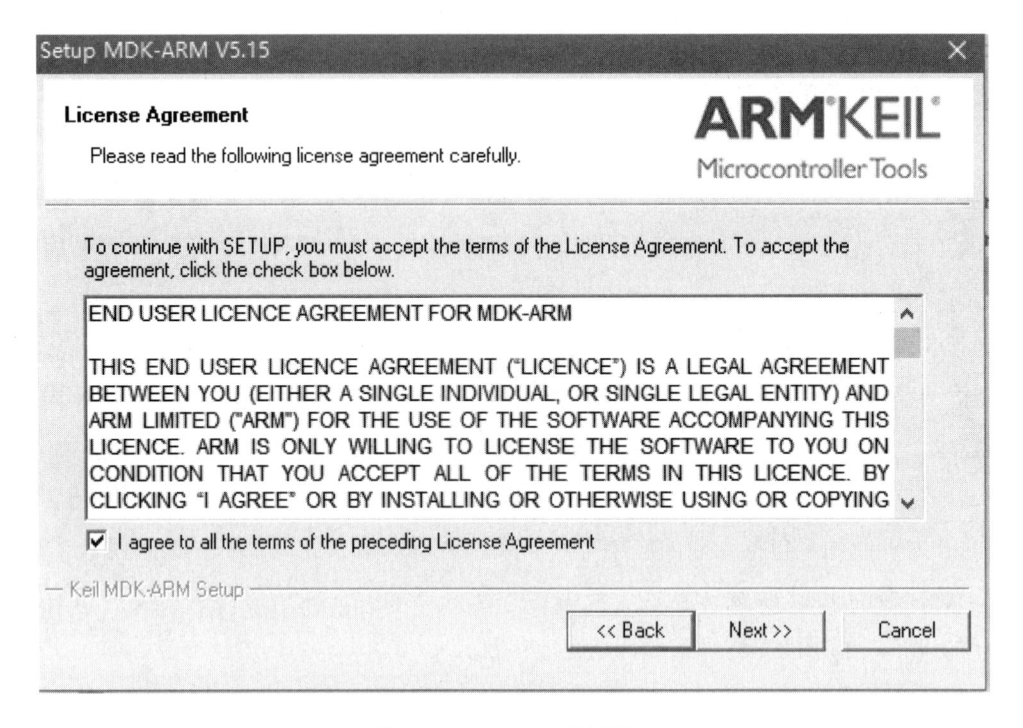

图 1-16　MDK 安装界面 2

仔细阅读许可协议各条款，选中 I agree to all the terms of the preceding License Agreement 选项，单击 Next 按钮，弹出如图 1-17 所示对话框。

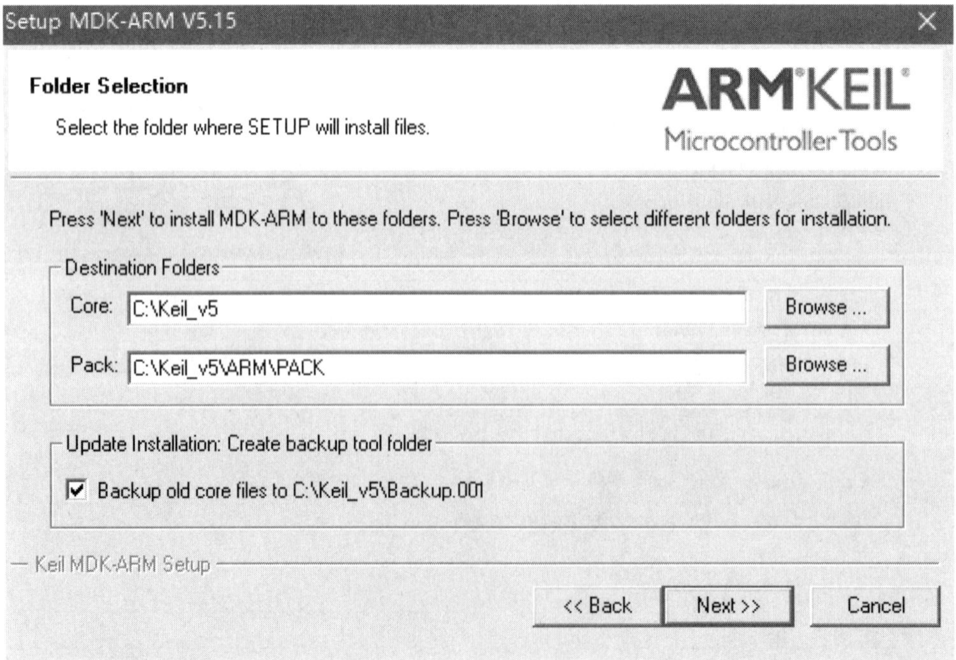

Setup MDK-ARM V5.15
Folder Selection
Select the folder where SETUP will install files.
ARM KEIL
Microcontroller Tools
Press 'Next' to install MDK-ARM to these folders. Press 'Browse' to select different folders for installation.
Destination Folders
Core: C:\Keil_v5　Browse ...
Pack: C:\Keil_v5\ARM\PACK　Browse ...
Update Installation: Create backup tool folder
Backup old core files to C:\Keil_v5\Backup.001
Keil MDK-ARM Setup
<< Back　Next >>　Cancel

图 1-17　MDK 安装界面 3

单击 Browse 按钮选择安装路径，路径中不能带中文，然后单击 Next 按钮，弹出如图 1－18 所示对话框。

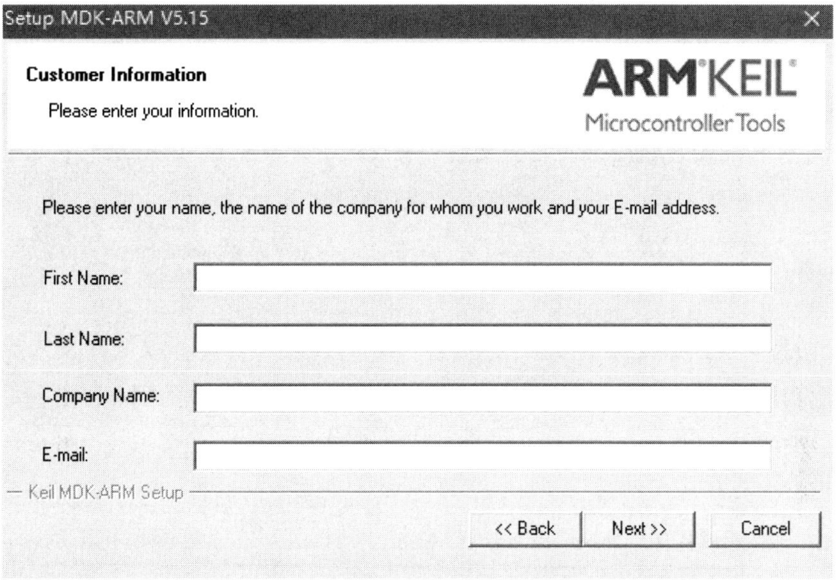

图 1－18　MDK 安装界面 4

填入用户信息，输入 First Name、Last Name、Company Name 及 E-mail，也可以全部填空格（键盘的 space 键），单击 Next 按钮，安装程序将在计算机上安装 MDK。依据机器性能的不同，安装程序耗时半分钟到数分钟不等，安装结束时出现如图 1－19 所示界面，单击 Finish 按钮结束安装。

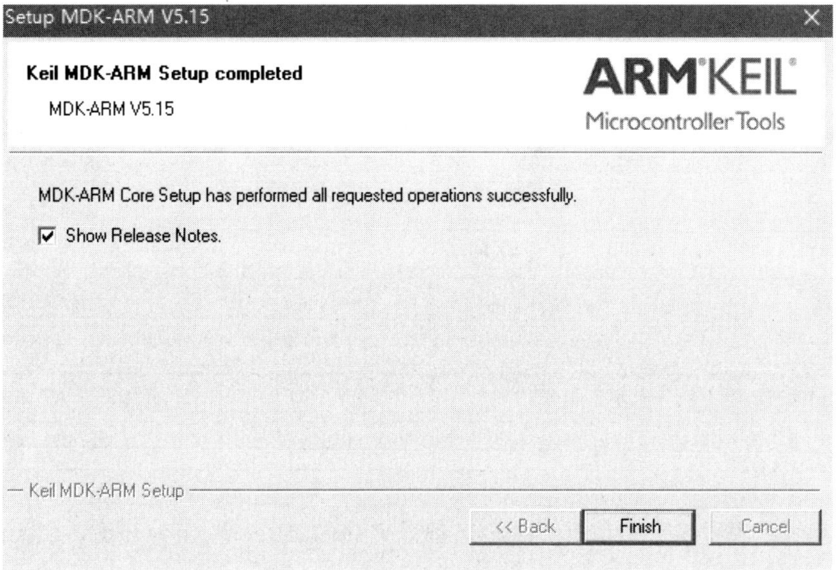

图 1－19　MDK 安装界面 5

1.5.1.2 安装 MCU Device 包

KEIL5 不像 KEIL4 那样自带了很多厂商的 MCU 型号，KEIL5 需要自己安装。可以直接去 KEIL 的官网下载：http://www.keil.com/dd2/pack/，在官网中找到 STM32F1 的安装包下载到本地电脑，双击芯片包 Keil STM32F1xx_DFP 1.1.0 安装，安装路径选择与 KEIL5 一样的安装路径，安装成功后，在 KEIL5 的 Pack Installer 中就可以看到安装的包，以后在新建工程的时候，就有单片机的型号可选。

1.5.2 固件库简介

ST 公司为开发人员提供了一个完整的 STM32 设备固件库，以便开发人员能够更快地进行应用程序开发。固件库是一个由程序、数据结构和宏组成的固件函数包，同时还包括每个外设的驱动描述和应用实例。每个外设的驱动都由一组函数组成。开发人员通过使用固件库，可以轻松地应用每一个外设，无须深入掌握底层硬件细节。这大大缩短了用户的开发时间，降低了开发成本。

STM32 的固件库遵从一定的命名规则：

（1）用 PPP 表示任一外设缩写，表 1−5 给出了各种外设的缩写形式。

表 1−5　外设缩写表

缩写	外设名称	缩写	外设名称
ADC	A/D 转换器	I2S	I2S 总线接口
BKP	备份寄存器	IWDG	独立看门狗
CAN	控制器局域网	NVIC	嵌套向量中断控制器
CRC	CRC 计算单元	PWR	电源控制
DAC	D/A 转换器	RCC	复位和时钟控制器
DBGMCU	MCU 调试模块	RTC	实时时钟
DMA	DMA 控制器	SDIO	SDIO 接口
EXTI	外部中断/事件寄存器	SPI	串行外设接口
FSMC	灵活的静态存储器控制器	SysTick	系统定时器
FLASH	闪存	TIM	定时器
GPIO	通用 I/O 端口	USART	通用同步/异步收发器
I2C	I2C 总线接口	WWDG	窗口看门狗

（2）系统、源程序文件和头文件命名都以“stm32f10x_”作为开头，如 stm32f10x_conf.h，该文件为片上外设头文件，使用这个头文件，可以方便地增加和删除外设驱动函数。

（3）常量若仅被应用于一个文件，则定义于该文件中；若被应用于多个文件，则在对应头文件中定义。所有常量都由英文字母大写书写。

（4）寄存器作为常量处理。它们的命名都由英文字母大写书写。

（5）外设函数的命名以该外设的缩写加下划线开头，每个单词的第一个字母都由英文字母大写书写，如 PPP_Init、PPP_StructInit。在函数名中，只允许存在一个下划线，用以分隔外设缩写和函数名的其他部分。

STM32 的 3.5 版固件库可以直接从官网获得，STM32 固件库目录如图 1−20 所示。其主要包括库源码和启动文件 Libraries、驱动实例和工程模板 Project、基于 ST 官方开发板的历程 Utilities、库版本更新说明以及库使用帮助文档。

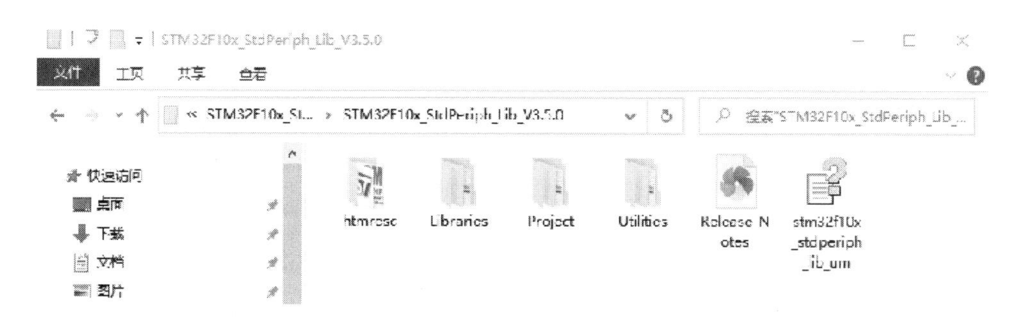

图 1−20　STM32 的 3.5 版固件库目录

Libraries 文件夹由 CMSIS 和 STM32F10x_StdPeriph_Driver 组成，如图 1−21 所示。

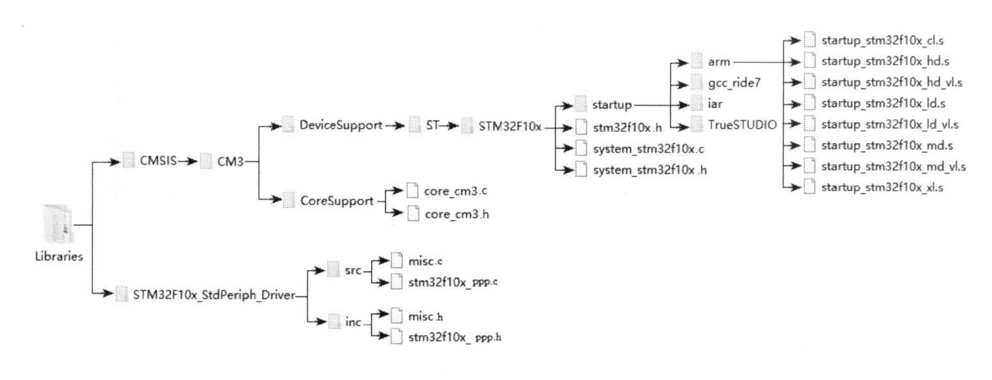

图 1−21　Libraries 文件结构

（1）core_cm3. c 和 core_cm3. h 分别是核内外设访问层（CPAL）的源文件和头文件，作用是为采用 Cortex−M3 内核的芯片外设提供进入 M3 内核的接口。这两个文件对其他公司的 M3 系列芯片也是相同的。

（2）stm32f10x. h 是设备外设访问层（DPAL）的头文件，包含了 STM32F10x 全系列所有外设寄存器的定义（寄存器的基地址和布局）、位定义、中断向量表、存储空间的地址映射等。

（3）system_stm32f10x. c 和 system_stm32f10x. h 分别是设备外设访问层的源文件和头文件，包含了两个函数和一个全局变量。函数 SystemInit（ ）用来初始化系统时钟（系统时钟源、PLL 倍频因子、AHB/APBx 的预分频及其 Flash），启动文件在完成复位后跳转到 main（ ）函数之前调用该函数。函数 SystemCoreClockUpdate（ ）用来更新系统时钟，当系统内核时钟变化后必须执行该函数进行更新。全局变量 SystemCoreClock 包含了内核时钟（HCLK），方便用户在程序中设置 SysTick 定时器和其他参数。

（4）Startup_stm32f10x_X. s 是用汇编语言写的系统启动文件，X 对应于不同存储容量（Flash 容量）和功能的不同版本的 STM32 系列芯片，主要是小（LD）、中（MD）、大（HD）容量 Flash 等不同性能的 STM32 单片机。

启动文件是任何处理器上电复位后首先运行的一段汇编程序，为 C 语言的运行搭建合适的环境。其主要作用为：初始化堆栈指针 SP，初始化程序计数器指针 PC，设置异常向量表的入口地址，配置外部 SRAM 作为数据存储器（但一般的开发板没有外部 SRAM），设置 C 程序的分支入口_main（最终用来调用 main 函数）。

（5）stm32f10x_ppp. c 和 stm32f10x_ppp. h 分别为外设驱动源文件和头文件，PPP 代表不同的外设，使用时将相应文件加入工程。其包含了相关外设的初始化配置和部分功能应用函数，这是进行编程功能实现的重要组成部分。

（6）misc. c 和 misc. h 提供了外设对内核中的嵌套向量中断控制器 NVIC 的访问函数，在配置中断时，必须把这两个文件加到工程中。

Project 文件夹由 STM32F10x_StdPeriph_Template 和 STM32F10x_StdPeriph_Examples 组成，如图 1－22 所示。在 STM32F10x_StdPeriph_Template 中有 3 个重要文件：stm32f10x_conf. h、stm32f10x_it. h 和 stm32f10x_it. c。

stm32f10x_conf. h 文件被包含进 stm32f10x. h 文件，用来配置使用了哪些外设的头文件，用这个头文件可以方便地增加和删除外设驱动函数。

stm32f10x_it. c 和 stm32f10x_it. h 是用来编写中断服务函数的，其中已经定义了一些系统异常的接口，其他普通中断服务函数需要自己添加，中断服务函数的接口在启动文件中已经写好。

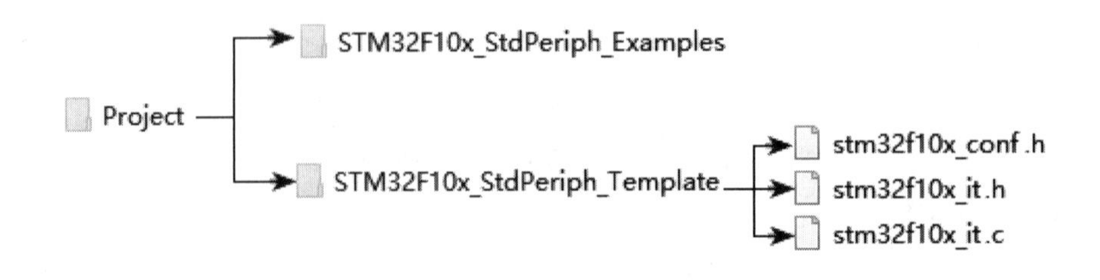

图 1－22　Project 文件结构

1.5.3　新建工程的方法

方法一

步骤 1：建立工程目录

针对工程应用，在合适的位置新建文件夹并命名。例如在桌面上新建一个文件夹 STM32，进入 STM32 文件夹后，再新建两个文件夹，分别命名为 USER 和 Lib，如图 1—23 所示。

图 1—23　**工程目录**

Lib 目录主要存放 inc 和 src 两个库文件，这两个库文件从 STM32F10x_StdPeriph_Lib_V3.5.0 标准外围库下面的 STM32F10x_StdPeriph_Lib_V3.5.0 \ Libraries \ STM32F10x_StdPeriph_Driver 目录中复制过来，如图 1—24 所示。USER 目录主要存放用户程序。

图 1—24　Lib **文件夹目录**

步骤 2：建立工程

（1）启动 Keil uVision5。

（2）点击 Project－>New μVision Project…。

（3）在弹出的界面中找到 STM32 目录，并在下面找到项目要存放的子目录 USER，在文件名栏中输入项目名称，如 example，然后保存，如图 1－25 所示。

图 1－25　新建工程名

（4）在弹出的界面上选择芯片型号。例如：点击 STMicroelectronics→STM32F1 Series→STM32F103→STM32F103C8，点击 OK，如图 1－26 所示。图中 Description 栏为芯片简介。

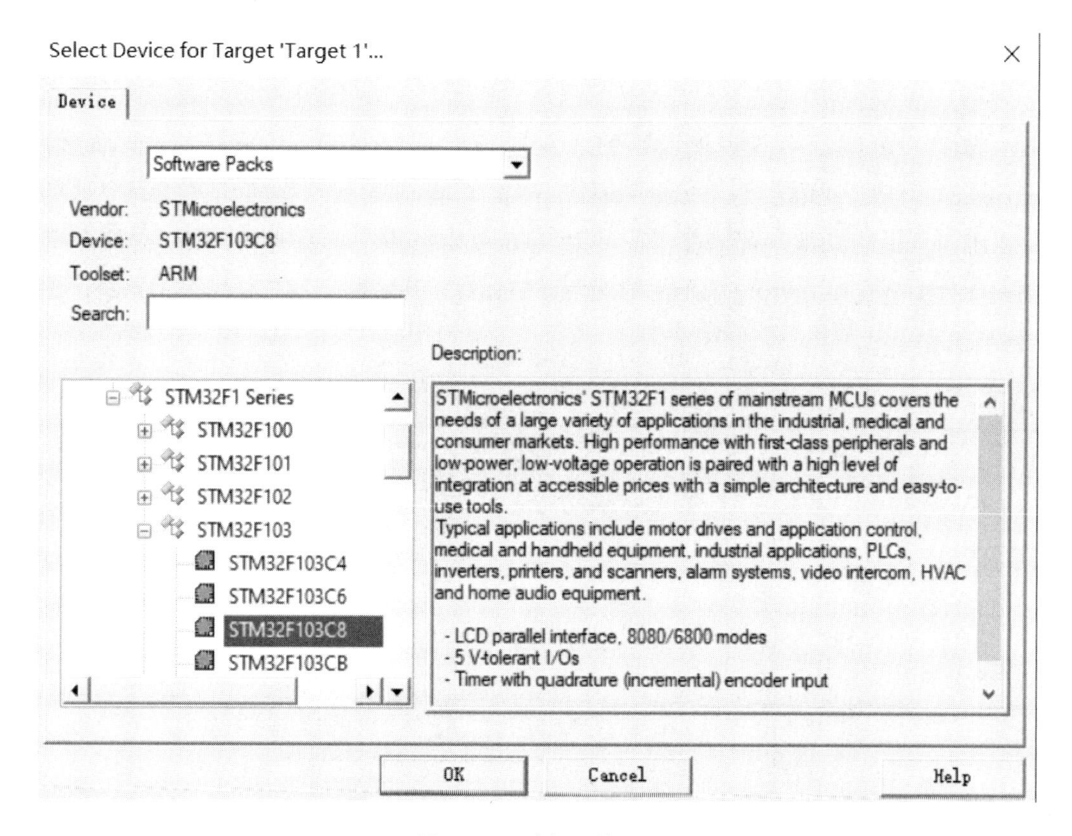

图 1—26　选择芯片型号

（5）在弹出的 Manage Run Time Environment 选择界面中，在 CMSIS 下把 CORE 项选勾，该操作将 STM32 内核文件加入工程中，在 Device 下把 Startup 项选勾，该操作添加启动文件，如图 1—27 所示。

Manage Run-Time Environment

Software Component	Sel.	Variant	Version	Description
Board Support		MCBSTM32C	2.0.0	Keil Development Board MCBSTM32C
CMSIS				Cortex Microcontroller Software Interface Components
NN Lib	☐		1.1.0	CMSIS-NN Neural Network Library
DSP	☐		1.5.2	CMSIS-DSP Library for Cortex-M, SC000, and SC300
CORE	☑		5.1.2	CMSIS-CORE for Cortex-M, SC000, SC300, ARMv8-M
RTOS (API)			1.0.0	CMSIS-RTOS API for Cortex-M, SC000, and SC300
RTOS2 (API)			2.1.3	CMSIS-RTOS API for Cortex-M, SC000, and SC300
CMSIS Driver				Unified Device Drivers compliant to CMSIS-Driver Specifications
Compiler		ARM Compiler	1.6.0	Compiler Extensions for ARM Compiler 5 and ARM Compiler 6
Device				Startup, System Setup
Startup	☑		1.0.0	System Startup for STMicroelectronics STM32F1xx device series
GPIO	☐		1.3	GPIO driver used by RTE Drivers for STM32F1 Series
DMA	☐		1.2	DMA driver used by RTE Drivers for STM32F1 Series
StdPeriph Drivers				
File System		MDK-Plus	6.10.1	File Access on various storage devices
Graphics		MDK-Plus	5.46.5	User Interface on graphical LCD displays
Network		MDK-Plus	7.9.0	IPv4 Networking using Ethernet or Serial protocols
USB		MDK-Plus	6.12.8	USB Communication with various device classes

图 1—27　添加运行环境

在 Device \ StdPeriph Drivers 下将项目中要用到的驱动程序选勾，比如要用 GPIO 功能，则将 GPIO 前面的勾选上。当勾选后出现黄色标记，说明这个功能还需要其他的功能配合，在左下角栏目中有说明，如图 1－28 所示。如 GPIO 功能还需要同时勾选 Framework 和 RCC 功能。将 Framework 和 RCC 功能勾选后，黄色标记变为绿色，如图 1－29 所示，说明功能选择合适了，点击 OK 按钮结束。再打开 STM32 文件夹里的 USER 文件夹会发现自动生成 DebugConfig、Listings、Objects、RTE 四个子目录，如图 1－30 所示。

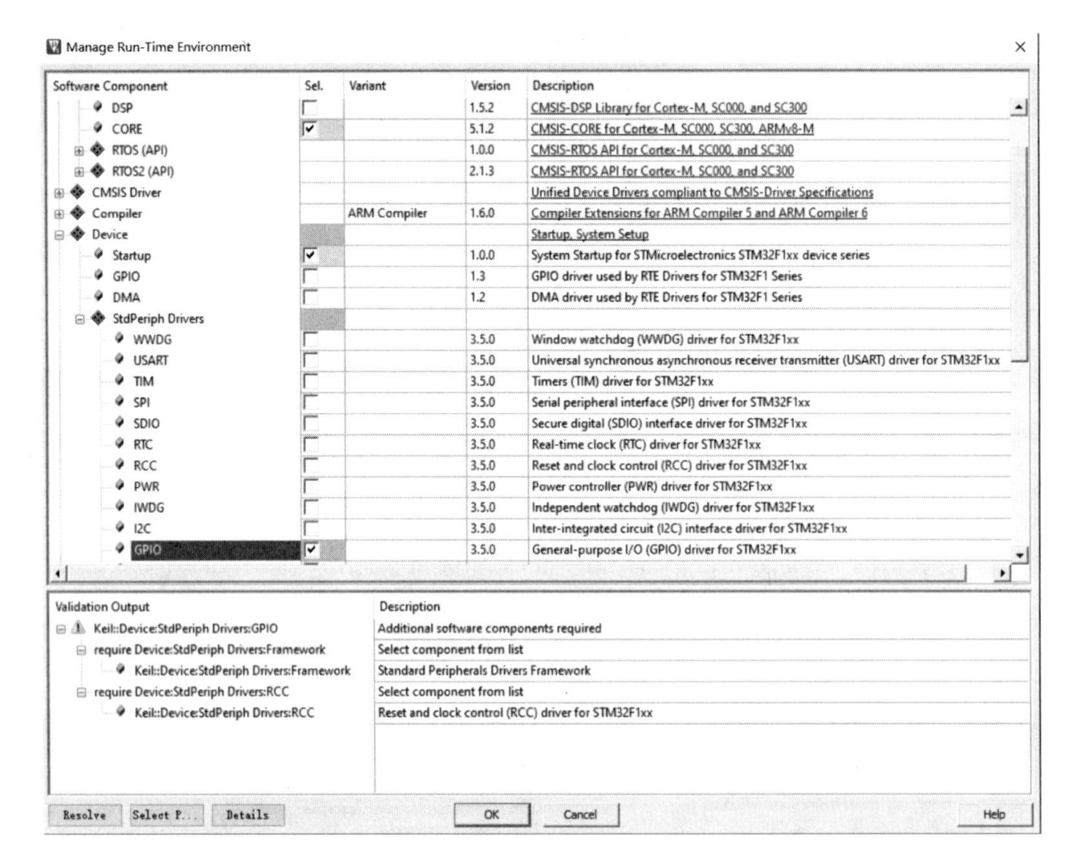

图 1－28 选择驱动程序 1

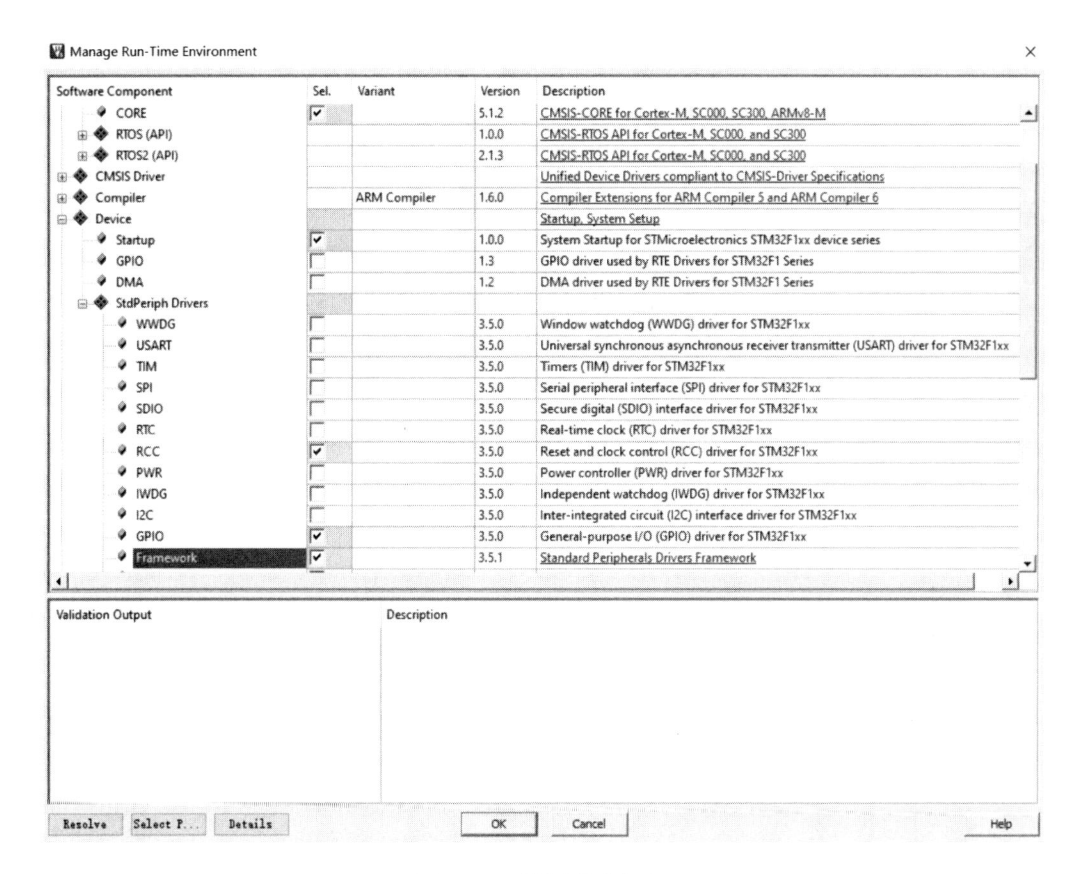

图 1—29　选择驱动程序 2

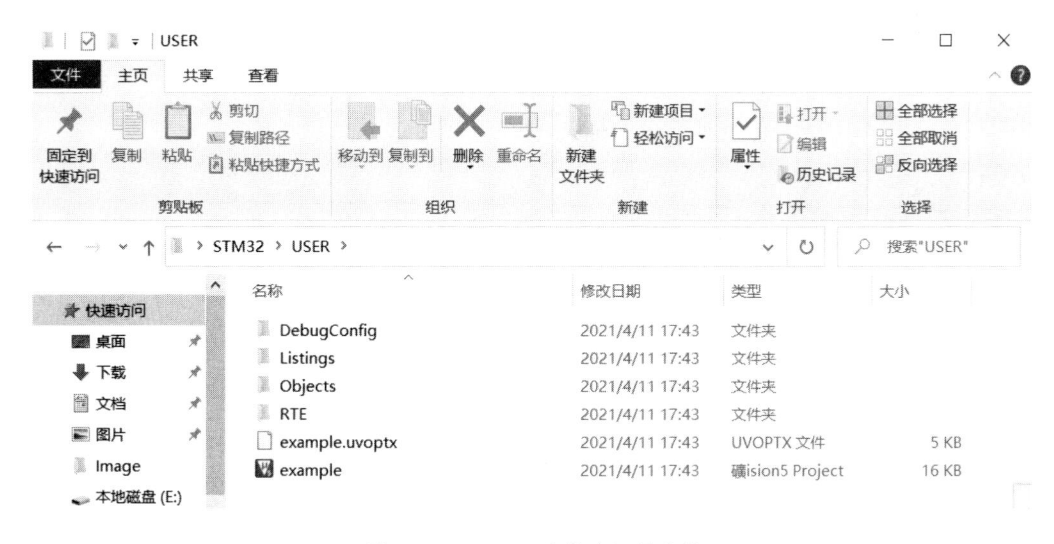

图 1—30　USER 文件夹目录文件

步骤 3：工程属性设置

设置工程属性的主要目的是指定相关头文件的路径、宏定义、调试选项等。单击工具栏中的“魔术棒”图标，弹出 Option 选项卡，设置工程属性，如图 1—31 所示。

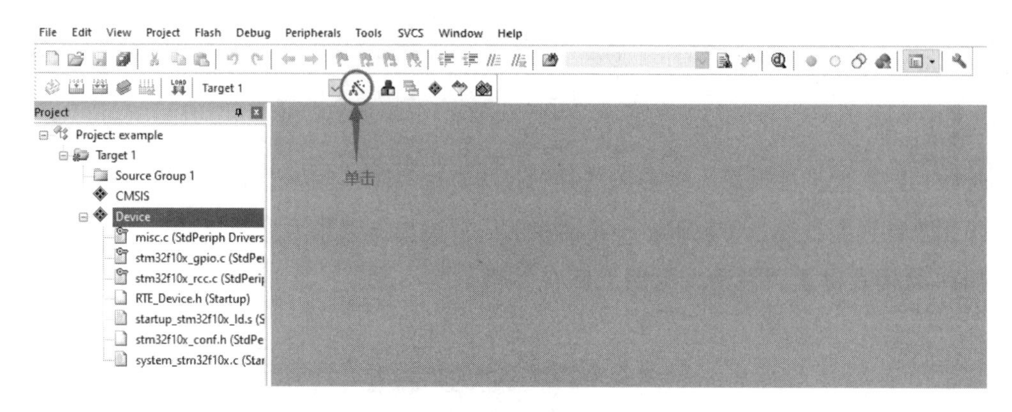

图 1－31 设置工程属性

（1）设置输出选项，如图 1－32 所示。为了将调试好的程序烧写到开发板的 Flash 中运行，需要生成 HEX 文件，需要勾选 Create HEX File，编译后生成二进制 HEX 文件。

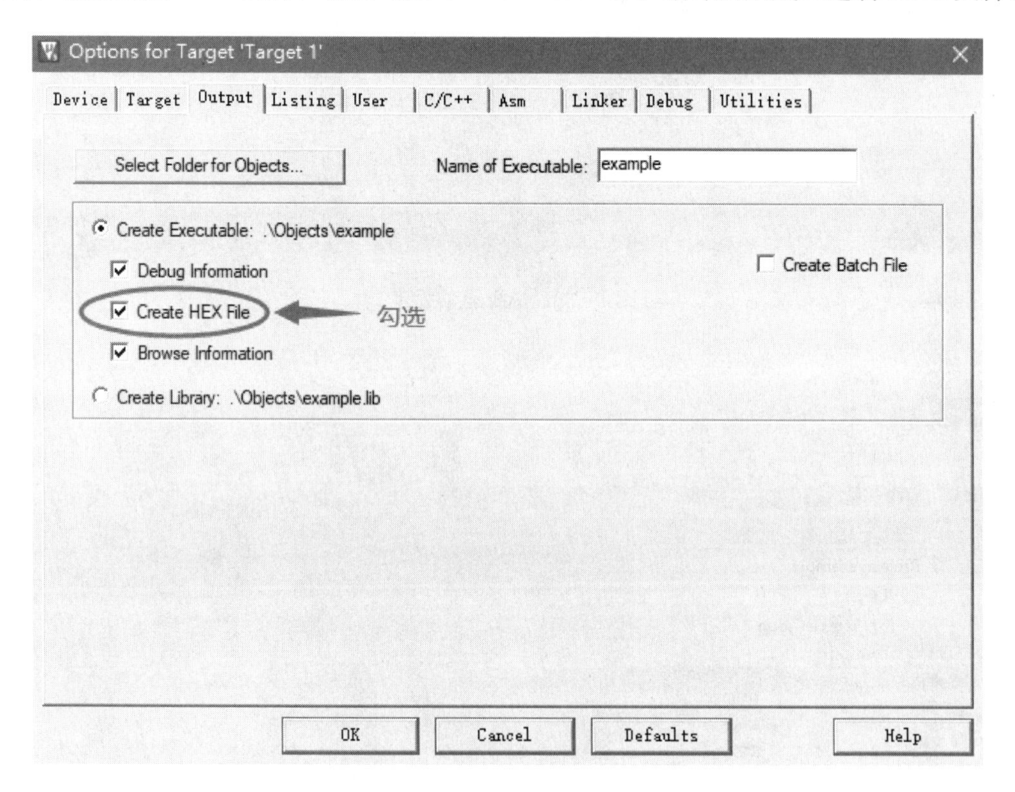

图 1－32 设置输出选项

（2）设置 C/C++选项，如图 1－33 所示。在 C/C++选项卡中需要输入两个非常重要的宏：一个宏是 USE_STDPERIPH_DRIVER，表示使用标准外设库；另一个宏需根据选择芯片容量的大小添加，中容量的添加宏 STM32F10X_MD，小容量的添加宏 STM32F10X_LD，大容量的添加宏 STM32F10X_HD。除了设定两个宏，还要确定与工程有关的头文件的路径。

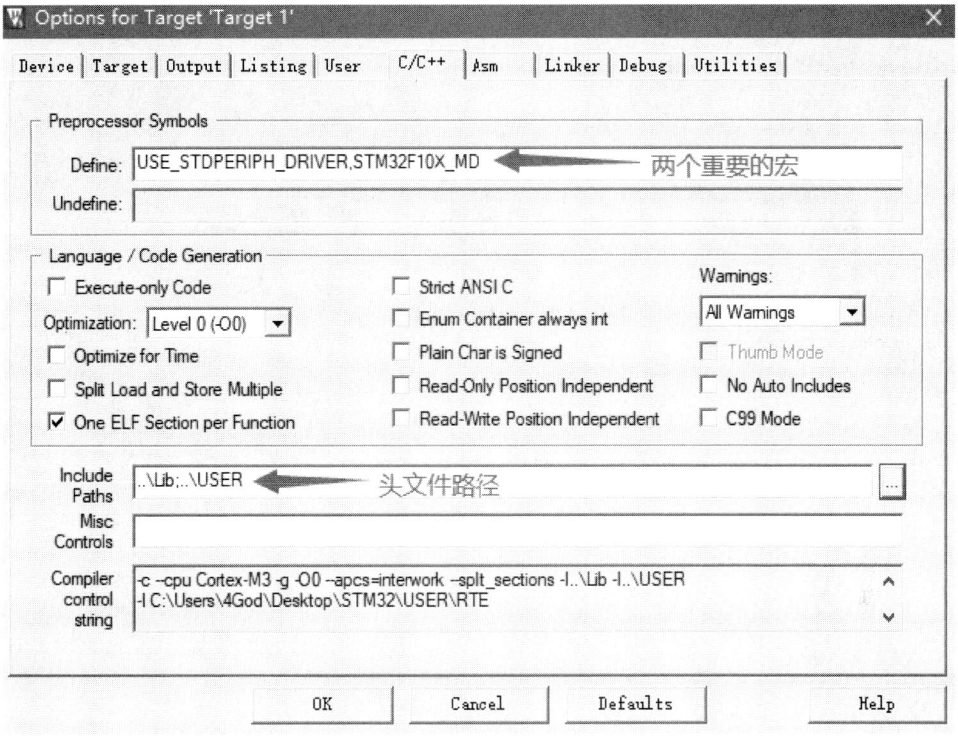

Options for Target 'Target 1'

Device | Target | Output | Listing | User | C/C++ | Asm | Linker | Debug | Utilities

Preprocessor Symbols

Define: USE_STDPERIPH_DRIVER,STM32F10X_MD ← 两个重要的宏

Undefine:

Language / Code Generation

Execute-only Code　Strict ANSI C　Warnings: All Warnings

Optimization: Level 0 (-O0)　Enum Container always int

Optimize for Time　Plain Char is Signed　Thumb Mode

Split Load and Store Multiple　Read-Only Position Independent　No Auto Includes

One ELF Section per Function　Read-Write Position Independent　C99 Mode

Include Paths: ..\Lib;..\USER ← 头文件路径

Misc Controls

Compiler control string: -c --cpu Cortex-M3 -g -O0 --apcs=interwork --split_sections -I..\Lib -I..\USER -I C:\Users\4God\Desktop\STM32\USER\RTE

OK　Cancel　Defaults　Help

图 1－33　设置 C/C++选项

步骤 4：给工程组添加文件

单击工具栏中的“品”字形图标，如图 1－34 所示，进行文件管理。

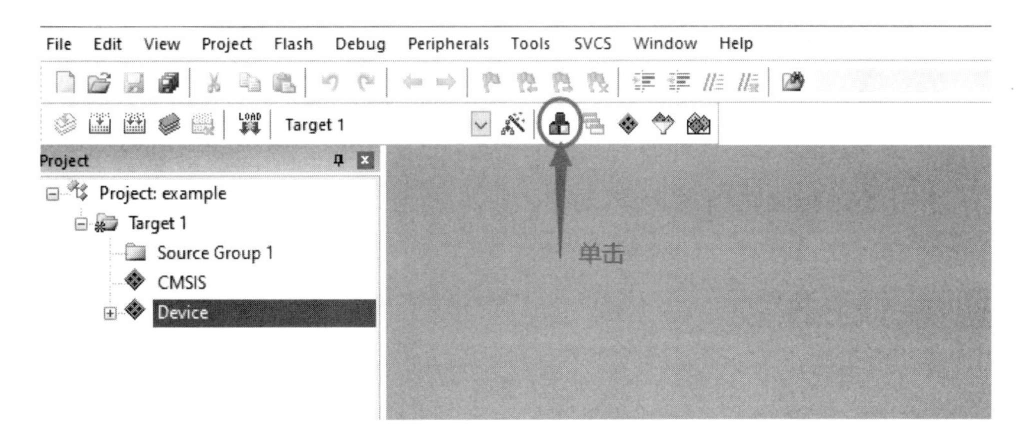

图 1－34　工具栏中的文件管理图标

更改工程名，添加 Group 及文件，Group 的名称应和工程文件夹的名称保持一致。点击 Add Files... 添加文件，如图 1－35 所示，添加的文件 main. c 和 stm32f10x_it. c 可通过路径 STM32F10x_StdPeriph_Lib_V3. 5. 0/project/STM32F10x_StdPeriph_Template 找到。添加文件后，工程结构如图 1－36 所示。

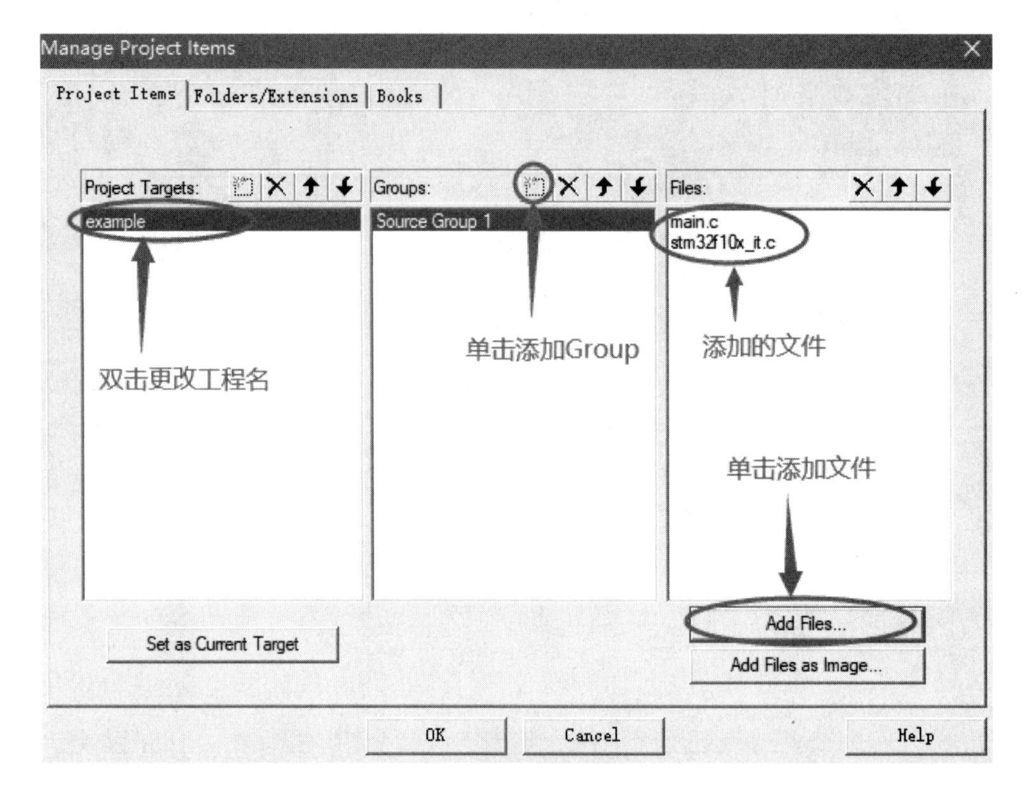

图 1-35　更改工程名并添加文件

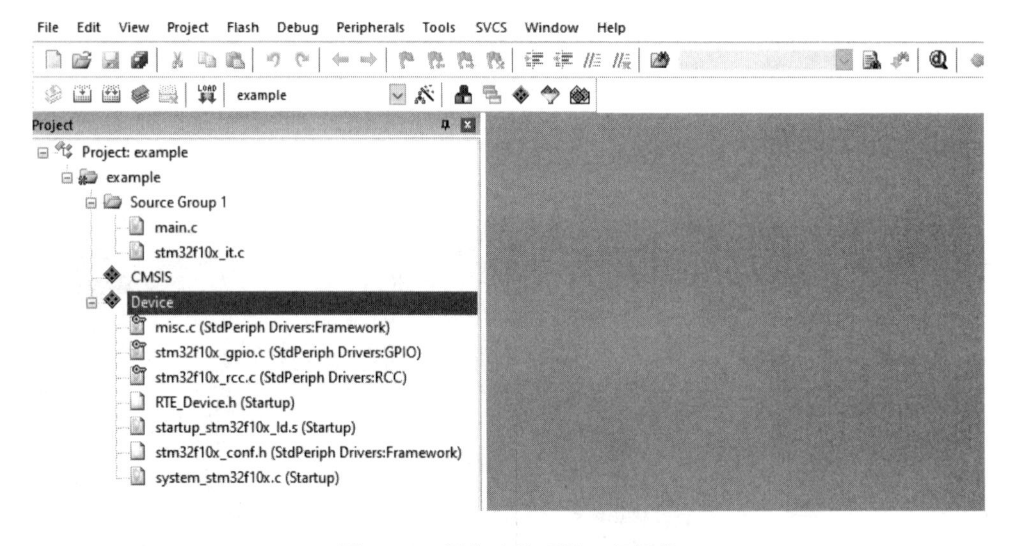

图 1-36　添加文件后的工程结构

步骤 5：编写主程序

双击 main. c，该函数是主程序的模板函数，删除大部分程序，只保留一个预编译指令和主函数，如图 1-37 所示。单击“双下箭头”图标，编译全部文件，显示生成 HEX 文件，没有错误和警告，如图 1-38 所示，这样一个工程创建完成。

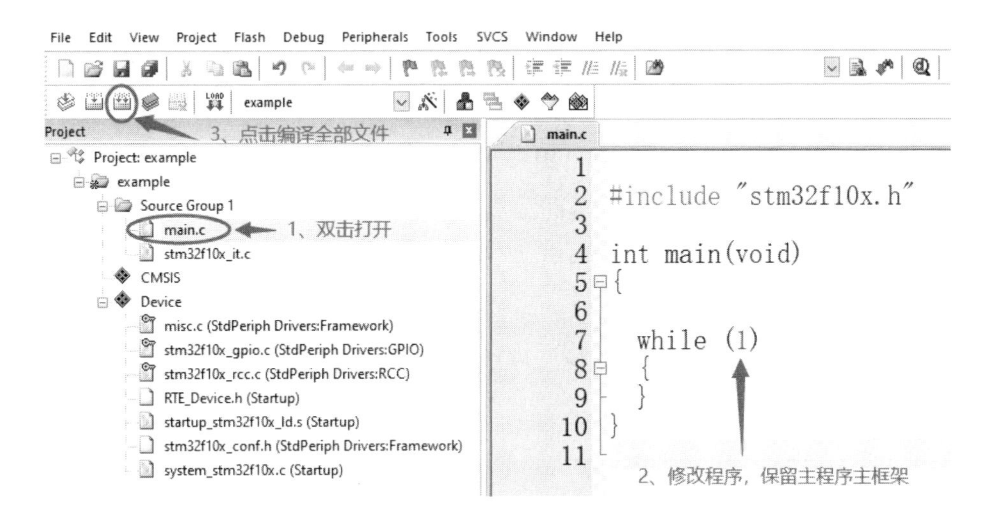

图 1—37　**编写主函数并编译**

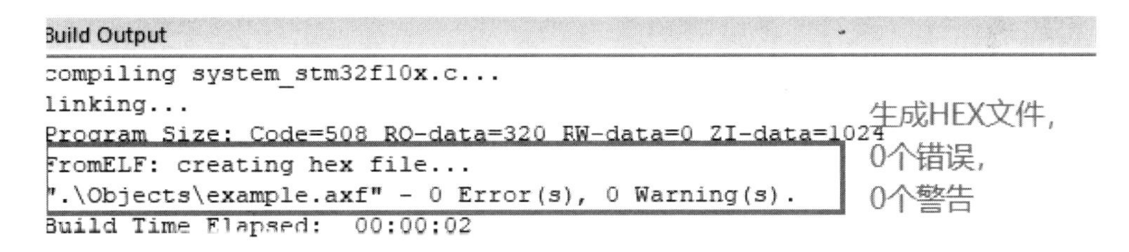

图 1—38　**编译输出结果**

C 语言是 STM32 开发程序设计的基础，只有掌握了 C 语言才能更好地开发 STM32 进行各种设计。每个 C 程序通常分为两个文件：一个文件用于保存程序的声明，称为头文件，以“.h”为后缀；另一个文件用于保存程序的实现，称为源文件，以“.c”为后缀。如果一个工程中头文件数目较多，通常将头文件和源文件分别保存在不同的目录以便于维护，例如：STM32 固件库中的头文件都保存在 inc 目录中，源文件都保存在 src 目录中。

在头文件和源文件的开始是文件的版权和版本声明，主要内容有版权信息、文件名称、摘要、当前版本号、作者/修改者、完成日期、版本历史信息等。

（1）头文件：由三部分组成，即头文件版权和版本声明、预处理块和函数声明。其程序版式如下：

```
#ifndef_MEGGPIO_H   //判断 meggpio.h 是否定义过，如果没有定义就执行下一条语句，如果定义
                      了就执行最后一条语句结束定义，防止 meggpio.h 被重复定义
#define_MEGGPIO_H //定义 meggpio.h 头文件
#include  <math.h>  //引用标准库的头文件
#include "myheader.h" //引用非标准库的头文件
void smg_disp (...);    //全局函数声明
#endif
```

头文件的作用如下：

①通过头文件来调用库功能。在很多场合，源代码不便（或不准）向用户公布，只要向用户提供头文件和二进制的库即可。用户只需要按照头文件中的接口声明来调用库功能，而不必关心接口是怎么实现的，编译器会从库中提取相应的代码。

②头文件能加强类型安全检查。如果某个接口被实现或被使用时，其方式与头文件中的声明不一致，编译器就会指出错误，减轻了程序员调试、改错的工作量。

（2）源文件：由三部分组成，即源文件版权和版本声明、头文件的引用和程序的实现。其程序版式如下：

```
//版权和版本声明
#include  "meggpio.h"    //引用头文件
//全局函数的实现体
void smg_disp（...）;
{
  ...
}
```

方法二

步骤 1：建立工程目录

同方法一中的步骤 1 一样，针对工程应用在合适的位置新建文件夹并命名。例如在桌面上新建一个文件夹 STM32，进入 STM32 文件夹后，再新建 5 个文件夹，分别命名为 CORE、HARDWARE、FWLIB、SYSTEM、USER。CORE 文件夹用来存放核心文件和启动文件；HARDWARE 文件夹用来存放各种硬件驱动代码；FWLIB 文件夹用来存放 ST 官方提供的库函数源码文件；SYSTEM 文件夹下包含了 delay、sys、usart 三个文件夹，分别包含了 delay.c、sys.c、usart.c 及其头文件 delay.h、sys.h、usart.h；USER 文件夹用来存放工程文件、主函数文件 main.c 以及 system_stm32f10x.c 文件等。

步骤 2：文件复制

（1）复制 STM32F10x_StdPeriph_Lib_V3.5.0\Libraries\STM32F10x_StdPeriph_Driver 目录中的 inc 和 src 文件夹至 FWLIB 文件夹。

（2）复制 STM32F10x_StdPeriph_Lib_V3.5.0\Libraries\CMSIS\CM3\CoreSupport 目录中的 core_cm3.c 文件和 core_cm3.h 文件至 CORE 文件夹；复制 STM32F10x_StdPeriph_Lib_V3.5.0\Libraries\CMSIS\CM3\DeviceSupport\ST\STM32F10x\startup\arm 目录中的 startup_stm32f10x_md.s（根据芯片容量选择）文件至 CORE 文件夹。

（3）复制 STM32F10x_StdPeriph_Lib_V3.5.0\Libraries\CMSIS\CM3\

DeviceSupport \ ST \ STM32F10x 目录中的 stm32f10x. h 文件、system_stm32f10x. c 文件、system_stm32f10x. h 文件至 USER 文件夹；复制 STM32F10x_StdPeriph_Lib_V3. 5. 0 \ Project \ STM32F10x_StdPeriph_Template 目录中的 main. c 文件、stm32f10x_conf. h（配置文件）、stm32f10x_it. c 文件、stm32f10x_it. h 文件至 USER 文件夹。完成复制后的工程目录如图 1－39 所示。

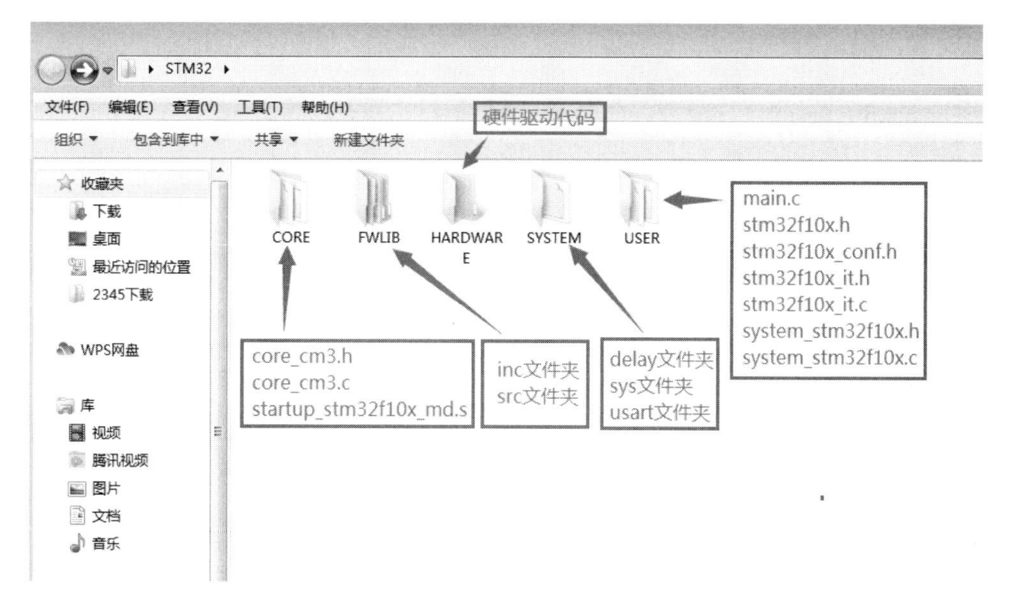

图 1－39　完成复制后的工程目录

步骤 3：建立工程

（1）启动 Keil uVision5。

（2）点击 Project－>New μVision Project…。

（3）在弹出的界面上找到 STM32 目录，并在下面找到项目要存放的子目录 USER，在文件名栏中输入项目名称，如 example，然后保存。

（4）在弹出的界面上选择芯片型号。例如：点击 STMicroelectronics→STM32F1 Series→STM32F103→STM32F103R6，点击 OK，弹出如图 1－40 所示对话框，在方法一中已介绍如何添加组件，在这里直接点 Cancel，后面介绍手动添加的方法。

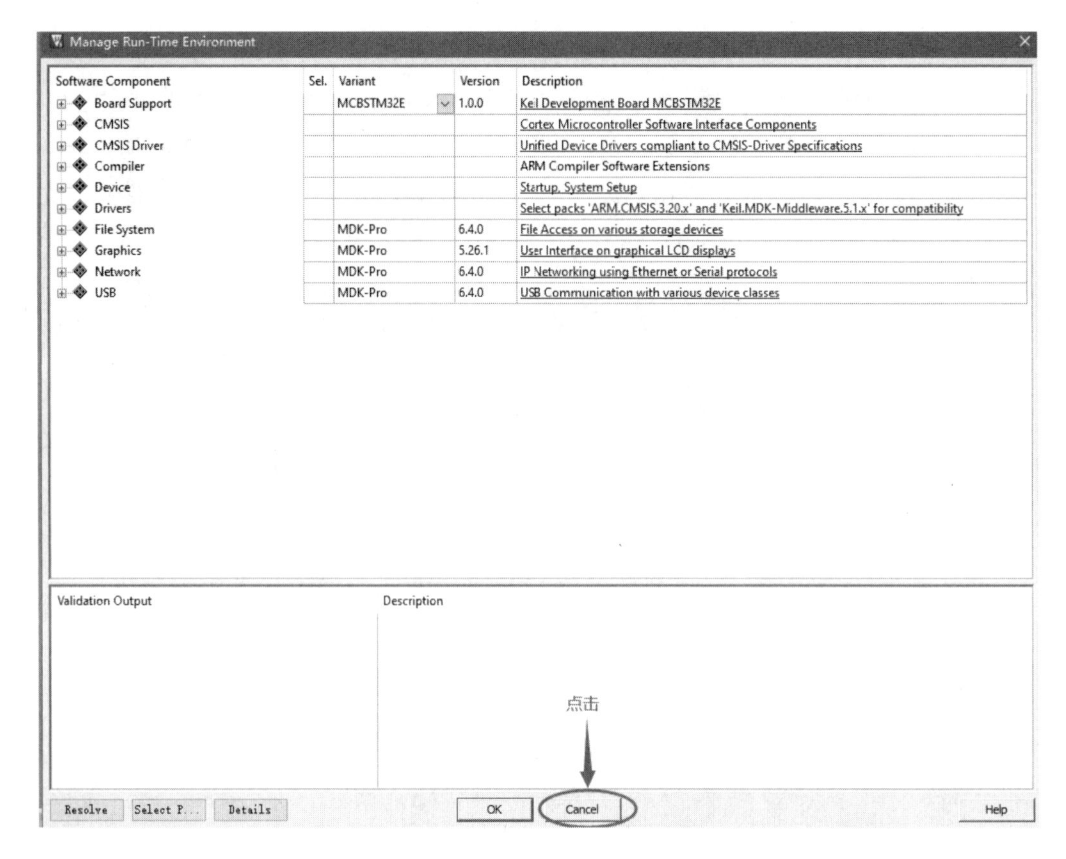

图 1−40　添加组件对话框

（5）得到如图 1−41 所示界面，建立了工程的框架，USER 文件夹包含的内容如图 1−42 所示。

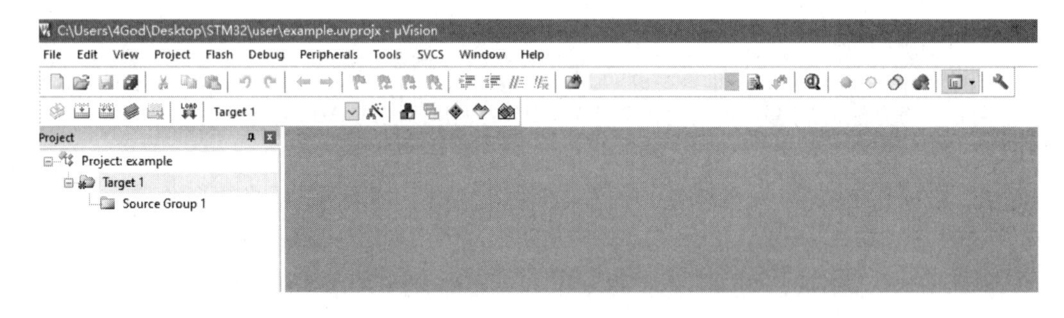

图 1−41　工程框架

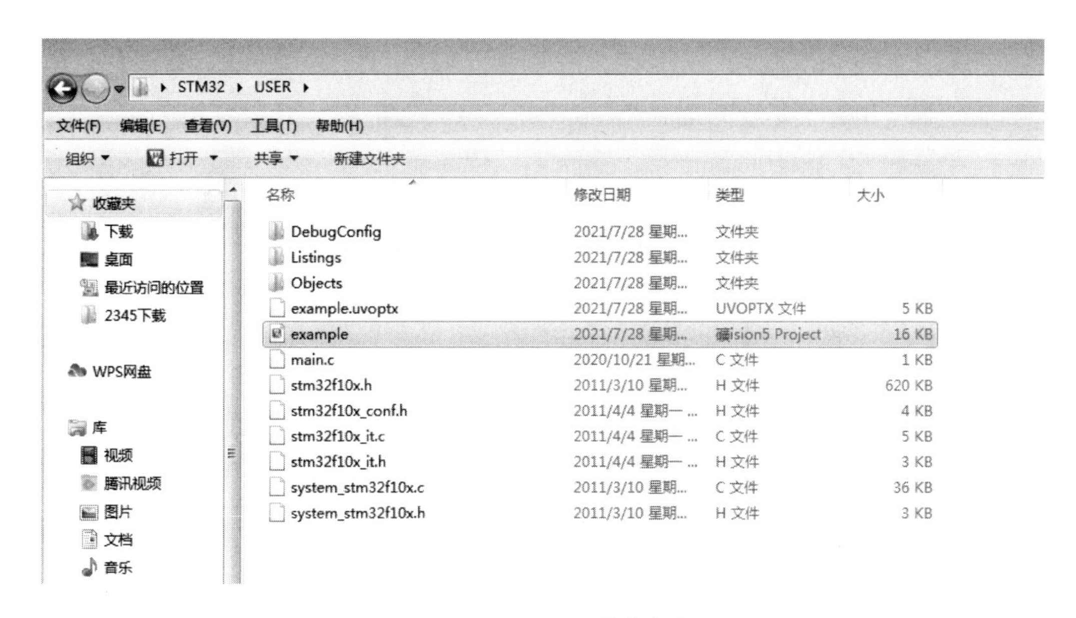

图 1－42　USER 文件夹内容

步骤 4：给工程组添加文件

单击工具栏中“品”字形图标，或者右键点击图 1－41 中的 Target 1，选择 Manage Project items…，建立相应的 Group。在 Project Targets 一栏，双击 Target 1 修改工程名为 example，在 Groups 一栏删掉 Source Group 1，建立 5 个 Groups：CORE、FWLIB、HARDWARE、USER、SYSTEM。然后单击 OK，可以看到 Target 名字以及 Groups 情况如图 1－43 所示。

向 Groups 里添加需要的文件，选择 CORE，点击右边的 Add Files，定位到刚才建立的目录 CORE，选择 core_cm3. c、core_cm3. h、startup_stm32f10x_hd. s，然后单击 Add，再单击 Close，就可以看到 Files 列表下面包含刚添加的文件如图 1－43 所示。

用同样的方法，将 Groups 定位到 FWLIB，点击右边的 Add File，定位到刚才建立的目录 FWLIB/src，将需要的组件文件选中（也可以全部选中），然后单击 Add；将 Groups 定位到 USER，添加 main. c、stm32f10x_it. c、system_stm32f10x. c。这样我们需要添加的文件已经添加到工程中去了，最后单击 OK，回到工程主界面，如图 1－44 所示。

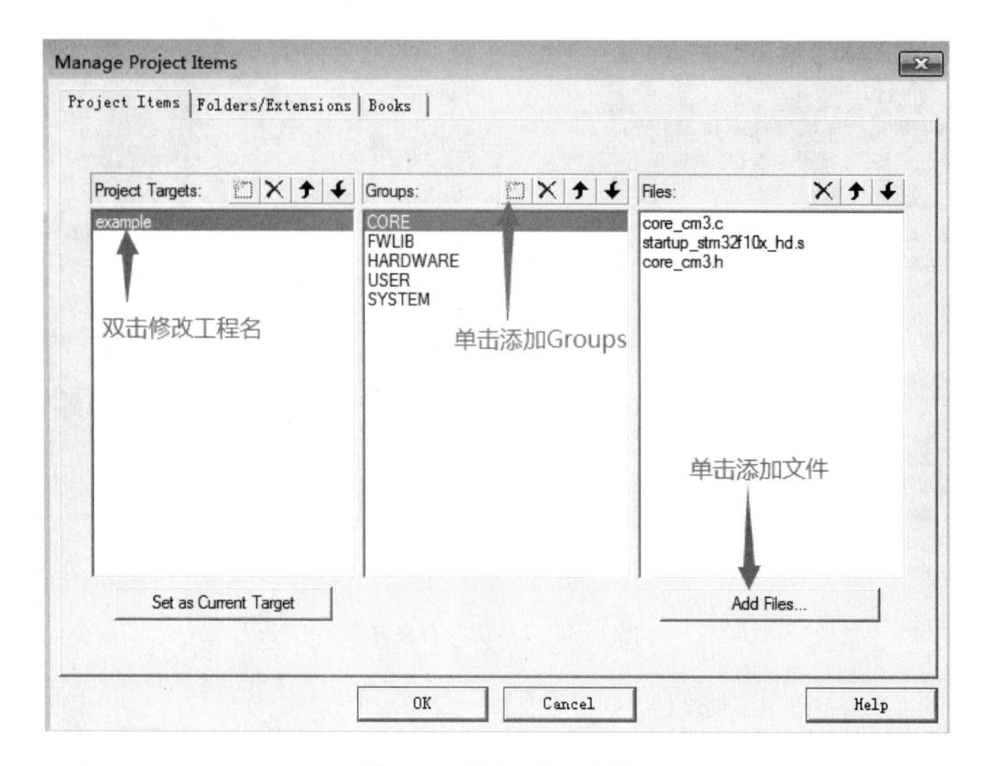

图 1—43　添加工程组文件

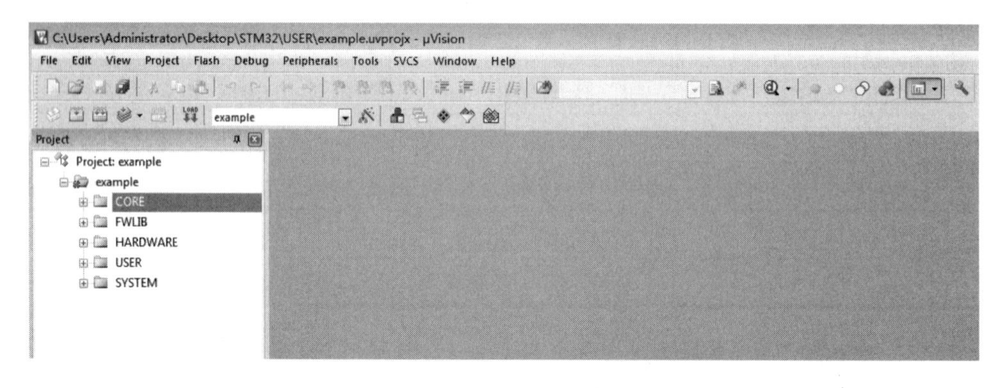

图 1—44　创建好的工程主界面

步骤 5：工程属性设置

工程属性设置的方法同方法一的步骤 3，这里不再赘述。

1.5.4　MDK 使用技巧

前面介绍了如何在 MDK 开发套件 Keil μVision5.0 中建立属于自己的工程，下面介绍该软件的一些使用技巧，这些技巧在代码的编辑方面非常有用，希望读者能够掌握。

1.5.4.1　文本美化

文本美化主要用来设置一些关键字、注释、数字等的颜色和字体，MDK 提供了自定义字体颜色的功能。编辑时，可以在工具条上单击“扳手”按钮，如图 1—45 所示，弹出如图 1—46 所示对话框，选择 Colors & Fonts 选项卡，在该选项卡内就可以设置代码的字体和颜色。由于使用的是 C 语言，故在 Window 栏选择 C/C++ Editor Files，在右边就可以看到相应的元素了，如图 1—47 所示。在图 1—47 中，可以单击 Element 下面的各个元素，修改为用户喜欢的颜色，也可以在 Font 栏设置字体的类型以及字体的大小等。设置完成后，单击 OK 按钮，就可以在主界面看到修改后的结果。

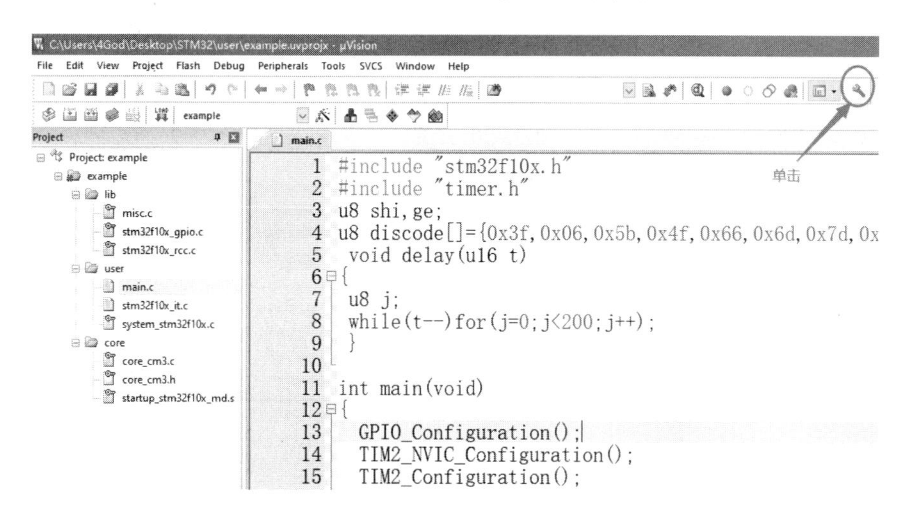

图 1—45　参数配置按钮

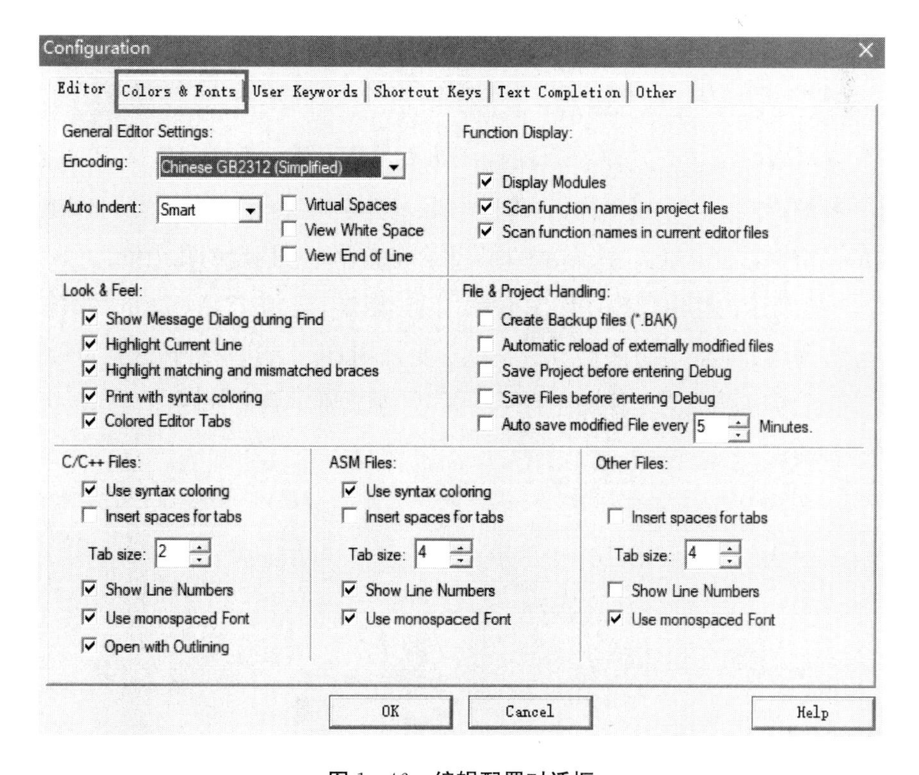

图 1—46　编辑配置对话框

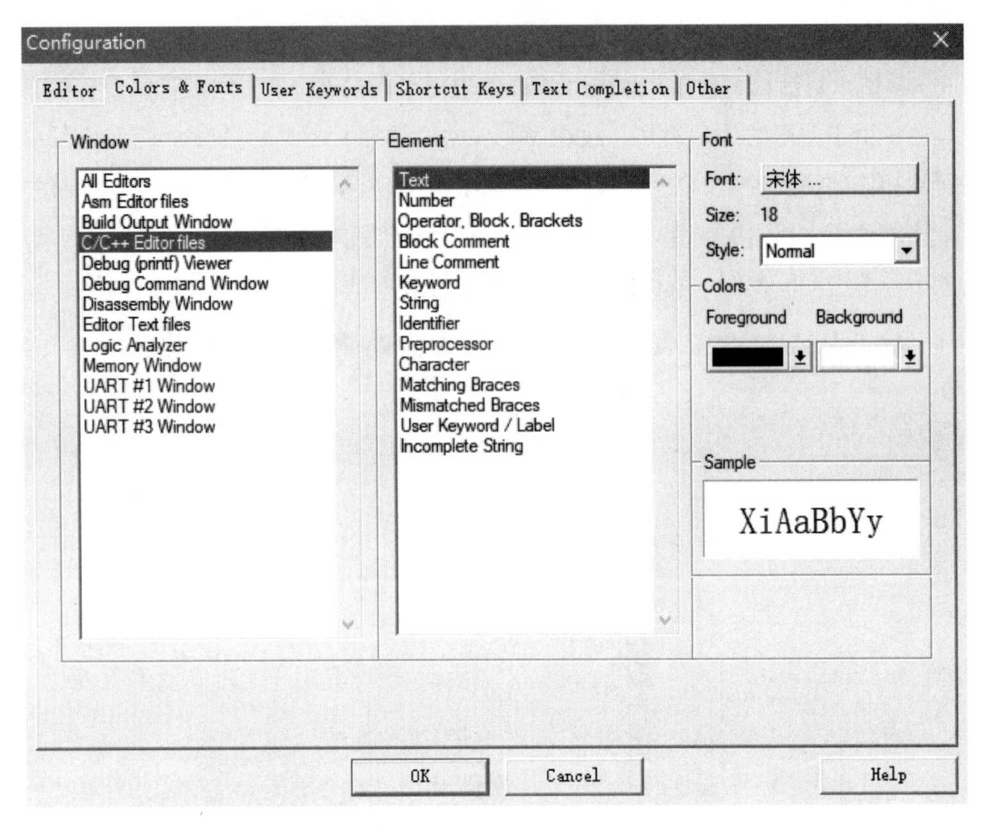

图 1-47 Colors & Fonts 选项卡

1.5.4.2 Tab 键的妙用

Tab 键在一般编译器里是用来空位的，即每按一下移空一个位，但是 MDK 的 Tab 键的使用和一般编译器的 Tab 键不同，MDK 的 Tab 键支持块操作，也就是可以让代码整体右移固定的几个位，也可以通过 Shift+Tab 组合键整体左移固定的几个位。

如图 1-48 所示的程序代码，层次不清，阅读困难，这还只是短短的 26 行，如果代码有几千行，通篇如此，则读者阅读起来就会更加困难。遇到这种情况，可以通过 Tab 键的妙用，把它快速修改为比较规范的代码格式。修改后的代码如图 1-49 所示，整个代码既有条理又美观。

```
main.c
1  #include "stm32f10x.h"
2  #include "timer.h"
3  u8 shi,ge;
4  u8 discode[]={0x3f,0x06,0x5b,0x4f,0x66,0x6d,0x7d,0x07,0x7f,0x6f};
5  void delay(u16 t)
6  {
7  u8 j;
8  while(t--)for(j=0;j<200;j++);
9  }
10 int main(void)
11 {
12 GPIO_Configuration();
13 TIM2_NVIC_Configuration();
14 TIM2_Configuration();
15 while(1)
16 {
17 GPIO_Write(GPIOA,0x00);
18 GPIO_Write(GPIOC,0xfe);
19 GPIO_Write(GPIOA,discode[shi]);
20 delay(120);
21 GPIO_Write(GPIOA,0x00);
22 GPIO_Write(GPIOC,0xfd);
23 GPIO_Write(GPIOA,discode[ge]);
24 delay(120);
25 }
26 }
```

图 1　48　修改前的代码

```
main.c
1  #include "stm32f10x.h"
2  #include "timer.h"
3  u8 shi,ge;
4  u8 discode[]={0x3f,0x06,0x5b,0x4f,0x66,0x6d,0x7d,0x07,0x7f,0x6f};
5  void delay(u16 t)
6  {
7      u8 j;
8      while(t--)for(j=0;j<200;j++);
9  }
10 int main(void)
11 {
12     GPIO_Configuration();
13     TIM2_NVIC_Configuration();
14     TIM2_Configuration();
15     while(1)
16     {
17         GPIO_Write(GPIOA,0x00);
18         GPIO_Write(GPIOC,0xfe);
19         GPIO_Write(GPIOA,discode[shi]);
20         delay(120);
21         GPIO_Write(GPIOA,0x00);
22         GPIO_Write(GPIOC,0xfd);
23         GPIO_Write(GPIOA,discode[ge]);
24         delay(120);
25     }
26 }
```

图 1—49　修改后的代码

1.5.4.3 快速定位函数/变量被定义的地方

在调试代码或编写代码时，一定想知道某个函数是在何处定义的、具体内容是什么，也可能想知道某个变量或数组是在何处定义的等。尤其在调试代码或者阅读别人所编写的代码时，如果编译器没有快速定位功能，则只能慢慢查找。代码量比较少还好，如果代码量大，那么就要花很长时间来找这个函数到底在哪里。在 MDK 中，可以把光标放到想要查看的函数/变量的上面，然后单击即可快速跳到对应函数/变量的定义处（注意要先在 Options for Target 的 Output 选项卡里面选中 Browse Information 选项，再编译，再定位，否则无法定位），如图 1－50 所示。

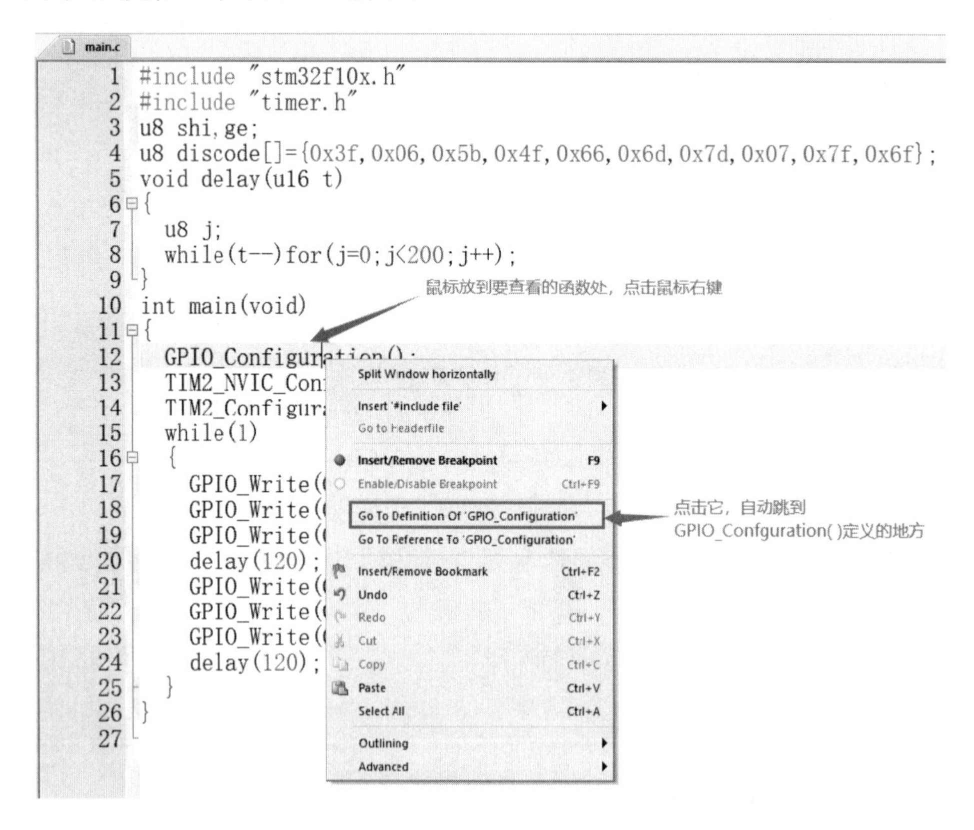

图 1－50 快速定位所选菜单栏

1.5.4.4 快速注释与快速取消注释

在调试代码时，可能会需要注释某一段代码，了解其执行的情况，MDK 提供了快速注释/取消注释块代码的功能。该功能操作简单，先选中要注释的代码区，然后右击，选择 Advanced→Comment Selection 选项就可以了。

如图 1－51 中要注释选中区域的代码，则只要在选中之后单击鼠标右键，再选择 Advanced→Comment Selection 选项就可以把这段代码注释掉。注释完毕的效果如图 1－52 所示。

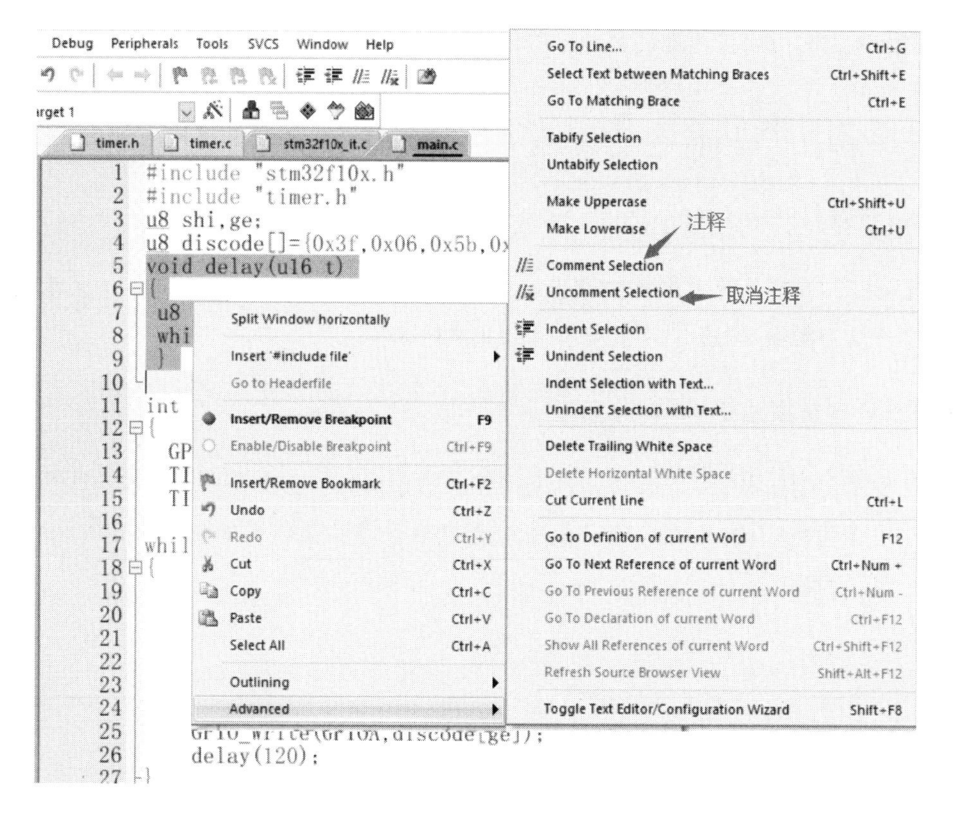

图 1—51　选中要注释的区域

timer.h　timer.c　stm32f10x_it.c　main.c*

```
1  #include "stm32f10x.h"
2  #include "timer.h"
3  u8 shi,ge;
4  u8 discode[]={0x3f,0x06,0x5b,0x4f,0x66,0x6d,0x7d,0x07,0x7f,0x6f};
5  //void delay(u16 t)
6  //{
7  // u8 j;
8  // while(t--)for(j=0;j<200;j++);
9  // }
10
11 int main(void)
12 {
13   GPIO_Configuration();
14   TIM2_NVIC_Configuration();
15   TIM2_Configuration();
16
17 while(1)
18 {
19     GPIO_Write(GPIOA,0x00);
20     GPIO_Write(GPIOC,0xfe);
21     GPIO_Write(GPIOA,discode[shi]);
22     delay(120);
23     GPIO_Write(GPIOA,0x00);
24     GPIO_Write(GPIOC,0xfd);
25     GPIO_Write(GPIOA,discode[ge]);
26     delay(120);
27 }
```

被注释区域

图 1—52　注释完毕的效果

应用上述方法可以快速地注释掉一些代码，但在某些时候，又希望这段注释的代码能快速取消注释。其方法与注释类似，先选中要取消注释的区域，然后通过单击鼠标右键，再选择 Advanced→Uncomment Selection 选项，取消注释，如图 1－51 中的标注所示。

1.5.4.5 快速打开头文件

将光标放到要打开的引用头文件上，然后右键选择 Open Document xxx 选项，就可以快速打开这个文件（xxx 是用户要打开的头文件名称）。

1.5.4.6 查找替换功能

查找替换功能和 Word 等很多文档编辑软件的查找替换功能差不多，在 MDK 里面查找替换的快捷键是 Ctrl+H 组合键，只要按下该组合键就会调出如图 1－53 所示对话框。其用法与其他编辑工具或编译器差不多，这里就不再赘述了。

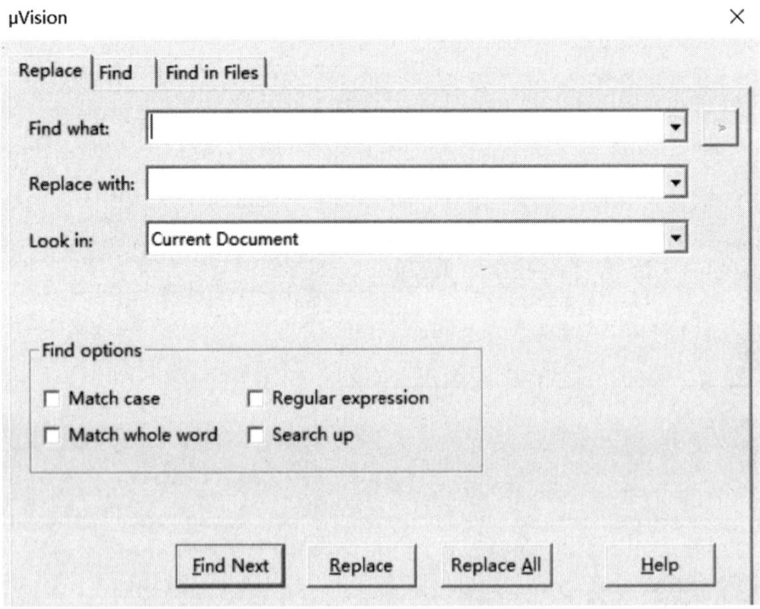

图 1－53　查找替换对话框

1.5.5 STM32 软件仿真

MDK 的一个强大功能是提供软件仿真，通过软件仿真可以发现很多可能出现的问题，避免下载到 STM32 后再来查找这些错误。这样做最大的好处是能很方便地检查程序存在的问题，因为在 MDK 的仿真下面可以查看很多硬件相关的寄存器，通过观察这些寄存器，可以知道代码是不是真正有效。另外一个优点是不必频繁地刷机，从而延长了 STM32 的 Flash 寿命。当然，软件仿真不是万能的，很多问题还是要到在线调试才能发现。

下面介绍软件仿真。单击工具栏中的“魔术棒”图标（参见图1－31），选择Debug选项卡，如图1－54进行设置。设置完成后单击OK按钮，在工具条上单击“开始/停止仿真”按钮，出现如图1－55所示界面。从图1－55可以看出，多出来一个Debug工具条，如图1－56所示。Debug工具条在仿真时是非常有用的，下面简单介绍该工具条相关按钮的功能。

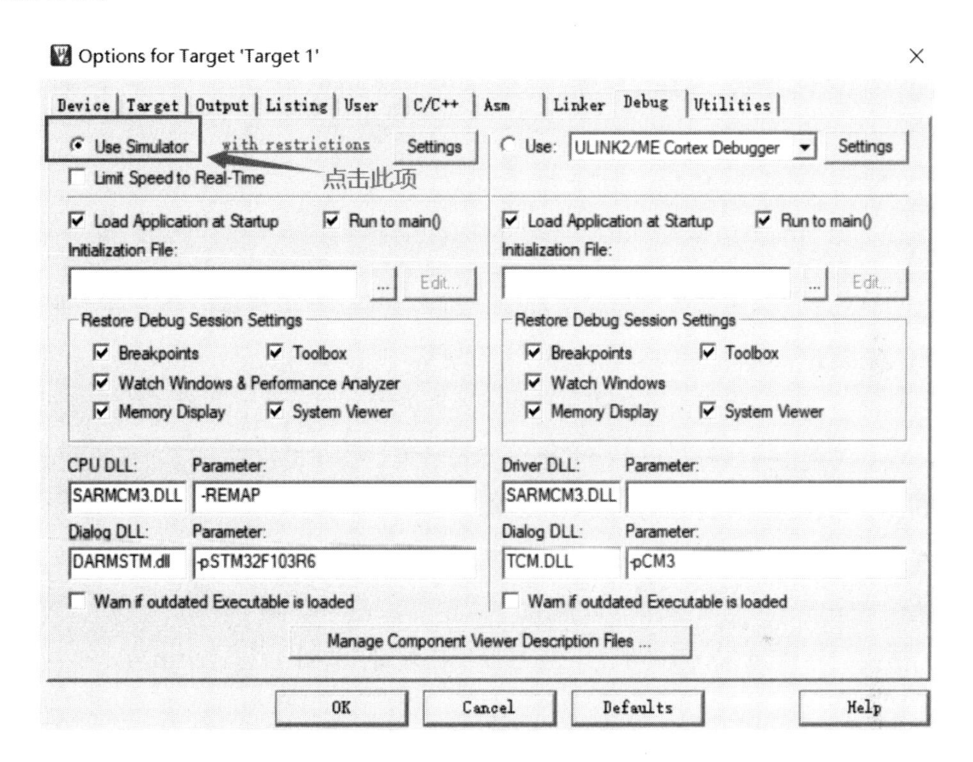

图1－54　软件仿真设置

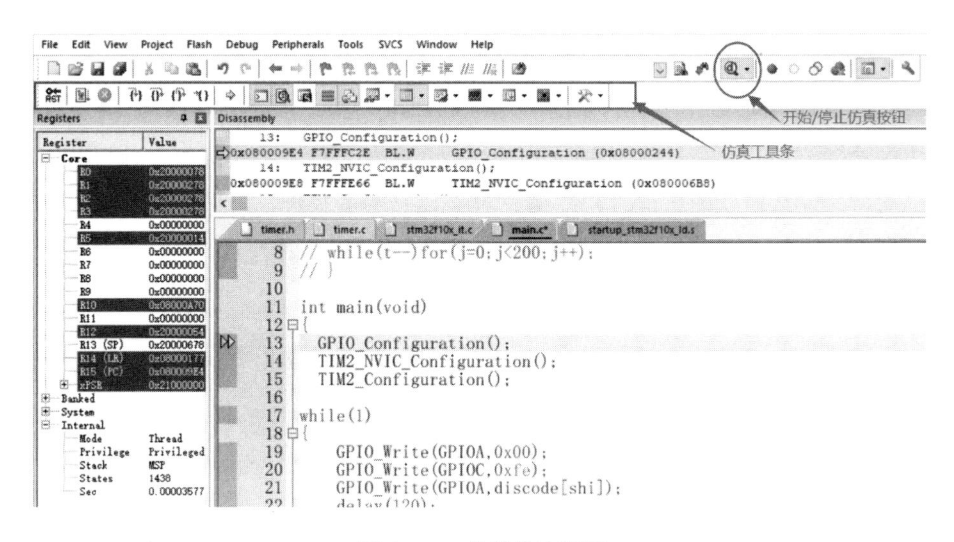

图1－55　软件仿真界面

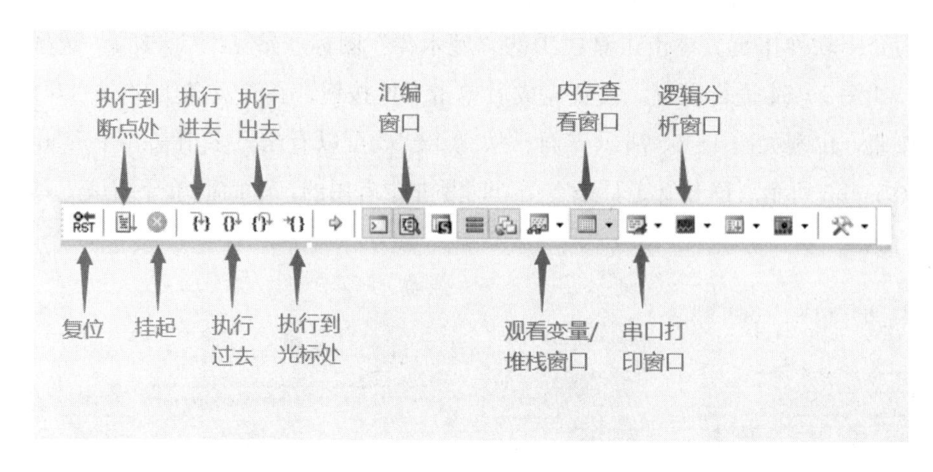

图 1－56　Dubug **工具条**

复位：其功能等同于硬件上的复位按钮，相当于实现了一次硬复位。单击此按钮之后，代码会从头开始执行。

执行到断点处：此按钮用来快速执行到断点处，有时用户并不需要观看每一步是怎么执行的，而是需要快速执行到程序的某个地方看结果，这个按钮就可以实现这样的功能。当然，其前提是已在需查看的地方设置了断点。

挂起：此按钮在程序一直执行时变为有效，通过按此按钮可以使程序停止下来，进入到单步调试状态。

执行过去：在碰到有函数的地方，通过此按钮就可以单步执行这个函数，而不进入这个函数单步执行。

执行出去：在进入了函数单步调试时，有时可能不必再继续单步执行该函数的剩余部分，通过此按钮就可以一步连续执行完该函数的剩余部分，并跳出函数回到函数被调用的位置。

执行到光标处：此按钮可以迅速使程序运行到光标处。其功能有点像"执行到断点处"按钮的功能，但是两者是有区别的：断点可以有多个，但是光标所在处只有一个。

汇编窗口：通过此按钮可以查看汇编代码，这对分析程序很有用。

观看变量/堆栈窗口：单击此按钮会弹出一个显示变量的窗口，在窗口中可以查看各种变量值，这是很常用的一个调试窗口。

串口打印窗口：单击此按钮会弹出一个类似于串口调试助手界面的窗口，用来显示从串口打印出来的内容。

内存查看窗口：单击此按钮会弹出一个内存查看窗口，可以输入待查看的内存地址，然后观察这一地址内存的变化情况。这是很常用的一个调试窗口。

逻辑分析窗口：单击此按钮会弹出一个逻辑分析窗口，通过 SETUP 按钮新建一些 I/O 口，就可以观察这些 I/O 口的电平变化情况，并以多种形式显示出来，比较直观。

Debug 工具条上的其他几个按钮用得比较少，在这里不作介绍。读者可以把鼠标滑动到相应的按钮上，这时会有提示窗口弹出，窗口里的内容就是对相关按钮功能的介绍。

下面举一个简单的例子说明软件仿真。先按照 1.5.3 节的方式建立工程，main 函数如图 1－57 所示。该函数的目的是把 PA0 定义为推挽输出，PA8 定义为输入模式，当读得 PA 口数据为 0100H，也就是 PA8 输入为高电平时，PA 口输出为 0001H，也就是把 PA0 置为高电平；当读得 PA 口数据不为 0100H，也就是 PA8 输入为低电平时，PA 口输出为 0000H，也就是把 PA0 置为低电平。

File　Edit　View　Project　Flash　Debug　Peripherals　Tools　SVCS　Window　Help

Target 1

Project: example / Target 1 / Source Group 1 / main.c / CMSIS / Device

main.c*　startup_stm32f10x_hd.s

```
1  #include "stm32f10x.h"
2  int main(void)
3  {
4    GPIOA->CRL=0x03; //GPIOx_CPL、GPIOx_CPH为配置寄存器
5    GPIOA->CRH=0x04;
6    while(1)
7    {
8      if((GPIOA->IDR & 0x0100)==0x0100) //IDR、ODR为数据寄存器
9        GPIOA->ODR=0x0001;
10     else
11       GPIOA->ODR=0x0000;
12   }
13 }
14
```

图 1－57　main 函数示例

编译成功后，点击“开始/停止仿真”按钮，出现如图 1－58 所示的调试界面。

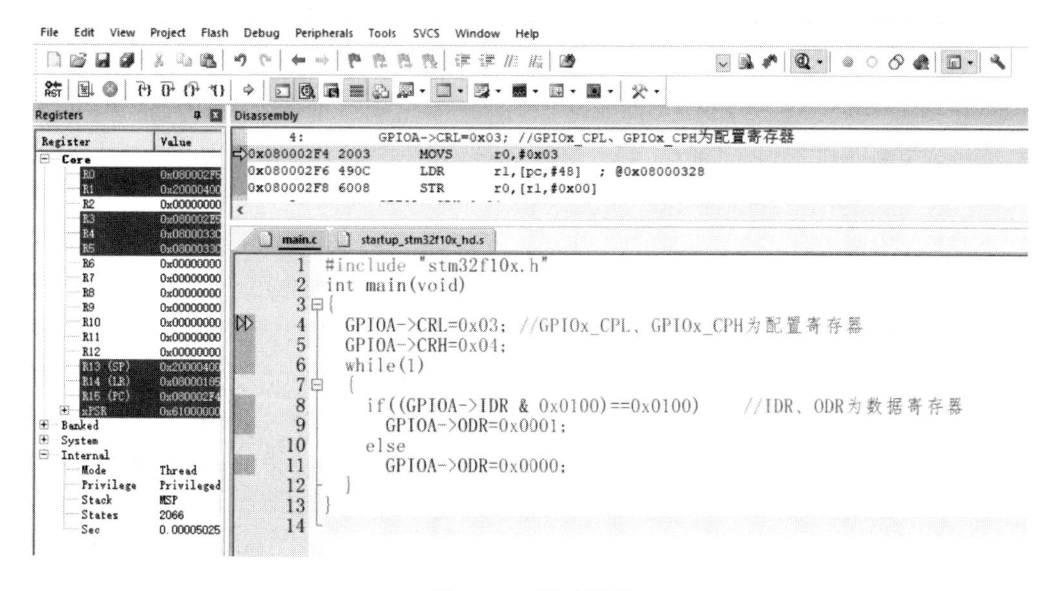

图 1－58　调试界面

点击 Peripherals→General Purpose I/O→GPIOA，调出 PA 口的状态栏如图 1—59 所示，此时 CRH 和 CRL 两个寄存器的值均为 44444444H，说明 PA 口所有口线的初始状态默认为浮空输入，各数据寄存器的值均为 0。为了更形象地看到 PA8 和 PA0 的状态变化，再打开逻辑分析窗口，按照图 1－60 中的步骤进行设置。设置完成的界面如图 1－61 所示。

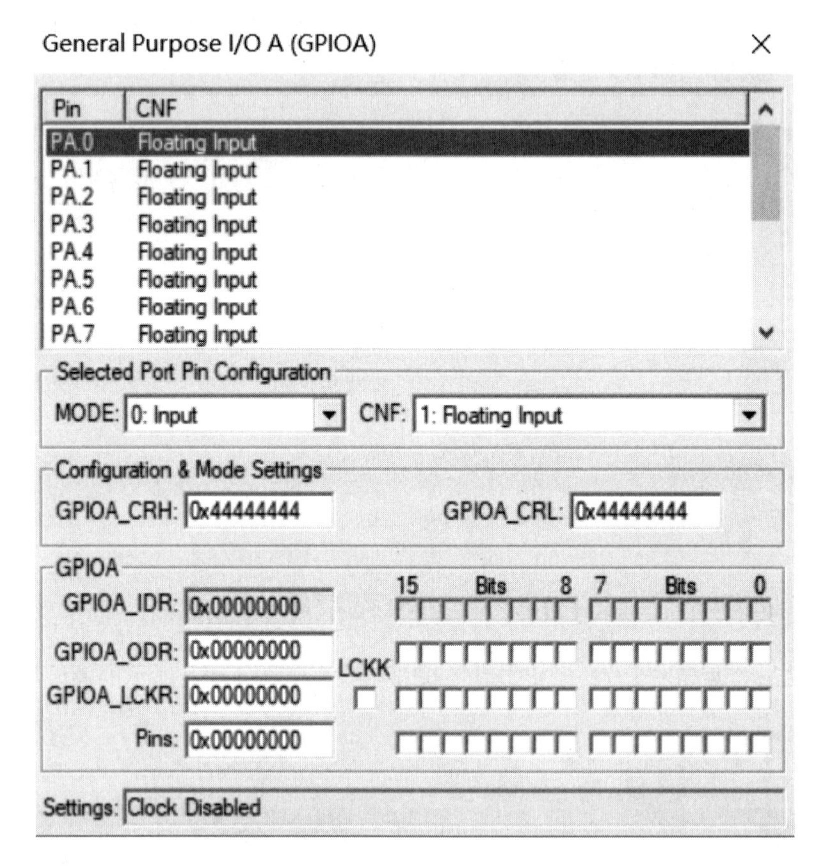

图 1—59　PA 口状态栏

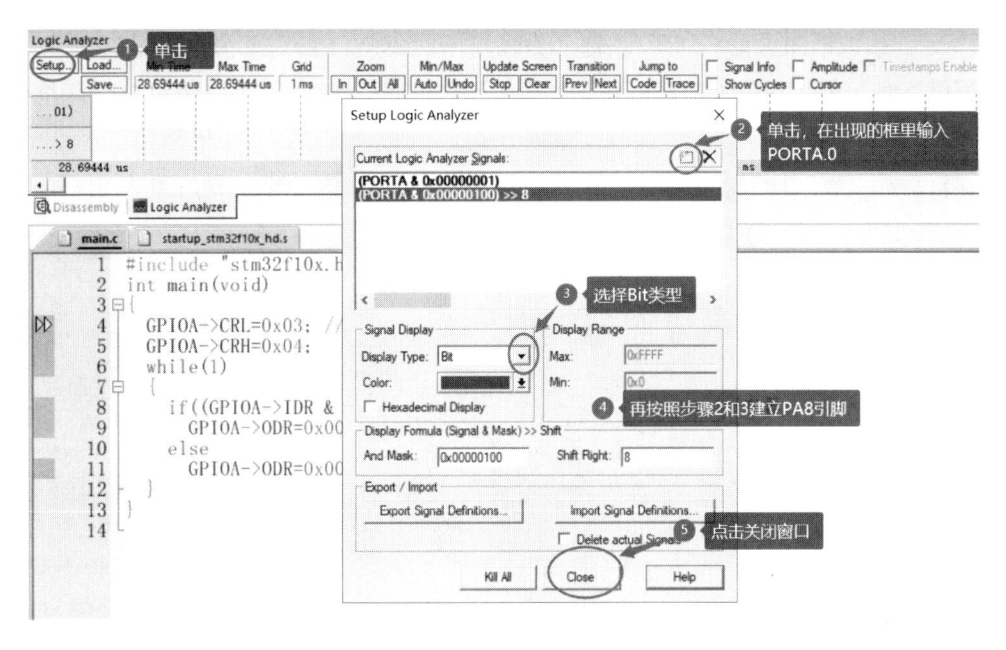

图 1—60　**设置逻辑分析窗口**

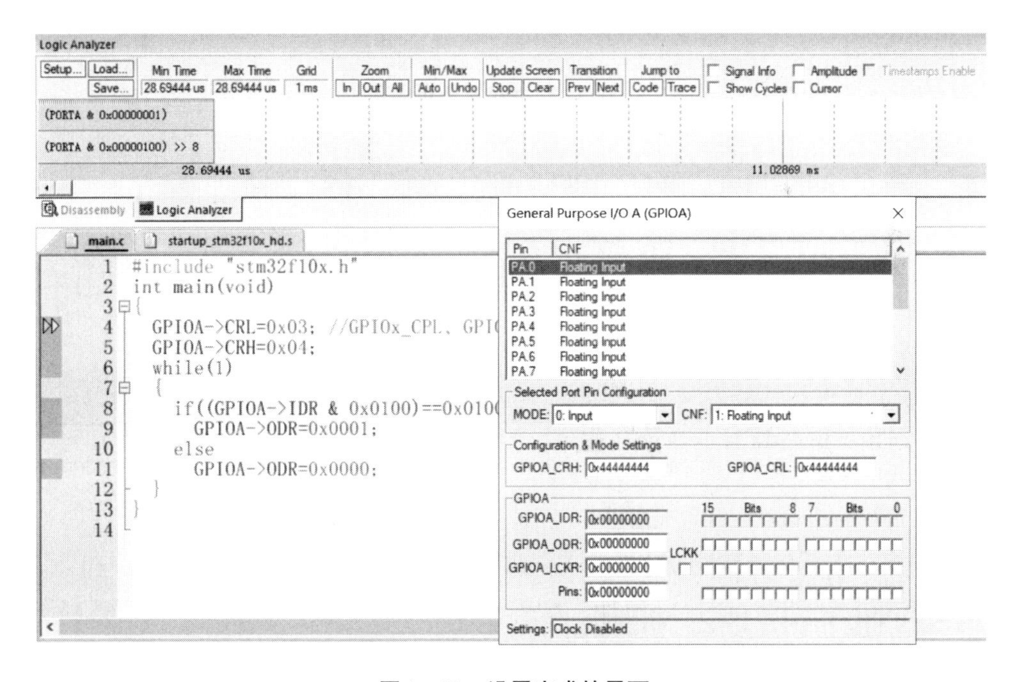

图 1—61　**设置完成的界面**

点击“执行进去”按钮，程序单步执行，点击两次后，可以看到 General Purpose I/O A（GPIOA）中的 CRH 变为 0x00000004，CRL 变为 0x00000003，进入到 while 循环语句中，改变 Pins 中位 8 对应的状态，就可以看到输出寄存器的位 0 的状态变化。也可以直接单击“执行到断点处”按钮执行程序，执行一段时间后单击“挂起”按钮停止执行，这时在逻辑分析窗口就可以观察到 PA0 和 PA8 两个端口的状态变化波形，如图

1－62所示。由波形图可见，当 PA8 输入为高电平时，PA0 输出就为高电平，当 PA8 输入为低电平时，PA0 输出就为低电平，同理论分析一致，验证了程序的正确性，至此软件仿真过程结束。

通过软件仿真，接下来可下载程序到硬件上，验证程序在硬件上是否也是可行的。

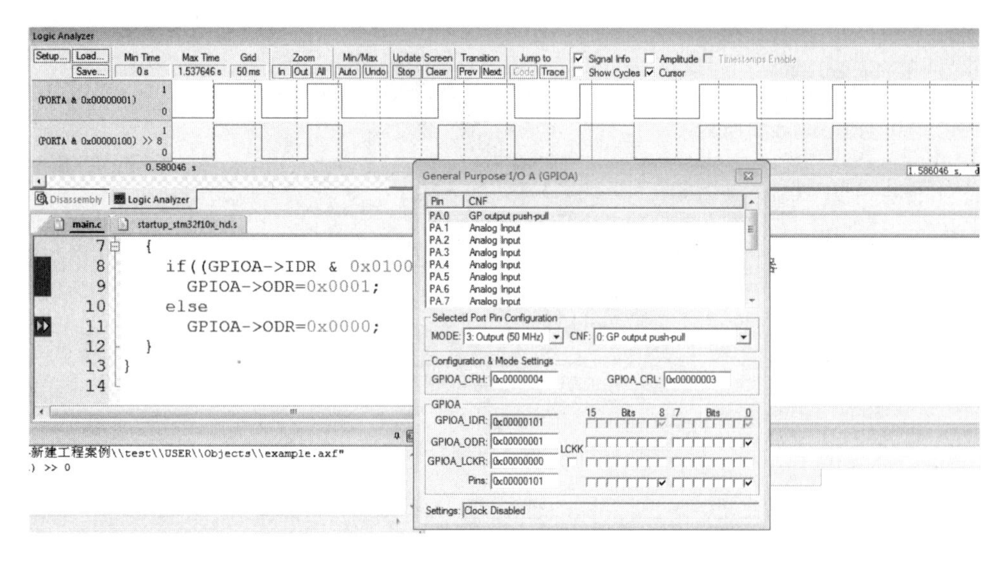

图 1－62　仿真结果

1.5.6　STM32 程序下载

STM32 的程序下载方法有 USB、串口、JTAG、SWD 等方式。最常用、最经济的下载方式是通过串口给 STM32 下载程序。本书介绍如何利用 ST－LINK/V2 和串口给 STM32 下载程序。

1.5.6.1　利用 ST－LINK/V2 下载程序

ST－LINK/V2 是 ST 意法半导体为评估、开发 STM8 系列和 STM32 系列的 MCU 而设计的集在线仿真与下载为一体的开发工具。

在程序编译完成后，连接好硬件，单击“魔术棒”按钮，点击 Debug，选择 ST－Link Debugger，如图 1－63 所示。单击 Settings 按钮，得到如图 1－64 所示对话框，如果 Debug Adapter 栏和 SW Device 栏出现框中检测到的设备，说明 ST－LINK/V2 连接成功，再单击按钮，将生成的 HEX 文件下载到实验板上就可以运行了。ST－LINK/V2 下载成功后，MDK 软件下方的 Build Output 界面如图 1－65 所示。

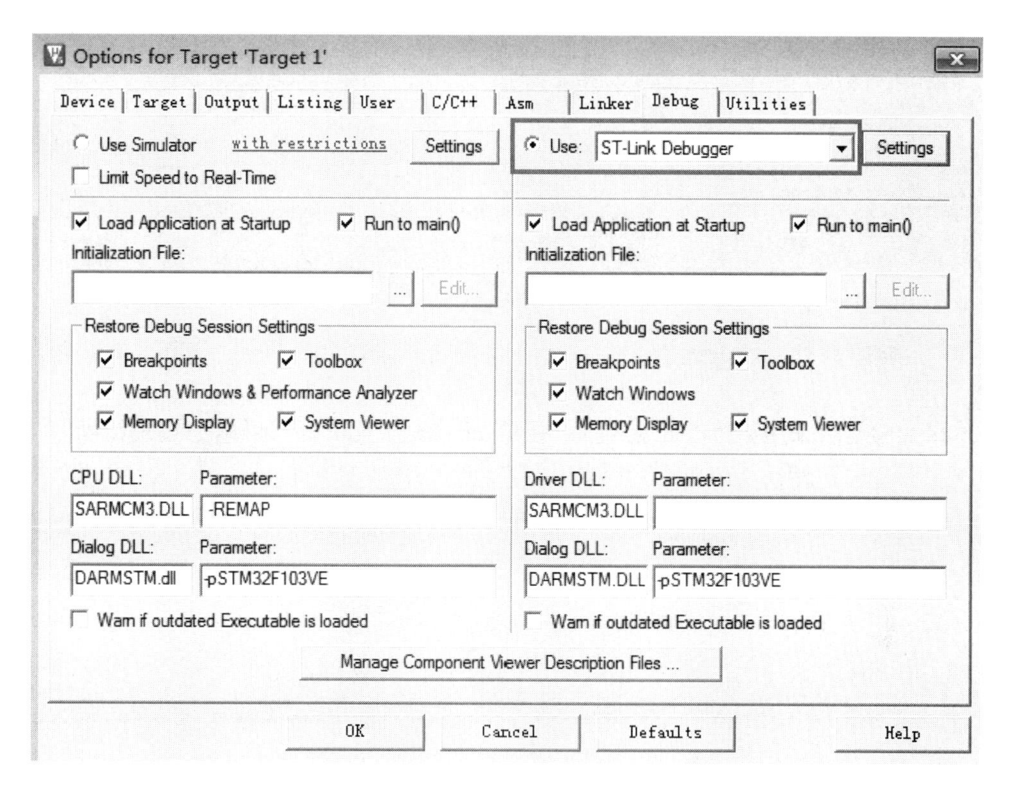

图 1—63　设置 Dcbug 界面

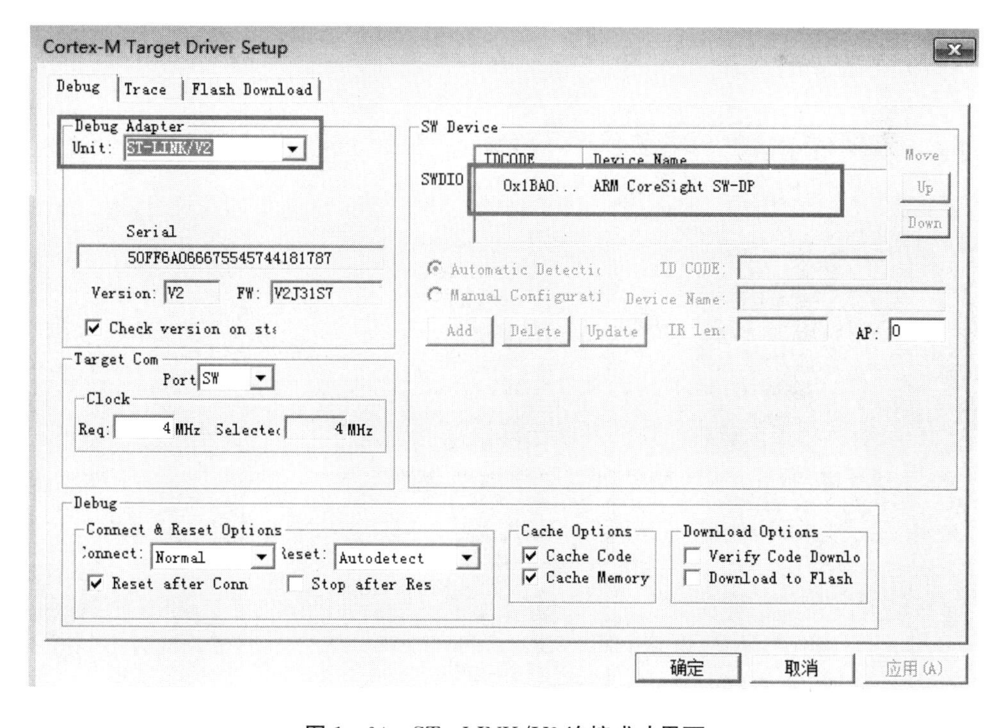

图 1—64　ST—LINK/V2 连接成功界面

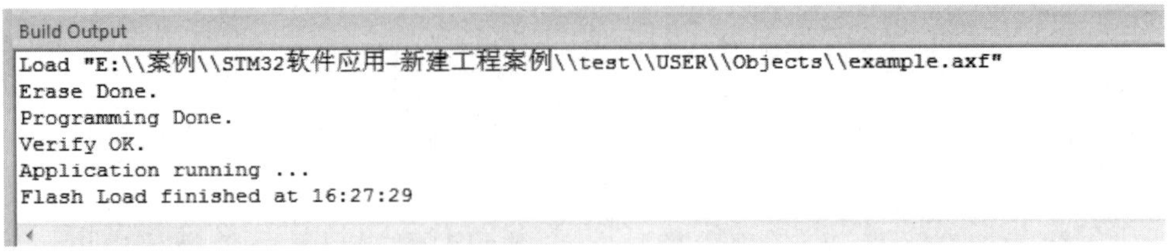

```
Build Output
Load "E:\\案例\\STM32软件应用-新建工程案例\\test\\USER\\Objects\\example.axf"
Erase Done.
Programming Done.
Verify OK.
Application running ...
Flash Load finished at 16:27:29
```

图 1—65　ST—LINK/V2 下载成功界面

1.5.6.2　利用串口下载程序

本书实验平台采用正点原子精英版 STM32F103 开发系统，可以通过 USB 转串口下载程序到开发板，在初次使用 USB 转串口下载时，需在计算机上安装串口驱动 CH340，安装完成后将 USB 串口线连接到计算机串口上，计算机就会识别到串口。在“我的电脑”上右键单击，选择“设备管理器→端口”将会看到如图 1—66 所示界面。具体串口号（COM 号）根据连接的不同计算机的 USB 口而定。

串口下载软件选择的是 mcuisp，该软件属于第三方软件，由单片机在线编程网提供，读者可以到 www.mcuisp.com 免费下载。mcuisp 软件的启动界面如图 1—67 所示，其 Port 菜单栏的端口号和设备管理器里的端口号一致。如图 1—67 所示，单击“...”按钮添加需要下载的 HEX 文件，然后单击“开始编程”，就可以把编译好的程序下载到开发板上，下载成功后的界面如图 1—68 所示。

注意：在使用串口下载程序的时候，开发板上的 BOOT0 端要接高电平。

图 1—66　设备管理器串口显示界面

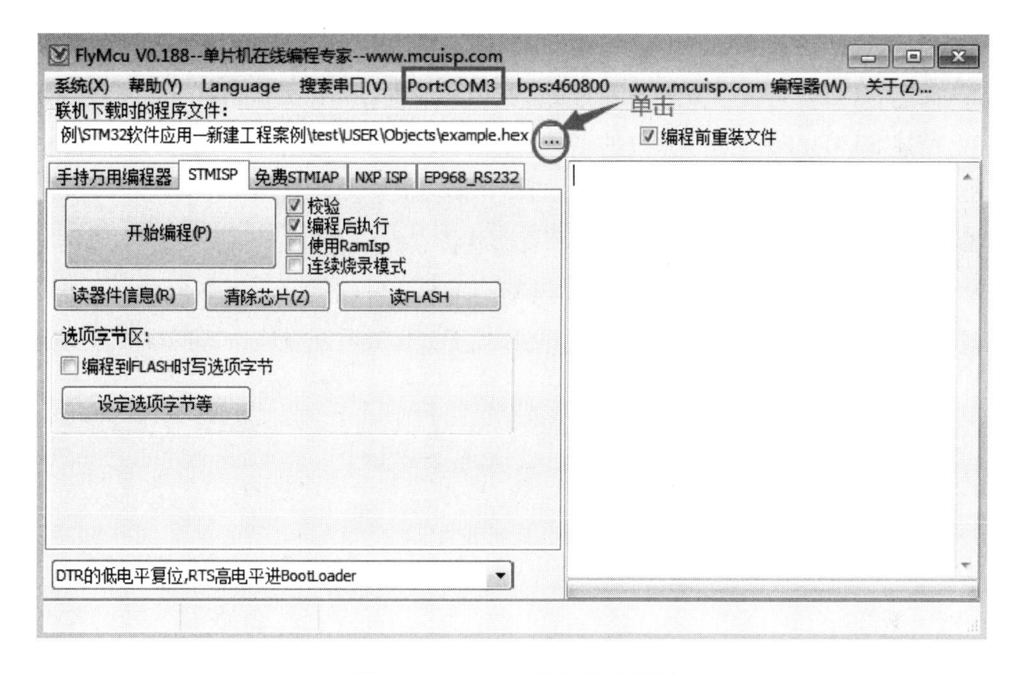

图 1-67　mcuisp 软件启动界面

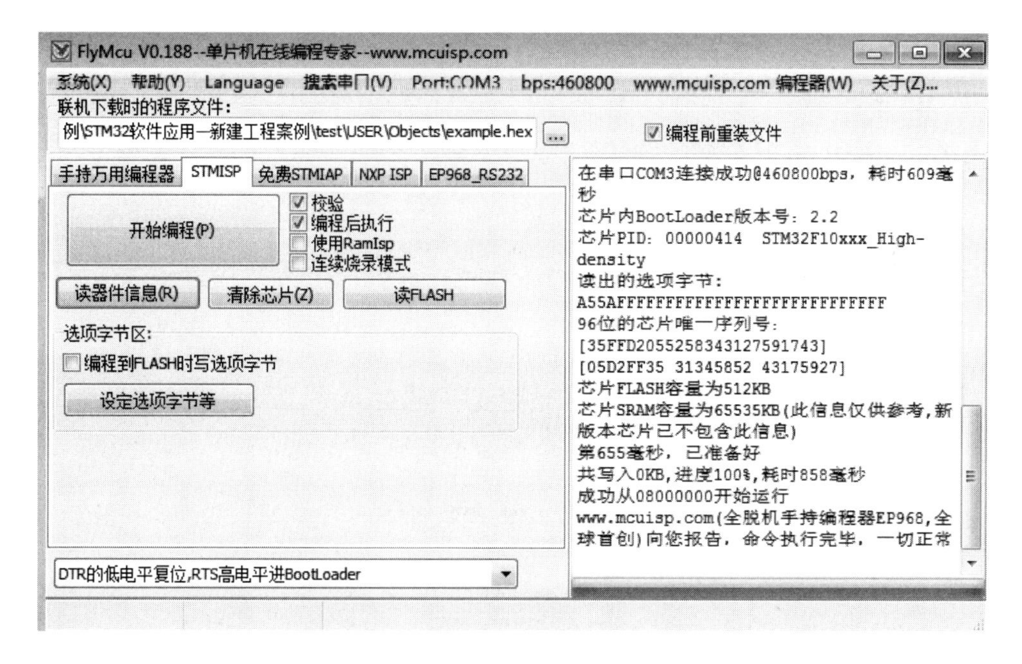

图 1-68　串口程序下载成功后的界面

思考与实操

1. Cortex-M3 处理器采用什么架构？其核心是基于什么结构？具有多少级流水线内核？

2. 简述 STM32F103 系列单片机片内包含哪些资源。

3. 描述STM32的命名规则，STM32F103VET6的引脚、封装、Flash大小是什么？

4. 简述STM32的复位方式。手动复位按键处的电容有什么作用？

5. 简述STM32F103最小系统的组成及各部分功能。

6. STM32的启动模式有几种？BOOT的引脚有几个？分别如何设置？

7. 在ST固件库中，函数的命名规则有哪些特点？

8. 在PC机上安装MDK－ARM和PROTEUS开发软件，熟悉如何建立工程模板、如何进行软件仿真的操作步骤，熟悉在仿真环境下如何查看变量值、寄存器状态及运行结果等。

项目二　LED 流水灯控制

2.1　项目要求

使用 STM32F103R6 芯片的 PA0～PA7 引脚分别接 8 个 LED，如图 2-1 所示，通过程序控制 8 个 LED 一个一个点亮，然后再一个一个熄灭，如此重复。

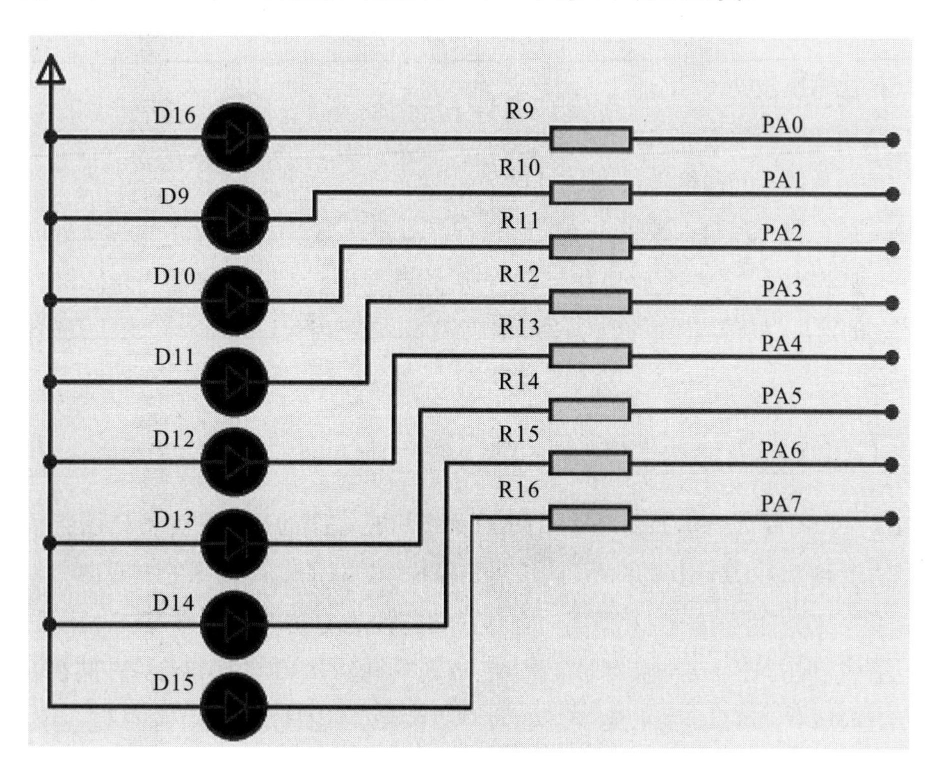

图 2-1　项目二电路连接图

2.2　STM32 的 GPIO 介绍

如何控制 LED 点亮和熄灭？关键在于控制 STM32 的 I/O 口输出，这是迈向 STM32

的第一步。

STM32 的 I/O 引脚可以通过寄存器配置为各种不同的功能，如输入或输出，所以又被称为 GPIO（General Purpose Input Output，通用输入/输出），而 GPIO 又被分为 GPIOA、GPIOB、GPIOC、GPIOD、GPIOE、GPIOF 和 GPIOG 共 7 组，每组端口又分为 0～15 共计 16 个不同的引脚。对于不同型号的 STM32 核心板，端口的组数和引脚数不尽相同，读者可以参考相应芯片的数据手册。

2.2.1 GPIO 口的工作模式

STM32 的 I/O 口可以由软件配置成如下 8 种工作模式：

（1）浮空输入：IN_FLOATING；

（2）上拉输入：IPU；

（3）下拉输入：IPD；

（4）模拟输入：AIN；

（5）开漏输出：Out_OD；

（6）推挽输出：Out_PP；

（7）复用功能的推挽输出：AF_PP；

（8）复用功能的开漏输出：AF_OD。

每个 I/O 口都可以自由编程，单 I/O 口寄存器必须按 32 位字被访问。STM32 的很多 I/O 口是 5V 兼容的，这些 I/O 口在与 5V 的外设连接的时候很有优势。具体哪些 I/O 口是 5V 兼容的，可以从该芯片的数据手册引脚描述章节查到（I/O Level 标 FT 的就是 5V 电平兼容的）。

2.2.2 GPIO 模块结构与工作原理

GPIO 引脚的内部结构如图 2-2 所示。由图可见，图的最右端为 I/O 引脚，左端的器件位于芯片内部。I/O 引脚并联了两个用于保护的二极管。结构图的上半部分为输入模式结构，接下来就是两个开关和电阻，与 V_{DD} 相连的为上拉电阻，与 VSS 相连的为下拉电阻。再连接到 TTL 肖特基触发器就把电压信号转化为 0、1 的数字信号存储在输入数据寄存器（IDR）中，可以通过设置配置寄存器（CRL、CRH）控制 V_{DD}、V_{SS} 旁的两个开关，于是就可以得到 GPIO 的上拉输入模式和下拉输入模式。

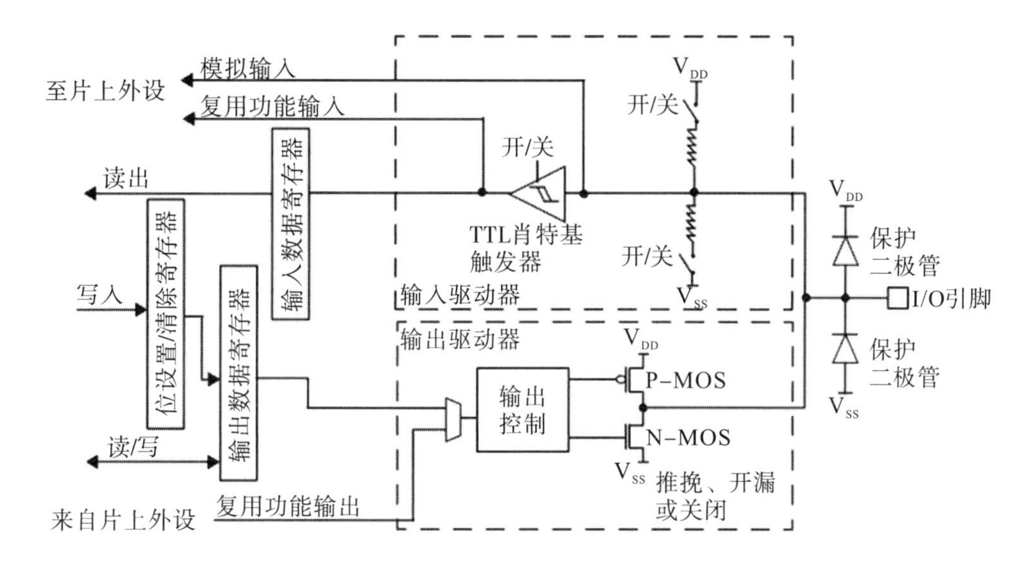

图 2-2 GPIO 引脚内部结构示意图

从图 2-2 所示的内部结构可以理解，若 GPIO 引脚配置为上拉输入模式，在默认状态下（GPIO 引脚无输入），读取到 GPIO 引脚数据为 1（高电平）；若 GPIO 引脚配置为下拉输入模式，在默认状态下，其引脚数据为 0（低电平）。

STM32 的浮空输入模式在芯片内部既没有接上拉电阻，也没有接下拉电阻，经触发器输入，配置成该模式时，直接用电压表测量其引脚电压为 1 点几伏，这是个不确定值，由于其输入阻抗较大，一般把这种模式用于标准的通信协议如 I2C、USART 的接收端。

模拟输入模式则关闭了施密特触发器，不接上拉电阻和下拉电阻，经由另一线路把电压信号传送到片上外设模块，如传送给 ADC 模块，由 ADC 采集电压信号，所以使用 ADC 外设时，必须设置为模拟输入模式。

图 2-2 的下半部分为输出模式结构，线路经过一个由 PMOS 和 NMOS 组成的单元电路。推挽输出模式是根据其工作方式命名的，输出高电平时，PMOS 导通，NMOS 截止；输出低电平时，NMOS 导通，PMOS 截止。两个管子轮流导通，一个负责灌电流，一个负责拉电流，使其负载能力和开关速度都比普通的方式有很大的提高。推挽输出的低电平为 0V，高电平为 3.3V。

在开漏输出模式时，如果控制输出为 0（低电平），则使 NMOS 导通，输出接地。若控制输出为 1（无法直接输出高电平），则既不输出高电平，也不输出低电平，为高阻态。正常使用时必须在外部接一个上拉电阻。它具有“线与”特性，即很多个开漏模式引脚连接到一起时，只有当所有引脚都输出高阻态时，才由上拉电阻提供高电平，此高电平的电压为外部上拉电阻所接的电源的电压。若其中一个引脚为低电平，则线路就相当于短路接地，使整条线路都为低电平。

通用推挽输出模式一般应用在输出电平为 0V 和 3.3V 的场合。而通用开漏输出一般应用在电平不匹配的场合，如需要输出5V的高电平，就需要在外部接一个上拉电阻，电源为5V，把GPIO设置为开漏模式，当输出高阻态时，由上拉电阻和电源向外输出5V的电平。

对于复用功能的输出模式，则是根据GPIO的复用功能来选择的，如GPIO的引脚用作串口的输出，则使用复用推挽输出模式。如果在IC、SMBUS这些需要线与功能的复用场合，就使用复用开漏模式。其他不同复用场合的复用模式引脚配置将在具体的例子中介绍。

注意：在使用任何一种开漏模式时，都需要接上拉电阻。

2.2.3 GPIO端口寄存器

STM32的每个I/O端口都由以下7个寄存器来控制。

(1) 配置模式下2个32位的端口配置寄存器CRL和CRH；

(2) 2个32位的数据寄存器IDR和ODR；

(3) 1个32位的置位/复位寄存器BSRR；

(4) 1个16位的复位寄存器BRR；

(5) 1个32位的锁存寄存器LCKR。

本书仅介绍常用的几个I/O端口寄存器：CRL、CRH、IDR、ODR、BSRR和BRR。

2.2.3.1 端口低配置寄存器CRL

I/O端口低配置寄存器CRL是控制每个I/O端口（A～G）的低8位的模式和输出速率的。每个I/O端口占用CRL的4位，高两位为CNF，低两位为MODE，STM32的I/O端口位配置如表2－1所示。

表2－1 STM32的I/O端口位配置

<table>
<tr><th colspan="2">配置模式</th><th>CNF1</th><th>CNF0</th><th>MODE1</th><th>MODE0</th><th>PxODR寄存器</th></tr>
<tr><td rowspan="2">通用输出</td><td>推挽</td><td rowspan="2">0</td><td>0</td><td colspan="2" rowspan="4">01
10
11</td><td>0或1</td></tr>
<tr><td>开漏</td><td>1</td><td>0或1</td></tr>
<tr><td rowspan="2">复用功能输出</td><td>推挽</td><td rowspan="2">1</td><td>0</td><td>不使用</td></tr>
<tr><td>开漏</td><td>1</td><td>不使用</td></tr>
<tr><td rowspan="4">输入</td><td>模拟输入</td><td rowspan="2">0</td><td>0</td><td colspan="2" rowspan="4">00</td><td>不使用</td></tr>
<tr><td>浮空输入</td><td>1</td><td>不使用</td></tr>
<tr><td>下拉输入</td><td rowspan="2">1</td><td rowspan="2">0</td><td>0</td></tr>
<tr><td>上拉输入</td><td>1</td></tr>
</table>

STM32 的 I/O 端口输出速率配置如表 2—2 所示。

表 2—2　STM32 的 I/O 端口输出速率配置

MODE［1：0］	意义
00	保留
01	最大输出速率为 10MHz
10	最大输出速率为 2MHz
11	最大输出速率为 50MHz

端口低配置寄存器 CRL 的描述如图 2—3 和表 2—3 所示。

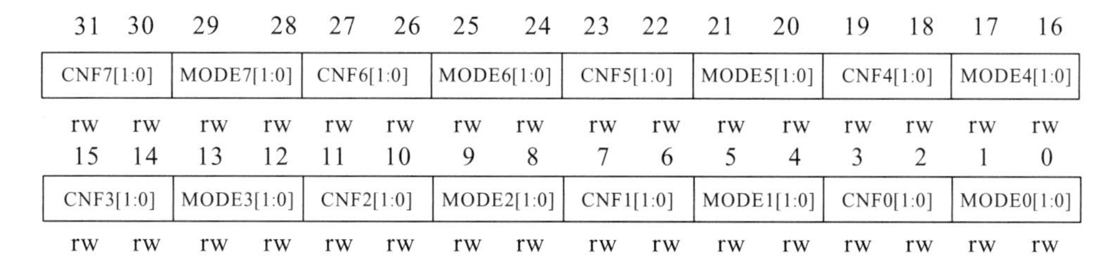

图 2—3　端口低配置寄存器 CRL 数据

表 2—3　端口低配置寄存器 CRL 各位描述

位	描述
位 31：30 位 27：26 位 23：22 位 19：18 位 15：14 位 11：10 位 7：6 位 3：2	CNFy［1：0］：端口 x 配置位（y=0，1，…，7），软件通过这些位配置相应的I/O 端口。 在输入模式（MODE［1：0］=00） 00：模拟输入模式 01：浮空输入模式（复位后的状态） 10：上拉/下拉输入模式 11：保留 在输出模式（MODE［1：0］>00） 00：通用推挽输出模式 01：通用开漏输出模式 10：复用推挽输出模式 11：复用开漏输出模式
位 29：28 位 25：24 位 21：20 位 17：16 位 13：12 位 9：8 位 5：4 位 1：0	MODEy［1：0］：端口 x 的模式位（y=0，1，…，7），软件通过这些位配置相应的 I/O 端口。 00：输入模式（复位后的状态） 01：输出模式，最大速率为 10MHz 10：输出模式，最大速率为 2MHz 11：输出模式，最大速率为 50MHz

CRL 寄存器的复位值为 0x44444444。从图 2—3 中看到，复位值其实就是配置端口为浮空输入模式。由图 2—3 还可以看出，STM32 的 CRL 寄存器控制着每组 I/O 端口（A～

G）低 8 位的模式。每个 I/O 端口占用 CRL 的 4 个位，高两位为 CNF，低两位为 MODE。这里可以记住几个常用的配置：

（1）0x0 表示模拟输入模式（ADC 用）；

（2）0x3 表示通用推挽输出模式（作为输出口用，50MHz 速率）；

（3）0x8 表示上拉/下拉输入模式（作为输入口用）；

（4）0xB 表示复用输出（使用 I/O 口的第二功能，50MHz 速率）。

2.2.3.2　端口高配置寄存器 CRH

CRH 寄存器的作用和 CRL 完全一样，只是 CRL 控制的是低 8 位输出口，而 CRH 控制的是高 8 位输出口，这里就不再赘述。

例如：设置 PORTA 的 11 位为上拉输入，12 位为推挽输出，输出速率为 50MHz。采用寄存器设置，代码如下：

```
GPIOA->CRH&=0xFFF00FFF; //清除 11 位和 12 位原来的设置，不影响其他位的设置
GPIOA->CRH|=0x00038000; //PA11 上拉/下拉输入，PA12 推挽输出，速率为 50MHz
GPIOA->ODR=1<<11; //设置 PA11 为 1，使得 PA11 为上拉输入
```

通过上面 3 句代码，我们就设置了 PA11 为上拉输入，PA12 为推挽输出，输出速率为 50MHz。

2.2.3.3　端口输入数据寄存器 IDR

IDR 是一个端口输入数据寄存器，只用了低 16 位。该寄存器为只读寄存器，并且只能以 16 位的形式读出。该寄存器各位的描述如图 2－4 和表 2－4 所示。

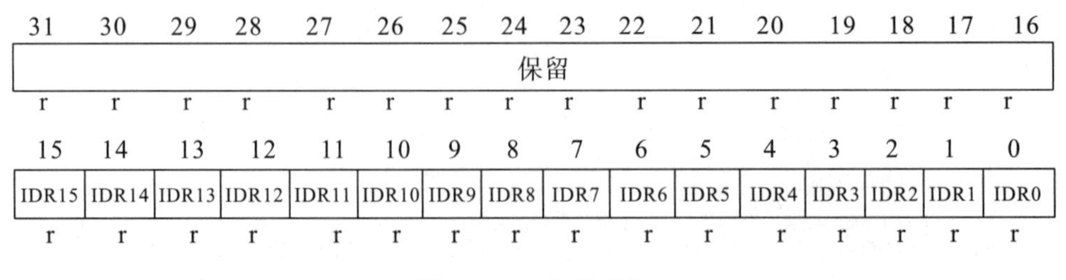

图 2－4　IDR 数据位

表 2－4　端口输入数据寄存器 IDR 各位描述

位	描述
位 31：16	保留，始终读为 0
位 15：0	IDRy [15：0]：端口输入数据（y=0，1，…，15），这些位为只读并只能以字（16 位）的形式读出，读出值为对应 I/O 口的状态

要想知道某个I/O口的状态，只要读IDR寄存器，再看某个位的状态就可以了，使用起来比较简单。

例如：读取PA口状态的代码如下：

```
temp=GPIOA->IDR;
```

读取PA4引脚状态的代码如下：

```
bitstatus=GPIOA->IDR&0x10;
```

2.2.3.4 端口输出数据寄存器ODR

ODR是一个端口输出数据寄存器，也只用了低16位，该寄存器的各位描述如图2—5和表2—5所示。

31	30	29	28	27	26	25	24	23	22	21	20	19	18	17	16
保留															
rw	rw	rw	rw	rw	rw	rw	rw	rw	rw	rw	rw	rw	rw	rw	rw

15	14	13	12	11	10	9	8	7	6	5	4	3	2	1	0
ODR15	ODR14	ODR13	ODR12	ODR11	ODR10	ODR9	ODR8	ODR7	ODR6	ODR5	ODR4	ODR3	ODR2	ODR1	ODR0
rw	rw	rw	rw	rw	rw	rw	rw	rw	rw	rw	rw	rw	rw	rw	rw

图2—5 ODR数据位

表2—5 端口输出数据寄存器ODR各位描述

位	描述
位31：16	保留，始终读为0
位15：0	ODRy [15：0]：端口输出数据（y=0，1，…，15），这些位可读可写并只能以字（16位）的形式操作 注意：对GPIOx_BSRR（x=A... E），可以分别对各个ODR位进行独立的设置/清除

ODR为可读写寄存器，从该寄存器读出来的数据可以用于判断当前I/O的输出状态。而向该寄存器写数据，则可以控制某个I/O口的输出电平。

例如：控制GPIOD口的PD8～PD11输出高电平的代码如下：

```
GPIOD->ODR=0x0F00;
```

2.2.3.5 端口位设置/清除寄存器BSRR

BSRR是一个端口位设置/清除寄存器，该寄存器与ODR寄存器具有类似的作用，都可以用来设置 GPIO 端口的输出位是 1 还是 0。BSRR 寄存器的各位描述如图 2－6 和表 2－6 所示。

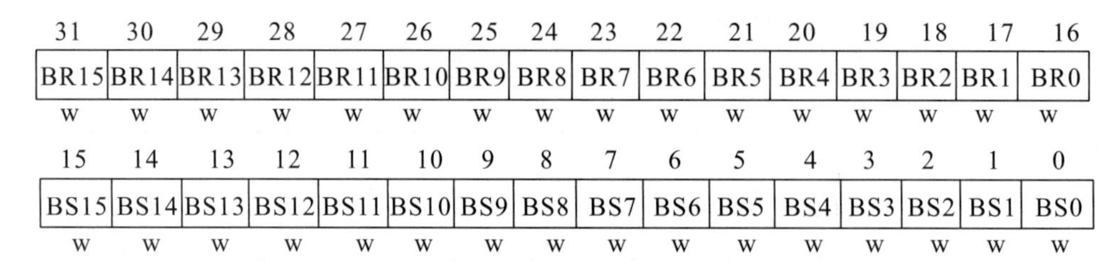

图 2－6　BSRR 数据位

表 2－6　端口位设置/清除寄存器 BSRR 各位描述

位	描述
位 31：16	BRy：清除 GPIOx 端口的位 y（y=0，1，…，15），这些位只能写入，并只能以字（16 位）的形式进行操作， 0：对于对应的 ODRy 位不产生影响 1：清除对应的 ODRy 位为 0 注意：如果同时设置了 BSy 和 BRy 的对应位，那么 BSy 位起作用
位 15：0	BSy：设置 GPIOx 端口的位 y（y=0，1，…，15），这些位只能写入，并只能以字（16 位）的形式进行操作 0：对于对应的 ODRy 位不产生影响 1：设置对应的 ODRy 位为 1

由图 2－6 可以看出，BSRR 寄存器的高 16 位是清除寄存器，低 16 位是设置寄存器。例如：控制 GPIOD 口的 PD8 输出高电平的代码如下：

```
GPIOD->BSRR=0x0100;
```

或者：

```
GPIOD->BSRR=1<<8;
```

例如：控制 GPIOD 口的 PD8 输出低电平的代码如下：

```
GPIOD->BSRR=1<<(16+8);
```

2.2.3.6　端口位清除寄存器 BRR

BRR 是一个端口位清除寄存器，只用了低 16 位，该寄存器的各位描述如图 2－7 和表 2－7 所示。BRR 寄存器的使用方法与 BSRR 寄存器的高 16 位的使用方法一样，这里就不再赘述了。

31	30	29	28	27	26	25	24	23	22	21	20	19	18	17	16
保留															
w	w	w	w	w	w	w	w	w	w	w	w	w	w	w	w

15	14	13	12	11	10	9	8	7	6	5	4	3	2	1	0
BR15	BR14	BR13	BR12	BR11	BR10	BR9	BR8	BR7	BR6	BR5	BR4	BR3	BR2	BR1	BR0
w	w	w	w	w	w	w	w	w	w	w	w	w	w	w	w

图 2-7　BRR 数据位

表 2-7　端口位清除寄存器 BRR 各位描述

位	描述
位 31：16	保留
位 15：0	BRy：清除 GPIOx 端口的位 y（y=0，1，…，15），这些位只能写入，并只能以字（16 位）的形式进行操作 0：对于对应的 ODRy 位不产生影响 1：清除对应的 ODRy 位为 0

通过以上几个寄存器的介绍，完全可以用寄存器来配置 GPIO 口了，但是本书不推荐使用寄存器编写应用程序，因为这样就违背了 STM32 芯片设计的初衷。现在市场上对产品的开发时间要求很高，所以要求开发者在最短的时间内开发出高效、可靠的产品，STM32 的库函数操作便由此诞生。

2.2.4　GPIO 常用库函数

STM32 标准库中提供了几乎覆盖所有 GPIO 操作的函数，GPIO 相关的库函数集中在固件库 stm32f10x_gpio. h 和 stm32f10x_gpio. c 文件里，如表 2-8 所示。为了理解这些函数的具体使用方法，下面对标准库中部分函数做详细介绍。

表 2-8　GPIO 函数库

函数名称	功能
GPIO_DeInit	将外设 GPIOx 寄存器重设为缺省值
GPIO_AFIODeInit	将复用功能（重映射事件控制和 EXTI 设置）重设为缺省值
GPIO_Init	根据 GPIO_InitStruct 中指定的参数初始化外设 GPIOx 寄存器
GPIO_StructInit	把 GPIO_InitStruct 中每一个参数按缺省值填入
GPIO_ReadInputDataBit	读取指定端口引脚的输入
GPIO_ReadInputData	读取指定的 GPIO 端口的输入
GPIO_ReadOutputDataBit	读取指定端口引脚的输出
GPIO_ReadOutputData	读取指定的 GPIO 端口的输出
GPIO_SetBits	设置指定的数据端口位

续表2－8

函数名称	功能
GPIO_ResetBits	清除指定的数据端口位
GPIO_WriteBit	设置或者清除指定的数据端口位
GPIO_Write	向指定的 GPIO 数据端口写入数据
GPIO_PinLockConfig	锁定 GPIO 引脚设置寄存器
GPIO_EventOutputConfig	选择 GPIO 引脚用作事件输出
GPIO_EventOutputCmd	使能或者失能事件输出
GPIO_PinRemapConfig	改变指定引脚的映射
GPIO_EXTILineConfig	选择 GPIO 引脚用作外部中断线路

2.2.4.1 函数 GPIO_Init

函数 GPIO_Init 的功能是设定 A、B、C、D、E 端口的任意一个 I/O 口的输入和输出的配置信息，通过该函数可以按需要初始化芯片的 I/O 口。表 2－9 描述了该函数。

表 2－9　**函数** GPIO_Init

函数名	GPIO_Init
函数原型	void GPIO_Init（GPIO_TypeDef ＊GPIOx，GPIO_InitTypeDef ＊GPIO InitStruct）
功能描述	根据 GPIO InitStruct 中指定的参数初始化外设 GPIOx 寄存器
输入参数 1	GPIOx：x 可以是 A、B、C、D 或 E，用于选择 GPIO 外设
输入参数 2	GPIO InitStruct：指向结构 GPIO_InitTypeDef 的指针，包含了外设 GPIO 的配置信息
输出参数	无
返回值	无
先决条件	无
被调用函数	无

GPIO_InitTypeDef 结构体定义在文件“stm32f10x_gpio. h”中，其内容如下：

```
typedef struct
{
    uint 16_t   GPIO_Pin;
    GPIOSpeed_TypeDef GPIO_Speed;
    GPIOMode_TypeDef GPIO_Mode;
} GPIO_InitTypeDef;
```

（1）GPIO_Pin：用于选择待设置的 GPIO 引脚号，如 PA0。使用操作符“|”可以

一次选中多个引脚，可以使用表 2－10 中的任意组合。

表 2－10 GPIO_Pin 可取的值

GPIO_Pin 可取的值	描述	GPIO_Pin 可取的值	描述
GPIO_Pin_None	无引脚被选中	GPIO_Pin_8	选中引脚 8
GPIO_Pin_0	选中引脚 0	GPIO_Pin_9	选中引脚 9
GPIO_Pin_1	选中引脚 1	GPIO_Pin_10	选中引脚 10
GPIO_Pin_2	选中引脚 2	GPIO_Pin_11	选中引脚 11
GPIO_Pin_3	选中引脚 3	GPIO_Pin_12	选中引脚 12
GPIO_Pin_4	选中引脚 4	GPIO_Pin_13	选中引脚 13
GPIO_Pin_5	选中引脚 5	GPIO_Pin_14	选中引脚 14
GPIO_Pin_6	选中引脚 6	GPIO_Pin_15	选中引脚 15
GPIO_Pin_7	选中引脚 7	GPIO_Pin_All	选中全部引脚

（2）GPIO_Speed：用于设置选中引脚的速率。表 2－11 给出了该参数可取的值。

表 2－11 GPIO_Speed 可取的值

GPIO_Spccd 可取的值	描述
GPIO_Speed_10MHz	最高输出速率 10MHz
GPIO_Speed_2MHz	最高输出速率 2MHz
GPIO_Speed_50MHz	最高输出速率 50MHz

（3）GPIO_Mode：用于设置选中引脚的工作状态。表 2－12 给出了该参数可取的值。

表 2－12 GPIO_Mode 可取的值

GPIO_Mode 可取的值	功能描述
GPIO_Mode_AIN	模拟输入
GPIO_Mode_IN_FLOATING	浮空输入
GPIO_Mode_IPD	下拉输入
GPIO_Mode_IPU	上拉输入
GPIO_Mode_Out_OD	开漏输出
GPIO_Mode_Out_PP	推挽输出
GPIO_Mode_AF_OD	复用开漏输出
GPIO_Mode_AF_PP	复用推挽输出

STM32F 系列芯片的 I/O 口可以有 8 种工作状态，包括 4 种输入和 4 种输出，每一个 I/O 口只能是这 8 种状态中的一种。

例如：配置端口 A 的 0、1、6 引脚为推挽输出，最大速率为 10MHz。

```
GPIO_InitTypeDef  GPIO_InitStructure ; //定义结构体
GPIO_InitStructure.GPIO_Pin=GPIO_Pin_0 | GPIO_Pin_1 | GPIO_Pin_6;
GPIO_InitStructure.GPIO_Speed=GPIO_Speed_10MHz;
GPIO_InitStructure.GPIO_Mode=GPIO_Mode_Out_PP;
GPIO_Init (GPIOA, & GPIO_InitStructure );
```

2.2.4.2 函数 GPIO_SetBits

函数 GPIO_SetBits 的功能是置位所选定端口的一个或多个所选定的位为高。表 2-13 描述了该函数。

表 2-13 函数 GPIO_SetBits

函数名	GPIO_SetBits
函数原型	void GPIO_SetBits (GPIO_TypeDef * GPIOx, u16 GPIO_Pin)
功能描述	设置指定数据端口位
输入参数 1	GPIOx：x 可以是 A、B、C、D 或 E，用于选择 GPIO 外设
输入参数 2	GPIO_Pin：待设置的端口位
输出参数	无
返回值	无
先决条件	无
被调用函数	无

例如：要置位外设数据端口 PA12、PA14 和 PA15 为高电平。

```
GPIO_SetBits (GPIOA, GPIO_Pin_12 | GPIO_Pin_14 | GPIO_Pin_15);
```

2.2.4.3 函数 GPIO_ResetBits

函数 GPIO_ResetBits 的功能是设置所选定端口的一个或多个位为低。表 2-14 描述了该函数。

表 2-14 函数 GPIO_ResetBits

函数名	GPIO_ResetBits
函数原型	void GPIO_ResetBits (GPIO_TypeDef * GPIOx, u16 GPIO_Pin)
功能描述	清除指定数据端口位

续表2—14

函数名	GPIO_ResetBits
输入参数 1	GPIOx：x 可以是 A、B、C、D 或 E，用于选择 GPIO 外设
输入参数 2	GPIO_Pin：待清除的端口位
输出参数	无
返回值	无
先决条件	无
被调用函数	无

例如：要清除外设数据端口 PD2、PD10 和 PD15 位。

```
GPIO_ResetBits (GPIOD, GPIO_Pin_2 | GPIO_Pin_10 | GPIO_Pin_15);
```

2.2.4.4　函数 GPIO_WriteBit

函数 GPIO_WriteBit 的功能是设置或清除所选定端口的特定位。表 2—15 描述了该函数。

表 2—15　函数 GPIO_WriteBit

函数名	GPIO_WriteBit
函数原型	void GPIO_WriteBit (GPIO_TypeDef * GPIOx，u16 GPIO_Pin，BitAction BitVal)
功能描述	设置指定数据端口位
输入参数 1	GPIOx：x 可以是 A、B、C、D 或 E，用于选择 GPIO 外设
输入参数 2	GPIO_Pin：待设置清除的端口位
输入参数 3	BitVal：该参数指定了待写入的值，可以有以下两个取值： Bit_RESET：清除数据端口位 Bit_SET：设置数据端口位
输出参数	无
返回值	无
先决条件	无
被调用函数	无

例如：要置位外设数据端口 PE2。

```
GPIO_WriteBit (GPIOE, GPIO_Pin_2, Bit_SET);
```

要清除外设数据端口 PE6。

```
GPIO_WriteBit (GPIOE, GPIO_Pin_6, Bit_RESET);
```

2.2.4.5 函数 GPIO_Write

函数 GPIO_Write 的功能是向指定的外设端口写入数据。表 2—16 描述了该函数。

表 2—16 函数 GPIO_Write

函数名	GPIO_Write
函数原型	void GPIO_Write (GPIO_TypeDef * GPIOx, u16 PortVal)
功能描述	向指定 GPIO 数据端口写入数据
输入参数 1	GPIOx：x 可以是 A、B、C、D 或 E，用于选择 GPIO 外设
输入参数 2	PortVal：待写入端口数据寄存器的值
输出参数	无
返回值	无
先决条件	无
被调用函数	无

例如：要向外设端口 C 写入 0x3A4B。

```
GPIO_Write (GPIOC, 0x3A4B);
```

2.2.4.6 函数 GPIO_ReadOutputDataBit

函数 GPIO_ReadOutputDataBit 的功能是读取指定外设端口的指定引脚的输出值。表 2—17 描述了该函数。

表 2—17 函数 GPIO_ReadOutputDataBit

函数名	GPIO_ReadOutputDataBit
函数原型	u8 GPIO_ReadOutputDataBit (GPIO_TypeDef * GPIOx, u16 GPIO_Pin)
功能描述	读取指定端口引脚的输出
输入参数 1	GPIOx：x 可以是 A、B、C、D 或 E，用于选择 GPIO 外设
输入参数 2	GPIO_Pin：待读取的端口位
输出参数	无
返回值	输出端口引脚值
先决条件	无
被调用函数	无

例如：要读取输出引脚 PB14 的值。

```
u8 ReadValue;
ReadValue=GPIO_ReadOutputDataBit (GPIOB, GPIO_Pin_14);
```

2.2.4.7　函数 GPIO_ReadOutputData

函数 GPIO_ReadOutputData 的功能是读取指定外设端口的输出值，为一个 16 位数据。表 2-18 描述了该函数。

表 2-18　函数 GPIO_ReadOutputData

函数名	GPIO_ReadOutputData
函数原型	u16 GPIO_ReadOutputData（GPIO_TypeDef *GPIOx）
功能描述	读取指定的 GPIO 端口的输出
输入参数	GPIOx：x 可以是 A、B、C、D 或 E，用于选择 GPIO 外设
输出参数	无
返回值	GPIO 输出数据端口值
先决条件	无
被调用函数	无

例如：要读取输出外设端口 C 的值。

```
u16 ReadValue;
ReadValue=GPIO_ReadOutputData（GPIOC）;
```

2.2.4.8　函数 GPIO_ReadInputDataBit

函数 GPIO_ReadInputDataBit 的功能是读取指定外设端口的指定引脚的输入值，每次读取一个位，高电平为 1，低电平为 0。表 2-19 表述了该函数。

表 2-19　函数 GPIO_ReadInputDataBit

函数名	GPIO_ReadInputDataBit
函数原型	u8 GPIO_ReadInputDataBit（GPIO_TypeDef *GPIOx，u16 GPIO_Pin）
功能描述	读取指定端口引脚的输入
输入参数 1	GPIOx：x 可以是 A、B、C、D 或 E，用于选择 GPIO 外设
输入参数 2	GPIO_Pin：待读取的端口位
输出参数	无
返回值	输入端口引脚值
先决条件	无
被调用函数	无

例如：要读取外设端口 PB7 的值。

```
u8 ReadValue;
ReadValue=GPIO_ReadInputDataBit (GPIOB, GPIO_Pin_7);
```

如果 PB7 是高电平，则返回的值为 1；如果 PB7 为低电平，则返回的值为 0。

2.2.4.9　函数 GPIO_ReadInputData

函数 GPIO_ReadInputData 的功能是读取外设端口输入的值，为一个 16 位数据。表 2—20 描述了该函数。

表 2—20　函数 GPIO_ReadInputData

函数名	GPIO_ReadInputData
函数原型	u16 GPIO_ReadInputData (GPIO_TypeDef * GPIOx)
功能描述	读取指定的 GPIO 端口的输入
输入参数	GPIOx：x 可以是 A、B、C、D 或 E，用于选择 GPIO 外设
输出参数	无
返回值	GPIO 输入数据端口值
先决条件	无
被调用函数	无

例如：要读取外设端口 D 的值。

```
u16 ReadValue;
ReadValue=GPIO_ReadInputData (GPIOD);
```

2.2.4.10　函数 GPIO_PinRemapConfig

函数 GPIO_PinRemapConfig 的功能是改变指定引脚的映射。表 2—21 描述了该函数。

表 2—21　函数 GPIO_PinRemapConfig

函数名	GPIO_PinRemapConfig
函数原型	void GPIO_PinRemapConfig (u32 GPIO_Remap, FunctionalState NewState)
功能描述	改变指定引脚的映射
输入参数 1	GPIO_Remap：选择重映射的引脚
输入参数 2	NewState：引脚重映射的新状态 这个参数可以取 ENABLE 或者 DISABLE
输出参数	无

续表2－21

函数名	GPIO_PinRemapConfig
返回值	无
先决条件	无
被调用函数	无

GPIO_Remap 用以选择用作事件输出的 GPIO 端口。表 2－22 给出了该参数可取的值。

表 2－22　GPIO_Remap 可取的值

GPIO_Remap	描述
GPIO_Remap_SPI1	SPI1 复用功能映射
GPIO_Remap_I2C1	I2C1 复用功能映射
GPIO_Remap_USART1	USART1 复用功能映射
GPIO_PartialRemap_USART3	USART3 复用功能部分映射
GPIO_FullRemap_USART3	USART3 复用功能完全映射
GPIO_PartialRemap_TIM1	TIM1 复用功能部分映射
GPIO_FullRemap_TIM1	TIM1 复用功能完全映射
GPIO_PartialRemap1_TIM2	TIM2 复用功能部分映射 1
GPIO_PartialRemap2_TIM2	TIM2 复用功能部分映射 2
GPIO_PartialRemap3_TIM3	TIM3 复用功能部分映射 3
GPIO_FullRemap_TIM3	TIM3 复用功能完全映射
GPIO_Remap_TIM4	TIM4 复用功能映射
GPIO_Remap1_CAN	CAN 复用功能映射 1
GPIO_Remap2_CAN	CAN 复用功能映射 2
GPIO_Remap_PD01	PD01 复用功能映射
GPIO_Remap_SWJ_NoJTRST	除 JTRST 外，SWJ 完全使能（JTAG+SW－DP)
GPIO_Remap_SWJ_JTAGDisable	JTAG－DP 失能 ＋ SW－DP 使能
GPIO_Remap_SWJ_Disable	SWJ 完全失能（JTAG+SW－DP)

例如：重映射 I2C_SCL 为 PB8，I2C_SDA 为 PB9。

```
GPIO_PinRemapConfig（GPIO_Remap_I2C1，ENABLE)；
```

2.2.4.11　函数 GPIO_EXTILineConfig

函数 GPIO_EXTILineConfig 的功能是选择 GPIO 引脚作为外部中断线路。表 2－23

描述了该函数。

表 2-23　函数 GPIO_EXTILineConfig

函数名	GPIO_EXTILineConfig
函数原型	void GPIO_EXTILineConfig (u8 GPIO_PortSource，u8 GPIO_PinSource)
功能描述	选择 GPIO 引脚用作外部中断线路
输入参数 1	GPIO_PortSource：选择用作外部中断线源的 GPIO 端口
输入参数 2	GPIO_PinSource：待设置的外部中断线路 该参数可以取 GPIO_PinSourcex（x 可以是 0，1，…，15）
输出参数	无
返回值	无
先决条件	无
被调用函数	无

GPIO_PortSource 可取的值如表 2-24 所示。

表 2-24　GPIO_PortSource 可取的值

GPIO_PortSource	描述
GPIO_PortSource_GPIOA	选择 GPIOA
GPIO_PortSource_GPIOB	选择 GPIOB
GPIO_PortSource_GPIOC	选择 GPIOC
GPIO_PortSource_GPIOD	选择 GPIOD
GPIO_PortSource_GPIOE	选择 GPIOE

例如：设置 PB8 为外部中断线。

```
GPIO_EXTILineConfig (GPIO_PortSource_GPIOB, GPIO_PinSource8);
```

2.2.5　I/O 端口的外设映射

为了优化外设数目，可以把一些复用功能重新映射到其他引脚上，然后通过设置复用重映射和调试 I/O 配置寄存器（AFIO_MAPR）实现引脚的重新映射。这时，复用功能不再映射到它们的原始分配上。使用默认复用功能前必须对端口位配置寄存器编程。

2.2.5.1　将 OSC_32 IN/OSC_32 OUT 作为 PC14/PC15 端口

当低速外部时钟（LSE）振荡器关闭时，LSE 振荡器引脚 OSC_32 IN/OSC_32 OUT 可以分别用作 GPIO 的 PC14/PC15，LSE 功能始终优先于通用 I/O 口的功能。

注意：当关闭1.8V电压区（进入待机模式）或后备区域使用VBAT端供电（不再由VDD端供电）时，不能使用PC14/PC15的GPIO口功能。

2.2.5.2　将OSC_IN/OSC_OUT作为PD0/PD1端口

外部振荡器引脚OSC_IN/OSC_OUT可以用作GPIO的PD0/PD1，通过设置复用重映射和调试I/O配置寄存器（AFIO_MARR）实现。这个重映射只使用于36、48和64引脚的封装（100引脚和144引脚的封装上有单独的PD0和PD1引脚，不必重映射）。

注意：外部中断/事件功能没有被重映射。在36、48和64引脚的封装上，PD0和PD1不能用来产生外部中断/事件。

2.2.5.3　CAN复用功能重映射

CAN信号可以被映射到端口A、端口B或端口D上，如表2－25所示。对于端口D，在36、48和64引脚的封装上没有重映射功能。

表2－25　CAN复用功能重映射

复用功能	没有重映射	重映射1	重映射2
CAN_RX	PA11	PB8	PD0
CAN_TX	PA12	PB9	PD1

注：重映射1：不适用于36引脚的封装；

重映射2：当PD0和PD1没有被重映射到OSC_IN和OSC_OUT时，重映射功能只适用于100引脚和144引脚的封装上。

2.2.5.4　JTAG/SWD复用功能重映射

调试接口信号被映射到GPIO端口上，如表2－26所示。

表2－26　调试接口所映射的GPIO端口

复用功能	GPIO端口	复用功能	GPIO端口
JTMS/SWDIO	PA13	TRACECK	PE2
JTCK/SWCLK	PA14	TRACED0	PE3
JTDI	PA15	TRACED1	PE4
JTDO/TRACESWO	PB3	TRACED2	PE5
JNTRST	PB4	TRACED3	PE6

2.2.5.5　ADC复用功能重映射

ADC复用功能重映射见表2－27～表2－30。

表 2-27　ADC1 外部触发注入转换复用功能重映射

复用功能	ADC1_ETRGINJ_REMAP=0	ADC1_ETRGINJ_REMAP=0
ADC1 外部触发注入转换	ADC1 外部触发注入转换与 EXTI15 相连	ADC1 外部触发注入转换与 TIM8_CH4 相连

表 2-28　ADC1 外部触发规则转换复用功能重映射

复用功能	ADC1_ETRGINJ_REMAP=0	ADC1_ETRGINJ_REMAP=0
ADC1 外部触发规则转换	ADC1 外部触发规则转换与 EXTI11 相连	ADC1 外部触发规则转换与 TIM8_TRGO 相连

表 2-29　ADC2 外部触发注入转换复用功能重映射

复用功能	ADC2_ETRGINJ_REMAP=0	ADC2_ETRGINJ_REMAP=0
ADC2 外部触发注入转换	ADC2 外部触发注入转换与 EXTI15 相连	ADC2 外部触发注入转换与 TIM8_CH4 相连

表 2-30　ADC2 外部触发规则转换复用功能重映射

复用功能	ADC2_ETRGINJ_REMAP=0	ADC2_ETRGINJ_REMAP=0
ADC2 外部触发规则转换	ADC2 外部触发规则转换与 EXTI11 相连	ADC2 外部触发规则转换与 TIM8_TRGO 相连

2.2.5.6　定时器复用功能重映射

定时器 4 的通道 1～通道 4 可以从端口 B 重映射到端口 D，见表 2-31。

表 2-31　定时器 4 复用功能重映射

复用功能	TIM4_REMAP=0	TIM4_REMAP=1①
TIM4_CH1	PB6	PD12
TIM4_CH2	PB7	PD13
TIM4_CH3	PB8	PD14
TIM4_CH4	PB9	PD15

注：①重映射只适用于 64 引脚和 100 引脚的封装。

定时器 TIM3 的通道 1～通道 4 可以从端口 A/B 重映射到端口 B 或端口 C，见表 2-32。

表 2—32 定时器 3 复用功能重映射

复用功能	没有重映射	部分重映射	完全重映射[①]
TIM3_CH1	PA6	PB4	PC6
TIM3_CH2	PA7	PB5	PC7
TIM3_CH3	PB0		PC8
TIM3_CH4	PB1		PC9

注：①重映射只适用于 64 引脚和 100 引脚的封装。

定时器 TIM2 的通道 1～通道 4 可以从端口 A 重映射到端口 B 或端口 A，见表 2—33。

表 2—33 定时器 2 复用功能重映射

复用功能	没有重映射	部分重映射 1	部分重映射 2	完全重映射[①]
TIM2_CH1_ETR[②]	PA0	PA15	PA0	PA15
TIM2_CH2	PA1	PB3	PA1	PB3
TIM2_CH3	PA2		PB10	
TIM2_CH4	PA3		PB11	

注：①重映射只适用于 36 引脚的封装。

②TIM_CH1 和 TIM_ETR 共享一个引脚，但不能同时使用（这也正是在此处使用表达式 TIM2_CH1_ETR 的原因）。

定时器 TIM1 的 8 个通道可以从端口 A/B 重映射到端口 B/A 或端口 E，见表 2—34。

表 2—34 定时器 1 复用功能重映射

复用功能	没有重映射	部分重映射	完全重映射[①]
TIM1_ETR	PA12		PE7
TIM1_CH1	PA8		PE9
TIM1_CH2	PA9		PE11
TIM1_CH3	PA10		PE13
TIM1_CH4	PA11		PE14
TIM1_BKIN	PB12[②]	PA6	PE15
TIM1_CH1N	PB13[②]	PA7	PE8
TIM1_CH2N	PB14[②]	PB0	PE10
TIM1_CH3N	PB15[②]	PB1	PE12

注：①重映射只适用于 100 引脚的封装。

②重映射不适用于 36 引脚的封装。

2.2.5.7 USART 复用功能重映射

USART1～USART3 串口的复用功能重映射见表 2−35～表 2～37。

表 2−35 USART3 复用功能重映射

<table>
<tr><th>复用功能</th><th>没有重映射</th><th>部分重映射①</th><th>完全重映射②</th></tr>
<tr><td>USART3_TX</td><td>PB10</td><td>PC10</td><td>PD8</td></tr>
<tr><td>USART3_RX</td><td>PB11</td><td>PC11</td><td>PD9</td></tr>
<tr><td>USART3_CK</td><td>PB12</td><td>PC12</td><td>PD10</td></tr>
<tr><td>USART3_CTS</td><td colspan="2">PB13</td><td>PD11</td></tr>
<tr><td>USART3_RTS</td><td colspan="2">PB14</td><td>PD12</td></tr>
</table>

注：①部分重映射只适用于 64 引脚和 100 引脚的封装。
②完全重映射只适用于 100 引脚的封装。

表 2−36 USART2 复用功能重映射

复用功能	没有重映射 USART2_REMAP=0	重映射 USART2_REMAP=1①
USART2_CTS	PA0	PD3
USART2_RTS	PA1	PD4
USART2_TX	PA2	PD5
USART2_RX	PA3	PD6
USART2_CK	PA4	PD7

注：①重映射只适用于 100 引脚的封装。

表 2−37 USART1 复用功能重映射

复用功能	没有重映射	重映射
USART1_TX	PA9	PB6
USART1_RX	PA10	PB7

2.2.5.8 I^2C1 复用功能重映射

I^2C1 复用功能重映射见表 2−38。

表 2−38 I^2C1 复用功能重映射

复用功能	没有重映射	重映射
I^2C1_SCL	PB6	PB8
I^2C1_SDA	PB7	PB9

2.2.5.9　SPI1 复用功能重映射

SPI1 复用功能重映射见表 2－39。

表 2－39　SPI1 复用功能重映射

复用功能	没有重映射	重映射
SPI1_NSS	PA4	PA15
SPI1_SCK	PA5	PB3
SPI1_MISO	PA6	PB4
SPI1_MOSI	PA7	PB5

2.2.6　GPIO 使用流程

根据 IO 端口的特定硬件特征，IO 端口的每个引脚都可以由软件配置成多种工作模式。在运行程序之前必须对每个用到的引脚功能进行配置。

（1）如果某些引脚的复用功能没有使用，可以先配置为通用输入输出 GPIO。

（2）如果某些引脚的复用功能被使用，需要对复用的 IO 端口进行配置。

（3）IO 具有锁定机制，允许冻结 IO 配置。当在一个端口位上执行了锁定（LOCK）程序后，在下一次复位前，将不能再更改端口位的配置。

2.2.6.1　通用 GPIO 配置

GPIO 是最基本的应用，其基本配置方法如下：

（1）配置 GPIO 时钟，完成初始化。

（2）利用函数 GPIO_Init 配置引脚，包括引脚名称、引脚传输速率、引脚工作模式。

（3）完成 GPIO_Init 的设置。

2.2.6.2　IO 复用功能 AFIO 配置

IO 复用功能 AFIO 常对应到外设的输入输出功能。使用时，需要先配置 IO 为复用功能，打开 AFIO 时钟，然后根据不同的复用功能进行配置。对应外设的输入输出功能有下列三种情况：

（1）外设对应的引脚为输出。需要根据外围电路的配置选择对应的引脚为复用功能的推挽输出或复用功能的开漏输出。

（2）外设对应的引脚为输入。根据外围电路的配置可以选择浮空输入、带上拉输入或带下拉输入。

（3）ADC对应的引脚。配置引脚为模拟输入。

对STM32各个外设的IO配置见表2—40～表2—50。例如，定时器要输出PWM，则需要首先打开GPIO和AFIO时钟，再配置IO为复用推挽输出，最后配置定时器功能。

表2—40　高级定时器TIM1/8

TIM1/8引脚	配置	IO配置
TIM1/8—CHx	输入捕获通道x	浮空输入
	输出比较通道x	推挽复用输出
TIM1/8—CHxN	互补输出通道x	推挽复用输出
TIM1/8—BKIN	刹车输入	浮空输入
TIM1/8—ETR	外部触发时钟输入	浮空输入

表2—41　通用定时器TIM2/3/4/5

TIM2/3/4/5引脚	配置	IO配置
TIM2/3/4/5—CHx	输入捕获通道x	浮空输入
	输出比较通道x	推挽复用输出
TIM2/3/4/5—ETR	外部触发时钟输入	浮空输入

表2—42　USART

USART引脚	配置	IO配置
USARTx—TX	全双工模式	推挽复用输出
	半双工同步模式	推挽复用输出
USARTx—RX	全双工模式	浮空输入或带上拉输入
	半双工同步模式	未用，可作为通用IO
USARTx—CK	同步模式	推挽复用输出
USARTx—RTS	硬件流量控制	推挽复用输出
USARTx—CTS	硬件流量控制	浮空输入或带上拉输入

表2—43　SPI

SPI引脚	配置	IO配置
SPIx—SCK	主模式	推挽复用输出
	从模式	浮空输入

续表2—43

SPI引脚	配置	IO配置
SPIx—MOSI	全双工模式/主模式	推挽复用输出
	全双工模式/从模式	浮空输入或带上拉输入
	简单的双向数据线/主模式	推挽复用输出
	简单的双向数据线/从模式	未用，可作为通用IO
SPIx—MISO	全双工模式/主模式	浮空输入或带上拉输入
	全双工模式/从模式	推挽复用输出
	简单的双向数据线/主模式	未用，可作为通用IO
	简单的双向数据线/从模式	推挽复用输出
SPIx—NSS	硬件主/从模式	浮空输入或带上拉输入 或带下拉输入
	硬件主模式/NSS输出使能	推挽复用输出
	软件模式	未用，可作为通用IO

表 2—44　I^2C **接口**

I^2C引脚	配置	IO配置
I^2Cx_SCL	I^2C时钟	开漏复用输出
I^2Cx_SDA	I^2C数据	开漏复用输出

表 2—45　BxCAN **的功能**

BxCAN引脚	IO配置
CAN_TX	推挽复用输出
CAN_RX	浮空输入或带上拉输入

表 2—46　USB **的功能**

UAB引脚	IO配置
USB_DM/USB_DP	一旦使能了USB模块，引脚会自动连接到 内部USB收发器

表 2—47　SDIO **的功能**

SDIO引脚	IO配置
SDIO_CK	推挽复用输出
SDIO_CMD	推挽复用输出
SDIO［D7：D0］	推挽复用输出

表 2－48　ADC/DAC 的功能

ADC/DAC 引脚	IO 配置
ADC/DAC	模拟输入/输出

表 2－49　FSMC 的功能

FSMC 引脚	IO 配置
FSMC－A [25：0]，FSMC－D [15：0]	推挽复用/输出
FSMC－CK	推挽复用/输出
FSMC－NOE，FSMC－NWE	推挽复用/输出
FSMC－NE [4：1]，FSMC－NCE [3：2] FSMC－NWAIT，FSMC－NCE4－2	推挽复用/输出
FSMC－NWAIT，FSMC－CD	浮空输入或带上拉输入
FSMC－NIOSI16，FSMC－INTR，FSMC－INT [3：2]	浮空输入
FSMC－NL，FSMC－NBL [1：0]	推挽复用/输出
FSMC－NIORD，FSMC－NIOWR，FSMC－NREG	推挽复用/输出

表 2－50　其他 IO 功能

引脚	复用功能	IO 配置
TAMPER－RTC	RTC 输出	当配置 BKP－CR 和 BKP－RTCCR 寄存器时，由硬件强制设置
	侵入事件输入	
MCO	时钟输出	推挽复用输出
EXTI 输入线	外部中断输入	浮空输入或带上拉输入或带下拉输入

2.3　子项目 1：点亮一个 LED

2.3.1　硬件电路及项目要求

硬件电路如图 2－8 所示，普通 LED 的导通电压为 1.7～2.3V，导通电流为 2～20mA，电流过大会烧毁 LED，因此加一个限流电阻，根据所用 LED，限流电阻阻值一般为 300～1000Ω。图 2－8 中 LED1 阳极接电源，阴极经过一个 500Ω 限流电阻接 PB14。要点亮 LED1，只需要 PB14 输出低电平即可。

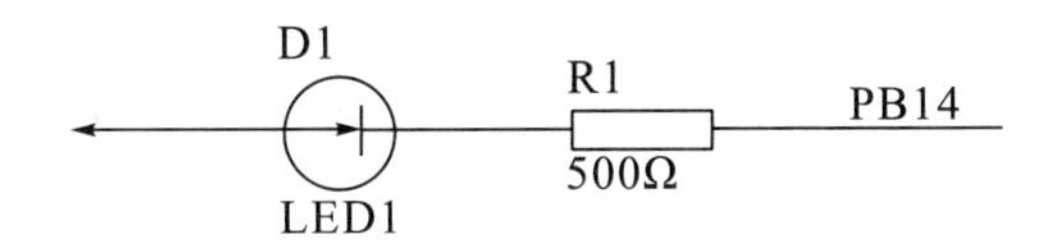

图 2-8　点亮一个 LED 电路原理图

2.3.2　程序设计

本程序的设计要点如下：

（1）GPIO 初始化。

①开启 GPIOB 外设时钟。

②配置 PB14 为通用推挽输出，最大翻转速率为 50MHz。

（2）通过在 PB14 引脚上输出低电平点亮 LED1。

为了方便学习，本项目将 LED 驱动程序放在 main. c 中，因此，只需编写完成main. c 程序。此外，本项目用到 GPIO 功能，须在驱动文件中将 GPIO 添加上（见图 1-28），添加完成后的工程文件结构如图 2-9 所示。

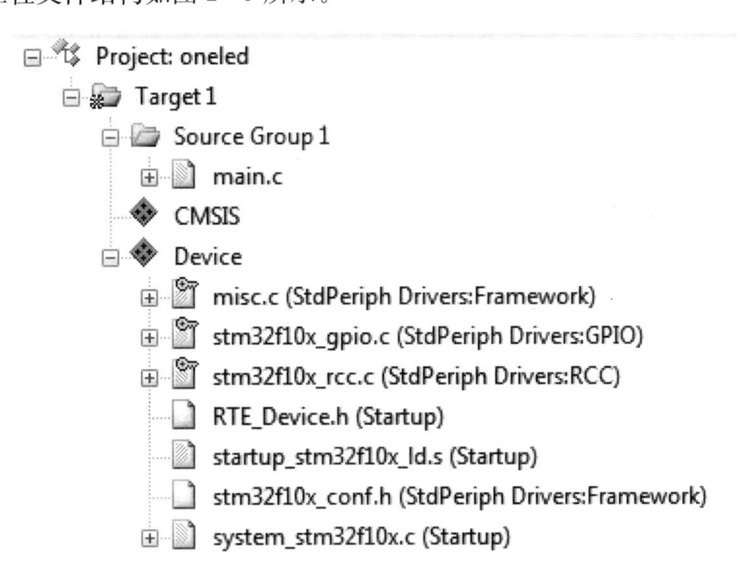

图 2-9　工程文件结构

main. c 参考程序如下：

```
#include "stm32f10x. h"        //头文件包含
int main (void)
{
  GPIO_InitTypeDef GPIO_InitStructure;     //定义 GPIO 初始化结构体
  RCC_APB2PeriphClockCmd (RCC_APB2Periph_GPIOB, ENABLE); //打开 GPIOB 时钟
  GPIO_InitStructure. GPIO_Mode=GPIO_Mode_Out_PP; //推挽输出
  GPIO_InitStructure. GPIO_Pin=GPIO_Pin_14; //选择输出引脚
```

```
        GPIO_InitStructure.GPIO_Speed=GPIO_Speed_50MHz; //设置 IO 翻转速率
        GPIO_Init (GPIOB, &GPIO_InitStructure); //完成 PB14 设置
        while (1)
    {
        GPIO_ResetBits (GPIOB, GPIO_Pin_14); //清除 PB14，点亮 LED1
    }
}
```

main.c 文件里的 stm32f10x.h 非常重要，它是一个底层文件，包含了 STM32 中寄存器地址和结构体类型定义，在使用到 STM32 固件库的地方都要包含这个头文件。

main.c 文件中的库函数 RCC_APB2PeriphClockCmd 的说明如表 2-51 所示。其中，RCC_APB2Periph 的函数说明如表 2-52 所示。

表 2-51　RCC_APB2PeriphClockCmd 的函数说明

函数名	RCC_APB2PeriphClockCmd
函数原型	void RCC_APB2PeriphClockCmd (u32 RCC_APB2Periph, FunctionalState NewState)
功能描述	使能或失能 APB2 外设时钟
输入参数 1	RCC_APB2Periph：门控 APB2 外设时钟
输入参数 2	NewState：指定外设时钟的新状态，这个参数可以取 ENABLE 或者 DISABLE
输出参数	无
返回值	无
先决条件	无
被调用函数	无

表 2-52　RCC_APB2Periph 的函数说明

RCC_APB2Periph	描述	RCC_APB2Periph	描述
RCC_APB2Periph_AFIO	功能复用 I/O 时钟	RCC_APB2Periph_ADC1	ADC1 时钟
RCC_APB2Periph_GPIOA	GPIOA 时钟	RCC_APB2Periph_ADC2	ADC2 时钟
RCC_APB2Periph_GPIOB	GPIOB 时钟	RCC_APB2Periph_TIM1	TIM1 时钟
RCC_APB2Periph_GPIOC	GPIOC 时钟	RCC_APB2Periph_SPI1	SPI1 时钟
RCC_APB2Periph_GPIOD	GPIOD 时钟	RCC_APB2Periph_USART1	USART1 时钟
RCC_APB2Periph_GPIOE	GPIOE 时钟	RCC_APB2Periph_ALL	全部 APB2 外设时钟

程序编写好后要进行编译，然后将编译好的程序下载到开发板，可以看到LED1点亮。也可以利用Proteus软件仿真，由于仿真软件限制，这里选择的STM32芯片为STM32F103R6，具体操作步骤如下：

（1）根据图2-8画出电路原理图。

（2）双击STM32F103R6，加载可执行文件，即编译成功后生成的.HEX文件，如图2-10所示。

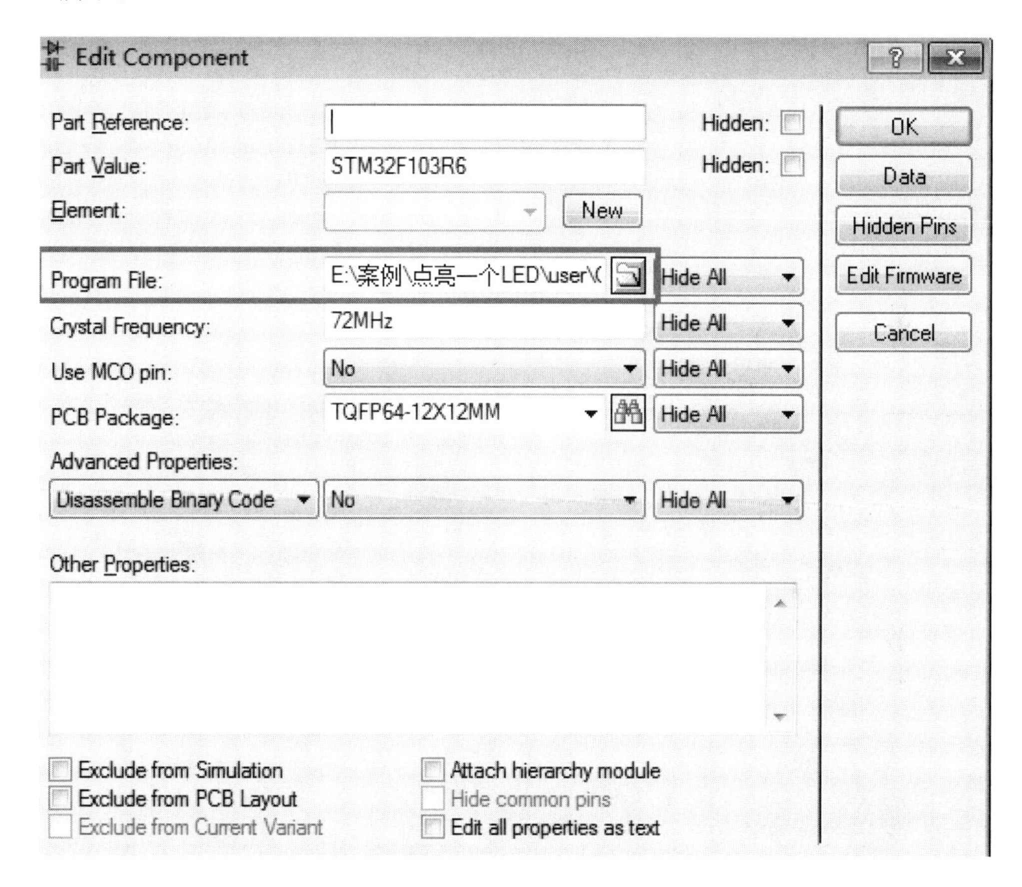

图2-10　加载可执行文件

（3）单击菜单Design，选择Power Rail Configuration，如图2-11和图2-12所示，进行电源和地的配置。

（4）如图2-13所示，单击仿真开关，可以看到PB14引脚端为蓝色，表示其输出为低电平，LED灯点亮了，验证了程序设计的正确性。

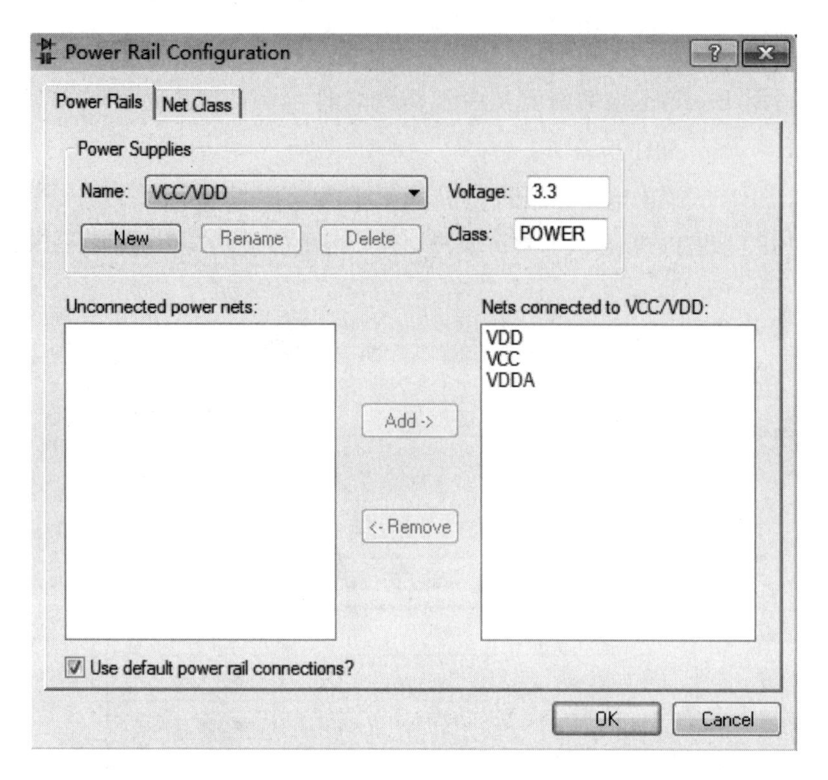

图 2-11　配置电源

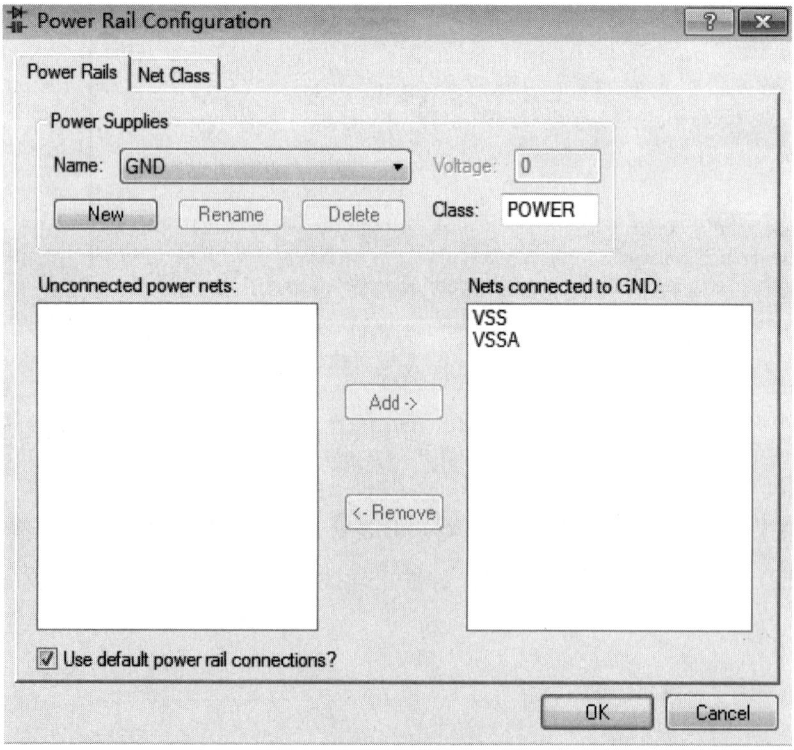

图 2-12　配置地

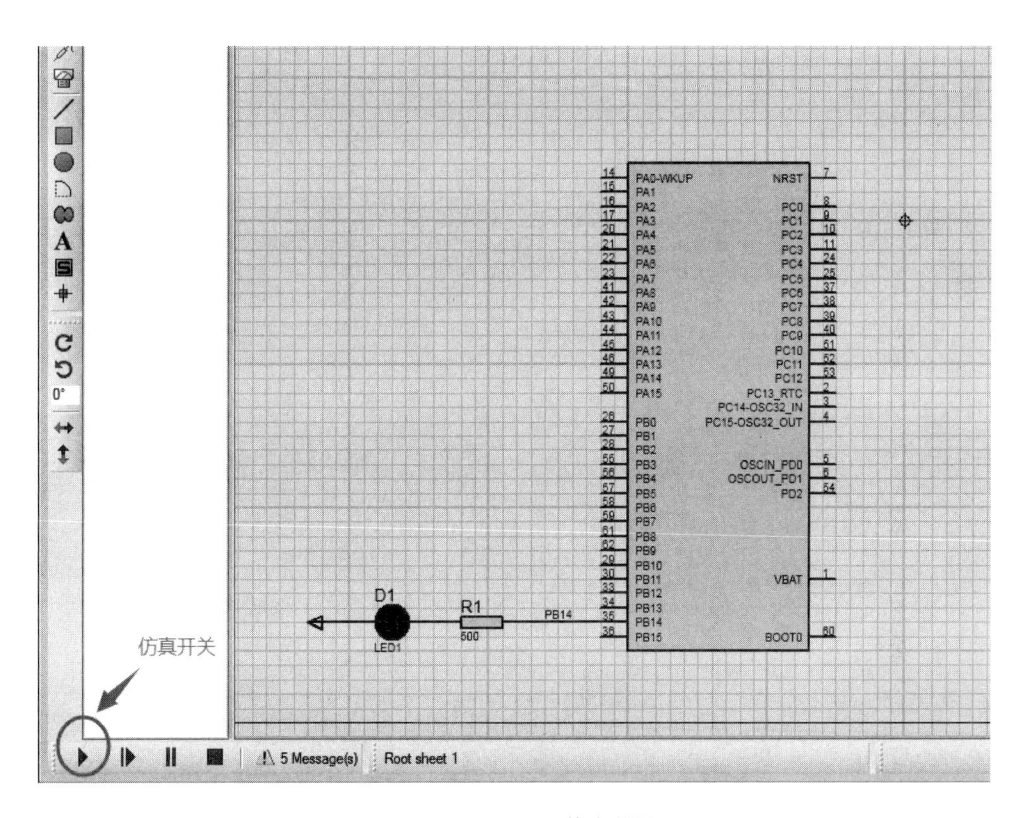

图 2－13　Proteus 仿真截图

2.4　子项目 2：一个 LED 闪烁控制

2.4.1　硬件电路及项目要求

一个 LED 闪烁控制电路如图 2－8 所示。要控制 LED 闪烁，只需使 PB14 输出低电平并持续一段时间（1s），此时 LED 点亮；然后使 PB14 输出高电平并持续一段时间（1s），此时 LED 熄灭。如此循环，LED 就不断闪烁。

2.4.2　程序设计

根据对 LED 电路分析可知，在本项目中只需要控制 PB14 口不停地输出高电平和低电平，就可以实现 LED 不停地闪烁。在程序设计中，首先初始化系统时钟，其次配置 PB14，最后控制 PB14 输出为高、低电平交替。程序设计流程如图 2－14 所示。

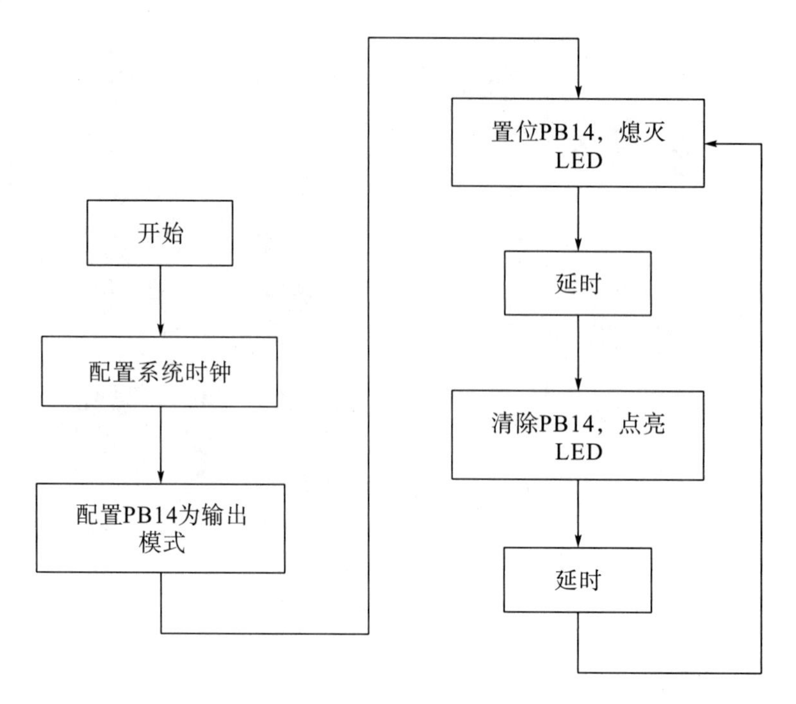

图 2—14　LED 控制程序设计流程

采用模块化编程，即将 LED 驱动程序单独放在一个文件中。为了帮助读者学习模块化编程方法，这里以 MDK 和标准库为基础详细介绍实现步骤。

（1）在 MDK 中新建 led. h 文件和 led. c 文件，led. h 作为 led. c 对应的头文件，用于文件包含及 led. c 中的函数声明，将它们保存在 HARDWARE 文件夹，如图 2—15 所示。

（2）采用上述方法新建 delay. c 文件和 delay. h 文件，作为延时源程序和头文件，保存在 SYSTEM 文件夹。新建 main. c 文件，保存在 USER 文件夹。最后在文件管理中将 delay. c 添加至 SYSTEM，将 main. c 添加至 USER，将 led. c 添加至 HARDWARE，如图 2—16 所示。

本项目中用到了 GPIO 功能，须将 GPIO 相关功能的标准库文件添加至 FWLIB。添加完成后的工程文件组详情如表 2—53 所示。

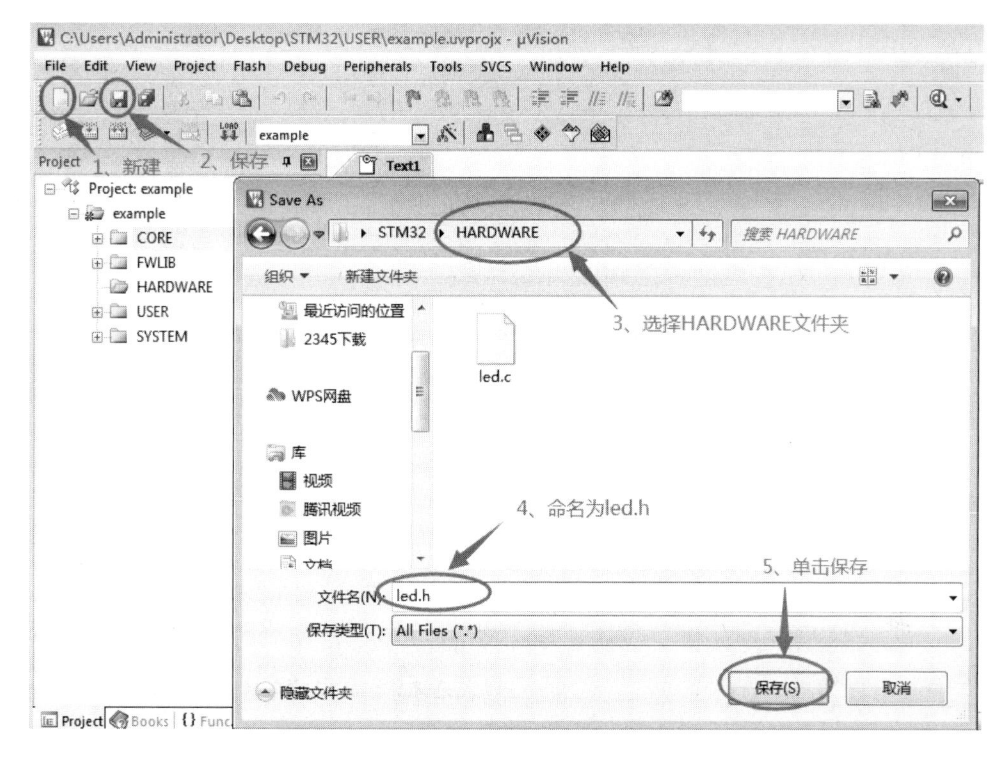

图 2－15　**新建 led. h 文件**

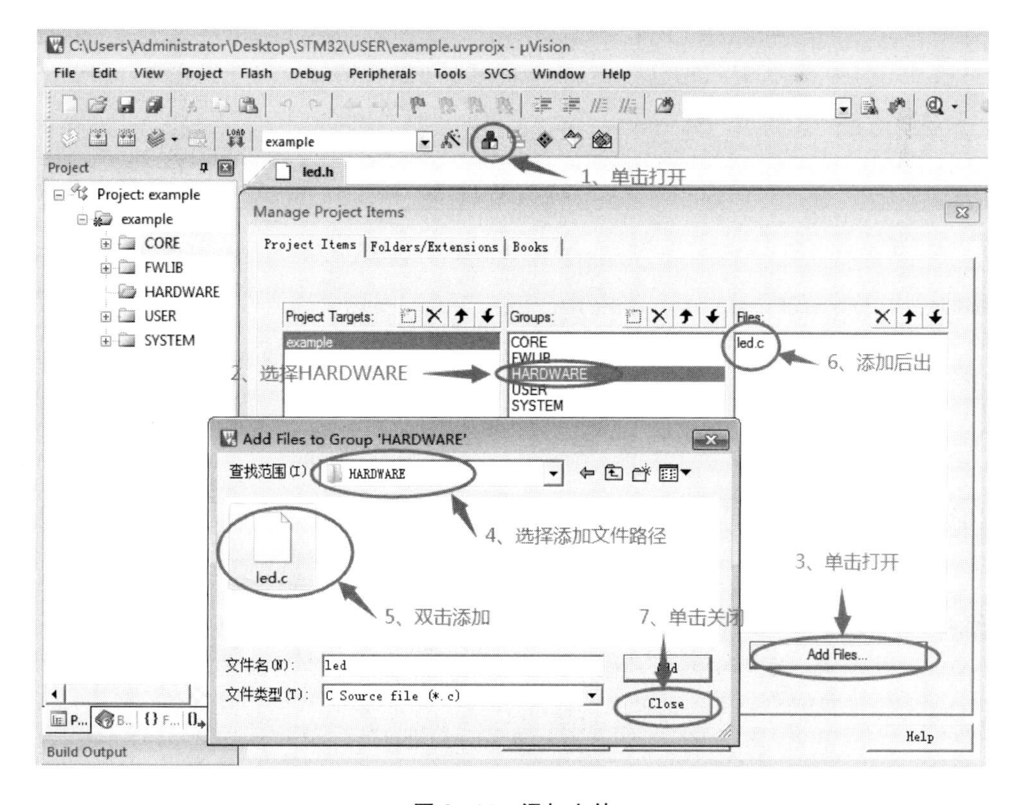

图 2－16　**添加文件**

表 2—53　工程文件组详情

文件组	包含文件	详情
CORE 文件组	core_cm3. c，core_cm3. h	CM3 内核接口
	startup_stm32f10x_md. s	STM32 的启动文件
FWLIB 文件组	stm32f10x_gpio. c	GPIO 的底层配置函数
	stm32f10x_rcc. c	RCC 的底层配置函数
HARDWARE 文件组	led. c	LED 的 GPIO 初始化函数
USER 文件组	main. c	用户应用代码
	stm32f10x_it. c	STM32 的中断服务子程序
	system_stm32f10x. c	设置系统时钟和总线时钟文件
SYSTEM 文件组	delay. c	延时函数

（3）编程实现上述新建的文件。初学者在编程时有以下三种方案备选：

①先局部后整体，即先编写驱动程序文件 led. c 和 led. h，实现 LED 初始化模块函数，编写延时函数 delay. c 和 delay. h。然后根据主程序流程图编写 main. c，调用各个模块函数实现相应功能。

②先整体后局部，即先根据主程序流程图实现 main. c，搭起程序框架，然后编写驱动程序和延时程序，实现模块功能。

③上述两种方案同时进行，即一边搭框架，一边实现模块，直到实现所有功能。

各文件程序参考如下。

led. h 文件：

```
#ifndef _LED_H   //宏定义防止重复包含
#define _LED_H
#include "stm32f10x.h"
void LED_Init（void）;     //函数声明
#endif
```

led. c 文件：

```
#include "led.h"     //头文件包含
void LED_Init（void）
{
  GPIO_InitTypeDef   GPIO_InitStructure; //定义 GPIO 初始化结构体
  RCC_APB2PeriphClockCmd（RCC_APB2Periph_GPIOB, ENABLE）; //使能 PB 端口时钟
  GPIO_InitStructure.GPIO_Pin = GPIO_Pin_14; //PB14 端口配置
  GPIO_InitStructure.GPIO_Mode = GPIO_Mode_Out_PP; //推挽输出
  GPIO_InitStructure.GPIO_Speed = GPIO_Speed_50MHz; //IO 口速度为 50MHz
  GPIO_Init（GPIOB, &GPIO_InitStructure）; //根据设定参数初始化 PB14
}
```

delay. h 文件：

```
#ifndef_DELAY_H
#define_DELAY_H
#include "stm32f10x. h"
void delay_ms (int i);
#endif
```

delay. c 文件：

```
#include "delay. h"
void delay_ms (int ms) //软件延时函数，单位 ms
{
    int i;
    while (ms--)
    {
    i=7500;    //开发板晶振 8MHz 时的经验值
    while (i--);
    }
}
```

main. c 文件：

```
#include "stm32f10x. h" //头文件包含
#include "led. h"
#include "delay. h"
int main (void)
{
    LED_Init (); //LED 初始化
    while (1)
    {
      GPIO_ResetBits (GPIOB, GPIO_Pin_14); //PB14 清零，LED 点亮
      delay_ms (1000);    //延时 1s
      GPIO_SetBits (GPIOB, GPIO_Pin_14); //PB14 置位，LED 熄灭
      delay_ms (1000);    //延时 1s
    }
}
```

程序编译成功后，下载到开发板，可以看到 PB14 所接 LED 不断闪烁，交替点亮。

(4) 在没有开发板的情况下，可以利用逻辑分析仪观察 PB14 输出高、低电平的变化，如图 2-17 所示。

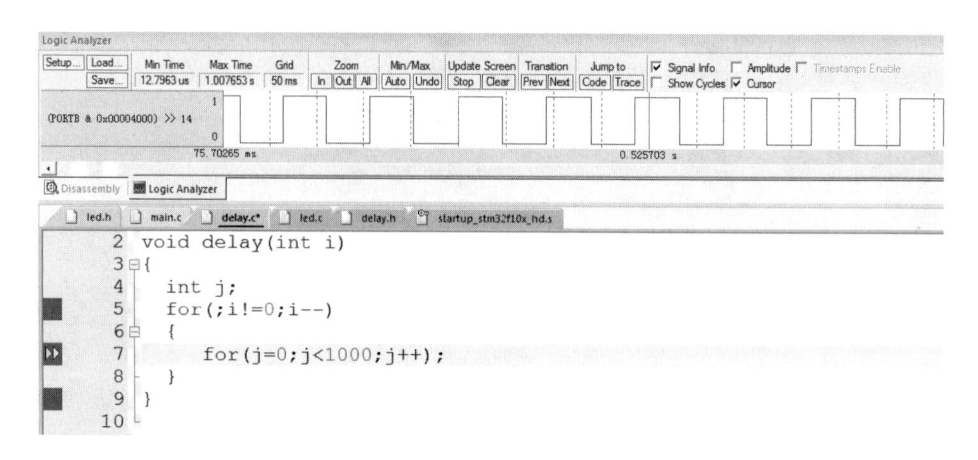

图 2-17　利用逻辑分析仪仿真观察 PB14 电平的变化

2.5　项目二的实现

项目二的硬件电路如图 2-1 所示，有了子项目 1 和子项目 2 的基础，要实现项目二的功能就很容易了。要实现 8 个 LED 逐个点亮再逐个熄灭，其程序设计流程如图 2-18 所示。

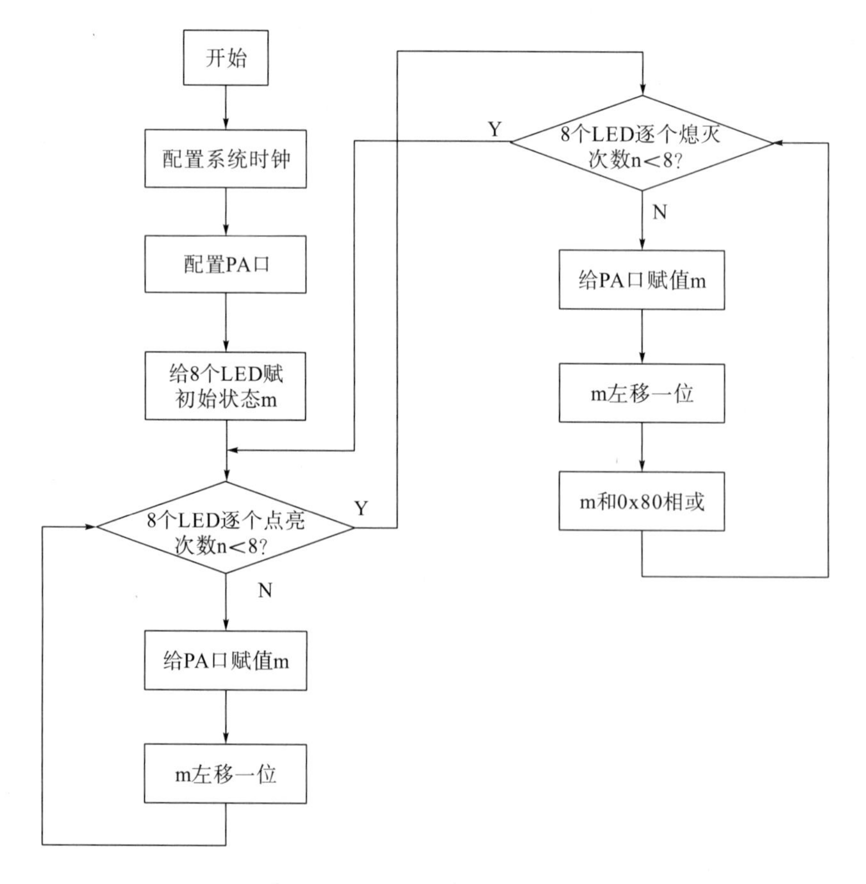

图 2-18　项目二的程序设计流程

在子项目2的基础上修改led.c文件和main.c文件，即可实现项目二的功能，其参考程序如下。

led.c文件：

```
#include "led.h"    //头文件包含
void LED_Init (void)
{
    GPIO_InitTypeDef  GPIO_InitStructure; //定义GPIO初始化结构体
    RCC_APB2PeriphClockCmd (RCC_APB2Periph_GPIOA, ENABLE); //使能PA端口时钟
    GPIO_InitStructure.GPIO_Pin = GPIO_Pin_All; //PA端口配置
    GPIO_InitStructure.GPIO_Mode = GPIO_Mode_Out_PP; //推挽输出
    GPIO_InitStructure.GPIO_Speed = GPIO_Speed_50MHz; //IO口速度为50MHz
    GPIO_Init (GPIOA, &GPIO_InitStructure); //根据设定参数初始化PA
}
```

main.c文件：

```
#include "stm32f10x.h" //头文件包含
#include "led.h"
#include "delay.h"
int main (void)
{
    int m=0xff;
    int n;
  LED_Init (); //LED初始化
  while (1)
    {
      for (n=0; n<8; n++)
       {
        GPIO_Write (GPIOA, m);
        delay_ms (1000);
          m=m<<1;
      }
      for (n=0; n<8; n++)
       {
        GPIO_Write (GPIOA, m);
        delay_ms (1000);
        m= (m>>1) | 0x80;
      }
    }
}
```

程序编译成功后，可以下载到开发板上观察 PA 口所接的 8 个 LED 的状态，8 个 LED 逐个点亮再逐个熄灭，不断重复，验证了程序的正确性。

在没有开发板的情况下，可以采用逻辑分析仪观察现象，如图 2－19 所示。PA0～PA7 开始为 0xFF，然后逐个变为低电平，因为 LED 是低电平驱动，所以 LED 逐个点亮，当 PA0～PA7 全变为低电平后（LED 全点亮），再逐个变为高电平，即 LED 逐个熄灭，当 PA0～PA7 全变为高电平后（LED 全熄灭），重复上述过程。

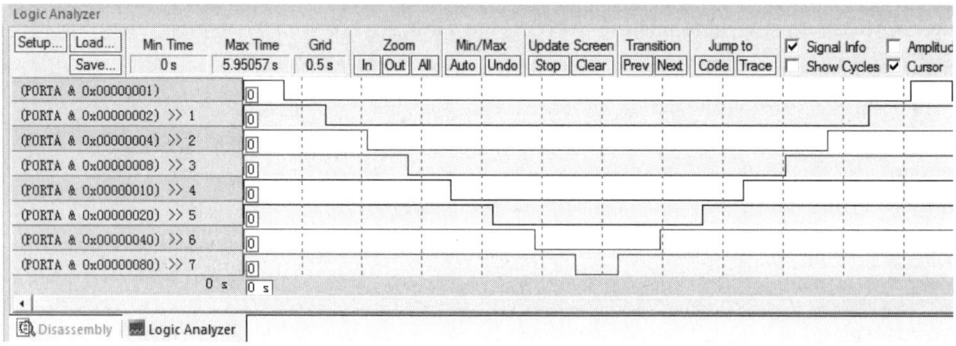

图 2－19　利用逻辑分析仪仿真观察 PA0～PA7 的电平变化

还可以采用 Proteus 软件画出电路原理图，加载编译成功后的可执行“. hex”文件，观察 LED 亮灭情况，如图 2－20 所示。

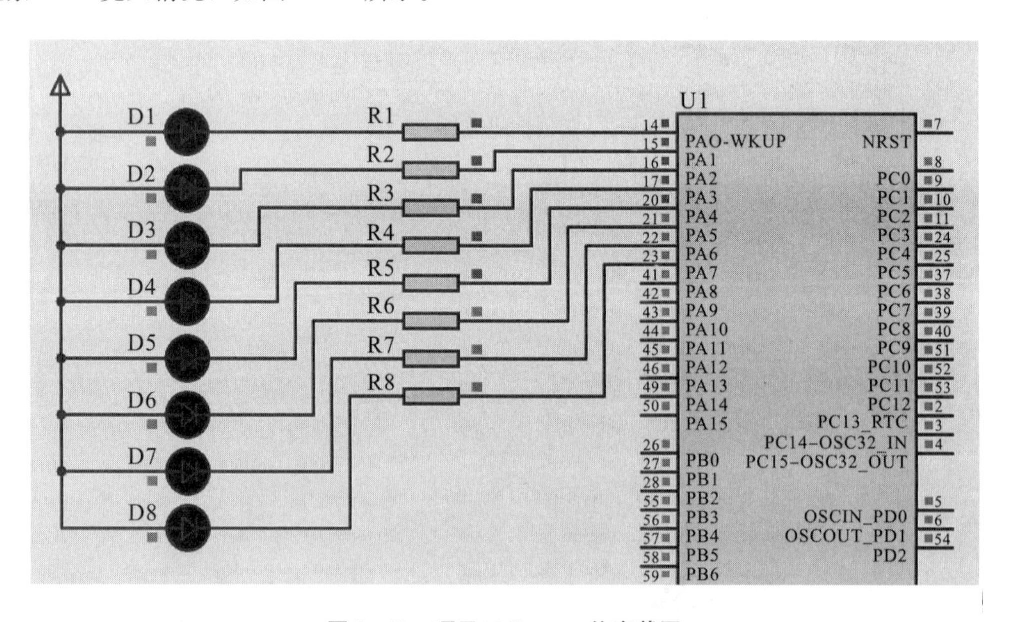

图 2－20　项目二 Proteus 仿真截图

思考与实操

1. STM32F103 的 I/O 口可配置为哪几种模式?

2. GPIO 端口配置寄存器有哪两个? 其作用分别是什么?

3. GPIO_Init 函数的作用是什么? 该函数具体操作了哪些寄存器?

4. 简述 RCC_APB2PeriphClockCmd () 和 GPIO_Init () 函数的功能。

5. 请用两种方法，采用库函数编写控制 PB7 输出低电平和 PB8 输出高电平的代码。

6. 请编写程序控制两个 LED 按照 00、01、10、11 的顺序循环点亮，要求用 Proteus 软件画出电路图，编程实现以上功能，并进行仿真验证。

项目三　多位数码管的动态显示

3.1　项目要求

使用 STM32F103R6 芯片的 PA0～PA7 引脚分别接 4 只数码管的段选端，PC0～PC3 分别接位选端，现要求编写一个 4 位数码管的动态显示函数 smg_disp（uint8 num1，uint8 num2，uint8 num3，uint8 num4，uint8 point），其中 num1、num2、num3、num4 为四位数的千位、百位、十位、个位，point 为小数点的位置，其取值范围为 1、2、3，若 point 为 1 时，小数点在千位；若 point 为 2 时，小数点在百位；若 point 为 3 时，小数点在十位。如图 3-1 所示。

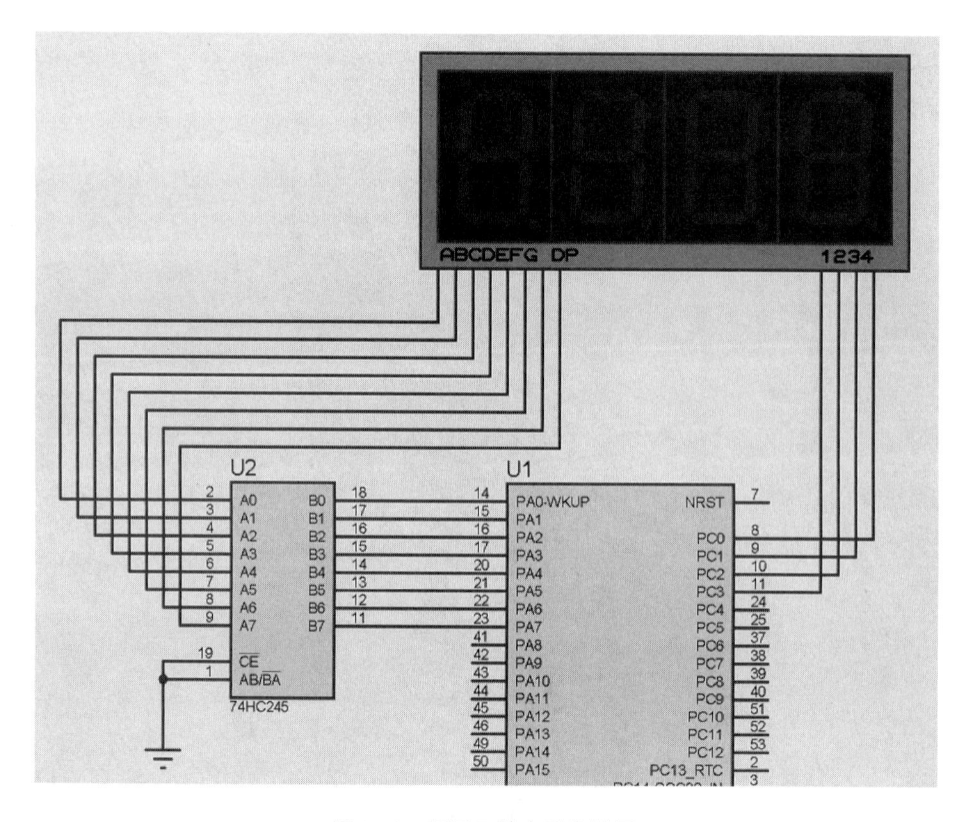

图 3-1　项目三的电路连接图

3.2　数码管的显示原理

3.2.1　认识数码管

在嵌入式电子产品中，显示器是人机交互的重要组成部分。嵌入式电子产品常用的显示器有 LED 和 LCD 两种，LED 数码显示器价格低廉、体积小、功耗低、可靠性好，因此得到广泛应用。

单个 LED 数码管的引脚结构如图 3－2（a）所示。数码管内部由 8 个 LED 组成，其中有 7 个条形 LED 和 1 个小圆点 LED。当 LED 导通时，相应的线段或小圆点发光，将这些 LED 排成一定图形，常用来显示数字 0～9、字符 A～G，还可以显示 H、L、P、R、U、Y、符号“－”及小数点“.”等。LED 数码管分为共阴极和共阳极两种结构。

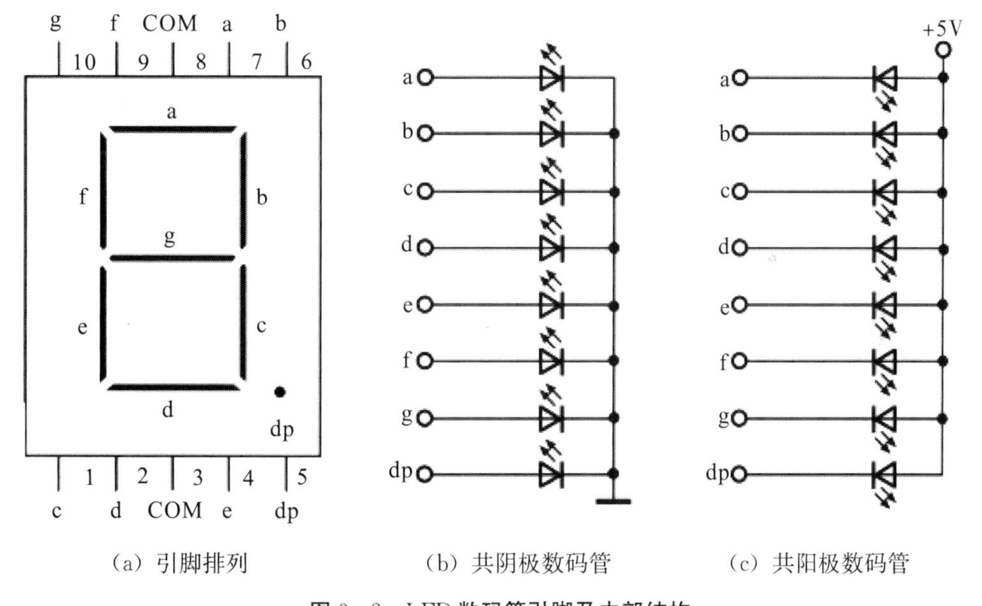

（a）引脚排列　　（b）共阴极数码管　　（c）共阳极数码管

图 3－2　**LED 数码管引脚及内部结构**

（1）共阴极结构。如图 3－2（b）所示，共阴极结构是把所有 LED 的阴极作为公共端（COM）连起来，接低电平，通常接地。通过控制每一个 LED 的阳极电平使其发光或熄灭，阳极为高电平时 LED 发光，为低电平时 LED 熄灭。例如显示数字“0”时，a、b、c、d、e、f 端为高电平，其他各端为低电平。

（2）共阳极结构。如图 3－2（c）所示，共阳极结构是把所有 LED 的阳极作为公共端（COM）连起来，接高电平，通常接电源（如+5V）。通过控制每一个 LED 的阴极电平使其发光或熄灭，阴极为低电平时 LED 发光，为高电平时 LED 熄灭。例如显示数字“0”时，a、b、c、d、e、f 端为低电平，其他各端为高电平。

3.2.2 数码管的字形编码

数码管要显示某个字符，必须在它的 8 个位段上加上相应的电平组合，即一个 8 位数据，这个数据就叫作该字符的字形编码（也称为段码）。常用位段的编码规则如图 3－3 所示。

D7	D6	D5	D4	D3	D2	D1	D0
dp	g	f	e	d	c	b	a

图 3－3 常用数码管位段的编码规则

共阴极和共阳极数码管的字形编码是不同的，两种结构数码管的字形编码如表 3－1 所示。

表 3－1 LED 数码管字形编码

显示字符	共阴极字形码	共阳极字形码	显示字符	共阴极字形码	共阳极字形码
0	3FH	C0H	D	5EH	A1H
1	06H	F9H	E	79H	86H
2	5BH	A4H	F	71H	8EH
3	4FH	B0H	H	76H	89H
4	66H	99H	L	38H	C7H
5	6DH	92H	P	73H	8CH
6	7DH	82H	U	3EH	C1H
7	07H	F8H	y	6EH	91H
8	7FH	80H	r	31H	CEH
9	6FH	90H	—	40H	BFH
A	77H	88H	.	80H	7FH
B	7CH	83H	8.	FFH	00H
C	39H	C6H	全灭	00H	FFH

从编码表可以看到，对于同义字符，共阴极和共阳极的字形编码是反相的。例如：字符“0”的共阴极编码是 3FH，二进制形式是 00111111；共阳极编码是 C0H，二进制形式是 11000000，恰好是 00111111 的反码。

3.2.3 数码管的显示方法

数码管要正常显示，就要用驱动电路来驱动数码管的各个段，从而显示出需要的数字，因此根据数码管驱动方式的不同，可以将其分为静态显示和动态显示两种方法。

3.2.3.1　静态显示

静态显示是指数码管显示某一字符时，相应的 LED 恒定导通或恒定截止。这种显示方式的数码管相互独立，公共端恒定接地（共阴极）或接电源（共阳极）。每个数码管的8个位段分别与一个8位I/O端口相连。I/O端口只要有字形码输出，数码管就显示给定字符，并保持不变，直到I/O端口输出新的段码。

静态显示的优点是编程简单，显示亮度高；缺点是占用I/O端口多，如驱动5个数码管，静态显示需要 5×8=40 个 I/O 端口来驱动。实际应用时必须增加译码驱动器进行驱动，增加了硬件电路的复杂性。

3.2.3.2　动态显示

动态显示就是一位一位地轮流点亮各位数码管（扫描），对于显示器的每一位而言，每隔一段时间点亮一次。虽然在同一时刻只有一位数码管在工作（点亮），但利用人眼的视觉暂留效应和发光二极管熄灭时的余辉效应，看到的却是多个字符“同时”显示。显示器亮度既与点亮时的导通电流有关，也与点亮时间和间隔时间的比例有关。调整电流和时间参数，可实现亮度较高、较稳定的显示。若显示器的位数不大于8位，则控制显示器公共极电位只需一个8位I/O口（称为扫描口或字位口），控制各位数码管显示相应的字形也需要一个8位口（称为数据口或字形口）。

动态显示的优点是节省硬件资源，成本较低；缺点是在控制系统运行过程中，要保证显示器正常显示，CPU 必须每隔一段时间执行一次显示子程序，这占用了 CPU 的大量时间，降低了 CPU 工作效率，同时显示亮度较静态显示低。

3.3　子项目1：数码管静态显示接口设计

3.3.1　硬件电路及项目要求

硬件电路如图3-4所示，使用 STM32F103R6 芯片的 PA0～PA7 和 PC0～PC7 分别接两只共阳极数码管的段选端，其中个位数码管接 PC0～PC7，十位数码管接 PA0～PA7，两只数码管的公共端接电源 3.3V，74LS245 是8路同相三态双向数据总线驱动芯片，具有双向三态功能，既可以输出数据，也可以输入数据，其$\overline{CE}$端是三态允许端（低电平有效）；AB/$\overline{BA}$端是方向控制端（AB/$\overline{BA}$=0 时，信号由 B 向 A 传输，反之信号由 A 向 B 传输）。现要求编写程序使两只数码管静态显示“27”。

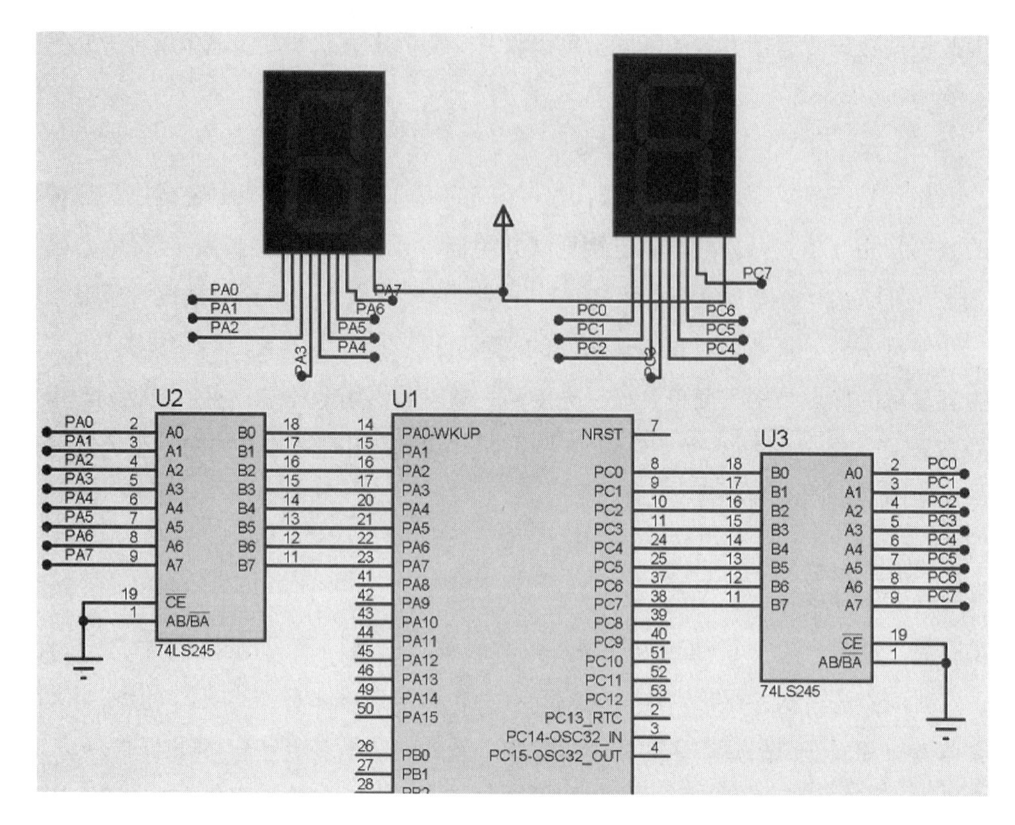

图 3-4 数码管静态显示接口电路

3.3.2 程序设计

静态显示程序设计较简单，需要对所用 I/O 口进行配置，然后向 I/O 口写入数码管所要显示字符对应的段码就行。本子项目对应的参考程序如下：

```
#include "stm32f10x.h"
void GPIO_config (void)    //配置 PA 口和 PC 口
{
    GPIO_InitTypeDef GPIO_InitStructure;
    RCC_APB2PeriphClockCmd (RCC_APB2Periph_GPIOA | RCC_APB2Periph_GPIOC,
ENABLE);
    GPIO_InitStructure.GPIO_Mode=GPIO_Mode_Out_PP;
    GPIO_InitStructure.GPIO_Pin=GPIO_Pin_0 | GPIO_Pin_1 | GPIO_Pin_2 | GPIO_Pin_3 | GPIO
_Pin_4 | GPIO_Pin_5 | GPIO_Pin_6 | GPIO_Pin_7;
    GPIO_InitStructure.GPIO_Speed=GPIO_Speed_50MHz;
    GPIO_Init (GPIOA, &GPIO_InitStructure);
    GPIO_InitStructure.GPIO_Mode=GPIO_Mode_Out_PP;
    GPIO_InitStructure.GPIO_Pin=GPIO_Pin_0 | GPIO_Pin_1 | GPIO_Pin_2 | GPIO_Pin_3 | GPIO
_Pin_4 | GPIO_Pin_5 | GPIO_Pin_6 | GPIO_Pin_7;
```

```
    GPIO_InitStructure.GPIO_Speed=GPIO_Speed_50MHz;
    GPIO_Init (GPIOC, &GPIO_InitStructure);
}
int main (void )
{
    GPIO_config ();
    GPIO_Write (GPIOA, 0xa4); //写端口 A 写入"2"对应的段码
    GPIO_Write (GPIOC, 0xf8); //写端口 C 写入"7"对应的段码
    while (1);
}
```

程序编译成功后，利用 Proteus 软件进行仿真验证，将对应目标代码文件加载到 STM32F103R6 芯片，单击仿真工具栏的"运行"按钮，观察数码管是否显示"27"，其运行结果如图 3－5 所示。

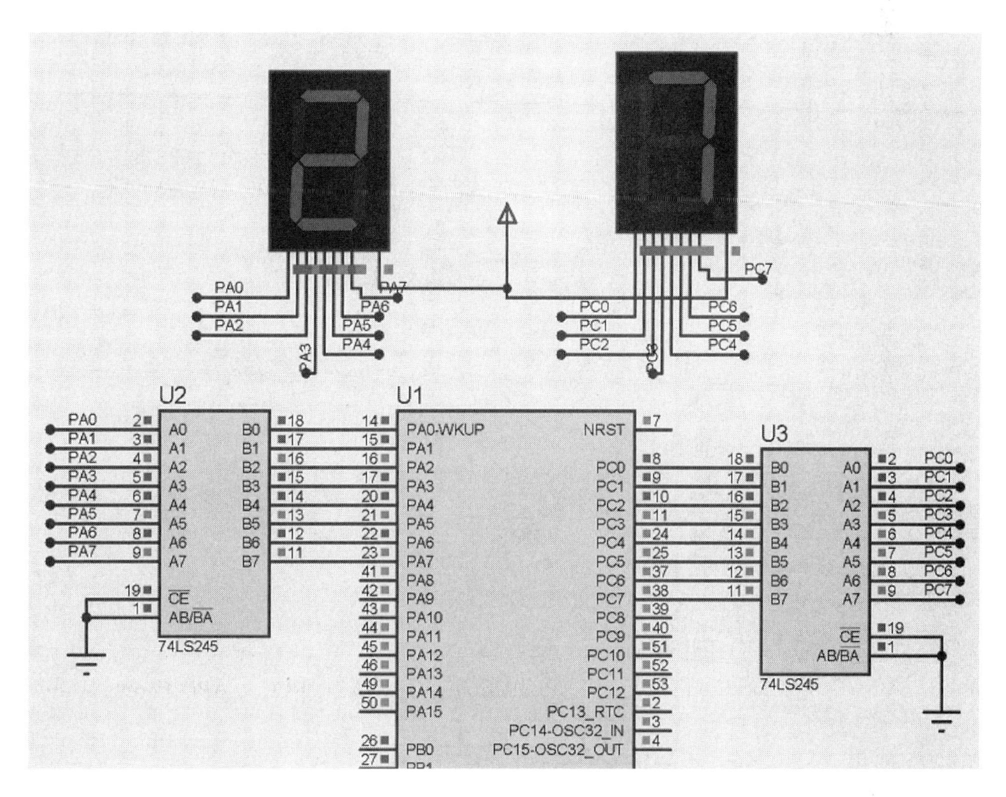

图 3－5　数码管静态显示仿真结果

3.4 子项目 2：数码管动态显示接口设计

3.4.1 硬件电路及项目要求

数码管动态显示接口电路如图 3−6 所示，8 只数码管的段选端由 PB0～PB7 经 8 路同相三态双向数据总线驱动芯片 74LS245 提供，位选端由 PA5、PA6、PA7 经 3 线～8 线译码器 74LS138 译码输出提供。要求编写程序实现 8 只数码管动态显示 01234567。

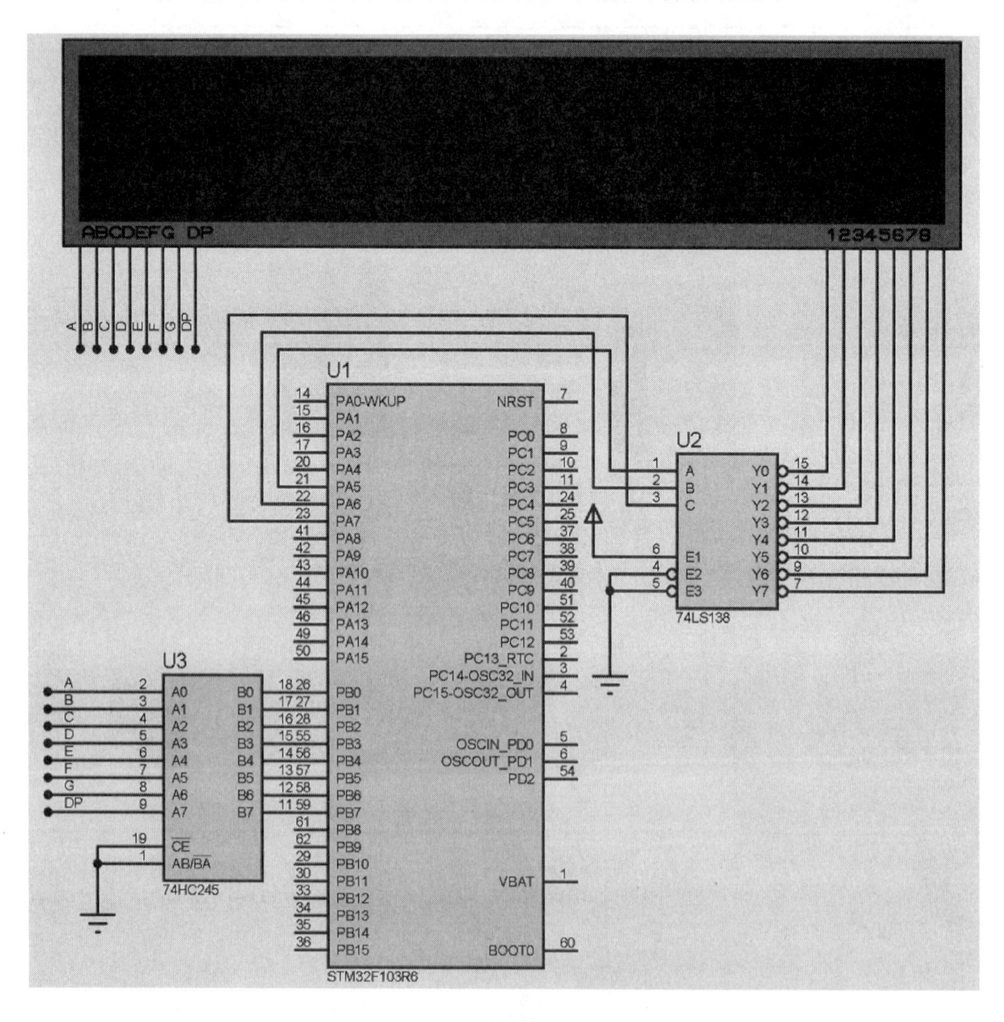

图 3−6 数码管动态显示接口电路

3.4.2 程序设计

程序设计流程如图 3−7 所示。下面详细说明程序设计过程。

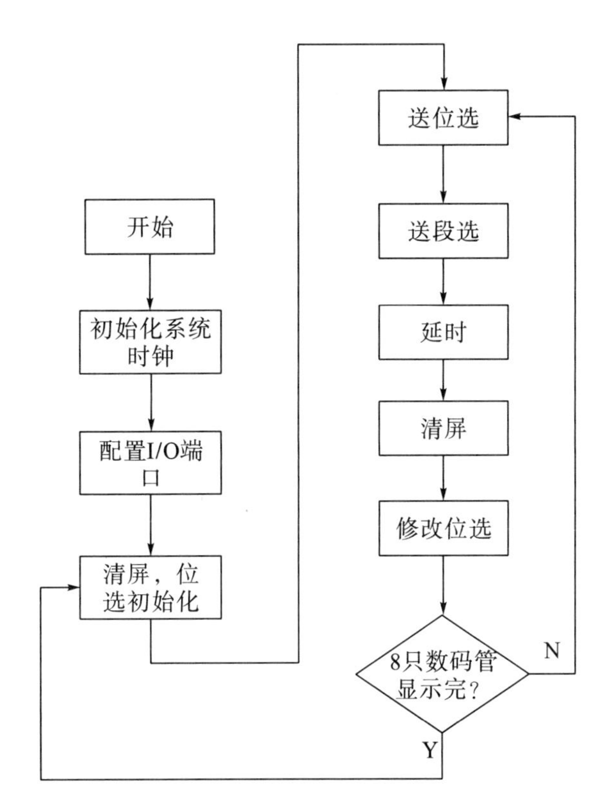

图 3－7　数码管动态显示程序设计流程

（1）设置 STM32F103x 的系统时钟和外设时钟。由于使用了 GPIOA 和 GPIOB，因此需要将这两个端口的时钟打开。

开启 B 端口的时钟：

```
RCC_APB2PeriphClockCmd（RCC_APB2Periph_GPIOB，ENABLE）；
```

开启 A 端口的时钟：

```
RCC_APB2PeriphClockCmd（RCC_APB2Periph_GPIOA，ENABLE）；
```

（2）由于 PB3 和 PB4 的引脚上电复位后默认为 JTAG 信号脚，PB0～PB7 被用于给数码管送出显示数据，因此必须将 PB3、PB4 两个引脚复用为普通的 GPIO 引脚，需要执行两步操作。

①在时钟配置中打开复用时钟：

```
RCC_APB2PeriphClockCmd（RCC_APB2Periph_GPIOB |
RCC_APB2Periph_AFIO，ENABLE）；
```

②对 PB3 和 PB4 引脚进行重映射：

```
GPIO_PinRemapConfig（GPIO_Remap_SWJ_JTAGDisable，ENABLE）；
```

针对 SWJ 五个引脚的重映射的方式有三种：

```
①GPIO_PinRemapConfig（GPIO_Remap_SWJ_JTAGDisable，ENABLE）；//PB3、PB4、PA15 作普通 I/O 口，PA13 和 PA14 用于 SWD 调试
②GPIO_PinRemapConfig（GPIO_Remap_SWJ_Disable，ENABLE）；//五个引脚全为普通引脚，但不能再用 JTAG 和 SWD 仿真器调试，只能使用 ST_Link 调试
③GPIO_PinRemapConfig（GPIO_Remap_SWJ_NoJTRST，ENABLE）；//PB4 作为通用 I/O 口，JTAG 和 SWD 正常使用，但 JTAG 没有复位
```

（3）设置 GPIOA 和 GPIOB 的引脚特性。数码管的段选信号和位选信号都设置为通用推挽输出。

（4）编写数码管驱动模块下面的位选编码，由于编码引脚为 PA5/PA6/PA7，因此，编码值只是这三个引脚对应的位的变化，PA［7：5］的值是从 000 到 111 这 8 个数值的变化，而 PA［4：0］＝00000，所以位选码为：00H，20H，40H，60H，80H，A0H，C0H，E0H。

参考程序代码如下：

```
#include "stm32f10x.h"
u8 discode [] = {0x3f，0x06，0x5b，0x4f，0x66，0x6d，0x7d，0x07，0x7f，0x6f}；//段选码
u8 weixuan [] = {0x00，0x20，0x40，0x60，0x80，0xa0，0xc0，0xe0}；//位选码
void delay（u16 t）//延时函数
{
    u8 i;
    while（t--）for（i=0；i<200；i++）；
}
    void GPIO_config（void）//配置 GPIO 口
{
    GPIO_InitTypeDef GPIO_InitStructure;
    RCC_APB2PeriphClockCmd（RCC_APB2Periph_GPIOA | RCC_APB2Periph_GPIOB，
ENABLE）；
    RCC_APB2PeriphClockCmd（RCC_APB2Periph_AFIO，ENABLE）；
    GPIO_InitStructure.GPIO_Mode=GPIO_Mode_Out_PP;
    GPIO_InitStructure.GPIO_Pin=GPIO_Pin_5 | GPIO_Pin_6 | GPIO_Pin_7;
    GPIO_InitStructure.GPIO_Speed=GPIO_Speed_50MHz;
    GPIO_Init（GPIOA，&GPIO_InitStructure）；
    GPIO_InitStructure.GPIO_Mode=GPIO_Mode_Out_PP;
```

```
    GPIO_InitStructure.GPIO_Pin=GPIO_Pin_0 | GPIO_Pin_1 | GPIO_Pin_2 | GPIO_Pin_3 | GPIO
_Pin_4 | GPIO_Pin_5 | GPIO_Pin_6 | GPIO_Pin_7;
    GPIO_InitStructure.GPIO_Speed=GPIO_Speed_50MHz;
    GPIO_Init (GPIOB, &GPIO_InitStructure);
    GPIO_PinRemapConfig (GPIO_Remap_SWJ_JTAGDisable, ENABLE); //PB3 和 PB4 引脚重
映射
}
int main (void )
{
    GPIO_config ();
    u8 i, j;
    while (1)
{
    for (i=0; i<8; i++)
    {
      j=weixuan [i];
      GPIO_Write (GPIOB, 0x00); //清屏
      GPIO_Write (GPIOA, j); //送位选
      GPIO_Write (GPIOB, discode [i]); //送段选
      delay (62);
    }
  }
}
```

程序编译成功后，利用 Proteus 软件进行仿真验证，将对应的目标代码文件加载到 STM32F103R6 芯片，单击仿真工具栏的“运行”按钮，观察数码管显示状态，其运行结果如图 3-8 所示。如果数码管显示有闪烁，可以适当调节延时时间。

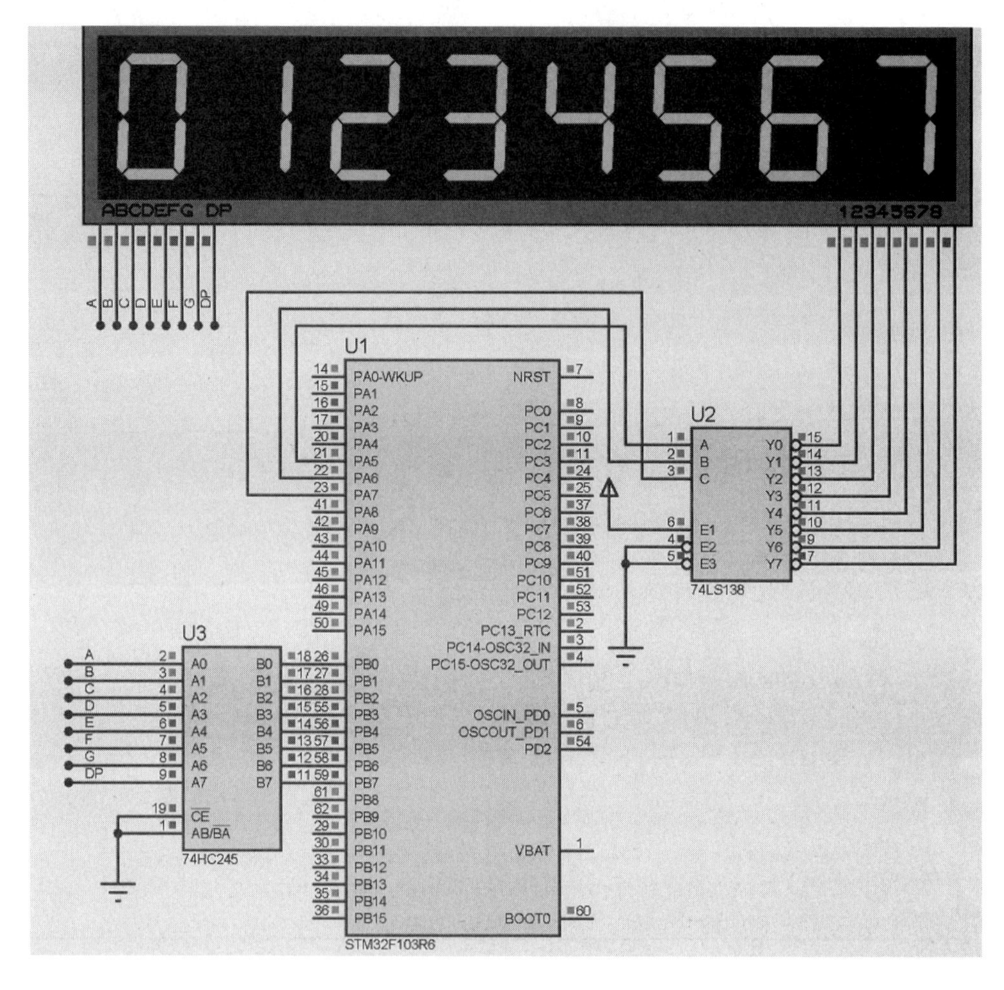

图 3-8　数码管动态显示仿真结果

3.5　项目三的实现

项目三的硬件电路如图 3-1 所示。动态显示流程如图 3-7 所示，这里只是需要对要显示的小数点进行处理。根据函数 smg_disp（u8 num1，u8 num2，u8 num3，u8 num4，u8 point）中的参数 num1、num2、num3、num4 可以查询对应的段码，这些段码对应的小数点都是不点亮的，然后根据参数 point 的大小，修改对应的段码，比如 point=1，小数点在千位，就把 num1 对应的段码和 0x80 相或（数码管是共阴极的）；point=2，小数点在百位，就把 num2 对应的段码和 0x80 相或；point=3，小数点在十位，就把 num3 对应的段码和 0x80 相或。这里采用模块化编程，其参考程序代码如下：

meggpio. h 文件：

```
#ifndef_MEGGPIO_H
#define_MEGGPIO_H
#include "stm32f10x. h"
void smg_disp (u8 num1, u8 num2, u8 num3, u8 num4, u8 point);
#endif
```

meggpio. c 文件：

```
#include "meggpio. h"
u8 discode [] = {0x3f, 0x06, 0x5b, 0x4f, 0x66, 0x6d, 0x7d, 0x07, 0x7f, 0x6f}; //段选
u8 weixuan [] = {0xfe, 0xfd, 0xfb, 0xf7}; //位选
static void GPIO_config (void) //I/O 口配置
{
    GPIO_InitTypeDef GPIO_InitStructure;
    RCC _ APB2PeriphClockCmd ( RCC _ APB2Periph _ GPIOA | RCC _ APB2Periph _ GPIOC,
ENABLE);
    GPIO_InitStructure. GPIO_Mode=GPIO_Mode_Out_PP;
    GPIO_InitStructure. GPIO_Pin=GPIO_Pin_0 | GPIO_Pin_1 | GPIO_Pin_2 | GPIO_Pin_3;
    GPIO_InitStructure. GPIO_Speed=GPIO_Speed_50MHz;
    GPIO_Init (GPIOC, &GPIO_InitStructure);
    GPIO_InitStructure. GPIO_Mode=GPIO_Mode_Out_PP;
    GPIO_InitStructure. GPIO_Pin=GPIO_Pin_0 | GPIO_Pin_1 | GPIO_Pin_2 | GPIO_Pin_3 | GPIO
_Pin_4 | GPIO_Pin_5 | GPIO_Pin_6 | GPIO_Pin_7;
    GPIO_InitStructure. GPIO_Speed=GPIO_Speed_50MHz;
    GPIO_Init (GPIOA, &GPIO_InitStructure);
}
    static void delay (u16 t) //延时函数
{
    u8 i;
    while (t--) for (i=0; i<200; i++);
}

    void smg_disp (u8 num1, u8 num2, u8 num3, u8 num4, u8 point) //显示函数
    {
    GPIO_config (); //I/O 初始化
    u8 i, dispnum [4]; //定义循环变量 i, 显示缓存数组
    dispnum [0] =discode [num4]; //把显示数据放在显示缓存数组里
    dispnum [1] =discode [num3];
    dispnum [2] =discode [num2];
    dispnum [3] =discode [num1];
```

```
    switch (point) //确定小数点显示位置
    {
    case 1: dispnum [3] |=0x80; break;
    case 2: dispnum [2] |=0x80; break;
    case 3: dispnum [1] |=0x80; break;
    }
    for (i=0; i<4; i++) //4 位数码管动态显示
    {
    GPIO_Write (GPIOA, 0x00); //清屏
    GPIO_Write (GPIOC, weixuan [i]); //送位选
    GPIO_Write (GPIOA, dispnum [i]); //送段选
    delay (120); //延时
    }
}
```

main.c 文件：

```
#include "stm32f10x.h"
#include "meggpio.h"
int main (void )
{
    while (1)
    {
      smg_disp (5, 6, 7, 8, 2); //显示 56.78
    }
}
```

程序编译成功后，利用 Proteus 软件进行仿真验证，将对应的目标代码文件加载到 STM32F103R6 芯片，单击仿真工具栏的“运行”按钮，观察数码管显示状态，其运行结果如图 3-9 所示。

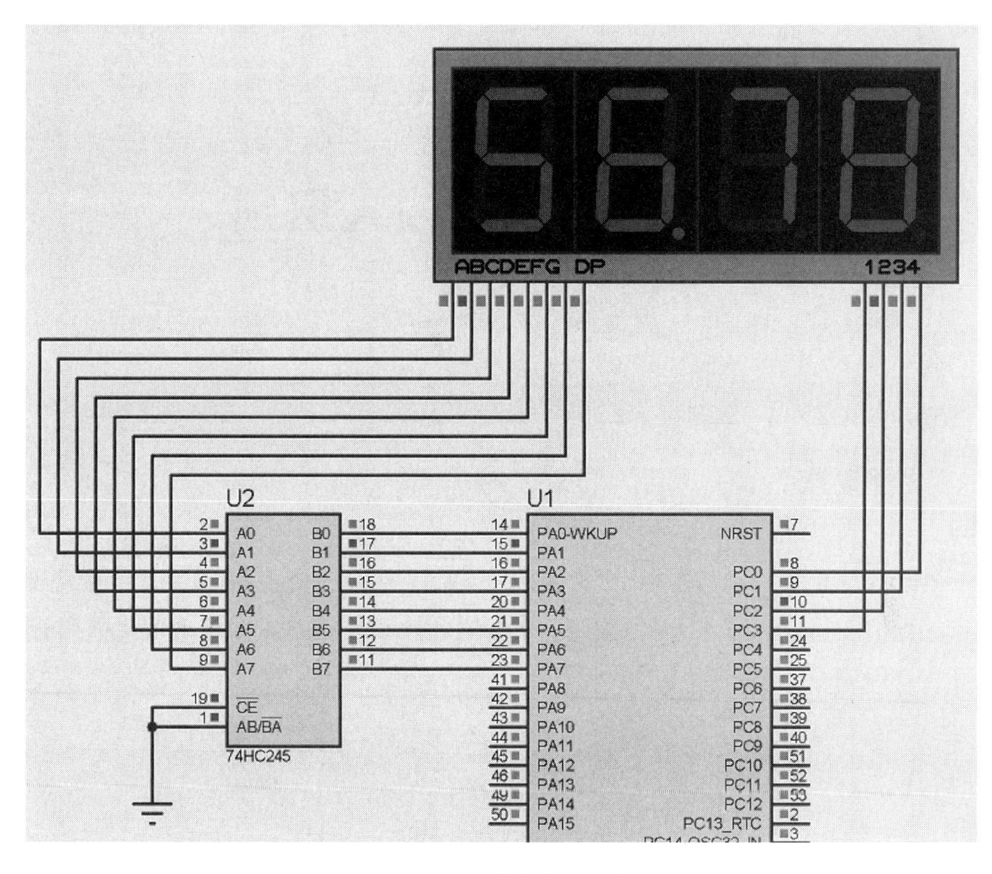

图 3-9　4 位数码管动态显示仿真结果

思考与实操

1. 简述数码管的段选和位选接口配置过程。

2. 请用静态显示方式和动态显示方式实现数码管从 00～99 的显示，要求用 Proteus 软件画出电路图，编程实现以上功能，并进行仿真验证。

项目四　按键输入识别

4.1　项目要求

矩阵式键盘电路连接如图 4-1 所示，PA0～PA7 接有一个 4×4 的键盘，两只数码管的段选端分别接 PB0～PB7，PC0～PC7。请编写程序识别键盘，并把键值用数码管显示出来。

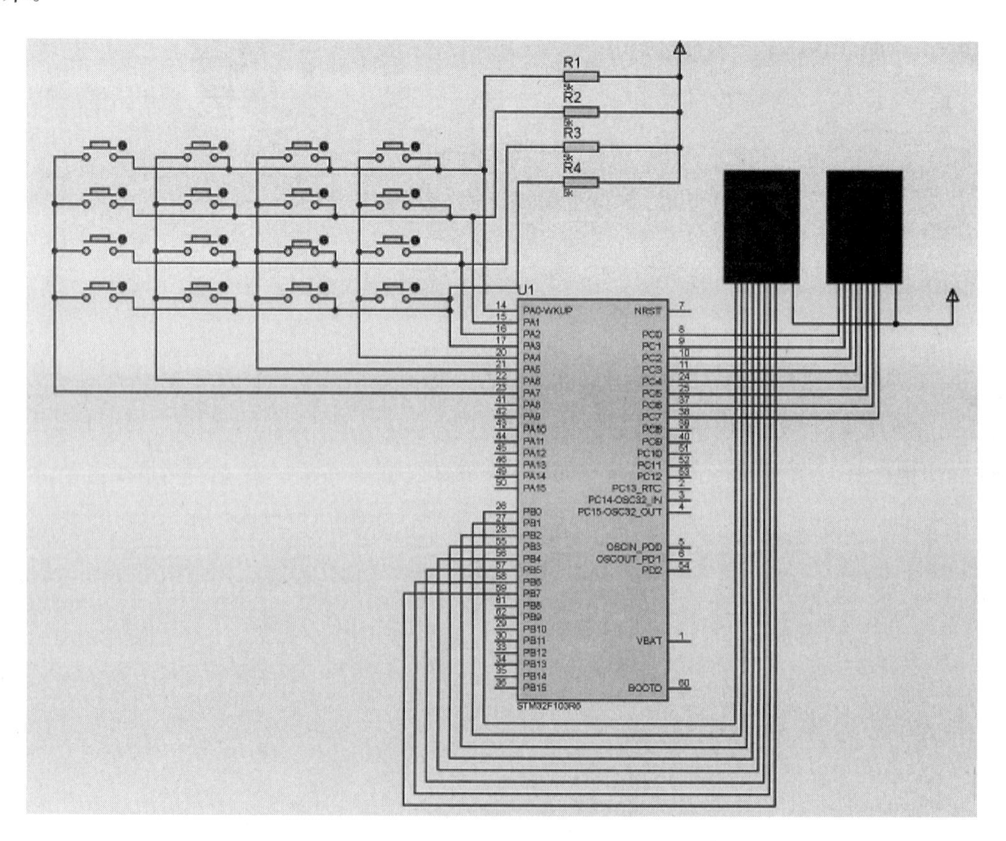

图 4-1　项目四电路连接图

4.2　认识按键

按键是嵌入式电子产品进行人机交互不可缺少的输入设备，用于向嵌入式电子产品输入数据或控制信息。按键实际上就是一个开关元件。机械触点式按键的主要功能是把机械上的通断转换为电气上的逻辑关系（1或0）。

按照结构原理的不同，按键主要分为如下两种：

（1）触点式开关按键，如机械式开关、导电橡胶式开关等；

（2）无触点式开关按键，如电气式按键、磁感应按键等。

触点式开关按键造价较低，无触点式开关按键寿命较长。

常见的键盘有独立式键盘和矩阵式键盘两种：

（1）独立式键盘结构简单，但占用的资源多；

（2）矩阵式键盘结构相对复杂，但占用的资源少。

因此，当嵌入式电子产品只需要少数几个功能按键时，可以采用独立式键盘结构；而当需要较多按键时，可以采用矩阵式键盘结构。本书主要介绍触点式开关按键，即机械式按键。

键盘接口设计应解决的主要问题有以下几个方面。

4.2.1　键盘的任务

键盘的任务有以下3项：

（1）判别是否有键按下，若有，进入第（2）步。

（2）识别哪一个键被按下，并求出相应的键值。

（3）根据键值，找到相应键值的处理程序入口。

4.2.2　键盘输入的特点

键盘中的一个按键实质上就是一个按钮开关。如图4－2（a）所示，按键开关的两端分别连接在行线和列线上，列线接地，行线通过电阻接到+5V上。铵键开关机械触点断开、闭合时，其行线输出电压波形如图4－2（b）所示。

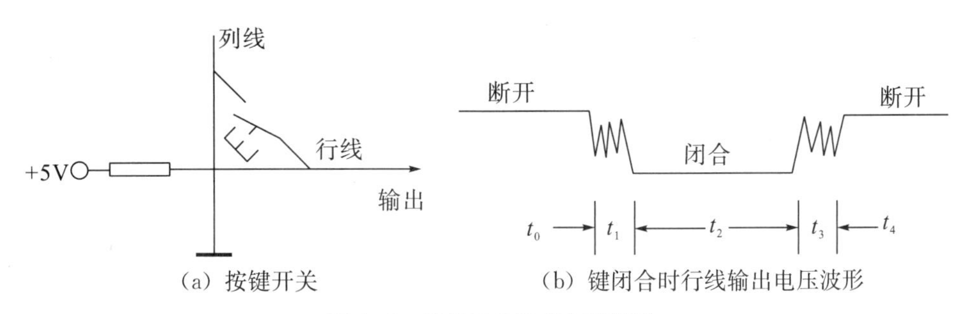

（a）按键开关　　（b）键闭合时行线输出电压波形

图4－2　按键开关及其行线波形

图 4－2（b）所示的 t_1 和 t_3 分别为键的闭合和断开过程中的抖动期（呈现一串负脉冲），抖动时间长短与开关的机械特性有关，一般为 5～10ms，t_2 为稳定的闭合期，其时间由按键动作确定，一般为十分之几秒到几秒，t_0、t_4 为断开期。

4.2.3 按键的识别

按键闭合与否，反映在行线输出电压上就是看其呈现高电平还是低电平，STM32 单片机通过对行线电平的高低状态进行检测，便可确认按键是否按下或松开。为了确保 STM32 单片机对一次按键动作只确认一次按键有效，必须消除抖动期 t_1 和 t_3 的影响。

4.2.4 按键防抖动措施

消除抖动常用硬件去抖和软件去抖两种方法。当按键数较少时，可采用硬件去抖；当按键数较多时，可采用软件去抖。

4.2.4.1 硬件去抖

硬件去抖采用硬件滤波的方法，在按键输出端加 R－S 触发器（双稳态触发器）或单稳态触发器构成去抖动电路。双稳态去抖动电路如图 4－3 所示。

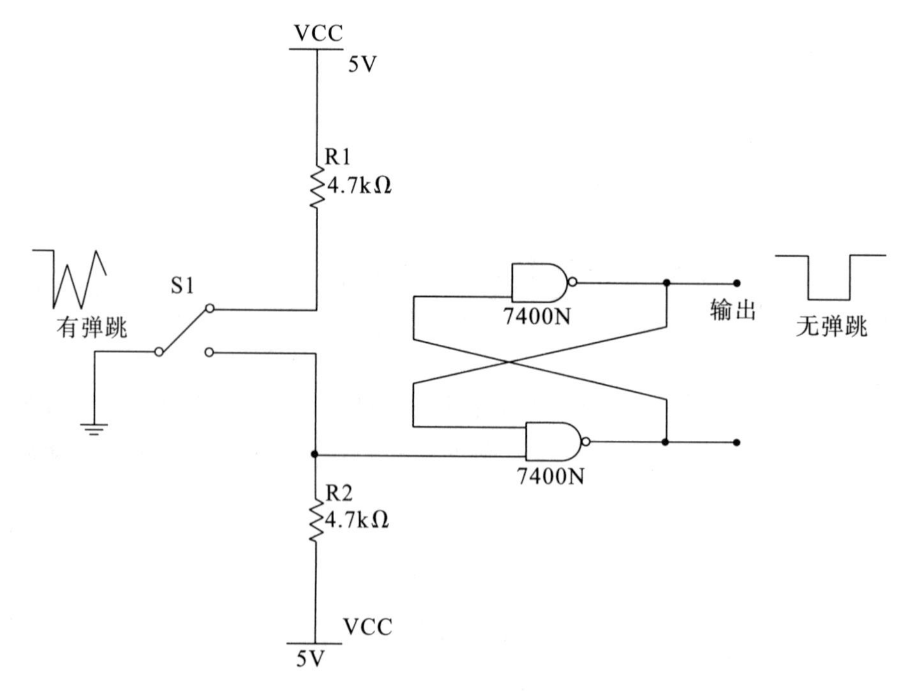

图 4－3 双稳态去抖动电路

图 4－3 中用两个“与非”门构成一个 R－S 触发器。当按键未按下时，输出 1；当按键按下（就是 A 到 B）时，输出 0。

由于按键具有机械性能，使得按键弹性抖动产生瞬时断开（抖动跳开 B），只要按键不返回原始状态 A，双稳态电路的状态不改变，输出就保持为 0，不会产生抖动的波形。也就是说，即使 B 点的电压波形是抖动的，但经双稳态电路后，其输出仍为正规的矩形波。这一点通过分析 R－S 触发器的工作过程很容易得到验证。

4.2.4.2　软件去抖

如果按键较多，通常使用软件方法去抖。在检测到有按键按下时，执行一个 10ms 左右（具体时间应根据使用的按键进行调整）的延时程序后，再确认该键是否仍保持闭合状态的电平，若仍保持闭合状态的电平，则确认该键处于闭合状态。同理，在检测到该键释放后，也应采用相同的步骤进行确认，从而可消除抖动的影响。软件去抖动的流程如图 4－4 所示。

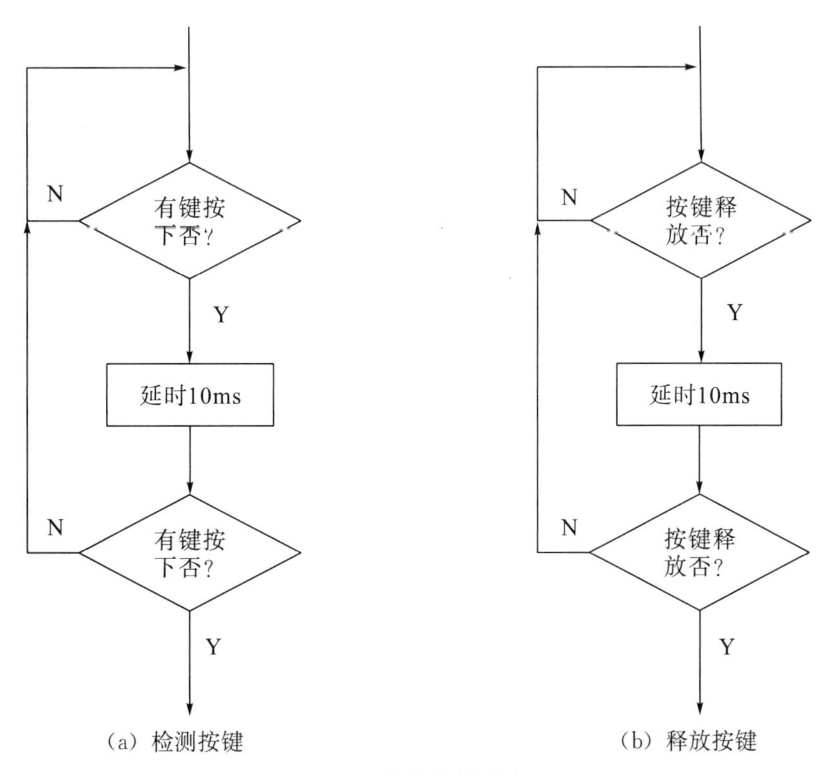

图 4－4　软件去抖动流程

4.3　子项目：独立式按键接口设计

4.3.1　硬件电路及项目要求

如图 4－5 所示，三个按键分别接在 PC2、PC3、PA3 三根口线上，要求 SW1 按下，

D1（接PB13）的状态变化，即由亮变灭，由灭变亮；SW2按下，D2（接PB14）的状态变化，即由亮变灭，由灭变亮；SW3按下，D3（接PB15）的状态变化，即由亮变灭，由灭变亮。请编程实现，并仿真验证。

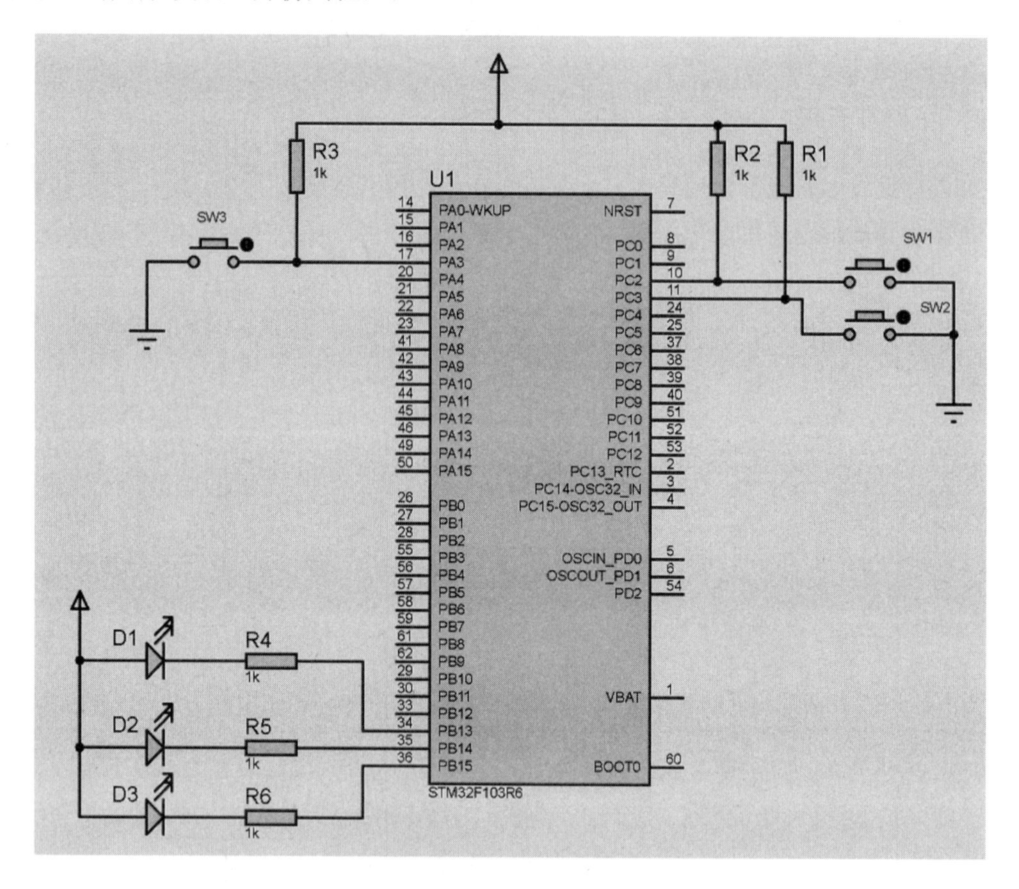

图4－5　独立式按键控制LED连接图

4.3.2　程序设计

4.3.2.1　按键控制LED实现分析

（1）如何判断和识别按下的按键。

由图4－5可以看出，当按键SW1按下时，PC2引脚经SW1接地，被拉低为低电平，即PC2为0。当按键SW1未按下时，SW1断开，PC2引脚经上拉电阻接电源，被拉高为高电平，即PC2为1，SW2和SW3同理。

因此，通过检测PC2、PC3和PA3哪个引脚是0，就可以判断是否有按键按下，并能识别是哪一个按键按下。

当识别了按下的按键后，就可以通过PB13、PB14和PB15输出控制信号，点亮或熄灭对应的LED。由于LED一端接电源，当对应引脚输出低电平时，LED点亮，反之熄灭。

程序设计流程如图 4－6 所示。

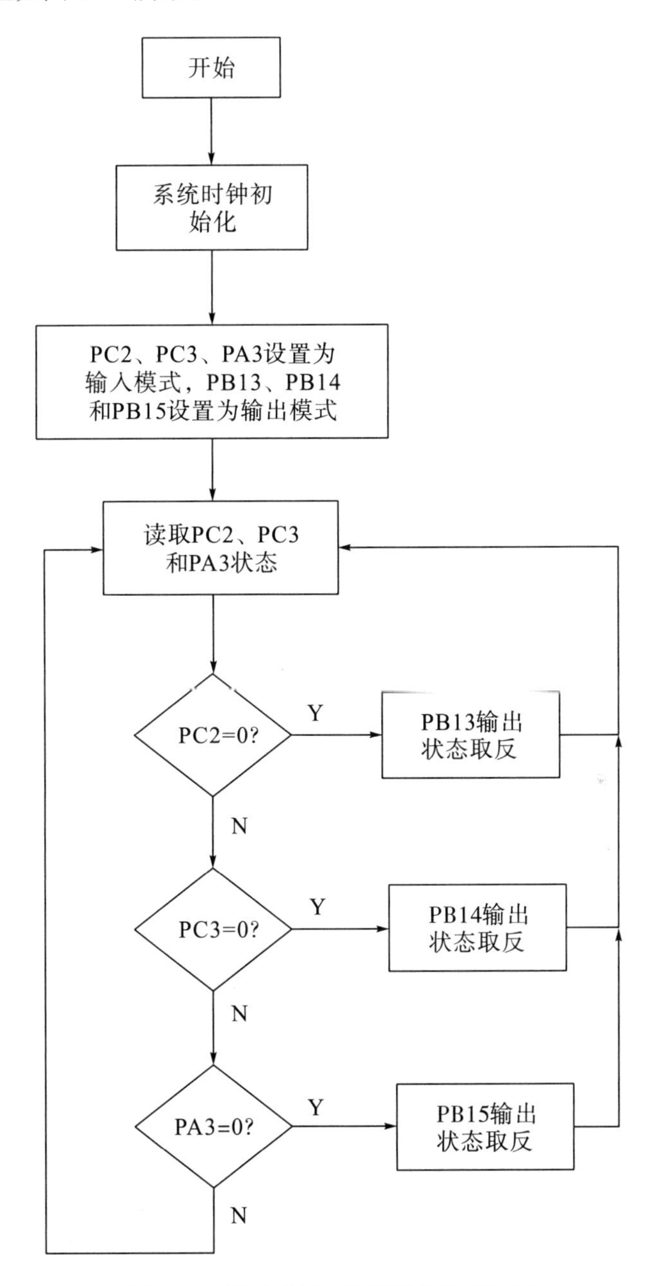

图 4－6　独立式按键控制程序设计流程

（2）如何采用库函数读取按键的状态。

先使用 GPIO_ReadInputDataBit（GPIOC，GPIO_Pin_2）函数读取 PC2 的值（即 SW1 的值），然后判断 PC2 的值是否为 0，若为 0 表示按键 SW1 按下，否则表示按键 SW1 未按下。判断按键 SW2 和 SW3 是否按下与判断按键 SW1 的方法一样。

4.3.2.2 编写 led.h 头文件和 led.c 文件

对 3 个 LED 所接的 PB13、PB14、PB15 进行配置，使能 GPIOB 时钟等的代码，分别编写在 led.h 头文件和 led.c 文件中。

（1）led.h 头文件代码如下：

```
#ifndef _LED_H
#define _LED_H
#include "stm32f10x.h"
void LED_GPIO_Config（void）；//LED 所用 I/O 口初始化配置函数声明
#endif
```

（2）led.c 文件代码如下：

```
#include "led.h"
void LED_GPIO_Config（void）
{    GPIO_InitTypeDef GPIO_InitStructure；
     RCC_APB2PeriphClockCmd（RCC_APB2Periph_GPIOB，ENABLE）；
     GPIO_InitStructure.GPIO_Mode=GPIO_Mode_Out_PP；
     GPIO_InitStructure.GPIO_Pin=GPIO_Pin_13 | GPIO_Pin_14 | GPIO_Pin_15；
     GPIO_InitStructure.GPIO_Speed=GPIO_Speed_50MHz；
     GPIO_Init（GPIOB，&GPIO_InitStructure）；
     GPIO_Write（GPIOB，0xe000）；
}
```

4.3.2.3 编写 key.h 头文件和 key.c 文件

对 3 个按键所接的 PC2、PC3 和 PA3 进行配置，使能 GPIOC 和 GPIOA 时钟等代码，分别编写在 led.h 头文件和 led.c 文件中。

（1）key.h 文件代码如下：

```
#ifndef _KEY_H
#define _KEY_H
#include "stm32f10x.h"
#define KEY_ON 0              //按键标志
#define KEY_OFF 1
void Key_GPIO_Config（void）；//按键输入 I/O 口初始化配置函数声明
u8 Key_Scan（void）；    //按键扫描函数声明
#endif
```

（2）key. c 文件代码如下：

```
#include "key. h"
void Delay（u32 nCount）    //延时函数
{
    for（；nCount! =0；nCount--）；
}
```

```
void Key_GPIO_Config（void）       //配置 I/O 口
{
    GPIO_InitTypeDef GPIO_InitStructure；       //配置 C 口
    RCC_APB2PeriphClockCmd（RCC_APB2Periph_GPIOC，ENABLE）；
    GPIO_InitStructure. GPIO_Pin=GPIO_Pin_2 | GPIO_Pin_3；
    GPIO_InitStructure. GPIO_Mode=GPIO_Mode_IPU；//上拉输入
    GPIO_Init（GPIOC，&GPIO_InitStructure）；
    RCC_APB2PeriphClockCmd（RCC_APB2Periph_GPIOA，ENABLE）；    //配置 A 口
    GPIO_InitStructure. GPIO_Pin=GPIO_Pin_3；
    GPIO_InitStructure. GPIO_Mode=GPIO_Mode_IPU；
    GPIO_Init（GPIOA，&GPIO_InitStructure）；
    }
u8 Key_Scan（void）      //按键扫描函数
{
    if（GPIO_ReadInputDataBit（GPIOC，GPIO_Pin_2）==KEY_ON）//判断 SW1 键是否按下
{
    Delay（10000）；      //延时消抖
    if（GPIO_ReadInputDataBit（GPIOC，GPIO_Pin_2）==KEY_ON）//SW1 键按下
    {
    while（GPIO_ReadInputDataBit（GPIOC，GPIO_Pin_2）==KEY_ON）；//等待键释放
    return 1；
    }
    else
    return 0；
    }
    else if（GPIO_ReadInputDataBit（GPIOC，GPIO_Pin_3）==KEY_ON）//判断 SW2 键是否
按下
    {
    Delay（10000）；      //延时消抖
    if（GPIO_ReadInputDataBit（GPIOC，GPIO_Pin_3）==KEY_ON）    //SW2 键按下
    {
    while（GPIO_ReadInputDataBit（GPIOC，GPIO_Pin_3）==KEY_ON）；//等待键释放
    return 2；
    }
```

```
        else
        return 0;
}
        else if (GPIO_ReadInputDataBit (GPIOA, GPIO_Pin_3) ==KEY_ON) //判断 SW3 键是否
按下
{
        Delay (10000);        //延时消抖
        if (GPIO_ReadInputDataBit (GPIOA, GPIO_Pin_3) ==KEY_ON) //SW3 键按下
        {
        while (GPIO_ReadInputDataBit (GPIOA, GPIO_Pin_3) ==KEY_ON); //等待键释放
        return 3;
        }
else
return 0;
}
else
return 0;
}
```

代码说明：

由于按键一端接地，按键按下时对应的引脚被拉低，按键释放后其引脚又被拉高，所以要配置 PC2、PC3 和 PA3 为上拉输入。若按键一端接电源，则 PC2、PC3 和 PA3 要配置为下拉输入。

Key_Scan (void) 是按键扫描函数，其功能是判断是否有按键按下。若有键按下，则返回按键对应的键值，SW1 按下，返回键值 1；SW2 按下，返回键值 2；SW3 按下，返回键值 3；没有按键按下，返回键值 0。

4.3.2.4 编写主文件 main.c

```
#include "stm32f10x.h"
#include "led.h"
#include "key.h"
int i=0;
int main (void)
{
        LED_GPIO_Config ();
        Key_GPIO_Config ();
        while (1)
        {
        i=Key_Scan ();
```

```
    if (i==1)
    {
    GPIO_WriteBit (GPIOB, GPIO_Pin_13,
    (BitAction) (1- (GPIO_ReadOutputDataBit (GPIOB, GPIO_Pin_13)))); //D1 反转
    }
    if (i==2)
    {
    GPIO_WriteBit (GPIOB, GPIO_Pin_14,
    (BitAction) (1- (GPIO_ReadOutputDataBit (GPIOB, GPIO_Pin_14)))); //D2 反转
    }
    if (i==3)
    {
    GPIO_WriteBit (GPIOB, GPIO_Pin_15,
    (BitAction) (1- (GPIO_ReadOutputDataBit (GPIOB, GPIO_Pin_15))));} //D3 反转
    }
}
```

4.3.2.5　程序仿真

程序编译成功后，可以采用逻辑分析仪查看各个端口的状态，如图 4-7 所示。

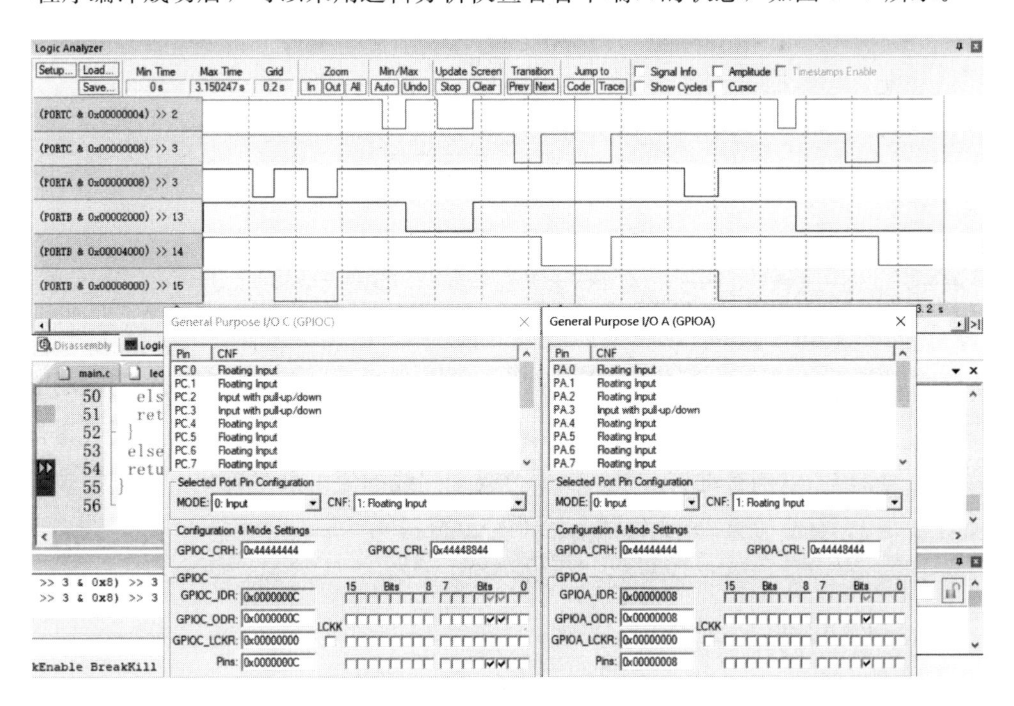

图 4-7　独立式按键控制仿真

由图 4-7 可见，当 PC2 由低电平变为高电平时（SW1 按下按键并释放），PB13 的电

平转换（对应的 LED 灯状态变化一次）；同理，当 PC3 由低电平变为高电平时（SW2 按下按键并释放），PB14 的电平转换（对应的 LED 灯状态变化一次）；当 PA3 由低电平变为高电平时（SW3 按下按键并释放），PB15 的电平转换（对应的 LED 灯状态变化一次）。经以上仿真分析，证明达到了本子项目的要求。

4.4　矩阵式键盘接口设计

矩阵式（也称行列式）键盘用于铵键数目较多的场合，它由行线和列线组成，按键位于行、列的交叉点上，如图 4-8 所示。一个 4×4 的行、列结构可以构成一个 16 个按键的键盘，只需要一个 8 位的并行 I/O 口即可。如果采用 8×8 的行、列结构，可以构成一个 64 个按键的键盘，只需要一个 16 位的并行 I/O 口即可。很明显，在按键数目较多的场合，矩阵式键盘要比独立式键盘节省较多的 I/O 口线。

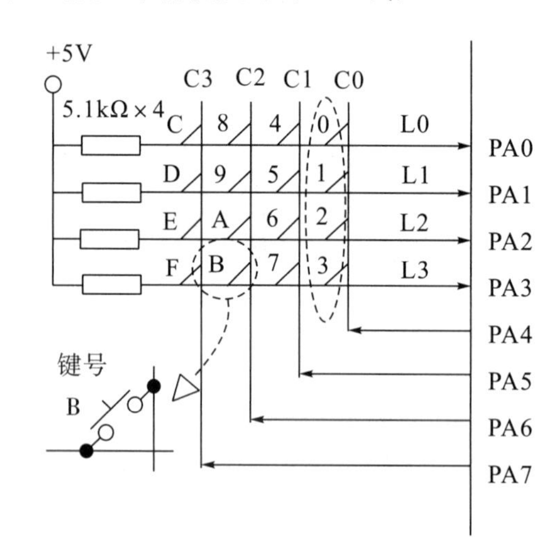

图 4-8　矩阵式键盘的接口电路

用扫描法识别按键的方法如下：用行线输出，列线输入（可交换行线和列线的输入、输出关系）。其中，列线逐列输出 0 值，若某行有键按下，则行线有 0 输入；若无键按下，则行线输入全部为 1。当有键按下时，根据行线和列线的值可最终确定哪个按键被按下。假设列线值为 i，行线值为 j，则键值为：KeyNumber=$i\times 4+j$。

4.5　项目四的实现

项目四的硬件电路如图 4-1 所示，我们需要识别键值，并将键值送至数码管显示，4×4键盘的键值定义如图 4-9 所示。程序设计流程如图 4-10 所示。

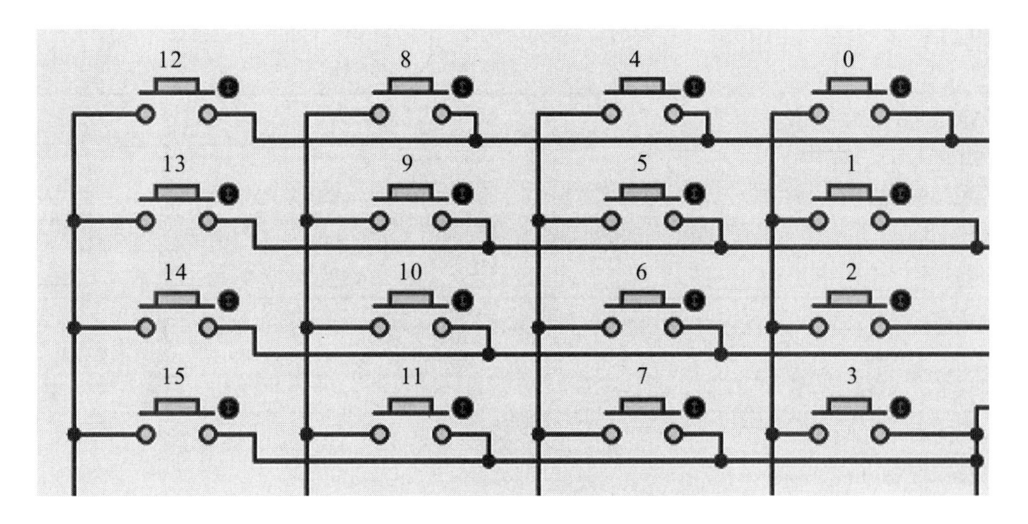

图 4-9　项目四中矩阵式键盘的键值定义

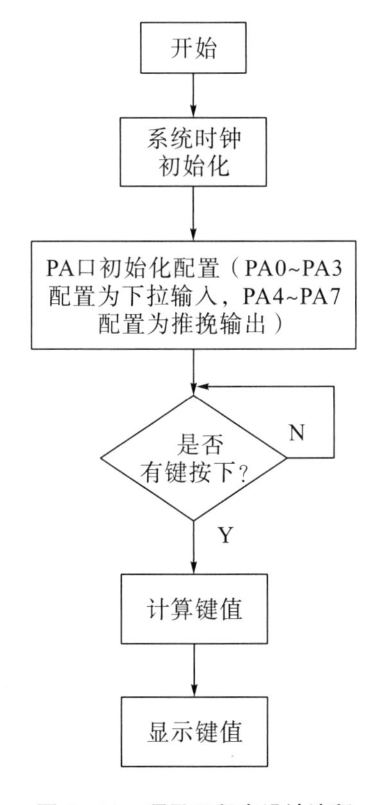

图 4-10　项目四程序设计流程

参考程序代码如下：

（1）键盘所接 I/O 口的初始化配置函数 key. h 头文件和 key. c 文件代码如下。

key. h 头文件：

```
#ifndef_KEY_H
#define_KEY_H
#include "stm32f10x.h"
void KeyBoard_Init (void); //GPIO 口初始化配置函数声明
#endif
```

key. c 文件：

```
#include "key.h"
void KeyBoard_Init (void)
{
GPIO_InitTypeDef  GPIO_InitStructure;
RCC_APB2PeriphClockCmd (RCC_APB2Periph_GPIOA, ENABLE);
GPIO_InitStructure.GPIO_Pin = GPIO_Pin_0 | GPIO_Pin_1 | GPIO_Pin_2 | GPIO_Pin_3;
GPIO_InitStructure.GPIO_Speed = GPIO_Speed_10MHz;
GPIO_InitStructure.GPIO_Mode = GPIO_Mode_IPD; //行线下拉输入
GPIO_Init (GPIOA, &GPIO_InitStructure);
GPIO_InitStructure.GPIO_Pin = GPIO_Pin_4 | GPIO_Pin_5 | GPIO_Pin_6 | GPIO_Pin_7;
GPIO_InitStructure.GPIO_Speed = GPIO_Speed_10MHz;
GPIO_InitStructure.GPIO_Mode = GPIO_Mode_Out_PP; //列线推挽输出
GPIO_Init (GPIOA, &GPIO_InitStructure);
}
```

（2）数码管显示 I/O 口初始化配置函数 meggpio. h 头文件和 meggpio. c 文件代码。

meggpio. h 头文件：

```
#ifndef_MEGGPIO_H
#define_MEGGPIO_H
#include "stm32f10x.h"
void GPIO_config (void);
#endif
```

meggpio. c 文件：

```
#include "meggpio.h"
void GPIO_config (void)
{
    GPIO_InitTypeDef  GPIO_InitStructure;
```

```
    RCC _ APB2PeriphClockCmd ( RCC _ APB2Periph _ GPIOB | RCC _ APB2Periph _ GPIOC,
ENABLE);
    GPIO_InitStructure. GPIO_Mode=GPIO_Mode_Out_PP;
    GPIO_InitStructure. GPIO_Pin=GPIO_Pin_0 | GPIO_Pin_1 | GPIO_Pin_2 | GPIO_Pin_3 | GPIO
_Pin_4 | GPIO_Pin_5 | GPIO_Pin_6 | GPIO_Pin_7;
    GPIO_InitStructure. GPIO_Speed=GPIO_Speed_50MHz;
    GPIO_Init (GPIOB, &GPIO_InitStructure);
    GPIO_InitStructure. GPIO_Mode=GPIO_Mode_Out_PP;
    GPIO_InitStructure. GPIO_Pin=GPIO_Pin_0 | GPIO_Pin_1 | GPIO_Pin_2 | GPIO_Pin_3 | GPIO
_Pin_4 | GPIO_Pin_5 | GPIO_Pin_6 | GPIO_Pin_7;
    GPIO_InitStructure. GPIO_Speed=GPIO_Speed_50MHz;
    GPIO_Init (GPIOC, &GPIO_InitStructure);
}
```

（3）主文件 main. c 代码如下：

```
#include "stm32f10x. h"
#include "meggpio. h"
#include "key. h"
u8 discode [] = {0xc0, 0xf9, 0xa4, 0xb0, 0x99, 0x92, 0x82, 0xf8, 0x80, 0x90}; //共阳极数码
管字符 1~9 对应的段码值
void delay (u16 time)
{
    u16 j;
    for (j=0; j<time; j++);
}
int main (void )
{
    u8 temp1;
    u8 m, n, i, temp2;
    GPIO_config ();
    KeyBoard_Init ();
    while (1)
{
    GPIO_Write (GPIOA, 0xef); //列扫描初值，PA4=0，PA5~PA7=1
    for (i=0; i<=3; i++) //按列扫描，一共 4 列
{
    if (GPIO_ReadInputDataBit (GPIOA, GPIO_Pin_0) ==0) temp1=i*4+0; //判断第 0 行有无
键按下，若有，键值可能为 0，4，8，C (12)
      if (GPIO_ReadInputDataBit (GPIOA, GPIO_Pin_1) ==0) temp1=i*4+1; //判断第 1 行有
无键按下，若有，键值可能为 1，5，9，D (13)
```

```
        if (GPIO_ReadInputDataBit (GPIOA, GPIO_Pin_2) ==0) temp1=i*4+2; //判断第 2 行有
无键按下，若有，键值可能为 2，6，A (10)，E (14)
        if (GPIO_ReadInputDataBit (GPIOA, GPIO_Pin_3) ==0) temp1=i*4+3; //判断第 3 行有
无键按下，若有，键值可能为 3，7，B (11)，F (15)
        m=temp1/10; //取键值的十位
        n=temp1%10; //取键值的个位
        GPIO_Write (GPIOB, discode [m]); //显示键值的十位
        GPIO_Write (GPIOC, discode [n]); //显示键值的个位
        delay (500);
      temp2=GPIO_ReadInputData (GPIOA); //读入 PA 口的状态
      temp2=temp2 | 0x0f; //屏蔽 PA3~PA0
      temp2=temp2<<1; //PA7~PA4 左移 1 位，准备下一行扫描
      temp2=temp2 | 0x0f; //屏蔽 PA3~PA0
      GPIO_Write (GPIOA, temp2); //下一列的列扫描值送 PA 口，为下一列扫描做准备
    }
  }
}
```

编译程序，在 Proteus 软件中按照图 4−1 画好电路图，加载生成的可执行文件. hex，打开仿真开关，按下其中 6 号按键，显示结果如图 4−11 所示。

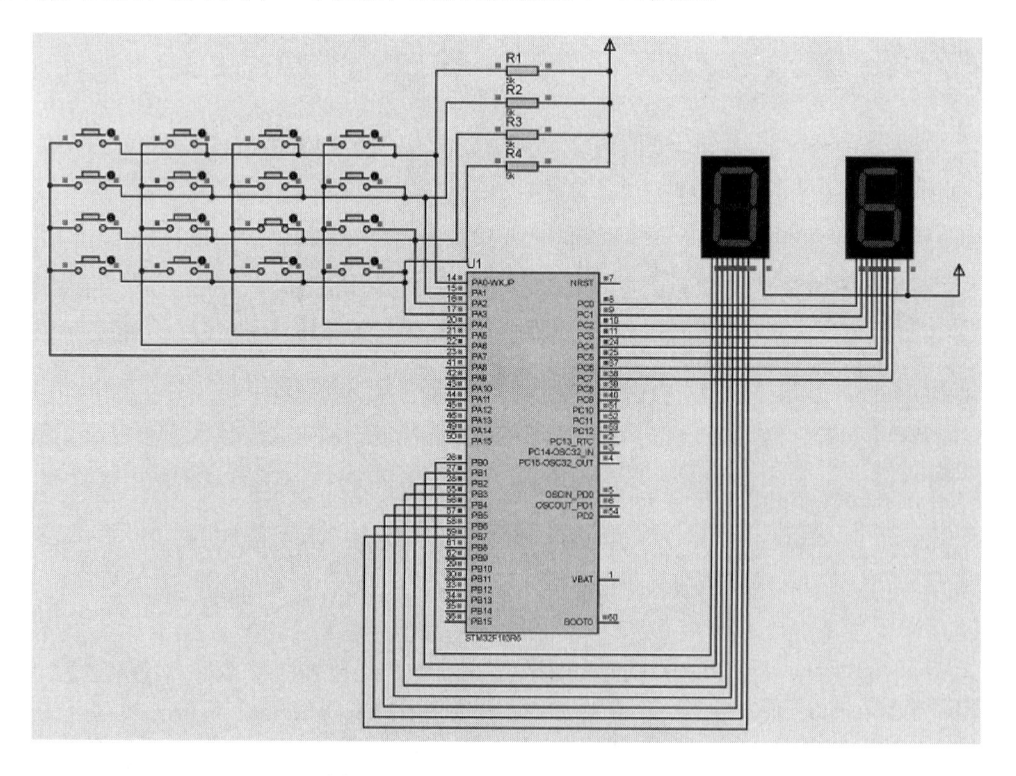

图 4−11　项目四 Proteus 仿真截图

思考与实操

1. 按键如何消除抖动?

2. 简述矩阵式键盘的识别过程。

3. 请在开发板上完成本章项目四的电路和程序设计，以及运行与调试。

4. PA0 和 PA1 引脚接有两只按键 S0 和 S1，两只引脚上的高、低电平共有 4 种组合，这 4 种组合分别点亮 PB0～PB3 引脚控制的 4 只 LED，即 S0、S1 均闭合，LED0 亮，其余灭；S1 闭合、S0 打开，LED1 亮，其余灭；S0 闭合、S1 打开，LED2 亮，其余灭；S0、S1 均打开，LED3 亮，其余灭。请用 Proteus 软件画出电路图，编程实现以上功能，并进行仿真验证。

项目五　液晶显示器接口设计

5.1　项目要求

用 STM32F103R6 驱动字符型液晶显示器 LCD1602，其接口电路如图 5－1 所示，现要编写程序使其显示两行文字：“Welcom”与“Yibin CHINA”。

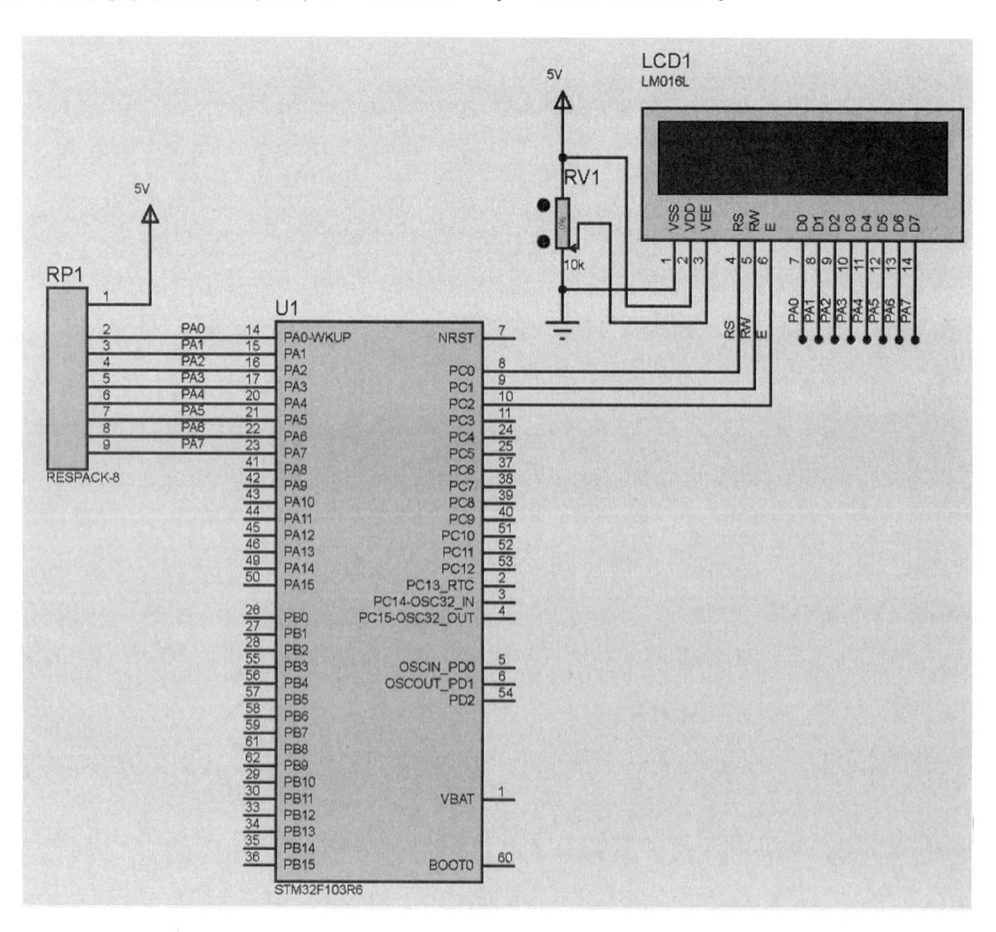

图 5－1　液晶显示器接口电路

5.2　认识液晶显示器

LCD液晶显示器是一种被动式的显示器，与LED不同，液晶本身并不发光，而是利用液晶在电压作用下，能改变光线通过方向的特性而达到显示白底黑字或黑底白字的目的。液晶显示器具有体积小、功耗低、抗干扰能力强等优点，特别适用于小型手持式设备。这几年随着价格的下降得到了广泛的应用。

常见的液晶显示器有七段式LCD显示器、点阵式字符型LCD显示器和点阵式图形LCD显示器。其中，点阵式图形LCD显示器能支持汉字和图形曲线的显示，应用较为灵活，但是价格较为昂贵。本书主要介绍点阵式字符型LCD显示器及其应用。

5.2.1　字符型液晶显示模块的组成及其基本特点

字符型液晶显示模块是专门用于显示字母、数字、符号等的点阵型液晶显示模块，分为4位和8位数据传输方式：提供“5×7点阵+光标”和“5×10点阵+光标”的显示模式；提供显示数据缓冲区DDRAM、字符库ROM（CGROM）和自定义字符RAM（CGRAM），可以使用CGRAM来存储自己定义的最多8个5×8点阵的图形字符的字模数据；提供丰富的指令设置，如清除显示、光标回原点、显示开/关、光标开/关、显示字符闪烁、光标移位、显示移位等；提供内部上电自动复位电路，当外加电源电压超过+4.5V时，自动对模块进行初始化操作，将模块设置为默认的显示工作状态。

字符液晶显示模块组件内部主要由LCD显示屏（LCD Panel）、控制器（Controller）、驱动器（Driver）、少量阻/容元件、结构件等装配在PCB板上构成，如图5-2所示。

字符型液晶显示模块目前在国际上已经规范化，无论显示屏规格如何变化，其电特性和接口形式都是统一的，因此只要设计出一种型号的接口电路，在指令设置上稍加改动即可使用各种规格的字符型液晶显示模块。

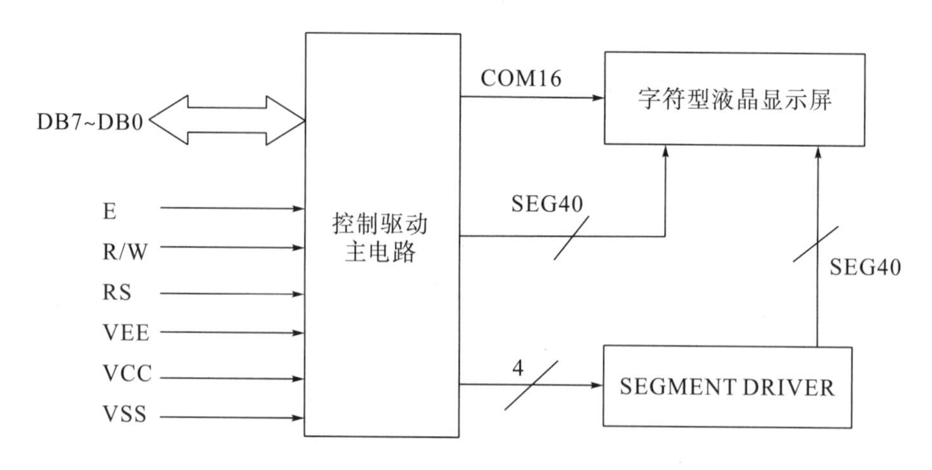

(a) 字符型液晶显示模块内部结构

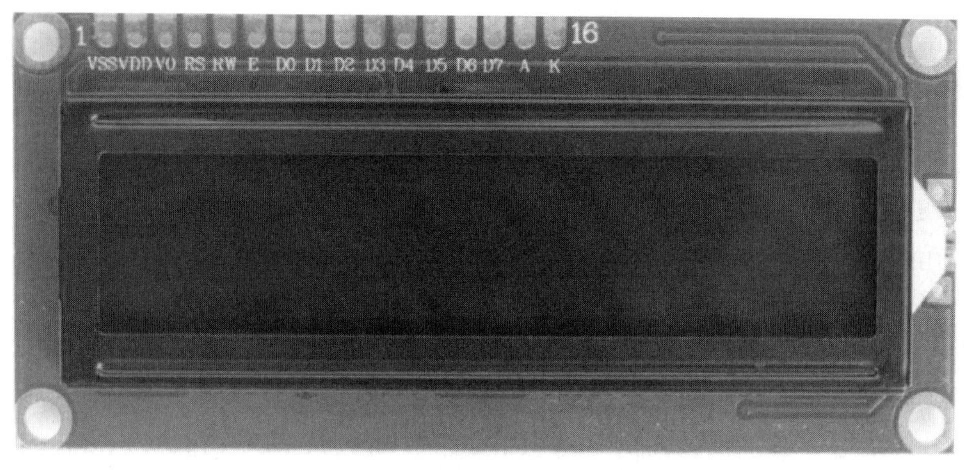

(b) PCB板

图5-2 字符型液晶显示模块及PCB板

字符型液晶显示模块的基本特点如下：

(1) 液晶显示屏是以若干个5×8或5×11点阵块组成的显示字符群。每个点阵块为一个字符位，字符间距和行距都为一个点的宽度。

(2) 主控制驱动电路为HD44780 (HITACHI) 及其他公司的全兼容电路，如SED1278 (SEIKOEPSON)、KS0066 (SAMSUNG)、NJU6408 (NER JAPAN RADIO)。

(3) 具有字符发生器ROM，可显示192种字符（160个5×7点阵字符和32个5×10点阵字符）。

(4) 具有64个字节的自定义字符RAM，可自定义8个5×8点阵字符或4个5×11点阵字符。

(5) 具有80个字节的RAM。

(6) 标准的接口特性，适配M6800系列MPU的操作时序。

（7）模块结构紧凑、轻巧、装配容易。

（8）单+5V 电源供电。

（9）低功耗、长寿命、高可靠性。

下面介绍点阵式字符型 LCD 显示器 LCD1602 模块及其应用。

5.2.2　LCD1602 模块接口引脚功能

LCD1602 共有 16 个引脚，其功能如表 5－1 所示。

表 5－1　LCD1602 引脚功能

引脚号	符号	状态	功能
1	VSS	—	地电源
2	VDD	—	+5V 逻辑电源
3	VO	—	液晶驱动电源（也有资料介绍用 VEE 表示）
4	RS	输入	寄存器选择：1—数据；0—指令
5	R/W	输入	读、写操作选择：1—读；0—写
6	E	输入	使能信号
7～14	DB0～DB7	三态	数据总线
15	LEDA	输入	背光板电源，通常为+5V，串联 1 个电位器，调节背光亮度，若接地，此时无背光但不易发热
16	LEDK	输入	背光板地电源

引脚进一步说明如下。

第 1 脚：VSS 为地电源。

第 2 脚：VDD 接 5V 正电源。

第 3 脚：VO 为液晶显示器对比度调整端，接正电源时对比度最低，接地电源时对比度最高，对比度过高时会产生“鬼影”，使用时可以通过一个 10kΩ 的电位器调整对比度。

第 4 脚：RS 为寄存器选择，高电平时选择数据寄存器，低电平时选择指令寄存器。

第 5 脚：R/W 为读写信号线，高电平时进行读操作，低电平时进行写操作。当 RS 和 RW 同为低电平时可以写入指令或者显示地址，当 RS 为低电平且 RW 为高电平时可以读忙信号，当 RS 为高电平且 RW 为低电平时可以写入数据。

第 6 脚：E 为使能端。当 E 端由高电平跳变成低电平时，液晶模块执行命令。

第 7～14 脚：DB0～DB7 为 8 位双向数据线。

第 15、16 两脚用于带背光模块，用于不带背光的模块时这两个引脚悬空不接。

5.2.3 LCD1602 模块的操作指令

5.2.3.1 LCD1602 各寄存器介绍

字符型液晶显示模块组件内部的控制器主要由指令寄存器 IR、数据寄存器 DR、忙标识位 BF、地址计数器 AC、显示数据寄存器 DDRAM、字符发生器 CGROM、字符发生器 CGRAM 及时序发生电路组成。

（1）指令寄存器 IR 和数据寄存器 DR。

本系列模块内部具有两个 8 位寄存器：指令寄存器 IR 和数据寄存器 DR。用户可以通过 RS 和 R/W 输入信号的组合来选择指定的寄存器，进行相应的操作。表 5−2 中列出了组合选择方式。

表 5−2 RS 和 R/W 输入信号组合

E	RS	R/W	说明
1	0	0	写命令：将 DB0～DB7 的指令代码写入指令寄存器中
1→0	0	1	读状态：分别将状态标识位 BF 和地址计数器 AC 中的内容读到 DB7 和 DB6～DB0
1	1	0	写数据：将 DB0～DB7 的数据写入数据寄存器中，模块的内部操作自动将数据写到 DDRAM 或 CGRAM 中
1→0	1	1	读数据：将数据寄存器中的数据读到 DB0～DB7，模块的内部操作自动将 DDRAM 或 CGRAM 中的数据送入数据寄存器中

（2）忙标识位 BF。

忙标识位 BF=1 时，表明模块正在进行内部操作，此时不接收任何外部指令和数据。当 RS=0、R/W=1 且 E 为高电平时，BF 输出到 DB7。每次操作之前最好先进行状态字检测，只有在确认 BF=0 之后，MPU 才能访问模块。

（3）地址计数器 AC。

地址计数器 AC 是 DDRAM 或 CGRAM 的地址指针。随着 IR 中指令码的写入，指令码中携带的地址信息自动送入 AC 中，并做出 AC 作为 DDRAM 的地址指针还是 CGRAM 的地址指针的选择。

AC 具有自动加 1 或减 1 的功能。当 DR 与 DDRAM 或 CGRAM 之间完成一次数据传送后，AC 会自动加 1 或减 1。当 RS=0、R/W=1 且 E 为高电平时，AC 的内容送到 DB6～DB0。

地址计数器 AC 的内容如表 5−3 所示。

表 5－3 地址计数器 AC 的内容

AC 高 3 位			AC 低 4 位			
AC6	AC5	AC4	AC3	AC2	AC1	AC0

（4）显示数据寄存器 DDRAM。

DDRAM 存储显示字符的字符码，其容量的大小决定模块最多可显示的字符数目。控制器内部有 80 字节的 DDRAM 缓冲区，DDRAM 地址与 LCD 显示屏上显示位置的对应关系如图 5－3 所示。

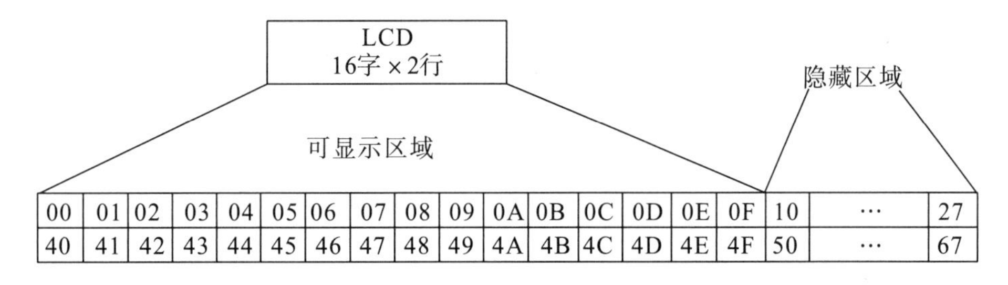

图 5－3 DDRAM 地址与 LCD 显示屏上显示位置的对应关系

当向 DDRAM 的 00H～0FH（第 1 行）、40H～4FH（第 2 行）地址中的任一处写入数据时，LCD 将立即显示出来，该区域也称为可显示区域；而当向 10H～27H 或50H～67H 地址中写入时，字符是不会显示出来的，该区域也称为隐藏区域。如果要显示写入隐藏区域的字符，需要通过字符移位命令将它们移入可显示区域方可正常显示。

（5）字符发生器 CGROM。

在 CGROM 中，模块已经以 8 位二进制数的形式生成了 5×8 点阵的字符字模（一个字符对应一组字模）。字符字模是与显示字符点阵相对应的 8×8 矩阵位图数据（与点阵行相对应的矩阵行的高三位为“0”），同时每一组字符字模都有一个由其在 CGROM 中存放地址的高 8 位数据组成的字符码对应。

字符码地址范围为 00H～FFH，其中 00H～07H 字符码与用户在 CGRAM 中生成的自定义图形字符的字模组相对应。

（6）字符发生器 CGRAM。

在 CGRAM 中，用户可以生成自定义图形字符的字模组，可以生成 5×8 点阵的字符字模 8 组，相对应的字符码从 CGROM 的 00H～0FFH 范围内选择。

5.2.3.2 LCD1602 字符的显示及命令字

LCD1602 显示字符首先要解决待显示字符的 ASCII 码的产生问题。用户只需在程序中写入欲显示的字符常量或字符串常量，程序在编译后会自动生成其标准的 ASCII 码，然后将生成的 ASCII 码送入显示用数据存储器 DDRAM，内部控制电路就会自动将该

ASCII 码对应的字符在 LCD1602 显示器显示出来。

要让液晶显示器显示字符，首先要对其控制器进行初始化设置，还必须对有/无光标、光标的移动方向、光标是否闪烁及字符移动的方向等进行设置，才能获得所需的显示效果。对 LCD1602 的初始化、读、写、光标设置、显示数据的指针设置等，都是通过单片机向 LCD1602 写入命令字来实现的。相关命令字如表 5−4 所示。

表 5−4　LCD1602 的命令字

编号	命令	RS	R/S	D7	D6	D5	D4	D3	D2	D1	D0
1	清屏	0	0	0	0	0	0	0	0	0	1
2	光标返回	0	0	0	0	0	0	0	0	0	×
3	光标和显示模式设置	0	0	0	0	0	0	0	1	I/D	S
4	显示开/关及光标设置	0	0	0	0	0	0	1	D	C	B
5	光标或字符移位	0	0	0	0	0	1	S/C	R/L	×	×
6	功能设置	0	0	0	0	1	DL	N	F	×	×
7	CGRAM 地址设置	0	0	0	1	字符发生存储器地址					
8	DDRAM 地址设置	0	0	1	显示数据存储器地址						
9	读忙标志或地址	0	1	BF	计数器地址						
10	写数据	1	0	要写的数据							
11	读数据	1	1	读出的数据							

表 5−4 中的 11 个命令功能说明如下。

(1) 命令 1：清屏，光标返回地址 00H 位置（显示屏的左上方），即清除 DDRAM 和 AC 的值。

(2) 命令 2：光标返回地址 00H 位置（显示屏的左上方）。

(3) 命令 3：设置光标和画面移动方式。

说明：

①I/D=1：数据读、写操作后，AC 自动增一。

②I/D=0：数据读、写操作后，AC 自动减一。

③S=1：数据读、写操作后，画面平移。

④S=0：数据读、写操作后，画面不动。

(4) 命令 4：显示开/关及光标设置。

说明：

①D 表示显示开关：D=1 为开，D=0 为关。

②C 表示光标开关：C=1 为开，C=0 为关。

③B 表示闪烁开关：B=1 为开，B=0 为关。

（5）命令 5：光标或字符移。

说明：

①S/C 表示光标或字符移位选择控制位：S/C=1 为画面平移一个字符位，S/C=0 为光标平移一个字符位。

②R/L 表示移位方向选择控制位：R/L=1 为右移，R/L=0 为左移。

（6）命令 6：功能设置命令。

说明：

①DL：传输数据的有效长度选择控制位。DL=1 为 8 位数据线接口，LD=0 为 4 位数据线接口。

②N：显示器行数选择控制位。N=0 为单行显示，N=1 为两行显示。

③F：字符显示的点阵控制位。F=0 显示 5×7 点阵字符，F=1 显示 5×10 点阵字符。

（7）命令 7：CGRAM 地址设置，A5～A0=0～3FH。

（8）命令 8：DDRAM 地址设置。LCD 内部设有一个数据地址指针，用户可以通过它访问内部全部 80 字节的数据显示 RAM。命令 8 的数据格式为 80H+地址码。其中，80H 为命令码。当显示一行时，A6～A0=0～4FH；当显示两行时，首行 A6～A0=00H～2FH，次行 A6～A0=40H～67H。

（9）命令 9：读忙标志位或地址计数器 AC 值。BF：忙标志位。BF=1 表示 LCD 忙，此时 LCD 不能接受命令或数据；BF=0 表示 LCD 不忙，读得的 AC 值为最近一次地址设置（CGRAM 或 DDRAM）定义。

（10）命令 10：写数据，根据最近设置的地址性质，数据写入 DDRAM 或 CGRAM 内。

（11）命令 11：读数据，根据最近设置的地址性质，从 DDRAM 或 CGRAM 数据读出。

例如：将显示模式设置为“16×2 显示，5×7 点阵，8 位数据接口”，只需向 LCD1602 写入功能设置命令（命令 6）“00111000B”，也就是 38H 即可。

再如：要求液晶显示器开显示，显示光标且光标闪烁，那么根据显示开关及光标设置命令（命令 4），需令 D=1，C=1，B=1，也就是写入命令“00001111B”，即 0FH，就可实现所需的显示模式。

5.2.4　LCD1602 的一般初始化设置

LCD1602 的一般初始化设置如下：

（1）写命令 38H，即显示模式设置（16×2 显示，5×7 点阵，8 位数据接口）。

（2）写命令 08H，显示关闭。

（3）写命令 01H，显示清屏，数据指针清零。

（4）写命令 06H，写一个字符后地址指针加 1。

（5）写命令 0CH，设置开显示，不显示光标。

需要说明的是，在进行上述设置及对数据进行读取时，通常需要检测忙标志位 BF，如果 BF 为 1，则说明忙，需要等待；如果 BF 为 0，则可进行下一步操作。

5.2.5 LCD1602 的基本操作

LCD 是慢显示器件，在写每条命令前，一定要查询忙标志位 BF，即 LCD1602 是否处于“忙”状态。如果 LCD 正忙于处理其他命令，就要等待；如果不忙，则向 LCD 写入命令。忙标志位 BF 连接在 8 位双向数据线的 D7 位上。

LCD1602 与 STM32F103R6 的接口电路如图 5-4 所示。

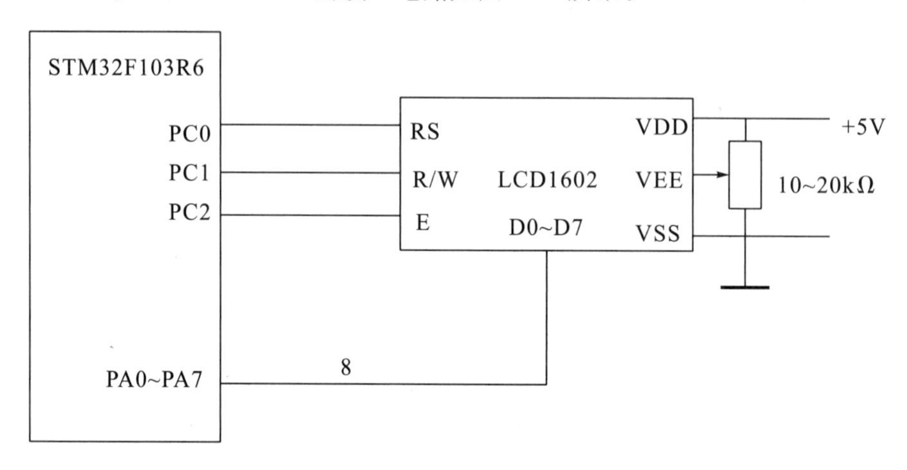

图 5-4　STM32F103R6 与 LCD1602 接口电路示意图

由图 5-4 所示的接口电路可以看出，LCD1602 的 RS、R/W 和 E 这 3 个引脚分别接在 PC0、PC1、PC2 引脚，只需通过对这 3 个引脚置“1”或清“0”，就可以实现对 LCD1602 的读写操作。具体来说，显示一个字符的操作过程为“读状态→写命令→写数据→自动显示”。

5.2.5.1 读状态

读状态就是对 LCD1602 的“忙”标志位 BF 进行检测，如果 BF=1，说明 LCD 处于忙状态，不能对其写命令；如果 BF=0，则可以写入命令。检测忙标志位的函数具体如下：

```
void check_busy (void)    //检查忙标志位函数
{
u8 dt;
do
{
  dt=0xff;
  GPIO_ResetBits (GPIOC, GPIO_Pin_2);    //E=0
  GPIO_ResetBits (GPIOC, GPIO_Pin_0);    //RS=0
  GPIO_SetBits (GPIOC, GPIO_Pin_1);    //RW=1
```

```
  GPIO_SetBits (GPIOC, GPIO_Pin_2);    //E=1
  dt= (u8) GPIO_ReadOutputData (GPIOA);
  } while (dt&0x80);
  GPIO_ResetBits (GPIOC, GPIO_Pin_2);    //E=0
}
```

函数检测 PA7 引脚的电平，即检测忙标志位 BF，如果 BF=1，说明 LCD 处于忙状态，不能执行写命令；如果 BF=0，可以执行写命令。

5.2.5.2 写命令

写命令的函数如下：

```
void write_command (u8 com)                //写命令函数
{
  check_busy ();
  GPIO_ResetBits (GPIOC, GPIO_Pin_2); //E=0
  GPIO_ResetBits (GPIOC, GPIO_Pin_0); //RS=0
  GPIO_ResetBits (GPIOC, GPIO_Pin_1); //RW=0;
  GPIO_Write (GPIOA, (u16) com);
  GPIO_SetBits (GPIOC, GPIO_Pin_2);    //E=1
  delay (1);                           //延时
  GPIO_ResetBits (GPIOC, GPIO_Pin_2); //E=0
}
```

5.2.5.3 写数据

写数据就是将要显示字符的 ASCII 码写入 LCD 中的数据显示 RAM（DDRAM），例如将数据“dat”写入 LCD 模块。写数据的函数如下：

```
void write_data (u8 dat)             //写数据函数
{
  check_busy ();
  GPIO_ResetBits (GPIOC, GPIO_Pin_2);    //E=0
  GPIO_SetBits (GPIOC, GPIO_Pin_0);    //RS=1
  GPIO_ResetBits (GPIOC, GPIO_Pin_1);    //RW=0;
  GPIO_Write (GPIOA, (u16) dat);
  GPIO_SetBits (GPIOC, GPIO_Pin_2);    //E=1
  delay (1);
  GPIO_ResetBits (GPIOC, GPIO_Pin_2);    //E=0
}
```

5.2.5.4　自动显示

数据写入 LCD 模块后，自动读出字符库 ROM（CGROM）中的字符型点阵数据，并将字符型点阵数据送到液晶显示屏上显示，该过程是自动完成的。

5.2.6　LCD1602 的初始化

使用 LCD1602 前，需要对其显示模式进行初始化设置，一般初始化函数如下：

```
void LCD1602_Init (void)
{
    LCD1602_Write_Cmd (0x38); //16×2 显示，5×7 点阵，8 位数据口
    LCD1602_Write_Cmd (0x0C); //开显示，光标关闭
    LCD1602_Write_Cmd (0x06); //文字不动，地址自动+1
    LCD1602_Write_Cmd (0x01); //清屏
    Delay (1);
}
```

注意：在函数的开始处，由于 LCD 尚未开始工作，因此不需检测忙标志位，但是初始化完成后，每次再写命令、读写数据操作，均需检测忙标志位。

5.3　项目五的实现

项目五的设计要求见 5.1 节，程序设计流程如图 5－5 所示。本项目采用模块化编程，参考程序如下。

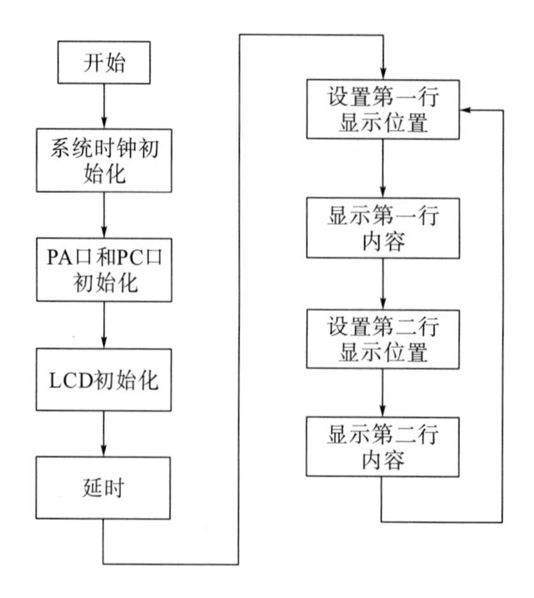

图 5－5　LCD1602 **程序设计流程**

（1）LCD1602 初始化函数 lcd1602. h 头文件和 lcd1602. c 文件。

lcd1602. h 头文件：

```
#ifndef_LCD1602_H
#define_LCD1602_H
#include "stm32f10x. h"
/*      1602 液晶指令/数据选择引脚      */
#define  LCD_RS_Set () GPIO_SetBits (GPIOC, GPIO_Pin_0)
#define  LCD_RS_Clr () GPIO_ResetBits (GPIOC, GPIO_Pin_0)
/*      1602 液晶读写引脚       */
#define  LCD_RW_Set () GPIO_SetBits (GPIOC, GPIO_Pin_1)
#define  LCD_RW_Clr () GPIO_ResetBits (GPIOC, GPIO_Pin_1)
/*      1602 液晶使能引脚       */
#define  LCD_EN_Set () GPIO_SetBits (GPIOC, GPIO_Pin_2)
#define  LCD_EN_Clr () GPIO_ResetBits (GPIOC, GPIO_Pin_2)
/*      1602 液晶数据端口 PD0~7    */
#defineDATAOUT (x) GPIO_Write (GPIOA, x)
void GPIO_Configuration (void);         //GPIO 口初始化函数声明
void LCD1602_Wait_Ready (void);         //检查忙标志位函数声明
void LCD1602_Write_Cmd (u8 cmd);        //写命令函数声明
void LCD1602_Write_Dat (u8 dat);      //写数据函数声明
void LCD1602_ClearScreen (void);      //清屏函数声明
void LCD1602_Set_Cursor (u8 x, u8 y);     //显示位置函数声明
void LCD1602_Show_Str (u8 x, u8 y, u8 * str);     //指定位置显示字符
void LCD1602_Init (void);        //LCD1602 初始化函数声明
#endif
```

lcd1602. c 文件：

```
#include "lcd1602. h"
#include "delay. h"
void GPIO_Configuration (void)
{
    GPIO_InitTypeDefGPIO_InitStructure;
    RCC _ APB2PeriphClockCmd ( RCC _ APB2Periph _ GPIOA | RCC _ APB2Periph _ GPIOC,
ENABLE); //使能 PA, PC 端口时钟
    GPIO_InitStructure. GPIO_Pin =GPIO_Pin_0 | GPIO_Pin_1 | GPIO_Pin_2 |
    GPIO_Pin_3 | GPIO_Pin_4 | GPIO_Pin_5 | GPIO_Pin_6 | GPIO_Pin_7;
    GPIO_InitStructure. GPIO_Mode = GPIO_Mode_Out_PP; //推挽输出模式
    GPIO_InitStructure. GPIO_Speed = GPIO_Speed_50MHz; //IO 口速度为 50MHz
    GPIO_Init (GPIOA, &GPIO_InitStructure); //初始化 GPIOA0~7
    GPIO_InitStructure. GPIO_Pin = GPIO_Pin_0 | GPIO_Pin_1 | GPIO_Pin_2;
    GPIO_InitStructure. GPIO_Mode = GPIO_Mode_Out_PP; //推挽输出模式
```

```
    GPIO_InitStructure.GPIO_Speed = GPIO_Speed_50MHz; //IO 口速度为 50MHz
    GPIO_Init (GPIOC, &GPIO_InitStructure); //初始化 PC0~PC2
}
    /* 等待液晶准备好 */
void LCD1602_Wait_Ready (void)
{u8 sta;
    do
    {
      DATAOUT (0xff);
      LCD_RS_Clr ();
      LCD_EN_Clr ();
      LCD_RW_Set ();
      LCD_EN_Set ();
      delay_ms (5); //延时 5ms，非常重要
      sta = GPIO_ReadInputDataBit (GPIOA, GPIO_Pin_7); //读取状态字
    } while (sta & 0x80); //bit7 等于 1 表示液晶正忙，重复检测直到其等于 0 为止
  LCD_EN_Clr ();
}
/* 向 LCD1602 液晶写入一字节命令，cmd 是待写入命令值 */
void LCD1602_Write_Cmd (u8 cmd)
{
    LCD1602_Wait_Ready ();
    LCD_RS_Clr ();
    LCD_RW_Clr ();
    LCD_EN_Clr ();
    DATAOUT (cmd);
    LCD_EN_Set ();
    delay_ms (1);
    LCD_EN_Clr ();
    delay_ms (1);
}
/* 向 LCD1602 液晶写入一字节数据，dat 是待写入数据值 */
void LCD1602_Write_Dat (u8 dat)
{
    LCD1602_Wait_Ready ();
    LCD_EN_Clr ();
    LCD_RS_Set ();
    LCD_RW_Clr ();
    DATAOUT (dat);
    LCD_EN_Set ();
    delay_ms (1);
    LCD_EN_Clr ();
```

```
    delay_ms (1);
}
/* 清屏 */
void LCD1602_ClearScreen (void)
{
    LCD1602_Write_Cmd (0x01);
}

/* 设置显示 RAM 起始地址，亦即光标位置，(x, y) 对应屏幕上的字符坐标 */
void LCD1602_Set_Cursor (u8 x, u8 y)
{
    u8 addr;
    if (y == 0)
    addr = 0x00 + x;
    else
    addr = 0x40 + x;
    LCD1602_Write_Cmd (addr | 0x80);
}
    /* 在液晶上显示字符串，(x, y) 对应屏幕上的起始坐标，str 是字符串指针 */
void LCD1602_Show_Str (u8 x, u8 y, u8 * str)
{
    LCD1602_Set_Cursor (x, y);
    while ( * str>0)
    {
    LCD1602_Write_Dat ( * str++);
      delay_ms (100);
    }
}
/* 初始化 1602 液晶 */
void LCD1602_Init (void)
{
  GPIO_Configuration ();
  LCD1602_Write_Cmd (0x38); //16×2 显示，5×7 点阵，8 位数据口
  LCD1602_Write_Cmd (0x0C); //开显示，光标关闭
  LCD1602_Write_Cmd (0x06); //文字不动，地址自动+1
  LCD1602_Write_Cmd (0x01); //清屏
    delay_ms (1);
}
```

（2）主函数 main. c 文件。

```
#include "stm32f10x. h"
#include "delay. h"
#include "lcd1602. h"
```

```
int main (void)
{
    u8 str1 [] = "Welcom";
    u8 str2 [] ="Yibin CHINA";
    delay_init ( );
    LCD1602_Init ();
    delay_ms (5);
    while (1)
    {
      LCD1602_Show_Str (5, 0, str1);
      LCD1602_Show_Str (2, 1, str2);
      delay_ms (100);
      LCD1602_ClearScreen ();
      delay_ms (100);
    }
}
```

编译程序，在 Proteus 软件中按照图 5−1 画好电路图，加载生成的可执行文件. hex，打开仿真开关，显示结果如图 5−6 所示。

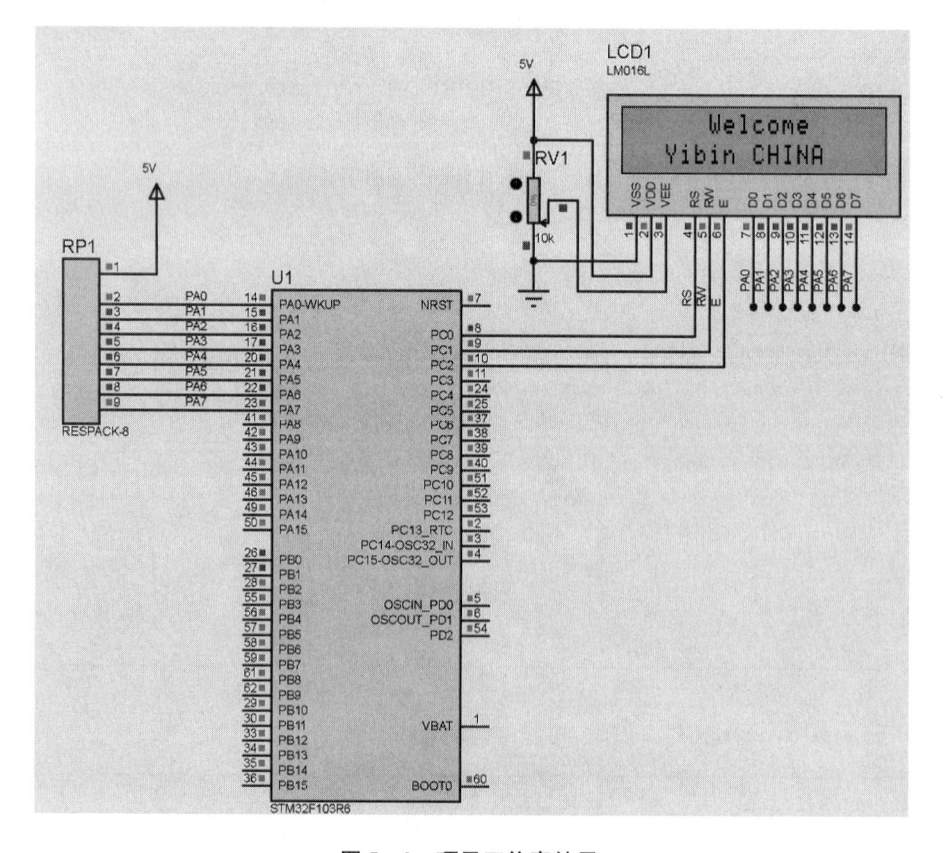

图 5−6 项目五仿真结果

思考与实操

1. 简述 LCD1602 的显示原理。

2. 设计一个基于 LCD 的菜单显示系统，包括一级菜单和二级菜单，可用按键 1、按键 2 控制菜单的选择。请用 Proteus 软件画出电路图，编程实现以上功能，并进行仿真验证。

项目六　按键中断控制流水灯

6.1　项目要求

如图 6−1 所示，PA0～PA7 分别接有一个发光二极管，PC0 接有一个按键，请编程，利用按键中断实现按第一次按键时 8 个灯一个一个点亮，然后再一个一个熄灭，如此重复，再按一次按键，流水灯全部熄灭。

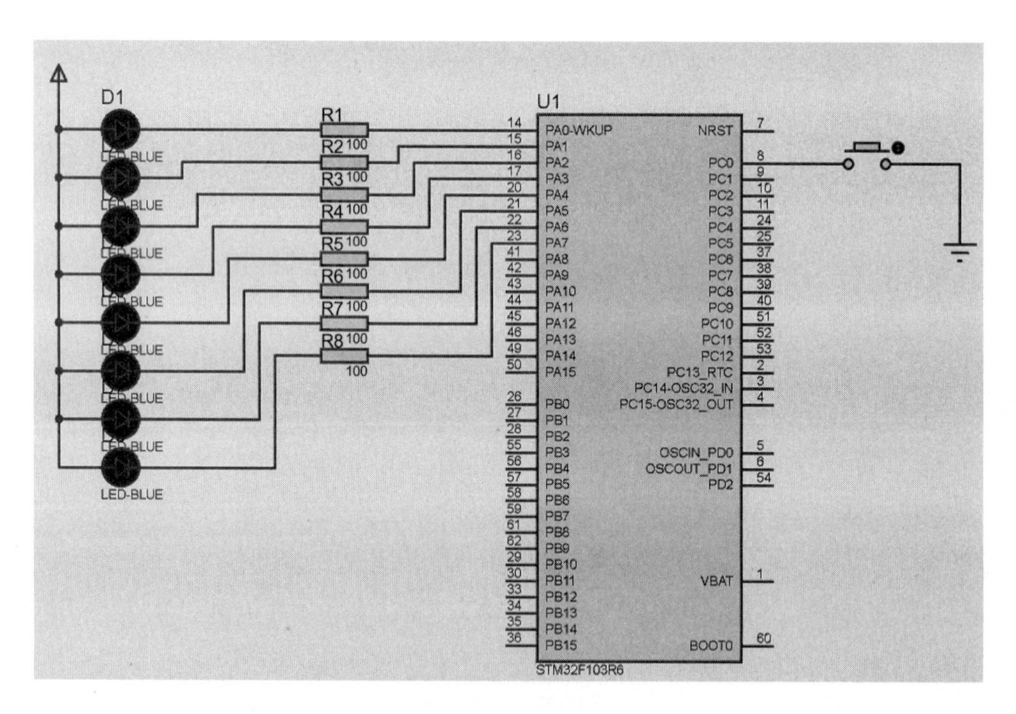

图 6−1　按键中断控制流水灯电路连接图

6.2　STM32 的外部中断和中断控制器

在实际的应用系统中，嵌入式单片机 STM32 可能与各种各样的外部设备相连接。这些外设的结构形式、信号种类与大小、工作速度等差异很大，因此，需要有效的方法使单片机与外部设备协调工作。通常单片机与外设交换数据有三种方式：无条件传输方式、程序查询方式和中断方式。

（1）无条件传输方式：单片机无须了解外部设备状态，当执行传输数据指令时直接向外部设备发送数据，因此适合于快速设备或者状态明确的外部设备。

（2）程序查询方式：控制器主动对外部设备的状态进行查询，依据查询状态传输数据。查询方式常常使单片机处于等待状态，同时也不能做出快速响应。因此，在单片机任务不太繁忙，对外部设备响应速度要求不高的情况下常采用这种方式。

（3）中断方式：外部设备主动向单片机发送请求，单片机接到请求后立即中断当前工作，处理外部设备的请求，处理完毕后继续处理未完成的工作。这种传输方式提高了STM32 微处理器的利用率，并且对外部设备有较快的响应速度。因此，中断方式更加适合实时控制的需要。

中断是 STM32 的核心技术之一，要想用好 STM32，就必须掌握中断。在项目四的按键识别中，无论是否有键按下，CPU 都要按时判断按键是否按下，而嵌入式电子产品在工作时，并非经常需要按键输入。因此，CPU 经常处于空的判断状态，浪费了 CPU 的时间。为了提高 CPU 的工作效率，按键可以采用中断的工作方式：当键盘无键按下时，CPU 正常工作，不执行按键识别控制程序；当键盘有键按下时，产生中断，CPU 转去执行按键识别控制程序，然后返回。这样就充分体现了中断的实时处理功能，提高了 CPU 的工作效率。

6.2.1　中断的概念

当 CPU 正在执行某个程序时，由计算机内部或外部的原因引起的紧急事件向 CPU 发出请求处理的信号，CPU 在允许的情况下响应请求信号，暂时停止正在执行的程序，保护好断点处的现场，转向执行一个用于处理该紧急事件的程序，处理完成后又返回被中止的程序断点处，继续执行原程序，这一过程就称为中断。图 6-2 显示了单片机对外围设备中断服务请求的整个中断响应和处理过程。

在日常生活中，“中断”的现象也比较普遍。例如，我正在做作业，突然电话铃响了，我立即“中断”正在做的事转去接电话，接完电话，回头接着做作业。在这里，接电话就是随机而又紧急的事件，必须去处理。

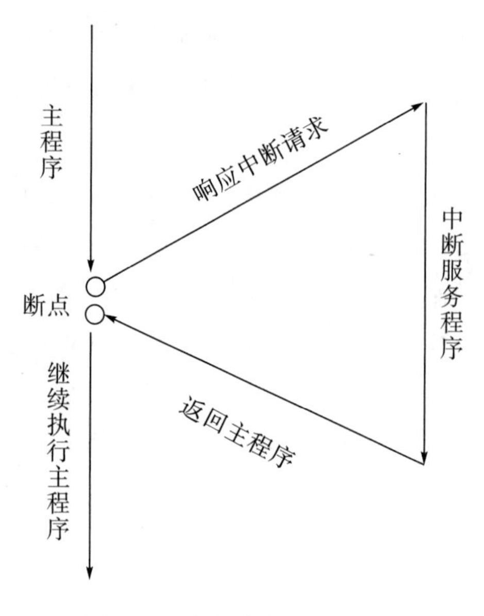

图 6-2 中断响应和处理过程

6.2.2 STM32 的中断通道和中断向量

在 Cortex-M3 内核中集成了中断控制器和中断优先级控制寄存器，Cortex-M3 内核支持 256 个中断，其中包含 16 个内核中断（也称为系统异常）和 240 个外部中断，并具有 256 级可编程的中断优先级设置。其中，除个别异常的优先级被固定外，其他优先级都是可编程的。

STM32 并没有使用 Cortex-M3 内核的全部（如内存保护单元 MPU、8 位中断优先级等），只使用了 Cortex-M3 内核的一部分。STM32 有 84 个中断，包括 16 个 Cortex-M3 内核中断线和 68 个可屏蔽中断通道，具有 16 级可编程中断优先级的设置（仅使用中断优先级设置 8 位中的高 4 位）。Cortex-M3 内核的 16 个中断通道对应的中断向量如表 6-1 所示。

表 6-1 Cortex-M3 内核的 16 个中断通道对应的中断向量

位置	优先级	优先级类型	名称	说明	地址
0	—	—	—	保留	0x0000_0000
1	-3	固定	Reset	复位	0x0000_0004
2	-2	固定	NMI	不可屏蔽中断，RCC 时钟安全系统（CSS）连接到 NMI 向量	0x0000_0008
3	-1	固定	硬件失效	所有类型失效	0x0000_000C
4	0	可编程设置	存储管理	存储器管理	0x0000_0010
5	1	可编程设置	总线错误	预取指失败，存储器访问失败	0x0000_0014
6	2	可编程设置	错误应用	未定义的指令或者非法状态	0x0000_0018

续表6－1

位置	优先级	优先级类型	名称	说明	地址
7	—	—	—	4个保留	0x0000_001C～0x0000_002B
8	3	可编程设置	SVCall	通过SWI指令的系统服务调用	0x0000_002C
9	4	可编程设置	调试监控	调试监控器	0x0000_0030
10	—	—	—	保留	0x0000_0034
11	5	可编程设置	PendSV	可挂起的系统服务请求	0x0000_0038
12	6	可编程设置	Systick	系统滴答时钟	0x0000_003C

表6－1描述了Cortex－M3内核的16个中断通道对应的中断向量。比如，复位（Reset）中断的优先级是－3（优先级最高），中断向量是0x0000_0004。当按复位键后，不论当前运行的是用户代码还是其他中断服务程序，都会转到地址0x0000_0004，取出复位的中断服务程序的入口地址，然后转到该地址去执行复位的中断服务程序。

为什么在地址0x0000_0004只存放复位的中断服务程序的入口地址呢？因为Reset中断的中断向量和NMI中断的中断向量之前只有4个存储单元，所以只能存放中断服务程序的入口地址。

STM32F103系列中有60个可屏蔽中断通道，STM32F107系列中有68个。STM32F103系列中断向量见表6－2。

表6－2　STM32F103 **系列中断向量**

位置	优先级	优先级类型	名称	说明	地址
0	7	可设置	WWDG	窗口定时器中断	0x0000_0040
1	8	可设置	PVD	连到EXTI的电源电压检测（PVD）中断	0x0000_0044
2	9	可设置	TAMPER	侵入检测中断	0x0000_0048
3	10	可设置	RTC	实时时钟（RTC）全局中断	0x0000_004C
4	11	可设置	Flash	闪存全局中断	0x0000_0050
5	12	可设置	RCC	复位和时钟控制（RCC）中断	0x0000_0054
6	13	可设置	EXTI0	EXTI线0中断	0x0000_0058
7	14	可设置	EXTI1	EXTI线1中断	0x0000_005C
8	15	可设置	EXTI2	EXTI线2中断	0x0000_0060
9	16	可设置	EXTI3	EXTI线3中断	0x0000_0064
10	17	可设置	EXTI4	EXTI线4中断	0x0000_0068
11	18	可设置	DMA1通道1	DMA1通道1全局中断	0x0000_006C
12	19	可设置	DMA1通道2	DMA1通道2全局中断	0x0000_0070

续表6—2

位置	优先级	优先级类型	名称	说明	地址
13	20	可设置	DMA1 通道 3	DMA1 通道 3 全局中断	0x0000_0074
14	21	可设置	DMA1 通道 4	DMA1 通道 4 全局中断	0x0000_0078
15	22	可设置	DMA1 通道 5	DMA1 通道 5 全局中断	0x0000_007C
16	23	可设置	DMA1 通道 6	DMA1 通道 6 全局中断	0x0000_0080
17	24	可设置	DMA1 通道 7	DMA1 通道 7 全局中断	0x0000_0084
18	25	可设置	ADC1_2	ADC1 和 ADC2 的全局中断	0x0000_0088
19	26	可设置	USB_HP_CAN_TX	USB 高优先级或 CAN 发送中断	0x0000_008C
20	27	可设置	USB_LP_CAN_RX0	USB 低优先级或 CAN 接收 0 中断	0x0000_0090
21	28	可设置	CAN_RX1	CAN 接收 1 中断	0x0000_0094
22	29	可设置	CAN_SCE	CAN SCE 中断	0x0000_0098
23	30	可设置	EXTI9～5	EXTI 线［9：5］中断	0x0000_009C
24	31	可设置	TIM1_BRK	TIM1 刹车中断	0x0000_00A0
25	32	可设置	TIM1_UP	TIM1 更新中断	0x0000_00A4
26	33	可设置	TIM1_TRG_COM	TIM1 触发和通信中断	0x0000_00A8
27	34	可设置	TIM1_CC	TIM1 捕获比较中断	0x0000_00AC
28	35	可设置	TIM2	TIM2 全局中断	0x0000_00B0
29	36	可设置	TIM3	TIM3 全局中断	0x0000_00B4
30	37	可设置	TIM4	TIM4 全局中断	0x0000_00B8
31	38	可设置	I2C1_EV	I2C1 事件中断	0x0000_00BC
32	39	可设置	I2C1_ER	I2C1 错误中断	0x0000_00C0
33	40	可设置	I2C2_EV	I2C2 事件中断	0x0000_00C4
34	41	可设置	I2C2_ER	I2C2 错误中断	0x0000_00C8
35	42	可设置	SPI1	SPI1 全局中断	0x0000_00CC
36	43	可设置	SPI2	SPI2 全局中断	0x0000_00D0
37	44	可设置	USART1	USART1 全局中断	0x0000_00D4
38	45	可设置	USART2	USART2 全局中断	0x0000_00D8
39	46	可设置	USART3	USART3 全局中断	0x0000_00DC
40	47	可设置	EXTI15～10	EXTI 线［15：10］中断	0x0000_00E0
41	48	可设置	RTCAlarm	连到 EXTI 的 RTC 闹钟中断	0x0000_00E4
42	49	可设置	USB 唤醒	连到 EXTI 的从 USB 待机唤醒中断	0x0000_00E8
43	50	可设置	TIM8_BRK	TIM8 刹车中断	0x0000_00EC
44	51	可设置	TIM8_UP	TIM8 更新中断	0x0000_00F0

续表6－2

位置	优先级	优先级类型	名称	说明	地址
45	52	可设置	TIM8_TRG_COM	TIM8 触发和通信中断	0x0000_00F4
46	53	可设置	TIM8_CC	TIM8 捕获比较中断	0x0000_00F8
47	54	可设置	ADC3	ADC3 全局中断	0x0000_00FC
48	55	可设置	FSMC	FSMC 全局中断	0x0000_0100
49	56	可设置	SDIO	SDIO 全局中断	0x0000_0104
50	57	可设置	TIM5	TIM5 全局中断	0x0000_0108
51	58	可设置	SPI3	SPI3 全局中断	0x0000_010C
52	59	可设置	UART4	UART4 全局中断	0x0000_0110
53	60	可设置	UART5	UART5 全局中断	0x0000_0114
54	61	可设置	TIM6	TIM6 全局中断	0x0000_0118
55	62	可设置	TIM7	TIM7 全局中断	0x0000_011C
56	63	可设置	DMA2 通道 1	DM2 通道 1 全局中断	0x0000_0120
57	64	可设置	DMA2 通道 2	DM2 通道 2 全局中断	0x0000_0124
58	65	可设置	DMA2 通道 3	DM2 通道 3 全局中断	0x0000_0128
59	66	可设置	DMA2 通道 4_5	DM2 通道 4 和通道 5 全局中断	0x0000_012C

从表 6－2 可见，每个中断对应一个外围设备，该设备通常具备若干个能引起中断的中断源或中断事件，所有的中断只能通过指定的“中断通道”向内核申请；STM32F103 系列支持的 60 个外部中断通道已经固定地分配给相应的外部设备。

此外，EXTI 线 0 中断～EXTI 线 4 中断与中断通道 EXTI1～EXTI4 是一一对应的。而 EXTI 线 5 中断～EXTI 线 9 中断共用一个中断通道 EXTI9_5，同样也共用一个中断向量 0x0000_009C。同时，EXTI 线 10 中断～EXTI 线 15 中断也共用一个中断通道 EXTI15_10 和一个中断向量 0x0000_00E0。对于中断通道 EXTI9_5 和 EXTI15_10 的使用，一定要清楚它们对应的是哪几个中断。

6.2.3 嵌套向量中断控制器

为了管理配置中断，Cortex－M3 在内核水平上搭载了一个嵌套向量中断控制器（NVIC，Nested Vectored Interrupt Controller）。NVIC 与内核是紧耦合的，NVIC 在内核中的位置如图 6－3 所示。不可屏蔽中断（NMI）和外部中断都由 NVIC 来处理，而 SYSTICK 不是由 NVIC 来控制的。

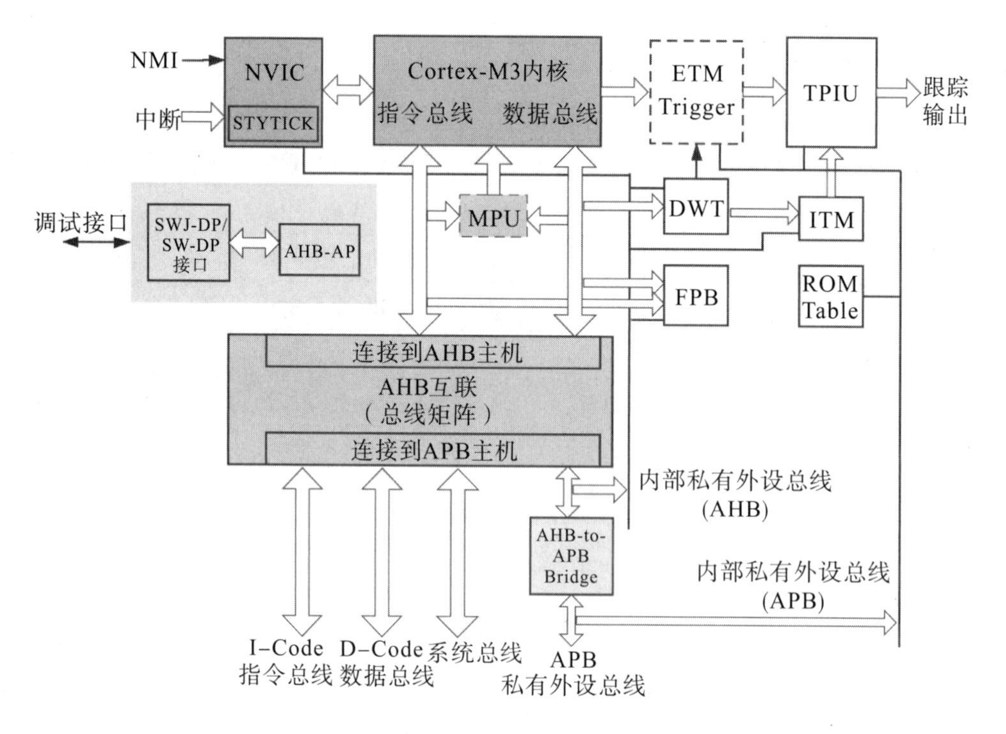

图 6－3 NVIC 在内核中的位置

6.2.3.1 抢占优先级和响应优先级

STM32 的中断源具有两种优先级：一种为抢占优先级；另一种为响应优先级（亚优先级），其属性编号越小，表明它的优先级别越高。

抢占是指打断其他中断的属性，即低抢占优先级的中断 A 可以被高抢占优先级的中断 B 打断，执行完中断服务函数 B 后，再返回继续执行中断服务函数 A，由此会出现中断嵌套。2 级优先级中断嵌套过程如图 6－4 所示。

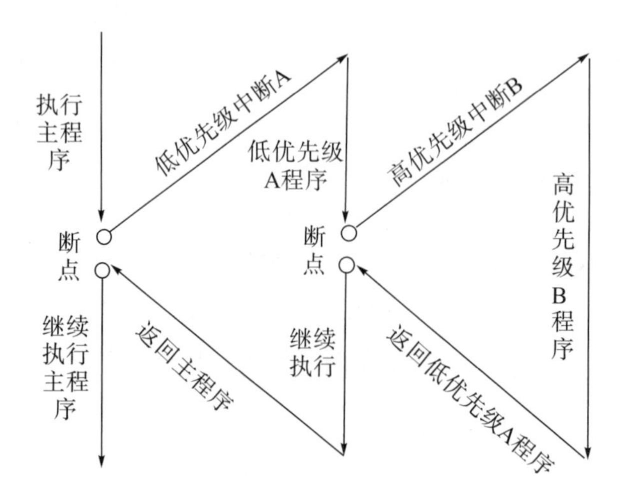

图 6－4 中断嵌套过程

响应属性应用在抢占属性相同的情况下，即当两个中断源的抢占优先级相同时，分以下几种情况处理：

（1）如果两个中断同时到达，则中断控制器会先处理响应优先级高的中断。

（2）当一个中断到来后，如果正在处理另一个中断，则这个后到的中断就要等到前一个中断处理完之后才能被处理（高响应优先级的中断不可以打断低响应优先级的中断）。

（3）如果它们的抢占式优先级和响应优先级都相等，则根据它们在中断表中的排位顺序决定先处理哪一个。

例如，现在有3个中断向量，见表6－3，若内核正在执行C的中断服务函数，则它能被抢占优先级更高的中断A打断，由于B和C的抢占优先级相同，所以C不能被B打断，但如果B和C中断是同时到达的，内核就会首先执行响应优先级别更高的B中断。

表6－3　中断向量设置要求

中断源	抢占优先级	响应优先级
A	0	0
B	1	0
C	1	1

6.2.3.2　NVIC的优先级组

STM32使用了4个中断优先级的寄存器位，只可以配置16种优先级，即抢占优先级和响应优先级的数量由一个4位的数字来决定，把这个4位数字的位数分配成抢占优先级部分和响应优先级部分，有以下5组分配方式：

第0组：所有4位用于指定响应优先级，即NVIC配置的$2^4=16$种中断向量都是只有响应属性，没有抢占属性。

第1组：最高1位用来配置抢占优先级，低3位用来配置响应优先级，表示有2种级别的抢占优先级（0级，1级），有$2^3=8$种响应优先级，即在16种中断向量中，有8种中断的抢占优先级都为0级，而它们的响应优先级分别为0～7，其余8种中断的抢占优先级则都为1级，响应优先级别分别为0～7。

第2组：高2位用来配置抢占优先级，低2位用来配置响应优先级，即有$2^2=4$种抢占优先级，有$2^2=4$种响应优先级。

第3组：高3位用来配置抢占优先级，最低1位用来配置响应优先级，即有8种抢占优先级，有2种响应优先级。

第4组：所有4位用来指定抢占优先级，即16种中断具有不相同的抢占优先级。

可以通过调用STM32固件库中的函数NVIC_PriorityGroupConfig（ ）选择使用哪种优先级分组方式，这个函数的参数有下列5种：

```
NVIC_PriorityGroup_0：选择第 0 组
NVIC_PriorityGroup_1：选择第 1 组
NVIC_PriorityGroup_2：选择第 2 组
NVIC_PriorityGroup_3：选择第 3 组
NVIC_PriorityGroup_4：选择第 4 组
```

STM32 的所有 GPIO 都能够配置成外部中断，USART、ADC 等外设也有中断，但 NVIC 只能配置 16 种中断向量，如果使用了超过 16 个的中断，必然有 2 个以上的中断向量使用相同的中断种类。注意，有相同中断种类的中断向量不能互相嵌套。另外，使用时还需注意以下 3 点：

（1）如果指定的抢占式优先级别或响应优先级别超出了选定的优先级分组所限定的范围，将可能得到意想不到的结果。

（2）抢占优先级别相同的中断源之间没有嵌套关系。

（3）如果某个中断源被指定为某个抢占优先级别，又没有其他中断源处于同一个抢占优先级别，则可以为这个中断源指定任意有效的响应优先级别。

6.2.4 STM32 的外部中断

STM32 的每一个 GPIO 引脚都可以作为外部中断的输入口，也就是都能配置成一个外部中断触发源，这也是 STM32 的强大之处。STM32F103 的中断控制器支持 19 个外部中断事件请求。每个中断设有状态位。每个中断/事件都有独立的触发和屏蔽设置。

STM32 根据 GPIO 端口的引脚序号不同，把不同 GPIO 端口、同一个序号的引脚组成一组，每组对应一个外部中断/事件源（即中断线）EXTIx（x：0～15），比如：PA0、PB0、PC0、PD0、PE0、PF0、PG0 为第一组，以此类推，我们就能将众多中断触发源分成 16 组。STM32 的 GPIO 与外部中断的映射关系如图 6－5 所示。

从图 6－5 可以看出，每个中断线 EXTIx 对应了最多 7 个 GPIO 端口的引脚，而中断线每次只能连接到 1 个 GPIO 端口上，这样就需要通过配置来决定某条中断线对应到哪个 GPIO 上了。也就是说，在同一时间，对于不同 GPIO 端口同一个序号的引脚，只能设置一个为中断（即每一组同时只能有一个中断触发源工作）。例如，可以设置 PA0、PB1、PC2 为中断输入线，而不能同时设置 PA0、PB0、PC0 为中断输入线。

另外，还有 3 个外部中断输入线的连接如下：

（1）EXTI16 连接到 PVD 输出。

（2）EXTI17 连接到 RTC 闹钟事件。

（3）EXTI18 连接到 USB 唤醒事件。

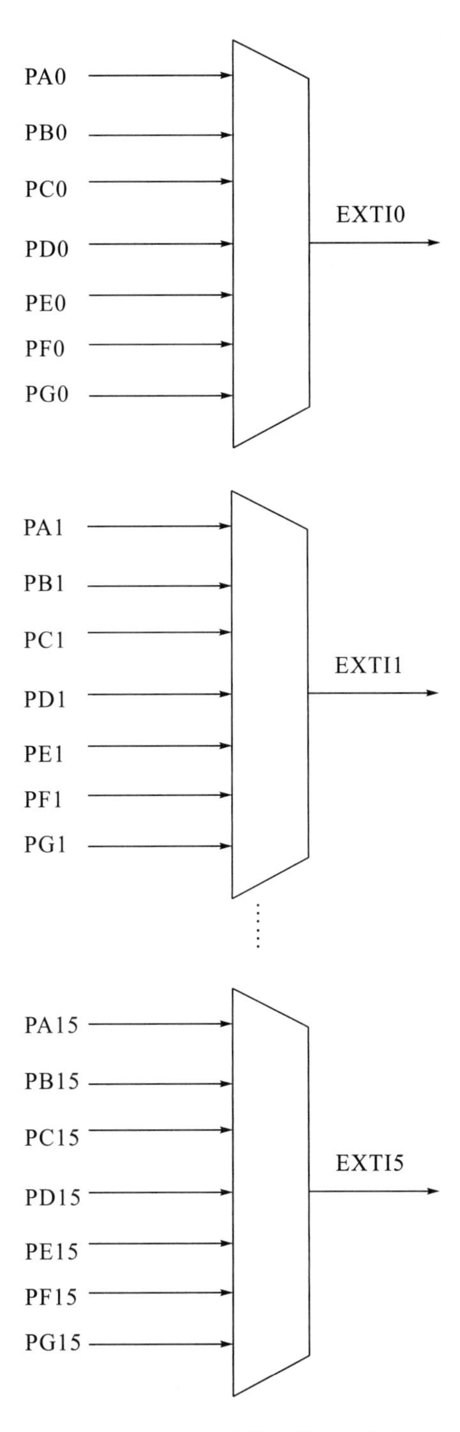

图 6-5　GPIO 与外部中断的映射关系

6.2.5　嵌套向量中断控制器（NVIC）库函数

STM32 中断系统是通过一个嵌套向量中断控制器（NVIC）进行中断控制的，使用中断要先对 NVIC 进行配置。STM32 标准库中提供了 NVIC 相关操作函数，NVIC 相关的库函数在固件库 misc.h 和 misc.c 文件里，见表 6−4。

表 6−4　NVIC 库函数

函数名	描述
NVIC_DeInit	将外设 NVIC 寄存器重设为默认值
NVIC_SCBDeInit	将外设 SCB 寄存器重设为默认值
NVIC_PriorityGroupConfig	设置优先级分组：抢占优先级和响应优先级
NVIC_Init	根据 NVIC_InitStruct 中指定的参数初始化外设 NVIC 寄存器
NVIC_StructInit	把 NVIC_InitStruct 中的每一个参数按默认值填入
NVIC_SETPRIMASK	使能 PRIMASK 优先级：提升执行优先级至 0
NVIC_RESERPRIMASK	失能 PRIMASK 优先级
NVIC_SETFAULTMASK	使能 FAULTMASK 优先级：提升执行优先级至−1
NVIC_RESETFAULTMASK	失能 FAULTMASK 优先级
NVIC_BASEPRICONFIG	改变执行优先级从 N（最低可设置优先级）提升至 1
NVIC_GetBASEPRI	返回 BASEPRI 屏蔽值
NVIC_GetCurrentPendingIRQChannel	返回当前待处理 IRQ 标识符
NVIC_GetIRQChannelPendingBitStatus	检查指定的 IRQ 通道待处理位设置与否
NVIC_SetIRQChannelPendingBit	设置指定的 IRQ 通道待处理位
NVIC_ClearIRQChannelPendingBit	清除指定的 IRQ 通道待处理位
NVIC_GetCurrentActiveHandler	返回当前活动的 Handler（IRQ 通道和系统 Handler）的标识符
NVIC_GetIRQChannelActiveBitStatus	检查指定的 IRQ 通道活动位设置与否
NVIC_GetCPUID	返回 ID 号码、Cortex−M3 内核的版本号和实现细节
NVIC_SetVectorTable	设置向量表的位置和偏移
NVIC_GenerateSystemReset	产生一个系统复位
NVIC_GemerateCoreReset	产生一个内核（内核+NVIC）复位
NVIC_SystemLPConfig	选择系统进入低功耗模式的条件
NVIC_SystemHandlerConfig	使能或者失能指定的系统 Handler
NVIC_SystemHandlerPriorityConfig	设置指定的系统 Handler 优先级
NVIC_GetSystemHandlerPendingBitStatus	检查指定的系统 Handler 待处理位设置与否
NVIC_SetSystemHandlerPendingBit	设置系统 Handler 待处理位
NVIC_ClearSystemHandlerPendingBIT	清除系统 Handler 待处理位
NVIC_GetSystemHandlerActibeBitStatus	检查系统 Handler 活动位设置与否
NVIC_GetFaultHandlerSources	返回表示出错的系统 Handler 源

续表6—4

函数名	描述
NVIC_GetFaultAddress	返回产生表示出错的系统 Handler 所在位置的地址

为了理解这些函数的具体使用方法，对标准库中几个常用的函数做详细介绍。

6.2.5.1　函数 NVIC_DeInit

表 6—5 描述了函数 NVIC_DeInit。

表 6—5　函数 NVIC_DeInit

函数名	NVIC_DeInit
函数原型	void NVIC_DeInit（void）
功能描述	将外设 NVIC 寄存器重设为默认值
输入参数	无
输出参数	无
返回值	无
先决条件	无
被调用函数	无

例如，复位 NVIC 寄存器的值。

```
NVIC_DeInit ( );
```

6.2.5.2　函数 NVIC_PriorityGroupConfig

表 6—6 描述了函数 NVIC_PriorityGroupConfig。

表 6—6　函数 NVIC_PriorityGroupConfig

函数名	NVIC_PriorityGroupConfig
函数原型	void NVIC_PriorityGroupConfig（u32 NVIC_Priority Group）
功能描述	设置优先级分组：抢占优先级和响应优先级
输入参数	NVIC_Priority Group：优先级分组位长度
输出参数	无
返回值	无
先决条件	优先级分组只能设置一次
被调用函数	无

NVIC_Priority Group 参数用于设置优先级分组位长度，见表 6-7。

表 6-7 NVIC_Priority Group 的值

NVIC_Priority Group 的值	描述
NVIC_Priority Group_0	抢占优先级 0 位，响应优先级 4 位
NVIC_Priority Group_1	抢占优先级 1 位，响应优先级 3 位
NVIC_Priority Group_2	抢占优先级 2 位，响应优先级 2 位
NVIC_Priority Group_3	抢占优先级 3 位，响应优先级 1 位
NVIC_Priority Group_4	抢占优先级 4 位，响应优先级 0 位

例如，定义抢占优先级 1 位，响应优先级 3 位。

```
NVIC_PriorityGroupConfig (NVIC_Priority Group_1);
```

6.2.5.3 函数 NVIC_Init

表 6-8 描述了函数 NVIC_Init。

表 6-8 函数 NVIC_Init

函数名	NVIC_Init
函数原型	void NVIC_Init (NVIC_InitTypeDef * NVIC_InitStruct)
功能描述	根据 NVIC_InitStruct 中指定的参数初始化外设 NVIC 寄存器
输入参数	NVIC_InitStruct：指向结构 NVIC_IniteTypeDef 的指针，包含了外设 GPIO 的配置信息
输出参数	无
返回值	RCC_FLAG 的新状态（SET 或者 RESET）
先决条件	无
被调用函数	无

NVIC_InitTypeDefStructure 定义该结构体的代码如下：

```
typedef Struct
{
    u8 NVIC_IRQChannel;
    u8 NVIC_IRQChannelPreemptionPriority;
    u8 NVIC_IRQChannelSubPriority;
    FunctionalState NVIC_IRQChannelCmd;
  } NVIC_InitTypeDef;
```

（1）NVIC_IRQChannel：该参数用于使能或者失能指定的 IRQ 通道，表 6—9 给出了该参数可取的值。

表 6—9　NVIC_IRQChannel 可取的值

NVIC_IRQChannel 可取的值	描述	NVIC_IRQChannel 可取的值	描述
WWDG_IRQn	窗口看门狗中断	TIM4_IRQn	TIM4 全局中断
PVD_IRQn	PVD 通过 EXTI 探测中断	I2C1_EV_IRQn	I2C1 事件中断
TAMPER_IRQn	篡改中断	I2C1_ER_IRQn	I2C1 错误中断
RTC_IRQn	RTC 全局中断	I2C2_EV_IRQn	I2C2 事件中断
FLASH_IRQn	FLASH 全局中断	I2C2_ER_IRQn	I2C2 错误中断
RCC_IRQn	RCC 全局中断	SPI1_IRQn	SPI1 全局中断
EXTI0_IRQn	外部中断线 0 中断	SPI2_IRQn	SPI2 全局中断
EXTI1_IRQn	外部中断线 1 中断	USART1_IRQn	USART1 全局中断
EXTI2_IRQn	外部中断线 2 中断	USART2_IRQn	USART2 全局中断
EXTI3_IRQn	外部中断线 3 中断	USART3_IRQn	USART3 全局中断
EXTI4_IRQn	外部中断线 4 中断	EXTI15_10_IRQn	外部中断线 15～10 中断
DMAChannel1_IRQn	DMA 通道 1 中断	RTCAlarm_IRQn	RTC 闹钟通过 EXTI 线中断
DMAChannel2_IRQn	DMA 通道 2 中断	USBWakeUp_IRQn	USB 通过 EXTI 线从悬挂唤醒中断
DMAChannel3_IRQn	DMA 通道 3 中断	TIM8_BRK_IRQn	TIM8 暂停中断
DMAChannel4_IRQn	DMA 通道 4 中断	TIM8_UP_IRQn	TIM8 刷新中断
DMAChannel5_IRQn	DMA 通道 5 中断	TIM8_TRG_COM_IRQn	TIM8 触发和通信中断
DMAChannel6_IRQn	DMA 通道 6 中断	TIM8_CC_IRQn	TIM8 捕获比较中断
DMAChannel7_IRQn	DMA 通道 7 中断	ADC3_IRQn	ADC3 全局中断
ADC_IRQn	ADC 全局中断	FSMC_IRQn	FSMC 全局中断
USB_HP_CANTX_IRQn	USB 高优先级或者 CAN 发送中断	SDIO_IRQn	SDIO 全局中断
USB_LP_CAN_RX0_IRQn	USB 低优先级或者 CAN 接收 0 中断	TIM5_IRQn	TIM5 全局中断
CAN_RX1_IRQn	CAN 接收 1 中断	SPI3_IRQn	SPI3 全局中断
CAN_SCE_IRQn	CAN SCE 中断	UART4_IRQn	UART4 全局中断
EXTI9_5_IRQn	外部中断线 9～5 中断	UART5_IRQn	UART5 全局中断
TIM1_BRK_IRQn	TIM1 暂停中断	TIM6_IRQn	TIM6 全局中断
TIM1_UP_IRQn	TIM1 刷新中断	TIM7_IRQn	TIM7 全局中断
TIM1_TRG_COM_IRQn	TIM1 触发和通信中断	DMA2 Channel1_IRQn	DMA2 Channel1 全局中断

续表6－9

NVIC_IRQChannel 可取的值	描述	NVIC_IRQChannel 可取的值	描述
TIM1_CC_IRQn	TIM1 捕获比较中断	DMA2 Channel2_IRQn	DMA2 Channel2 全局中断
TIM2_IRQn	TIM2 全局中断	DMA2 Channel3_IRQn	DMA2 Channel3 全局中断
TIM3_IRQn	TIM3 全局中断		

（2）NVIC_IRQChannelPreemptionPriority：该参数设置了成员 NVIC_IRQChannel 中的抢占优先级，表 6－10 列举了该参数的取值。

（3）NVIC_IRQChannelSubPriority：该参数设置了成员 NVIC_IRQChannel 的响应优先级，表 6－10 给出了该参数的取值。

表 6－10　NVIC_IRQChannel 的抢占优先级和响应优先级值

NVIC_PriorityGroup	NVIC_IRQChannel 的抢占优先级	NVIC_IRQChannel 的响应优先级	描述
NVIC_PriorityGroup_0	0	0～15	抢占优先级 0 位，响应优先级 4 位
NVIC_PriorityGroup_1	0～1	0～7	抢占优先级 1 位，响应优先级 3 位
NVIC_PriorityGroup_2	0～3	0～3	抢占优先级 2 位，响应优先级 2 位
NVIC_PriorityGroup_3	0～7	0～1	抢占优先级 3 位，响应优先即 1 位
NVIC_PriorityGroup_4	0～15	0	抢占优先级 4 位，响应优先级 0 位

表 6－10 说明如下：

①选中 NVIC_PriorityGroup_0，则参数 NVIC_IRQChannelPreemptionPriority 对中断通道设置不产生影响。

②选中 NVIC_PriorityGroup_4，则参数 NVIC_IRQChannelSubPriority 对中断通道的设置不产生影响。

（4）NVIC_IRQChannelCmd：该参数指定了在成员 NVIC_IRQChannel 中定义的 IRQ 通道被使能还是失能。这个参数的取值为 ENABLE 或者 DISABLE。

函数 NVIC_Init 的使用方法如下例所示：

```
NVIC_InitTypeDef   NVIC_InitStructure;
/*  设置优先级分组为第 1 种  */
NVIC_PriorityGroupConfig (NVIC_PriorityGroup_1);
/*  使能 TIM3 全局中断，抢占优先级为 0，响应优先级为 2  */
NVIC_InitStructure. NVIC_IRQChannel=TIM3_IRQn;
NVIC_InitStructure. NVIC_IRQChannelPreemptionPriority=0;
NVIC_InitStructure. NVIC_IRQChannelSubPriority=2;
NVIC_InitStructure. NVIC_IRQChannelCmd=ENABLE;
```

```
NVIC_Init (&NVIC_InitStructure);
/*  使能 USART1 全局中断，抢占优先级为 1，响应优先级为 5  */
NVIC_InitStructure.NVIC_IRQChannel=USART1_IRQn;
NVIC_InitStructure.NVIC_IRQChannelPreemptionPriority=1;
NVIC_InitStructure.NVIC_IRQChannelSubPriority=5;
NVIC_InitStructure.NVIC_IRQChannelCmd=ENABLE;
NVIC_Init (&NVIC_InitStructure);
```

6.2.5.4　函数 NVIC_SetVectorTable

表 6-11 描述了函数 NVIC_SetVectorTable。其中 NVIC_VectTab 参数用于设置向量表基地址，见表 6-12。

表 6-11　函数 NVIC_SetVectorTable

函数名	NVIC_SetVectorTable
函数原型	void NVIC_SetVectorTable (u32 NVIC_VectTab，u32 Offset)
功能描述	设置向量表的位置和偏移
输入参数 1	NVIC_VectTab：指定向量表位置在 RAM 还是在程序存储器
输入参数 2	Offset：向量表基地址的偏移量对于 FLASH，该参数值必须高于 0x08000100；对于 RAM，该参数值必须高于 0x100。它同时必须是 256（64×4）的整数倍
返回值	指定中断活动位的新状态（SET 或 RESET）
先决条件	优先级分组只能设置一次
被调用函数	无

表 6-12　NVIC_VectTab 可取的值

NVIC_VectTab 可取的值	描述
NVIC_VectTab_FLASH	向量表位于 FLASH
NVIC_VectTab_RAM	向量表位于 RAM

例如，对 FLASH 指定向量表基地址偏移量程序如下：

```
NVIC_SetVectorTable (NVIC_VectTab_FLASH, 0x0);
```

6.2.6　STM32 外部中断 EXTI 库函数

STM32 标准库中提供了几乎覆盖所有 EXTI 操作的函数，EXTI 相关的库函数集中在固件库 stm32f10x_exti.h 和 stm32f10x_exti.c 文件里，见表 6-13。

表 6-13　EXTI 库函数

函数名称	功能
EXTI_DeInit	将外设 EXTI 寄存器重设为默认值
EXTI_Init	根据 EXTI_InitStruct 中指定的参数初始化外设 EXTI 寄存器
EXTI_StructInit	把 EXTI_InitStruct 中的每一个参数按默认值填入
EXTI_GenerateSWInterrupt	产生一个软件中断
EXTI_GetFlagStatus	检查指定的 EXTI 线路标志位设置与否
EXTI_ClearFlag	清除 EXTI 线路挂起标志位
EXTI_GetITStatus	检查指定的 EXTI 线路触发请求发生与否
EXTI_ClearITPendingBit	清除 EXTI 线路挂起位

为了理解这些函数的具体使用方法，下面对标准库中常用的部分函数做详细介绍。

6.2.6.1　函数 EXTI_DeInit

表 6-14 描述了函数 EXTI_DeInit。

表 6-14　函数 EXTI_DeInit

函数名	EXTI_DeInit
函数原型	void EXTI_DeInit（void）
功能描述	将外设 EXTI 寄存器重设为默认值
输入参数	无
输出参数	无
返回值	无
先决条件	无
被调用函数	无

例如，重设外部中断寄存器程序如下：

```
EXTI_DeInit（ ）;
```

6.2.6.2　函数 EXTI_Init

表 6-15 描述了函数 EXTI_Init。

表 6－15　函数 EXTI_Init

函数名	EXTI_Init
函数原型	void EXTI_Init（EXTI_InitTypeDef * EXTI_InitStruct）
功能描述	根据 EXTI_InitStruct 中指定的参数初始化外设 EXTI 寄存器
输入参数	EXTI_InitStruct：指向结构 EXTI_InitTypeDef 的指针，包含了外设 EXTI 的配置信息
输出参数	无
返回值	无
先决条件	无
被调用函数	无

EXTI_InitTypeDef 结构体定义如下：

```
typedef struct
{
    u32 EXTI_Line;
    EXTIMode_TypeDef EXTI_Mode;
    EXTITrigger_TypeDef EXTI_Trigger;
    FunctionalState EXTI_LineCmd;
} EXTI_InitTypeDef;
```

（1）EXTI_Line：选择了待使能或者失能的外部线路，表 6－16 给出了该参数可取的值。

表 6－16　EXTI_Line 可取的值

EXTI_Line 可取的值	描述	EXTI_Line 可取的值	描述
EXTI_Line0	外部中断线 0	EXTI_Line10	外部中断线 10
EXTI_Line1	外部中断线 1	EXTI_Line11	外部中断线 11
EXTI_Line2	外部中断线 2	EXTI_Line12	外部中断线 12
EXTI_Line3	外部中断线 3	EXTI_Line13	外部中断线 13
EXTI_Line4	外部中断线 4	EXTI_Line14	外部中断线 14
EXTI_Line5	外部中断线 5	EXTI_Line15	外部中断线 15
EXTI_Line6	外部中断线 6	EXTI_Line16	外部中断线 16
EXTI_Line7	外部中断线 7	EXTI_Line17	外部中断线 17
EXTI_Line8	外部中断线 8	EXTI_Line18	外部中断线 18
EXTI_Line9	外部中断线 9	—	—

(2) EXTI_Mode：设置了被使能线路的模式，表 6-17 给出了该参数可取的值。

表 6-17　EXTI_Mode 可取的值

EXTI_Mode 可取的值	描述
EXTI_Mode_Event	设置 EXTI 线路为事件请求
EXTI_Mode_Interrupt	设置 EXTI 线路为中断请求

(3) EXTI_Trigger：设置了被使能线路的触发边沿，表 6-18 给出了该参数可取的值。

表 6-18　EXTI_Trigger 可取的值

EXTI_Trigger 可取的值	描述
EXTI_Trigger_Falling	设置输入线路下降沿为中断请求
EXTI_Trigger_Rising	设置输入线路上升沿为中断请求
EXTI_Trigger_Rising_Falling	设置输入线路上升沿和下降沿为中断请求

(4) EXTI_LineCmd：用来定义选中线路的新状态，它可以被设置为 ENABLE 或者 DISABLE。

函数 EXTI_Init 使用方法举例如下：

/* 使能外部中断线路 12 和 14，下降沿触发 */

```
EXTI_InitTypeDef  EXTI_InitStructure;
EXTI_InitStructure.EXTI_Line=EXTI_Line12 | EXTI_Line14;
EXTI_InitSturcture.EXTI_Mode=EXTI_Mode_Interrupt;
EXTI_InitSturcture.EXTI_Trigger=EXTI_Trigger_Falling;
EXTI_InitSturcture.EXTI_LineCmd=ENABLE;
EXTI_Init (&EXTI_InitStructure);
```

6.2.6.3　函数 EXTI_GenerateSWInterrupt

表 6-19 描述了函数 EXTI_GenerateSWInterrupt。

表 6-19　函数 EXTI_GenerateSWInterrupt

函数名	EXTI_GenerateSWInterrupt
函数原型	void EXTI_GenerateSWInterrupt (u32 EXTI_Line)
功能描述	产生一个软件中断
输入参数	EXTI_Line：待使能或者失能的 EXTI 线路
输出参数	无
返回值	无

续表6－19

函数名	EXTI_GenerateSWInterrupt
先决条件	无
被调用函数	无

例如，在外部中断线6产生一个软件中断程序如下：

```
EXTI_GenerateSWInterrupt（EXTI_Line6）；
```

6.2.6.4　函数 EXTI_GetFlagStatus

表6－20描述了函数 EXTI_GetFlagStatus。

表6－20　函数 EXTI_GetFlagStatus

函数名	EXTI_GetFlagStatus
函数原型	FlagStatus EXTI_GetFlagStatus（u32 EXTI_Line）
功能描述	检查指定的 EXTI 线路标志位设置与否
输入参数	EXTI_Line：待检查的 EXTI 线路标志位
输出参数	无
返回值	EXTI_Line 的新状态（SET 或者 RESET）
先决条件	无
被调用函数	无

例如，检查外部中断线8的状态位程序如下：

```
FlagStatus EXTIStatus；
EXTIStatus=EXTI_GetFlagStatus（EXTI_Line8）；
```

6.2.6.5　函数 EXTI_ClearFlag

表6－21描述了函数 EXTI_ClearFlag。

表6－21　函数 EXTI_ClearFlag

函数名	EXTI_ClearFlag
函数原型	void EXTI_ClearFlag（u32 EXTI_Line）
功能描述	清除 EXTI 线路挂起标志位
输入参数	EXTI_Line：待清除标志位的 EXTI 线路

续表6－21

函数名	EXTI_ClearFlag
输出参数	无
返回值	无
先决条件	无
被调用函数	无

例如，清除外部中断线 2 挂起标志程序如下：

```
EXTI_ClearFlag (EXTI_Line2);
```

6.2.6.6 函数 EXTI_GetITStatus

表 6－22 描述了函数 EXTI_GetITStatus。

表 6－22 函数 EXTI_GetITStatus

函数名	EXTI_GetITStatus
函数原型	ITStatus EXTI_GetITStatus (u32 EXTI_Line)
功能描述	检查指定的 EXTI 线路触发请求发生与否
输入参数	EXTI_Line：待检查 EXTI 线路的挂起位
输出参数	无
返回值	EXTI_Line 的新状态 (SET 或者 RESET)
先决条件	无
被调用函数	无

例如，检查外部中断线 8 是否有中断触发程序如下：

```
ITStatus EXTIStatus;
EXTIStatus=EXTI_GetITStatus (EXTI_Line8);
```

6.2.6.7 函数 EXTI_ClearITPendingBit

表 6－23 描述了函数 EXTI_ClearITPendingBit。

表 6－23 函数 EXTI_ClearITPendingBit

函数名	EXTI_ClearITPendingBit
函数原型	void EXTI_ClearITPendingBit (u32 EXTI_Line)

续表6－23

函数名	EXTI_ClearITPendingBit
功能描述	清除 EXTI 线路挂起位
输入参数	EXTI_Line：待清除 EXTI 线路的挂起位
输出参数	无
返回值	无
先决条件	无
被调用函数	无

例如，清除外部中断线 2 的中断挂起位程序如下：

```
EXTI_ClearITPendingBit（EXTI_Line2）；
```

6.3　外部中断使用流程

STM32 中断设计包括三部分，即 NVIC 设置、中断端口配置、中断处理。

6.3.1　NVIC 设置

在使用中断时，首先要对 NVIC 进行设置，NVIC 设置流程如图 6－6 所示，主要包括以下内容：

（1）根据需要对中断优先级进行分组，确定抢占优先级和响应优先级的个数。

（2）选择中断通道，不同的引脚对应不同的中断通道，在 stm32f10x.h 中定义了中断通道结构体 IRQn_Type，包含了所有型号芯片的所有中断通道。外部中断 EXTI0～EXTI4 有独立的中断通道 EXTI0_IRQn～EXTI4_IRQn，而 EXTI5～EXTI9 共用一个中断通道 EXTI9_5_IRQn，EXTI15～EXTI10 共用一个中断通道 EXTI15_10_IRQn。

（3）根据系统要求设置中断优先级，包括抢占优先级和响应优先级。

（4）使能响应的中断，完成 NVIC 设置。

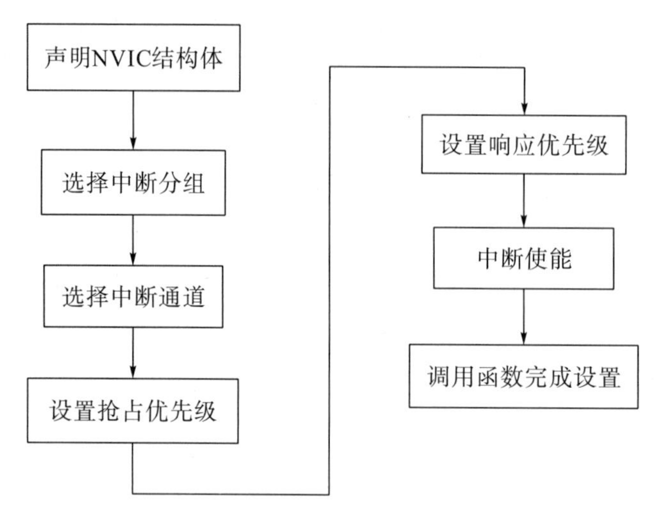

图 6－6　NVIC 设置流程

6.3.2　中断端口配置

NVIC 设置完成后要对中断端口进行配置，即配置哪个引脚发生什么中断。GPIO 外部中断端口配置流程如图 6－7 所示。中断端口配置主要包括以下内容：

（1）首先进行 GPIO 配置，对引脚进行配置，使能引脚，具体方法参考项目二的 GPIO 配置，如果使用了复用功能需要打开复用时钟。

（2）其次对外部中断方式进行配置，包括中断线路设置、中断或事件选择、触发方式设置，使能中断线完成配置。

其中，中断线路 EXTI_Line0～EXTI_Line5 分别对应 EXTI0～EXTI15，即每个端口的 16 个引脚，如图 6－5 所示。EXTI_Line16～EXTI_Line18 分别对应 PVD 输出事件、RTC 闹钟事件和 USB 唤醒事件。

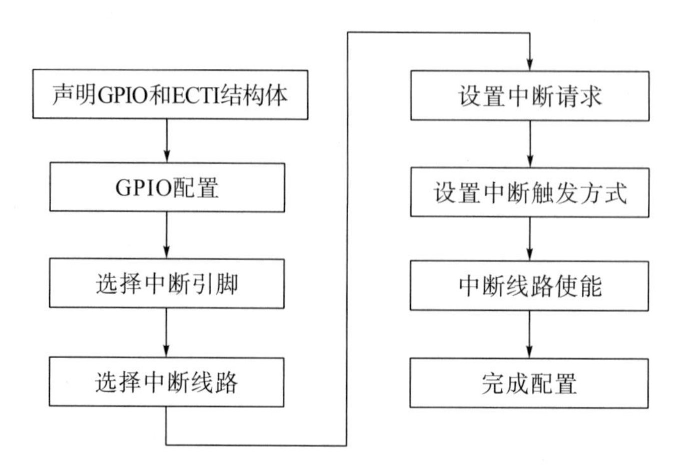

图 6－7　GPIO 外部中断端口配置流程图

6.3.3　中断处理

中断处理的整个过程包括中断请求、中断响应、中断服务和中断返回4个步骤。其中，中断服务程序主要完成中断线路状态检测、中断服务内容和中断清除。

6.3.3.1　中断请求

如果系统中存在多个中断源，处理器要先对当前中断的优先级进行判断，先响应优先级高的中断。当多个中断请求同时到达且抢占优先级相同时，则先处理响应优先级高的中断。

6.3.3.2　中断响应

在中断事件产生后，处理器响应中断要满足以下条件：

（1）无同级或高级中断正在服务。

（2）当前指令周期结束，如果查询中断请求的机器周期不是当前指令的最后一个周期，则无法执行当前中断请求。

（3）若处理器正在执行系统指令，则需要执行到当前指令的下一条指令才能响应中断请求。

如果中断发生，且处理器满足上述条件，则系统将按照下面的步骤执行相应的中断请求：

（1）置位中断优先级有效触发器，即关闭同级和低级中断。

（2）调用入口地址，断点入栈。

（3）进入中断服务程序。

STM32在启动文件中提供了标准的中断入口对应的中断，如下所示：

```
Default_Handler PROC
EXPORT   WWDG_IRQHandler              [WEAK]
EXPORT   PVD_IRQHandler               [WEAK]
EXPORT   TAMPER_IRQHandler            [WEAK]
EXPORT   RTC_IRQHandler               [WEAK]
EXPORT   FLASH_IRQHandler             [WEAK]
EXPORT   RCC_IRQHandler               [WEAK]
EXPORT   EXTI0_IRQHandler             [WEAK]
EXPORT   EXTI1_IRQHandler             [WEAK]
EXPORT   EXTI2_IRQHandler             [WEAK]
EXPORT   EXTI3_IRQHandler             [WEAK]
EXPORT   EXTI4_IRQHandler             [WEAK]
EXPORT   DMA1_Channel1_IRQHandler     [WEAK]
```

```
EXPORT  DMA1_Channel2_IRQHandler        [WEAK]
EXPORT  DMA1_Channel3_IRQHandler        [WEAK]
EXPORT  DMA1_Channel4_IRQHandler        [WEAK]
EXPORT  DMA1_Channel5_IRQHandler        [WEAK]
EXPORT  DMA1_Channel6_IRQHandler        [WEAK]
EXPORT  DMA1_Channel7_IRQHandler        [WEAK]
EXPORT  ADC1_2_IRQHandler               [WEAK]
EXPORT  USB_HP_CAN1_TX_IRQHandler       [WEAK]
EXPORT  USB_LP_CAN1_RX0_IRQHandler      [WEAK]
EXPORT  CAN1_RX1_IRQHandler             [WEAK]
EXPORT  CAN1_SCE_IRQHandler             [WEAK]
EXPORT  EXTI9_5_IRQHandler              [WEAK]
EXPORT  TIM1_BRK_IRQHandler             [WEAK]
EXPORT  TIM1_UP_IRQHandler              [WEAK]
EXPORT  TIM1_TRG_COM_IRQHandler         [WEAK]
EXPORT  TIM1_CC_IRQHandler              [WEAK]
EXPORT  TIM2_IRQHandler                 [WEAK]
EXPORT  TIM3_IRQHandler                 [WEAK]
EXPORT  TIM4_IRQHandler                 [WEAK]
EXPORT  I2C1_EV_IRQHandler              [WEAK]
EXPORT  I2C1_ER_IRQHandler              [WEAK]
EXPORT  I2C2_EV_IRQHandler              [WEAK]
EXPORT  I2C2_ER_IRQHandler              [WEAK]
EXPORT  SPI1_IRQHandler                 [WEAK]
EXPORT  SPI2_IRQHandler                 [WEAK]
EXPORT  USART1_IRQHandler               [WEAK]
EXPORT  USART2_IRQHandler               [WEAK]
EXPORT  USART3_IRQHandler               [WEAK]
EXPORT  EXTI15_10_IRQHandler            [WEAK]
EXPORT  RTCAlarm_IRQHandler             [WEAK]
EXPORT  USBWakeUp_IRQHandler            [WEAK]
```

值得注意的是，外部中断 EXTI0～EXTI4 有独立的入口 EXTI0_IRQHandler～EXTI4_IRQHandler，而 EXTI5～EXTI9 共用一个入口 EXTI9_5_IRQHandler，EXTI15～EXTI10 共用一个入口 EXTI15_10_IRQHandler。使用的中断服务程序名称必须与 stm32f10x_it.c 文件中的中断服务函数的函数名一致，无返回值、无参数。

6.3.3.3 中断服务

以外部中断为例，中断服务程序处理流程如图 6−8 所示。

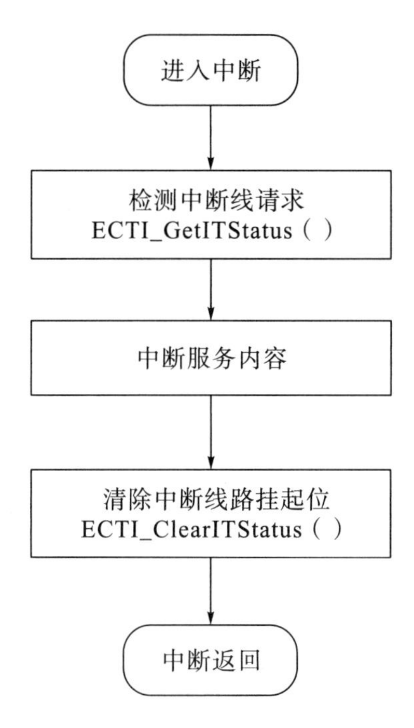

图 6－8　中断服务程序处理流程图

6.3.3.4　中断返回

中断返回是指中断服务完成后，处理器返回到原来程序断点处继续执行原来的程序。例如，外部中断线 2 的中断服务程序如下：

```
void EXTI2_IRQHandler (void)
{
if (EXTI_GetITStatus (EXTI_Line2) ! = RESET) //确保是否产生 EXTI_Line2 中断
    {
     /＊中断服务内容＊/
……
         EXTI_ClearITPendingBit (EXTI_Line2); //清除中断标志位
     }
   }
```

6.4　项目六的实现

项目六的设计要求见 6.1 节，程序设计流程如图 6－9 所示。

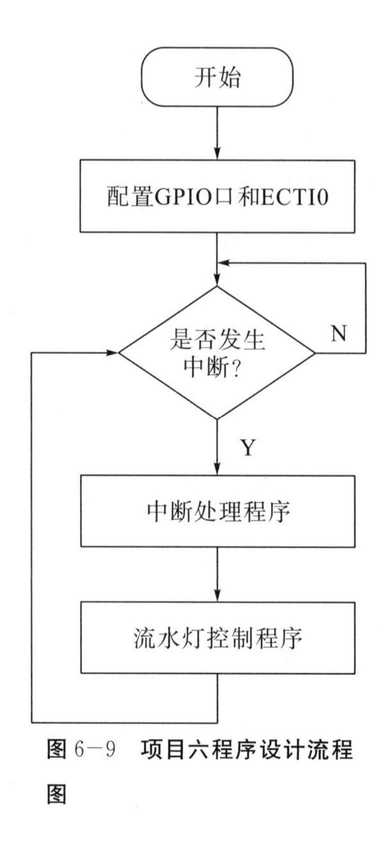

图6－9　项目六程序设计流程图

LED的初始化程序使用项目二的程序就可以了，下面说明外部中断程序的具体实现过程。

6.4.1　编写外部中断配置文件

根据任务要求，当有按键按下时，就会产生中断，任务中只有一个按键接在PC0引脚上，也就是只有一个外部中断源，对应的中断线是EXTI0，其配置步骤如下：

（1）使用GPIO_EXTILineConfig（）函数设置PC0为外部中断线EXTI0的中断源。

（2）通过EXTI_InitTypeDef结构体，使用EXTI_Init（&EXTI_InitStructure）函数将这个中断映射到中断线EXTI_Line0，并将其配置为中断模式和下降沿触发中断，最后使能中断（即开中断）。

（3）通过NVIC_InitTypeDef结构体，使用NVIC_Init（&NVIC_InitStructure）函数设置按键所在的外部中断通道（即外部中断向量）的优先级，并使能外部中断通道。

外部中断配置文件exti.c的代码如下：

```
#include "exti.h"
static void NVIC_Configuration (void) //中断控制寄存器配置函数
{
  NVIC_InitTypeDef NVIC_InitStructure;
```

```
    NVIC_PriorityGroupConfig (NVIC_PriorityGroup_1); //配置响应优先级
    NVIC_InitStructure.NVIC_IRQChannel=EXTI0_IRQn; //配置 PA0~PE0 为中断源
    NVIC_InitStructure.NVIC_IRQChannelPreemptionPriority=0;
    NVIC_InitStructure.NVIC_IRQChannelSubPriority=0;
    NVIC_InitStructure.NVIC_IRQChannelCmd=ENABLE;
    NVIC_Init (&NVIC_InitStructure);
}
void EXTI_PC0_Config (void) //PC0 口外部中断配置函数
{
    GPIO_InitTypeDef GPIO_InitStructure;
    EXTI_InitTypeDef EXTI_InitStructure;
    RCC_APB2PeriphClockCmd (RCC_APB2Periph_GPIOC | RCC_APB2Periph_AFIO, ENABLE);
    //开 PC 口时钟
    NVIC_Configuration ();
    GPIO_InitStructure.GPIO_Pin=GPIO_Pin_0; //PC0 口配置
    GPIO_InitStructure.GPIO_Mode=GPIO_Mode_IPU; //上拉输入
    GPIO_Init (GPIOC, &GPIO_InitStructure);
    GPIO_EXTILineConfig (GPIO_PortSourceGPIOC, GPIO_PinSource0); //PC0 作为外部中断线 0
的引脚
    EXTI_InitStructure.EXTI_Line=EXTI_Line0;
    EXTI_InitStructure.EXTI_Mode=EXTI_Mode_Interrupt;
    EXTI_InitStructure.EXTI_Trigger=EXTI_Trigger_Falling;
    EXTI_InitStructure.EXTI_LineCmd=ENABLE;
    EXTI_Init (&EXTI_InitStructure);
}
```

外部中断配置头文件 exti.h 的代码如下：

```
#ifndef_EXTI_H
#define_EXTI_H
#include "stm32f10x.h"
void EXTI_PC0_Config (void);
#endif
```

通过以上 GPIO 端口的外部中断配置，就能正常对 STM32 的 GPIO 端口启用外部中断了。

6.4.2　编写中断服务程序

中断服务函数名称是 EXTI0_IRQHandler（ ），本项目的按键相当于一个开关，按一次按键打开流水灯，再按一次按键关闭流水灯，如此重复。在中断服务程序里设置了一个变量用来计数按键的次数，如果是奇数次按键，就返回一个“0”，如果是偶数次按键，就返回一个“1”。程序参考代码如下：

```
#include "stm32f10x.h"
extern u8 value;
int time=0;
void EXTI0_IRQHandler (void)
{
  if (EXTI_GetITStatus (EXTI_Line0)! =RESET) //确保产生 EXTI Line 中断
   {
    time++;
    if (time%2==0)
    {
      value=1;
    }
    else
    {
      value=0;
    }
    EXTI_ClearITPendingBit (EXTI_Line0); //清除 LINE0 上的中断标志位
    }
}
```

6.4.3 编写主文件

由于按键实现的功能都在中断服务程序里面，在主文件里只需要把相关头文件包含进来，对 LED 所接的 GPIO 端口进行初始化，以及对 GPIO 端口的外部中断进行配置，然后根据中断返回的值就可控制流水灯的亮灭。其程序参考代码如下：

```
#include "stm32f10x.h"
#include "led.h"
#include "exti.h"
u8 value=0;
void delay (int i)
{
    int j;
    for (; i! =0; i--)
    {
    for (j=0; j<1000; j++);
    }
}
int main (void)
{
```

```
    int m;
    int n=0xfe;
    LED_GPIO_Config (); //GPIO配置
    EXTI_PC0_Config (); //中断配置
    while (1)
    {
      switch (value)
       {
      case 1: for (m=0; m<8; m++) {GPIO_Write (GPIOA, n); delay (1000); n=n<<1;}
      for (m=0; m<8; m++) {GPIO_Write (GPIOA, n); delay (1000); n=n>>1 | 0x80;};
      break;
      case 0: GPIO_Write (GPIOA, 0xff); break;
       }
    }
}
```

程序编译成功后，将程序下载到开发板，当按键第二次按下时，LED流水灯点亮，再次按下按键，LED灯全部熄灭。在没有开发板的情况下，可以利用KEIL进行软件仿真或利用Proteus进行仿真，这里采用KEIL进行软件仿真。利用Peripherals中的GPIOC的PC0人为给予按键动作，运行模拟结果如图6－10所示。由图可见，在PC0的第二个下降沿时，PA0～PA7输出状态变化，即对应的流水灯点亮，在PC0第三个下降沿时，P0～PA7输出高电平，即对应的流水灯全部熄灭，如此重复，验证了程序设计的正确性。

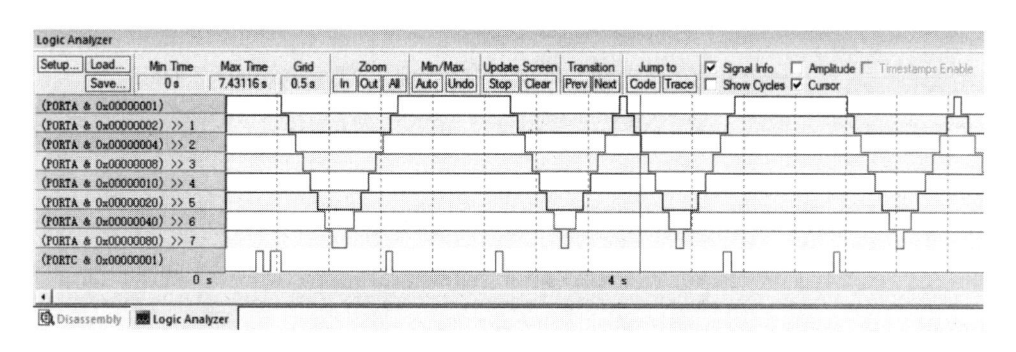

图6－10　按键控制流水灯仿真结果

思考与实操

1. Cortex－M3内核支持多少个中断，其中包含多少个内核中断（也称为系统异常）和多少个外部中断，并具有多少级可编程的中断优先级设置？

2. STM32有多少个中断，包括多少个Cortex－M3内核中断线和多少个可屏蔽中断通道，具有多少级可编程中断优先级的设置？

3. 简述中断嵌套，并绘制中断嵌套示意图。

4. 为什么在使用外部中断时需要开启 AFIO 时钟？

5. 简述抢占优先级和响应优先级的设置方法。

6. 简述中断线及中断线的配置方法。

7. 简述外部中断服务函数中断标志位的作用，说明应该在什么时候清除中断标志位，如果不清除中断标志位会有什么后果？

8. 编写程序指定中断源的优先级，使能 EXTI0 中断，设置指定抢占式优先级别为 1，响应优先级别为 0。

9. 利用外部中断实现按键控制 LED 模拟手术室工作状态指示。用按键 KEY 中断实现 LED1 和 LED2 状态控制，当无手术时 LED1（绿灯）间隔 1s 闪烁、LED2（红灯）灭；当医生进入手术室时，可以按下按键，使 LED1 灭、LED2 稳定点亮；当手术结束时，再次按下按键，恢复 LED1 闪烁和 LED2 灭。要求用 Proteus 软件画出电路图，编程实现以上功能，并进行仿真验证。

10. 利用外部中断实现一个烟雾检测紧急报警装置：利用 LED1 的闪烁模拟系统当前任务，PA0 开关量输入按键 KEY 的按下和松开模拟烟雾超限报警及解除报警，PA3 开关量输出控制 LED2 的亮灭进行报警。当 KEY 按下时，表示发生紧急情况（烟雾超标），产生中断，LED2 亮，发出报警信息，并延时一段时间；烟雾解除时 KEY 松开，表示紧急情况消除，进入中断，LED2 灭，取消报警。要求用 Proteus 软件画出电路图，编程实现以上功能，并进行仿真验证。

项目七　简易数字钟

7.1　项目要求

请利用 STM32F103R6 芯片内部的定时器实现秒、分、时的计时，并用数码管或 LCD 显示出来。

7.2　STM32 定时/计数器概述

STM32 内部集成了多个定时/计数器，根据型号不同，STM32 系列芯片最多包含 8 个定时/计数器。其中，TIM6 和 TIM7 为基本定时器，TIM2～TIM5 为通用定时器，TIM1 和 TIM8 为高级控制定时器，功能最强。三种定时器具备的功能见表 7－1。此外，在 STM32 中还有两个看门狗定时器和一个系统滴答定时器。

表 7－1　STM32 的定时器功能

主要功能	高级控制定时器	通用定时器	基本定时器
内部时钟源（8MHz）	√	√	√
带 16 位分频的计数单元	√	√	√
更新中断和 DMA	√	√	√
计数方向	向上、向下、双向	向上、向下、双向	向上
外部事件计数	√	√	—
其他定时器触发或级联	√	√	—
4 个独立输入捕获、输出比较通道	√	√	—
单脉冲输出方式	√	√	—
正交编码器输入	√	√	—
霍尔传感器输入	√	√	—
输出比较信号死区产生	√	—	—
制动信号输入	√	—	—

下面简单介绍各类定时器。

7.2.1 基本定时器

基本定时器内部集成了 1 个 16 位自动加载递增计数器、1 个 16 位预分频器。两个基本定时器是互相独立的，不共享任何资源。可以为通用定时器提供时间基准，还可以为数/模转换器（DAC）提供时钟，在芯片内部直接连接到 DAC 并通过触发输出直接驱动 ADC。

7.2.2 通用定时器

通用定时器内部集成了 1 个 16 位自动加载递增/递减计数器、1 个 16 位预分频器和 4 个独立通道。每一个通道都可以用于输入捕获、输出比较、PWM 输出和单脉冲输出，通用定时器之间是完全独立的，不互相共享任何资源。适用于多种场合，包括测量输入信号的脉冲长度（输入捕获）或者产生输出波形（输出比较和 PWM）。使用定时器预分频和 RCC 时钟控制器预分频器，脉冲长度和波形周期可以在几个微秒到几个毫秒间调整。

7.2.3 高级控制定时器

高级控制定时器内部集成了 1 个 16 位自动加载递增/递减计数器、1 个 16 位预分频器和 4 个独立通道。4 个独立通道可以分别用于输入捕获、输出比较、PWM 输出和单脉冲输出。高级控制定时器可以被看作是分配到 6 个通道的三相 PWM 发生器，它具有带死区插入的 PWM 输出，还可以被当成完整的通用定时器。

高级控制定时器被配置 16 位标准定时器时，与通用定时器具有相同的功能，被配置为 16 位 PWM 发生器时，具有全调制能力，且调制范围为 0～100％。

上述三类定时器均可使用 8MHz 内部时钟作为时钟源，16 位计数单元的最大计数为 65535，均可产生中断和 DMA 请求。除基本定时器计数方向为向上外，其他两类定时器均有向上、向下和双向 3 种计数方向。

7.2.4 看门狗定时器

看门狗的作用是在微控制器受到干扰进入错误状态后，使系统在一定时间间隔内复位。因此看门狗是保证系统长期、可靠和稳定运行的有效措施。目前大部分的嵌入式芯片内部都集成了看门狗定时器来提高系统运行的可靠性。

STM32 处理器内置了 2 个看门狗：窗口看门狗定时器和独立看门狗定时器，它们可用于检测和解决由软件错误引起的故障。

（1）窗口看门狗定时器。内置窗口看门狗是 7 位递减定时器，并且可以设置为自由运行模式，被用作通用看门狗，用于系统发生问题时复位系统。窗口看门狗由系统主时钟驱动，具有早期预警中断功能。

(2) 独立看门狗定时器。内置独立看门狗是12位递减定时器，它由内部独立的40kHz的RC振荡器提供时钟。由于RC振荡器独立于系统的主时钟，因此独立看门狗可以运行在停机模式和待机模式，同时也可以在系统出现问题时复位整个系统，或者用作一个自由定时器，为应用程序提供超时管理。它还可以被配置成软件或者硬件启动的系统看门狗。

7.2.5　系统滴答定时器

系统滴答定时器（SysTick）位于CM3内核中，是一个24位递减计数器。将其设定初值并使能后，每经过1个计数周期，计数值就减1。计数到0时，SysTick定时器自动重装初值并继续计数，同时内部的COUNTFLAG标志会置位，从而触发中断。

在STM32的应用中，使用CM3内核的SysTick作为定时时钟，主要用于精确延时。

值得注意的是，所有定时器是完全独立的，没有相互共享任何系统资源，多个定时器也可以同步配合操作，完成相应的系统功能。

7.3　SysTick定时器

7.3.1　认识SysTick定时器

SysTick定时器又称系统滴答定时器，是一个24位的系统节拍定时器，具有自动重载和溢出中断功能，所有基于Cortex-M3的芯片都可以由这个定时器获得一定的时间间隔。SysTick定时器位于Cortex-M3内核，是一个倒计数定时器，当计数到0时，将从RELOAD寄存器中自动重载定时初值。只要不把SysTick控制及状态寄存器中的使能位清除，它就会永远工作。

7.3.1.1　SysTick定时器功能

单任务应用程序是以串行架构来处理任务的。当某个任务出现问题时，就会牵连到后续任务的执行，进而导致整个系统崩溃。要解决这个问题，可以使用实时操作系统（PTOS）。

实时操作系统是以并行的架构处理任务，单一任务的崩溃并不会牵连到整个系统。用户出于可靠性的考虑，可能会基于实时操作系统来设计自己的应用程序。SysTick定时器存在的意义就是提供必要的时钟节拍，为实时操作系统的任务调度提供一个有节奏的“心跳”。

STM32自身有8个定时器，为什么还要再提供一个SysTick定时器呢？由于所有基于 Cortex－M3 内核的控制器都带有 SysTick 定时器，因此使用 SysTick 定时器编写的代码在移植到同样使用 Cortex－M3 内核的不同器件时，代码不需要进行修改。可以利用 STM32 内部的 SysTick 实现延时，既不占用中断，也不占用系统定时器。

SysTick 定时器除了能服务于操作系统，还能用于其他目的。例如作为一个闹铃，用于测量时间灯。

7.3.1.2 SysTick 定时器时钟选择

用户可以通过 SysTick 控制及状态寄存器来选择 SysTick 定时器的时钟源。如将 SysTick 控制及状态寄存器中的 CLKSOURCE 位置 1，SysTick 定时器就会在内核时钟（PCLK）频率下运行；而将 CLKSOURCE 位清零，SysTick 定时器就会以外部时钟源（STCLK）的频率运行。

7.3.2 SysTick 定时器相关寄存器

SysTick 定时器在 Cortex－M3 内核 NVIC 中，定时结束时会产生 SysTick 中断（中断号是 15）。SysTick 定时器有 4 个可编程寄存器，包括 SysTick 控制及状态寄存器、SysTick 重装载寄存器、SysTick 当前数值寄存器和 SysTick 校准数值寄存器。下面主要介绍前 3 种可编程寄存器。

7.3.2.1 SysTick 控制及状态寄存器

SysTick 控制及状态寄存器（SysTick－>CTRL）的地址是 0xE000E010，该寄存器各位定义如表 7－2 所示。

表 7－2 SysTick 控制及状态寄存器各位定义

位段	名称	类型	复位值	描述
16	COUNTFLAG	R	0	如果在上次读取本寄存器后，SysTick 已经计数到了 0，则该位为 1。如果读取该位，该位将自动清零
2	CLKSOURCE	R/W	0	该位为 0 时，选择外部时钟（STCLK）； 该位为 1 时，选择内核时钟（PCLK）
1	TICKINT	R/W	0	若该位为 1，SysTick 倒数至 0 时产生 SysTick 中断请求； 若该位为 0，SysTick 倒数至 0 时无动作
0	ENABLE	R/W	0	SysTick 定时器的使能位

位 16 是 SysTick 控制及状态寄存器的计数溢出标志 COUNTFLAG 位。SysTick 是向下计数的，若计数完成，COUNTFLAG 的值变为 1。当读取 COUNTFLAG 的值为 1 之后，就处理 SysTick 计数完成时间，因此读取后该位会自动变为 0，这样在编程时就不需要通过代码来清零了。

位 2 是 SysTick 时钟源选择位。该位为 0 时，选择外部时钟 STCLK；该位为 1 时，选择内核时钟 PCLK。从 STM32 时钟系统图可以看出，PCLK 就是 HCLK，频率通常是 72MHz，而 STCLK 是 HCLK 的 1/8，STCLK 的频率是 9MHz。

位 1 是 SysTick 中断使能位。该位为 0 时，关闭 SysTick 中断；该位为 1 时，开启 SysTick 中断，当计数到 0 时就会产生中断。

位 0 是 SysTick 使能位。该位为 0 时，关闭 SysTick 功能；该位为 1 时，开启 SysTick 功能。

7.3.2.2 SysTick 重装载寄存器

SysTick 重装载寄存器（SysTick－>LOAD）的地址是 0xE000E014，该寄存器各位定义如表 7－3 所示。

表 7－3 SysTick 重装载寄存器各位定义

位段	名称	类型	复位值	描述
23：0	RELOAD	R/W	0	当倒数至 0 时，将被重装载的值

SysTick 重装载寄存器只使用了低 24 位，其取值范围是 0～$2^{24}-1$（0～16777215）。当系统时钟为 72MHz 时，SysTick 定时器每计数一次，就是 1/9 μs，其最大定时时间约为 1.864s（16777215/9μs）。那么，SysTick 定时器是从什么值开始计数的呢？例如，现在需要定时 50μs，SysTick 定时器每计数一次是 1/9 μs，这时我们只要从 450 开始倒计数，计数到 0 时，50μs 定时时间就到了。

7.3.2.3 SysTick 当前数值寄存器

SysTick 当前数值寄存器（SysTick－>VAL）的地址是 0xE000E018，通过读取该寄存器的值可以获得当前计数值。该寄存器各位定义如表 7－4 所示。

表 7－4 SysTick 当前数值寄存器各位定义

位段	名称	类型	复位值	描述
23：0	CURRENT	R/W	0	读取时返回当前倒计数的值，写入时则使之清零，同时还会清除 SysTick 控制及状态寄存器中的 COUNTFLAG 标志

7.3.3 SysTick 定时器操作

在 core_cm3.h 文件中，定义了 SysTick 定时器的 4 个寄存器的 SysTick_Type 结构体，代码如下：

```
typedef struct
{
    __IO uint32_t CTRL;   // SysTick 控制及状态寄存器地址偏移量：0x00
    __IO uint32_t LOAD;   //SysTick 重装载寄存器地址偏移量：0x04
    __IO uint32_t VAL;    //SysTick 当前数值寄存器地址偏移量：0x08
    __IO  uint32_t CALIB; //SysTick 校准寄存器地址偏移量：0x0C
} SysTick_Type;
```

在操作 SysTick 定时器的寄存器时，可以采用如下方法：

```
SysTick->VAL = 0x0000;     //清空计数器的值
SysTick->LOAD = 9000 * 20;   //重装载寄存器赋初值（定时 20ms），倒计数脉冲数
SysTick->CTRL = 0x00000001;   //使能 SysTick 定时器
```

其中，“->”是 C 语言的一个运算符，叫作指向结构体成员运算符，功能是使用一个指向结构体或对象的指针访问其成员。这里的系统时钟是 72MHz，72MHz 的 1/8 是 9MHz，一个脉冲是 1/9 μs，9000 × 1/9 μs 即为 1ms。

7.3.4 库函数中的 SysTick 相关函数

在 3.5 版本的库函数中，与 SysTick 定时器相关的只有 SysTick_Config（uint32_t ticks）和 void SysTick_CLKSourceConfig（uint32_t SysTick_CLKSource）这两个函数。

7.3.4.1 SysTick 定时器的寄存器及位的定义

在这里，主要介绍 SysTick 定时器的 3 个寄存器，以及与 SysTick 寄存器相关的寄存器及位的定义，代码如下。

（1）控制及状态寄存器相关位的宏定义。

①溢出标志位的宏定义。

```
#define SysTick_CTRL_COUNTFLAG_Pos 16
#define SysTick_CTRL_COUNTFLAG_Msk   (1ul <<SysTick_CTRL_COUNTFLAG_Pos)
```

其中，“1ul”就是声明一个无符号长整型常量 1，若没有 1ul 后缀，则系统默认为 int 类型。溢出标志位的宏定义语句的作用是左移 16 位，使得 SysTick_CTRL_COUNTFLAG_Msk 的位 16 为 1，其他位为 0。其值主要用于对控制及状态寄存器的低 16 位进行测试，判断溢出标志位（位 16）是否为 1。

②时钟源选择位的宏定义，0 为选择外部时钟，1 为选择内核时钟。

```
#define SysTick_CTRL_CLKSOURCE_Pos 2
#define SysTick_CTRL_CLKSOURCE_Msk (1ul <<SysTick_CTRL_CLKSOURCE_Pos)
```

把1左移2位，使得SysTick_CTRL_CLKSOURCE_Msk的位2为1，其他位都为0，其值是用来选择内核时钟的。

③中断（异常）请求位的宏定义。

```
#define SysTick_CTRL_TICKINT_Pos   1
#define SysTick_CTRL_TICKINT_Msk    (1ul << SysTick_CTRL_TICKINT_Pos)
```

把1左移1位，使得SysTick_CTRL_TICKINT_Msk的位1为1，其他位都为0，其值用来打开SysTick的中断。

④SysTick定时器使能位的宏定义。

```
#define SysTick_CTRL_ENABLE_Pos   0
#define SysTick_CTRL_ENABLE_Msk    (1ul << SysTick_CTRL_ENABLE_Pos)
```

把1左移0位，使得SysTick_CTRL_ENABLE_Msk的位0为1，其他位都为0，其值用来使能SysTick定时器。

（2）重装载寄存器的宏定义。

```
#define SysTick_LOAD_RELOAD_Pos   0
#define SysTick_LOAD_RELOAD_Msk (0xFFFFFFul <<SysTick_LOAD_RELOAD_Pos)
```

宏定义SysTick_LOAD_RELOAD_Msk为0xFFFFFF，是重装载值的最大值，也就是说，重装载值不能大于SysTick_LOAD_RELOAD_Msk。

（3）当前数值寄存器的宏定义。

```
#define SysTick_VAL_CURRENT_Pos   0
#define SysTick_VAL_CURRENT_Msk    (0xFFFFFFul <<SysTick_VAL_CURRENT_Pos)
```

宏定义SysTick_VAL_CURRENT_Msk为0xFFFFFF。

7.3.4.2　SysTick_Config（）函数

SysTick_Config（uint32_t ticks）函数位于core_cm3.h头文件中，该函数的主要作用是：

（1）初始化SysTick；

（2）打开SysTick；

（3）打开SysTick的中断并设置优先级；

（4）返回0代表成功，返回1代表失败。

其中，uint32_t ticks是重装值，这个函数默认使用的时钟源是AHB（不分频）。若要分频，就需要调用SysTick_CLKSourceConfig（）函数。在函数调用时，需要注意区分函数调用的次序，首先调用SysTick_Config（）函数，然后调用SysTick_CLKSourceConfig（）函数。SysTick_Config（）函数代码如下：

```
static_INLINE uint32_t SysTick_Config (uint32_t ticks)
{
    if (ticks > SysTick_LOAD_RELOAD_Msk)    return (1);
    SysTick->LOAD = (ticks & SysTick_LOAD_RELOAD_Msk) - 1; //设置重装载值 NVIC_
SetPriority (SysTick_IRQn, (1<<_NVIC_PRIO_BITS) - 1); //设置优先级 15
    SysTick->VAL=0;    //当前值寄存器清零
    SysTick->CTRL=SysTick_CTRL_CLKSOURCE_Msk |  //选择内核时钟 72MHz
                  SysTick_CTRL_TICKINT_Msk |    //打开 SysTick 的中断
                  SysTick_CTRL_ENABLE_Msk;     //使能 SysTick 定时器
    return (0);
}
```

代码说明如下：

（1）参数ticks是SysTick定时器的重装载值。

（2）“if (ticks > SysTick_LOAD_RELOAD_Msk)   return (1);”语句主要是判断重装载值是否有效，若重装载值大于0xFFFFFF（重装载值的最大值），返回1表示函数失败。

（3）NVIC_SetPriority (SysTick_IRQn, (1<<_NVIC_PRIO_BITS) - 1) 函数是设置中断优先级的。参数“SysTick_IRQn”是SysTick定时器的中断通道，中断服务函数是SysTick_Handler（）。参数“1<<_NVIC_PRIO_BITS) - 1”的值对应优先级15，其中“_NVIC_PRIO_BITS”是在stm32f10x.h头文件中宏定义的，其值为4。

（4）“ return (0);”语句返回9，表示函数调用成功。

7.3.4.3 SysTick_CLKSourceConfig（）函数

SysTick_CLKSourceConfig (uint32_t SysTick_CLKSource) 函数在misc.c文件中，该函数的主要作用是选择SysTick定时器时钟。SysTick_CLKSourceConfig（）函数代码如下：

```
void SysTick_CLKSourceConfig (uint32_t SysTick_CLKSource)
{
    assert_param (IS_SYSTICK_CLK_SOURCE (SysTick_CLKSource));
    if (SysTick_CLKSource == SysTick_CLKSource_HCLK)
    {
```

```
    SysTick->CTRL |= SysTick_CLKSource_HCLK;
  }
  else
  {
    SysTick->CTRL &= SysTick_CLKSource_HCLK_Div8;
  }
}
```

代码说明如下：

(1) 在 misc. h 头文件中定义了如下宏：

```
#define SysTick_CLKSource_HCLK_Div8     ((uint32_t) 0xFFFFFFFB)
#define SysTick_CLKSource_HCLK          ((uint32_t) 0x00000004)
#define IS_SYSTICK_CLK_SOURCE (SOURCE) (( (SOURCE) == SysTick_CLKSource_HCLK)
| | ((SOURCE) == SysTick_CLKSource_HCLK_Div8))
```

第一条宏定义是将控制状态寄存器的第二位置 0，即使用外部时钟源；第二条宏定义是将控制状态寄存器的第二位置 1，即使用内核时钟；第三条宏定义是判断 SysTick 定时器的时钟选择的是内核时钟还是外部时钟源。

(2) “assert_param (IS_SYSTICK_CLK_SOURCE (SysTick_CLKSource));”语句是检查函数的参数是内核时钟还是外部时钟源。

(3) if 语句根据参数来设置时钟源。

7.3.5 SysTick 的关键函数编写

本小节的任务主要是利用前面介绍的关于 SysTick 定时器的知识，编写延时初始化函数、微秒级延时函数、毫秒级延时函数和 SysTick 中断服务函数。其中，SysTick 的延时函数是在未使用 μcos 的情况下编写的。

7.3.5.1 延时初始化函数

延时初始化函数主要完成时钟源的选择，这时选择 SysTick 的时钟源为外部时钟。同时，还要对微秒级和毫秒级两个重要参数进行初始化。延时初始化函数代码如下：

```
static u8  fac_us=0; //μs 延时倍乘数
static u16  fac_ms=0; //ms 延时倍乘数
void delay_init ( )
{
    SysTick_CLKSourceConfig (SysTick_CLKSource_HCLK_Div8); //选择外部时钟  HCLK/8
    fac_us=SystemCoreClock/8000000;
    fac_ms= (u16) fac_us*1000; //代表每个 ms 需要的 SysTick 时钟数
}
```

代码说明如下：

（1）fac_us 和 fac_ms 是静态变量，分别存放微秒级和毫秒级的延时参数，也是两个重要的延时基数。其中：fac_us=SystemCoreClock/8000000=9，表示每微秒（μs）需要 9 个 SysTick 时钟周期；fac_ms=（u16）fac_us * 1000=9000，由于 1ms=1000μs，每毫秒（ms）就需要 9000 个 SysTick 时钟周期。

（2）“SysTick_CLKSourceConfig（SysTick_CLKSource_HCLK_Div8）；”语句是选择外部时钟作为 SysTick 的时钟源。

7.3.5.2 微秒级延时函数

微秒级延时函数主要用来指定延时多少微秒，其参数 nus 为要延时的微秒数。微秒级延时函数代码如下：

```
void delay_us (u32 nus)
{
    u32 temp;
    SysTick->LOAD=nus * fac_us; //时间加载
    SysTick->VAL=0x00; //清空计数器
    SysTick->CTRL | =SysTick_CTRL_ENABLE_Msk ; //开始倒数
    do
    {
    temp=SysTick->CTRL;
    } while((temp&0x01) &&! (temp& (1<<16))); //等待时间到达
    SysTick->CTRL&=~SysTick_CTRL_ENABLE_Msk; //关闭计数器
    SysTick->VAL =0x00; //清空计数器
}
```

代码说明如下：

（1）“SysTick->LOAD=nus * fac_us；”语句的作用是设置重载值，其中，参数 nus 是延时多少微秒，nus * fac_us 表示延时 nus 微秒需要多少个 SysTick 时钟周期。这里要注意的是，nus * fac_us 的值不能超过 0xFFFFFF（即 16777215）。

（2）“temp&0x01”用来判断 SysTick 定时器是否处于开启状态，可以防止 SysTick 被意外关闭导致的死循环。

（3）“temp&（1<<16）”用来判断 SysTick 定时器的控制及状态寄存器位 16 是否为 1，若为 1 表示延时时间到。

（4）延时时间到了之后，必须关闭 SysTick 定时器，并清空当前数值寄存器。

7.3.5.3　毫秒级延时函数

毫秒级延时函数主要用来指定延时多少毫秒，其参数 nms 为要延时的毫秒数。毫秒级延时代码如下：

```
void delay_ms (u16 nms)
{
    u32 temp;
    SysTick->LOAD= (u32) nms * fac_ms; //时间加载
    SysTick->VAL =0x00; //清空计数器
    SysTick->CTRL | =SysTick_CTRL_ENABLE_Msk ; //开始倒数
    do
    {
        temp=SysTick->CTRL;
    } while((temp&0x01) &&! (temp& (1<<16))); //等待时间到达
    SysTick->CTRL&=~SysTick_CTRL_ENABLE_Msk; //关闭计数器
    SysTick->VAL =0x00; //清空计数器
}
```

代码说明如下：

（1）与微秒级延时函数的代码基本一样。

（2）根据公式 nms<=0xFFFFFF * 8 * 1000/SYSCLK 计算，如果 SYSCLK 为 7340032（72M)，那么 nms 的最大值为 1864ms。若超过了这个值，建议多次调用 delay_ms 来达到。由于重装载寄存器是一个 24 位的寄存器，若延时的毫秒数超过了最大值 1864ms，就会超出该寄存器的有效范围，高位会被舍去，导致延时不准。

7.3.5.4　SysTick 中断服务函数

SysTick 定时器的中断处理函数在 startup_stm32f10x_hd. s 启动文件中定义，代码如下：

```
DCD     SysTick_Handler;                SysTick Handler
```

从上述代码可以看出，SysTick 定时器的中断处理函数名是 SysTick Handler，可以根据需要，直接编写中断服务函数，形式如下：

```
void  SysTick_Handler (void)
{
  ……          //中断服务函数体
}
```

在中断服务函数体中，可以编写 SysTick 定时器中断服务函数需要完成的功能，以及其他的相关代码。

由于在 stm32f10x_it. h 头文件中有这个中断服务函数的声明，在 stm32f10x_it. c 文件中也有 SysTick 定时器中断服务函数，但内容是空的，可以直接在里面添加中断服务函数体。当然也可以在主函数中编写中断服务函数，这时要把 stm32f10x_it. h 和 stm32f10x_it. c 文件中的 SysTick 定时器中断服务函数相关内容注释掉才行。

7.4 子项目 1：基于 SysTick 定时器的 1s 延时设计与实现

7.4.1 项目要求

将项目二流水灯控制程序中的延时子函数改为基于 SysTick 定时器的延时函数。

7.4.2 程序设计

SysTick 定时器是 Cortex-M3 的标配，使用起来非常方便。仅仅使用内核中提供的 SysTick_Config（ ）和 SysTick_CLKSourceConfig（ ）两个函数，以及前面编写的 SysTick 定时器延时函数，就可以完成 SysTick 定时器的 1 秒延时设计。

先在 SYSTEM 子目录下新建一个 delay 子目录，然后在 delay 子目录下新建 delay. h 头文件和 delay. c 文件。

在 delay. h 头文件中，主要声明延时初始化函数、微秒级延时函数和毫秒级延时函数，代码如下：

```
#ifndef_DELAY_H
#define_DELAY_H
#include "stm32f10x.h"
void delay_init (void);
void delay_ms (u16 nms);
void delay_us (u32 nus);
#endif
```

在 delay. c 文件中，主要编写延时初始化函数、微秒级延时函数和毫秒级延时函数，以及声明两个静态变量 fac_us 和 fac_ms，代码如下：

```
#include "delay.h"
static u8  fac_us=0; //us 延时倍乘数
static u16 fac_ms=0; //ms 延时倍乘数
void delay_init ( )
{
    SysTick_CLKSourceConfig (SysTick_CLKSource_HCLK_Div8);
    fac_us=SystemCoreClock/8000000;
    fac_ms= (u16) fac_us * 1000;
}
void delay_us (u32 nus)
{
    u32 temp;
    SysTick->LOAD=nus * fac_us;
    SysTick->VAL=0x00; SysTick->CTRL | =SysTick_CTRL_ENABLE_Msk;
    do
    {
        temp=SysTick->CTRL;
    } while((temp&0x01) &&! (temp& (1<<16)));
    SysTick->CTRL&=~SysTick_CTRL_ENABLE_Msk;
    SysTick->VAL =0x00;
}
void delay_ms (u16 nms)
{
    u32 temp;
    SysTick->LOAD= (u32) nms * fac_ms;
    SysTick->VAL =0x00;
    SysTick->CTRL | =SysTick_CTRL_ENABLE_Msk;
    do
    {
        temp=SysTick->CTRL;
    } while((temp&0x01) &&! (temp& (1<<16)));
    SysTick->CTRL&=~SysTick_CTRL_ENABLE_Msk;
    SysTick->VAL =0x00;
}
```

将项目二工程中的 delay. h 头文件和 delay. c 文件用上述程序替换，编译成功后，将程序下载到开发板，观察采用 SysTick 定时器定时 1 秒钟，是否能按照要求控制 LED 循环点亮，若运行结果与任务要求不一致，要对程序进行分析检查，直到运行正确。

7.5 STM32 通用定时器

7.5.1 通用定时器 TIMx 功能

通用定时器 TIMx（TIM2、TIM3、TIM4 和 TIM5）的功能如下：

（1）16 位向上、向下、向上/向下自动装载计数器。

（2）16 位可编程（可以实时修改）预分频器，计数器时钟频率的分频系数为 1～65536 之间的任意数值。

（3）4 个独立通道，即输入捕获、输出比较、PWM 生成（边沿或中间对齐模式）和单脉冲模式输出。

（4）使用外部信号和多个定时器内部互联，构成同步电路来控制定时器。

（5）下述事件发生时产生中断或 DMA 更新：计数器向上/向下溢出，计数器初始化（通过软件或内部/外部触发）；触发事件（计数器启动、停止、初始化，或者由内部/外部触发计数）；输入捕获；输出比较。

（6）支持针对定位的增量（正交）编码器和霍尔传感器电路。

（7）触发输入作为外部时钟或者按周期的电流管理。

7.5.2 通用定时器 TIMx 结构

通用定时器的核心是可编程预分频器驱动的 16 位自动装载计数器。STM32 的 4 个通用定时器 TIMx（TIM2～TIM5）硬件结构如图 7－1 所示，图中的缩写含义如表 7－5 所示。硬件结构可分成 3 个部分，即时钟源、时钟单元、捕获和比较通道。

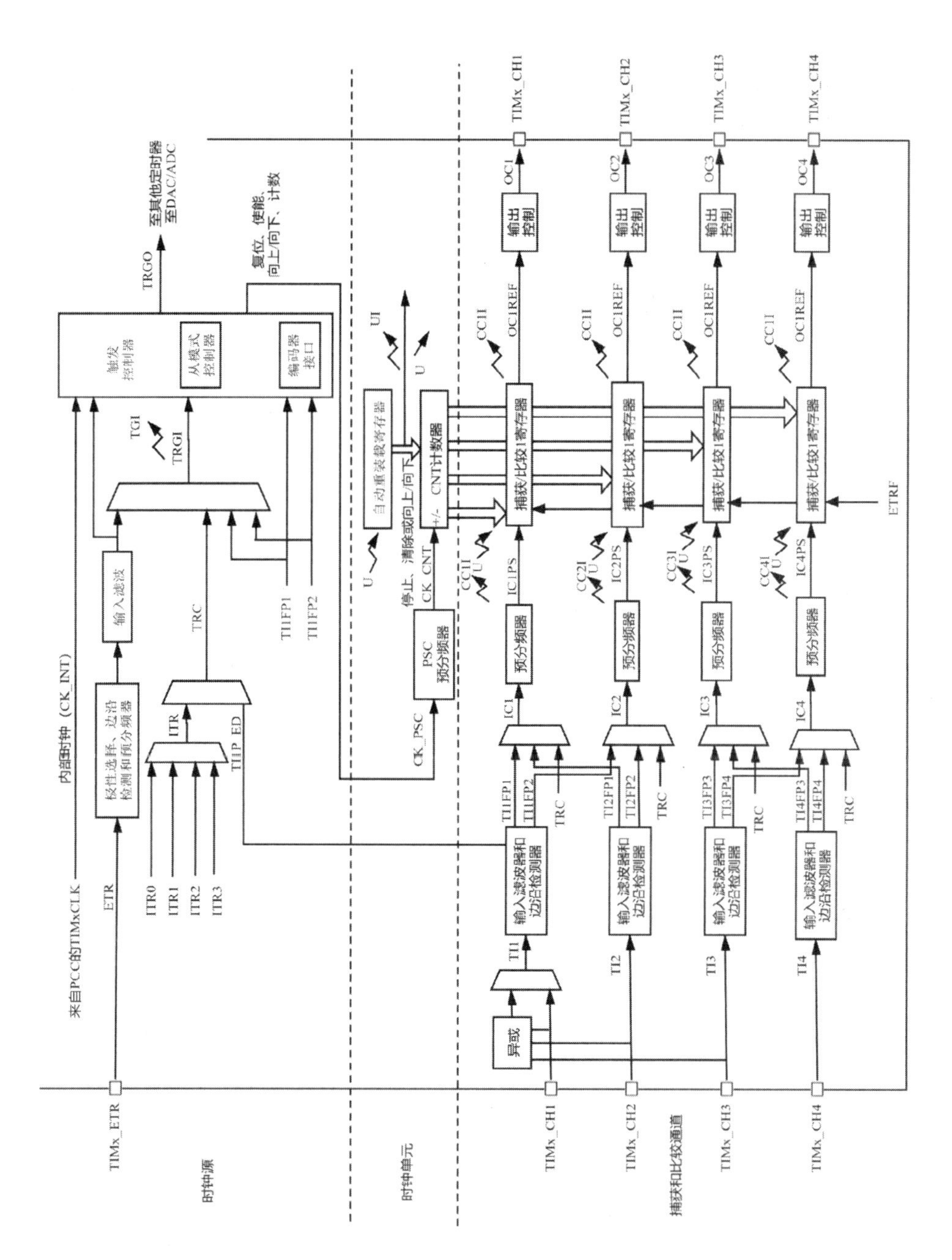

图 7—1　通用定时器 TIMx 硬件结构

表 7—5　图 7—1 中缩写的含义

图示	含义
	事件
	中断或 DMA
TIMx_ETR	TIMER 外部触发引脚
ETR	外部触发输入

续表7－5

图示	含义
ETRP	分频后的外部触发输入
ETRF	滤波后的外部触发输入
ITRx	内部触发 x（由其他定时器触发）
TI1F_ED	TI1 的边沿检测器
TI1FP1/2	滤波后定时器 1/2 的输入
TRGI	触发输入
TRGO	触发输出
CK_PSC	分频器时钟输入
CK_CNT	定时器计数值（计算定时周期）
TIMx_CHx	TIMER 的捕获/比较通道引脚
TIx	定时器输入信号 x
ICx	输入比较 x
ICxPS	分频后的 ICx
OCx	输出捕获 x
OCxREF	输出参考信号

7.5.2.1 时钟源选择

定时/计数器时钟可由下列时钟源提供：

（1）内部时钟（CK_CNT）；

（2）外部时钟模式 1：外部输入引脚（TIx），包括外部比较捕获引脚 TI1F_ED、TI1FP1 和 TI2FP2，计数器在选定引脚的上升沿或下降沿开始计数；

（3）外部时钟模式 2：外部触发输入（ETR），计数器在 ETR 引脚的上升沿或下降沿开始计数；

（4）内部触发输入（ITRx，x=0，1，2，3）：一个定时器作为另一个定时器的预分频器，如可以配置一个定时器 Timer1 作为另一个定时器 Timer2 的预分频器。

当时钟源为内部时钟时，计数器对内部时钟进行计数，属于定时功能，可以完成精密定时；当时钟源来自外部信号时，可完成外部信号计数。具体包括：时钟源为外部时钟模式 1 时，计数器对选定输入端（TIMx_CH1、TIMx_CH2、TIMx_CH3 或 TIMx_CH4）的每个上升沿或下降沿进行计数，属于计数功能；时钟源为外部时钟模式 2 时，计数器对外部触发引脚（TIMx_ETR）进行计数，属于计数功能。

选择内部时钟源作为时钟，定时器的时钟不是直接来自 APB1 或 APB2，而是来自输入为 APB1 或 APB2 的一个倍频器（如图 7－2 中的阴影框所示）。

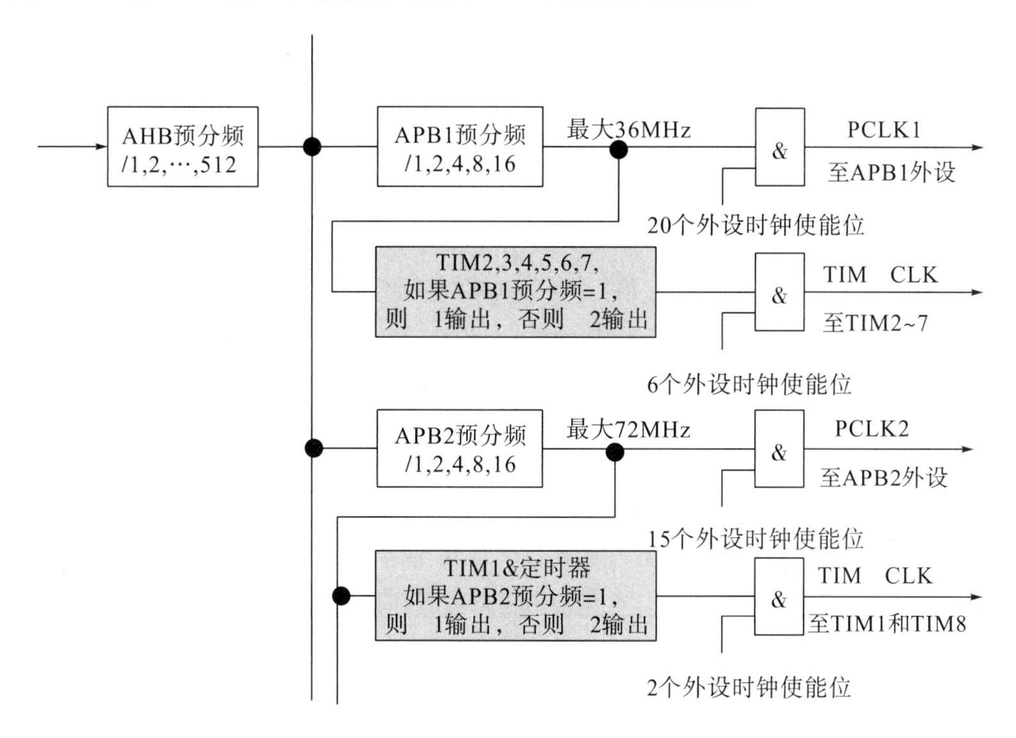

图 7－2　部分时钟系统

当 APB1 的预分频系数为 1 时，这个倍频器不起作用，定时器的时钟频率等于 APB1 的频率；当 APB1 的预分频系数为其他数值（即预分频系数为 2、4、8 或 16）时，这个倍频器起作用，定时器的时钟频率等于 APB1 频率的 2 倍。例如，当 AHB 为 72MHz 时，APB1 的预分频系数必须大于 2，因为 APB1 的最大输出频率只能为 36MHz。如果 APB1 的预分频系数为 2，则因为这个倍频器的 2 倍作用，TIM2～7 仍然能够得到 72MHz 的时钟频率。因此，图 7－2 中阴影部分的倍频器在保证其他外设使用较低的时钟频率时，TIM2～7 仍能得到较高的时钟频率。

7.5.2.2　时基单元

STM32 的通用定时器的时基单元包含计数器（TIMx_CNT）、预分频器（TIMx_PSC）和自动装载寄存器（TIMx_ARR）等，如图 7－3 所示。计数器、自动装载寄存器和预分频器可以由软件进行读/写操作，在计数器运行时仍可以读/写。

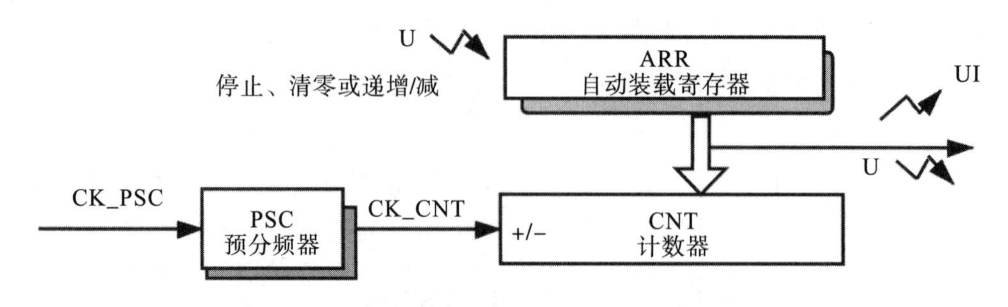

图 7-3　定时器时基单元

从时钟源送来的时钟信号，首先经过预分频器的分频，降低频率后输出信号 CK_CNT，送入计数器进行计数，预分频器的分频取值范围可以是 1～65536 之间的任意数值。一个 72MHz 的输入信号经过分频后，可以产生最小接近 1100Hz 的信号。

计数器具有 16 位计数功能，可以在时钟控制单元的控制下，进行递增计数、递减计数或中央对齐计数（即先递增计数，达到自动装载寄存器的数值后再递减计数）。计数器还可以通过时钟控制单元的控制，直接被清零，或者在计数值到达重装载寄存器的数值后被清零；计数器还可以直接被停止，或者在计数值到达重装载寄存器的数值后被停止；或者暂停一段时间计数，然后在控制单元的控制下再恢复计数。

自动装载寄存器类似 51 单片机定时器/计数器工作于方式 2 时保存初值的 THx（x=0，1），当 CNT 计满溢出后，自动装载寄存器保存的初值赋给 CNT，继续计数。

在图 7-4 中，部分寄存器框图有阴影，表示该寄存器在物理上对应两个寄存器，一个是程序员可以写入或读出的寄存器，称为预装载寄存器，另一个是程序员看不见的，但在操作中真正起作用的寄存器，称为影子寄存器。

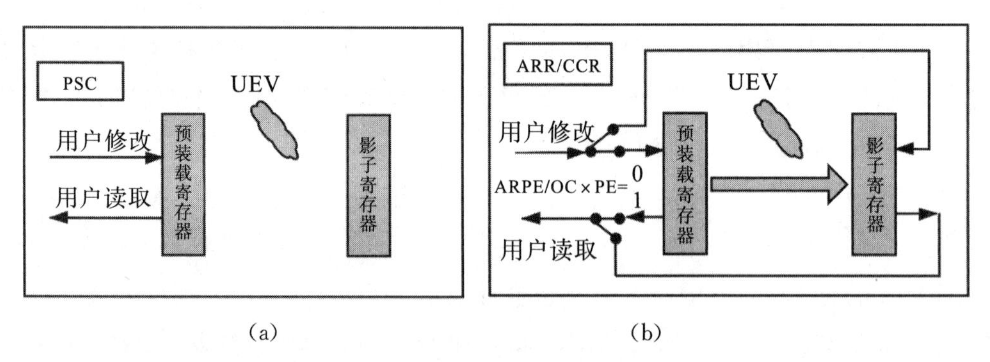

(a)　　　　(b)

图 7-4　预装载寄存器和影子寄存器

根据 TIMx_CR1 寄存器中 ARPE 位的设置，当 ARPE=0 时，预装载寄存器的内容可以随时传送到影子寄存器，即两者是连通的；当 ARPE=1 时，在每次更新事件（UEV，如当计数器溢出时产生一次 UEV 事件）时，才把预装载寄存器的内容传送到影子寄存器，如图 7-4 所示。设计预装载寄存器和影子寄存器是为了让真正起作用的影子寄存器在同一时间（发生更新事件时）被更新为所对应的预装载寄存器的内容，这样可以保证多个通道的操作能够准确地同步进行。

如果没有影子寄存器，或者预装载寄存器和影子寄存器是直通的，即软件更新预装载寄存器时，同时更新了影子寄存器，因为软件不可能在同一时刻同时更新多个寄存器，结果会造成多个通道的时序不能同步，如果再加上其他因素，多个通道的时序关系有可能是不可预知的。设置影子寄存器后，可以保证当前正在进行的操作不受干扰，同时用户可以十分精确地控制电路的时序。另外，所有影子寄存器都是可以通过更新事件来被刷新的。这样可以保证定时器的各个部分能够在同一时刻改变配置，从而实现所有 I/O 通道的同步。STM32 的高级控制定时器就是利用这个特性实现 3 路互补 PWM 信号的同步输出，完成三相变频电动机的精确控制。

在图 7－3 中，自动装载寄存器左侧有一个大写的 U 和一个向下的箭头，表示对应寄存器的影子寄存器可以在发生更新事件时，被更新为它的预装载寄存器的内容；而在自动装载寄存器右侧的箭头标志，表示自动重装载的动作可以产生一个更新事件（U）或更新事件中断（UI）。

总之，预分频寄存器用于设定计数器的时钟频率；自动装载寄存器的内容是预先装载的，每次更新事件 UEV 发生时，其内容传送到影子寄存器，若无 UEV，则永久保存在预装载寄存器中。

7.5.2.3　捕获和比较通道

TIMx 的捕获和比较通道又可以分解为两部分，即输入通道和输出通道。当一个通道工作于捕获模式时，该通道的输出部分自动停止工作，同样，当一个通道工作于比较模式时，该通道的输入部分自动停止工作。

（1）捕获通道。

当一个通道工作于捕获模式时，输入信号从引脚经输入滤波、边沿检测和预分频电路后，控制捕获寄存器的操作。当指定的输入边沿到来时，定时器将该时刻计数器的当前数值复制到捕获寄存器，并在中断使能时产生中断。读出捕获寄存器的内容，就可以知道信号发生变化的准确时间。该通道的作用是测量脉冲宽度，类似于 51 单片机定时计数器的 gate 引脚。

STM32 的定时器输入通道都有一个滤波单元，分别位于每个输入通道上（见图 7－5 中左侧阴影框）和外部触发输入通道上（见图 7－5 顶部阴影框），其作用是滤除输入信号上的高频干扰。干扰的频率限制由 TIM_TimeBaseInitTypeDef 中的 TIM_ClockDivision 设定。

（2）比较通道。

当一个通道工作于比较模式时，用户程序将比较数值写入比较寄存器，定时器会不停地将该寄存器的内容与计数器的内容进行比较，一旦比较条件成立，则产生相应的输出。

如果使能了中断，则产生中断；如果使能了引脚输出，则按照控制电路的设置产生输出波形。这个通道最重要的应用就是输出 PWM 波形，将在下一章具体介绍。

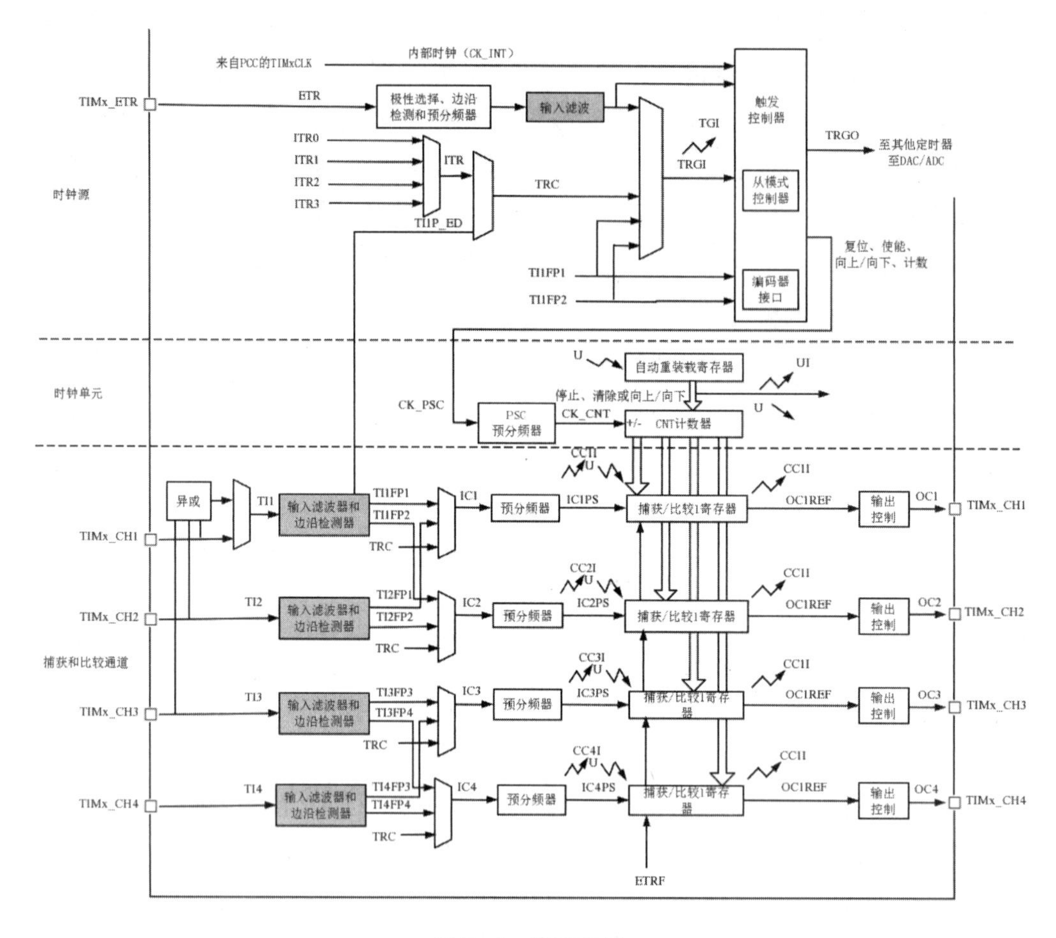

图 7—5　滤波单元

7.5.3　计数模式

7.5.3.1　向上计数模式

在向上计数模式中，计数器从 0 计数到自动加载值（TIMx_ARR 计数器的内容），然后重新从 0 开始计数并且产生一个计数器向上溢出事件，每次计数器溢出时可以产生更新事件。当发生一个更新事件时，所有的寄存器都被更新，硬件同时设置更新标志位。预分频器的缓冲区被置入预装载寄存器的值，自动装载影子寄存器被重新置入预装载寄存器的值。图 7—6 和图 7—7 分别给出了当 TIMx_ARR＝0x36 时计数器在不同时钟频率下的动作时序。

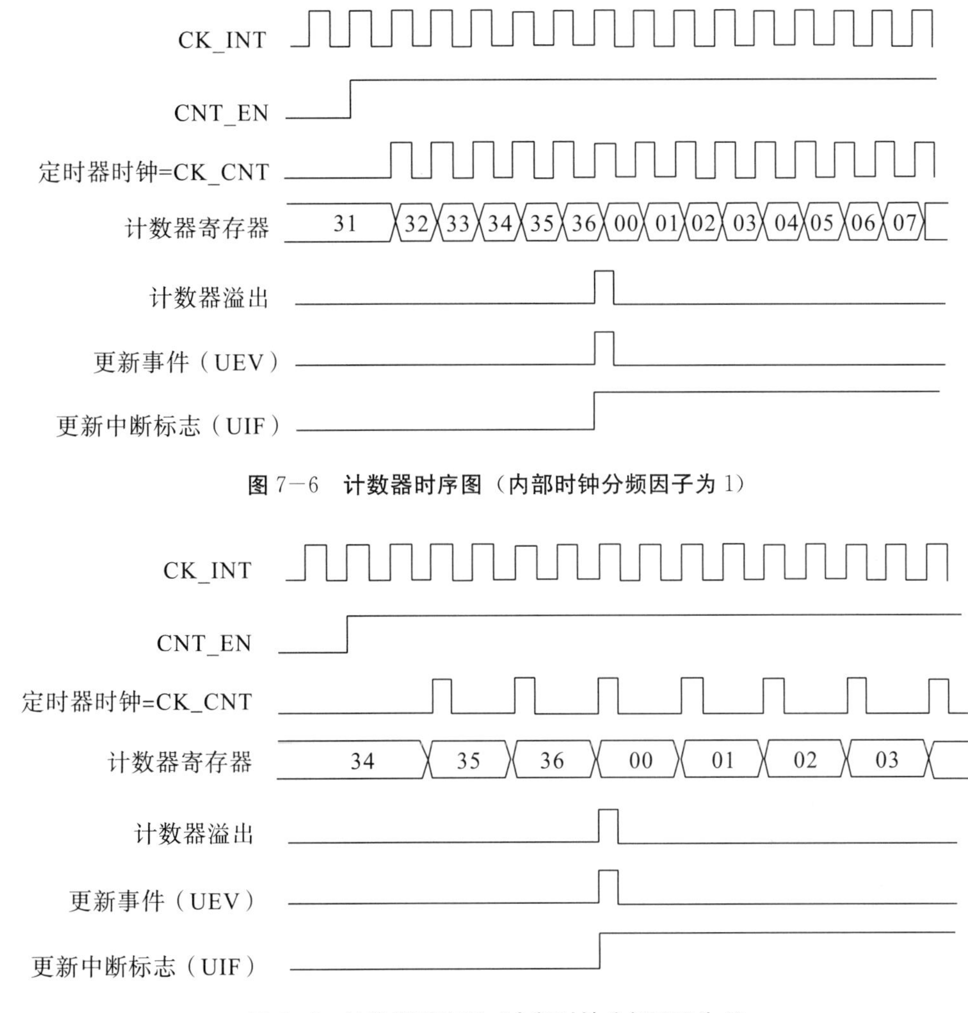

图 7－6　计数器时序图（内部时钟分频因子为 1）

图 7－7　计数器时序图（内部时钟分频因子为 2）

7.5.3.2　向下计数模式

在向下计数模式中，计数器从自动加载值（TIMx_ARR 计数器的值）开始向下计数到 0，然后从自动装载值重新开始并且产生一个计数器向下溢出事件，每次计数器溢出时可以产生更新事件。当产生一个更新事件时，所有的寄存器都被更新，硬件同时设置更新标志位。预分频器的缓冲区被置入预装载寄存器的值，自动装载影子寄存器被重新置入预装载寄存器的值。图 7－8 和图 7－9 分别给出了当 TIMx_ARR=0x36 时计数器在不同时钟频率下的动作时序。

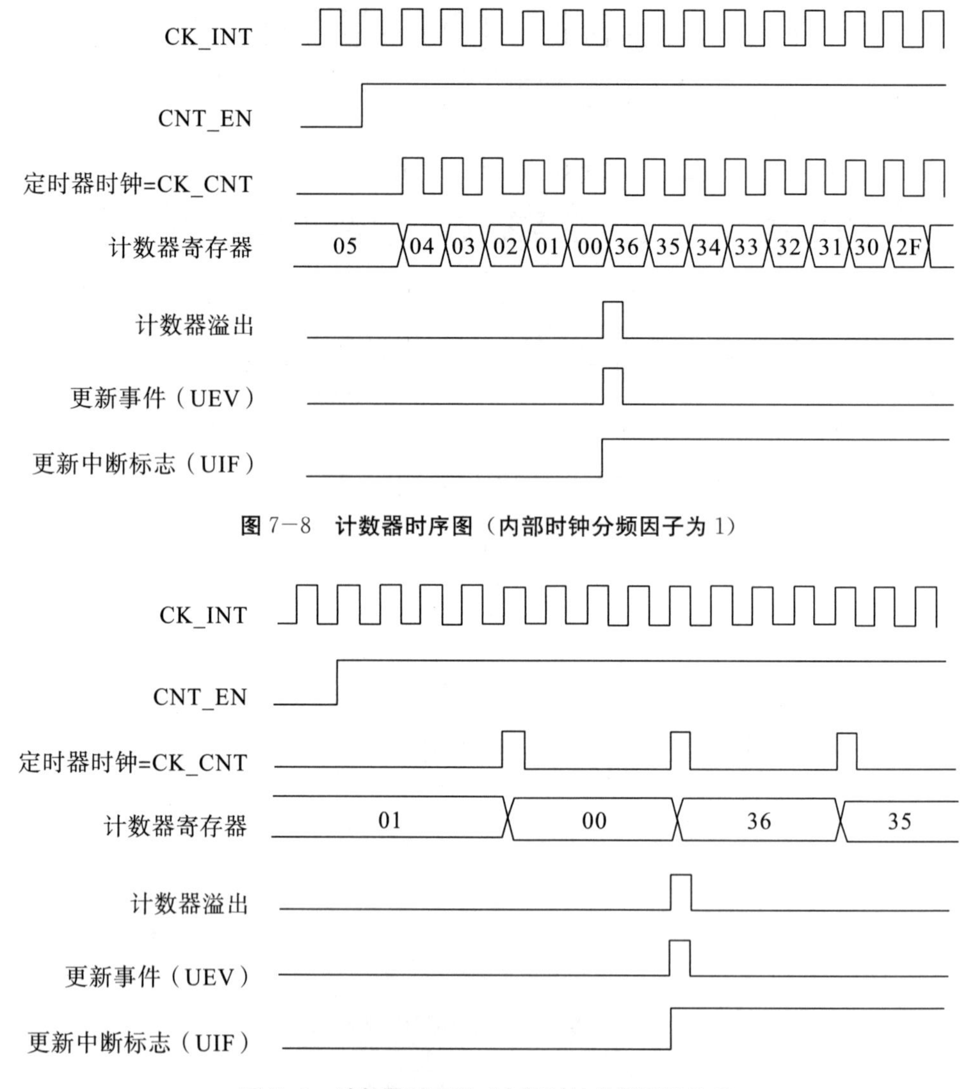

图7—8　计数器时序图（内部时钟分频因子为1）

图7—9　计数器时序图（内部时钟分频因子为2）

7.5.3.3　中央对齐模式（向上/向下计数）

计数器从0开始计数到自动加载值（TIMx_ARR寄存器）−1，产生一个计数器向上溢出事件，最后向下计数到1并且产生一个计数器向下溢出事件，最后再从0开始重新计数。图7—10给出了当TIMx_ARR=0x6时计数器的动作时序。

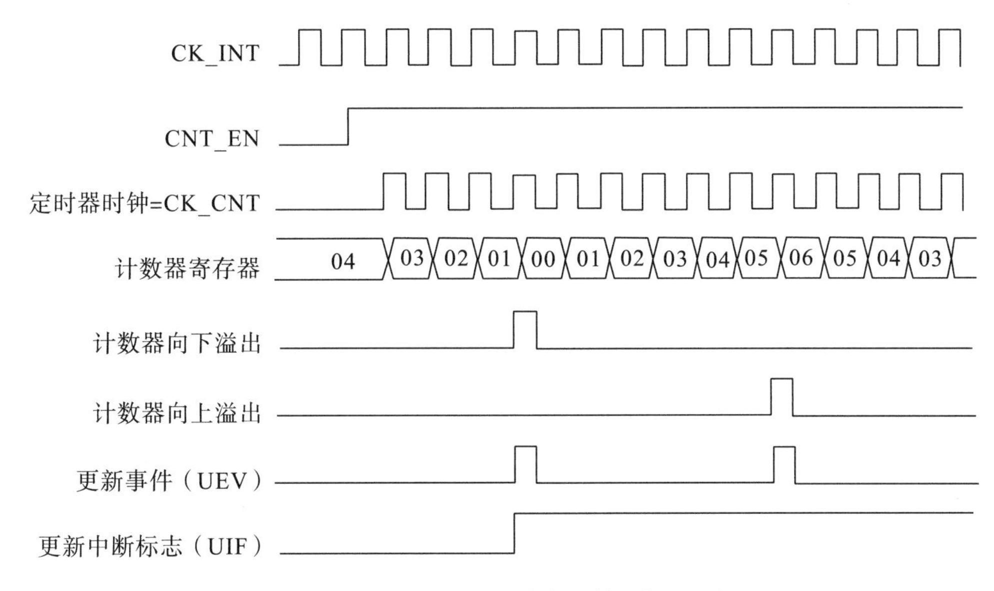

图 7－10　计数器时序图（内部时钟分频因子为 1）

7.5.4　通用定时器常用库函数

TIM 固件库支持 72 种库函数，如表 7－6 所示。为了理解这些函数的具体使用方法，本小节将对其中的部分函数做详细介绍。

表 7－6　TIM 固件库

函数名称	功能
TIM_DeInit	将外设 TIMx 寄存器重设为缺省值
TIM_TimeBaseInit	根据 TIM_TimeBaseInitStruct 中指定的参数，初始化 TIMx 的时间基数单位
TIM_OCInit	根据 TIM_OCInitStruct 中指定的参数，初始化外设 TIMx
TIM_ICInit	根据 TIM_ICInitStruct 中指定的参数，初始化外设 TIMx
TIM_TimeBaseStructInit	把 TIM_TimeBaseInitStruct 中的每一个参数按缺省值填入
TIM_OCStructInit	把 TIM_OCInitStruct 中的每一个参数按缺省值填入
TIM_ICStructInit	把 TIM_ICInitStruct 中的每一个参数按缺省值填入
TIM_Cmd	使能或者失能 TIMx 外设
TIM_ITConfig	使能或者失能指定的 TIM 中断
TIM_DMAConfig	设置 TIMx 的 DMA 接口
TIM_DMACmd	使能或者失能指定的 TIMx 的 DMA 请求
TIM_InternalClockConfig	设置 TIMx 内部时钟
TIM_ITRxExternalClockConfig	设置 TIMx 内部触发为外部时钟模式
TIM_TIxExternalClockConfig	设置 TIMx 触发为外部时钟

续表7-6

函数名称	功能
TIM_ETRClockMode1Config	配置 TIMx 外部时钟模式 1
TIM_ETRClockMode2Config	配置 TIMx 外部时钟模式 2
TIM_ETRConfig	配置 TIMx 外部触发
TIM_SelectInputTrigger	选择 TIMx 输入触发源
TIM_PrescalerConfig	设置 TIMx 预分频
TIM_CounterModeConfig	设置 TIMx 计数器模式
TIM_ForcedOC1Config	置 TIMx 输出 1 为活动或者非活动电平
TIM_ForcedOC2Config	置 TIMx 输出 2 为活动或者非活动电平
TIM_ForcedOC3Config	置 TIMx 输出 3 为活动或者非活动电平
TIM_ForcedOC4Config	置 TIMx 输出 4 为活动或者非活动电平
TIM_ARRPreloadConfig	使能或者失能 TIMx 在 ARR 上的预装载寄存器
TIM_SelectCCDMA	选择 TIMx 外设的捕获比较 DMA 源
TIM_OC1PreloadConfig	使能或者失能 TIMx 在 CCR1 上的预装载寄存器
TIM_OC2PreloadConfig	使能或者失能 TIMx 在 CCR2 上的预装载寄存器
TIM_OC3PreloadConfig	使能或者失能 TIMx 在 CCR3 上的预装载寄存器
TIM_OC4PreloadConfig	使能或者失能 TIMx 在 CCR4 上的预装载寄存器
TIM_OC1FastConfig	设置 TIMx 捕获/比较 1 快速特征
TIM_OC2FastConfig	设置 TIMx 捕获/比较 2 快速特征
TIM_OC3FastConfig	设置 TIMx 捕获/比较 3 快速特征
TIM_OC4FastConfig	设置 TIMx 捕获/比较 4 快速特征
TIM_ClearOC1Ref	在一个外部时间时清除或者保持 OCREF1 信号
TIM_ClearOC2Ref	在一个外部时间时清除或者保持 OCREF2 信号
TIM_ClearOC3Ref	在一个外部时间时清除或者保持 OCREF3 信号
TIM_ClearOC4Ref	在一个外部时间时清除或者保持 OCREF4 信号
TIM_UpdateDisableConfig	使能或者失能 TIMx 更新事件
TIM_EncoderInterfaceConfig	设置 TIMx 编码界面
TIM_GenerateEvent	设置 TIMx 事件由软件产生
TIM_OC1PolarityConfig	设置 TIMx 通道 1 极性
TIM_OC2PolarityConfig	设置 TIMx 通道 2 极性
TIM_OC3PolarityConfig	设置 TIMx 通道 3 极性
TIM_OC4PolarityConfig	设置 TIMx 通道 4 极性
TIM_UpdateRequestConfig	设置 TIMx 更新请求源

续表7－6

函数名称	功能
TIM_SelectHallSensor	使能或者失能 TIMx 霍尔传感器接口
TIM_SelectOnePulseMode	设置 TIMx 单脉冲模式
TIM_SelectOutputTrigger	选择 TIMx 触发输出模式
TIM_SelectSlaveMode	设置 TIMx 从模式
TIM_SelectMasterSlaveMode	设置或者重置 TIMx 主/从模式
TIM_SetCounter	设置 TIMx 计数器寄存器值
TIM_SetAutoreload	设置 TIMx 自动重装载寄存器值
TIM_SetCompare1	设置 TIMx 捕获/比较 1 寄存器值
TIM_SetCompare2	设置 TIMx 捕获/比较 2 寄存器值
TIM_SetCompare3	设置 TIMx 捕获/比较 3 寄存器值
TIM_SetCompare4	设置 TIMx 捕获/比较 4 寄存器值
TIM_SetC1Prescaler	设置 TIMx 输入捕获 1 预分频
TIM_SetC2Prescaler	设置 TIMx 输入捕获 2 预分频
TIM_SetC3Prescaler	设置 TIMx 输入捕获 3 预分频
TIM_SetC4Prescaler	设置 TIMx 输入捕获 4 预分频
TIM_SetClockDivision	设置 TIMx 的时钟分割值
TIM_GetCapture1	获得 TIMx 输入捕获 1 的值
TIM_GetCapture2	获得 TIMx 输入捕获 2 的值
TIM_GetCapture3	获得 TIMx 输入捕获 3 的值
TIM_GetCapture4	获得 TIMx 输入捕获 4 的值
TIM_GetCounter	获得 TIMx 计数器的值
TIM_GetPrescaler	获得 TIMx 预分频值
TIM_GetFlagStatus	检查指定的 TIM 标志位设置与否
TIM_ClearFlag	清除 TIMx 的待处理标志位
TIM_GetITStatus	检查指定的 TIM 中断发生与否
TIM_ClearITPendingBit	清除 TIMx 的中断待处理位

7.5.4.1　函数 TIM_DeInit

表 7－7 描述了函数 TIM_DeInit，其功能是将外设 TIMx 寄存器重设为默认值。

表 7-7　函数 TIM_DeInit

函数名	TIM_DeInit
函数原型	void TIM_DeInit（TIM_TypeDef * TIM_x）
功能描述	将外设 TIMx 寄存器重设为默认值
输入参数	TIMx：x 可以是 2、3 或 4，用于选择 TIM 外设
输出参数	无
返回值	无
先决条件	无
被调用函数	RCC_APB1PeriphClockCmd（）

例如，重置 TIM2 程序如下：

```
TIM_DeInit（TIM2）;
```

7.5.4.2　函数 TIM_TimeBaseInit

表 7-8 描述了函数 TIM_TimeBaseInit，其功能是根据 TIM_TimeBaseInitStruct 中指定的参数初始化 TIMx 的时间基数单位。

表 7-8　函数 TIM_TimeBaseInit

函数名	TIM_TimeBaseInit
函数原型	void TIM_TimeBaseInit（TIM_TypeDef * TIM_x，TIM_TimeBaseInitTypeDef * TIM_TimeBaseInitStruct）
功能描述	根据 TIM_TimeBaseInitStruct 中指定的参数初始化 TIMx 的时间基数单位
输入参数 1	TIMx：x 可以是 1、2、3、4、5 或 8，用于选择 TIM 外设
输入参数 2	TIM_TimeBaseInitStruct：指向结构 TIM_TimeBaseInitTypeDef 的指针，包含了 TIMx 时间基数单位的配置信息
输出参数	无
返回值	无
先决条件	无
被调用函数	无

定时器基本初始化结构体（TIM_TimeBaseInitTypeDef）定义于文件“stm32f10x_tim.h”：

```
typedef struct
{
    u16 TIM_Period;
    u16 TIM_Prescaler;
```

```
    u8 TIM_ClockDivision;
    u16 TIM_CounterMode;
} TIM_TimeBaseInitTypeDef;
```

其中：

（1）TIM_Period：设置了在下一个更新事件装入活动的自动重装载寄存器周期的值，它的取值必须在 0x0000 和 0xFFFF 之间。

（2）TIM_Prescaler：设置了用来作为 TIMx 时钟频率除数的预分频值，它的取值必须在 0x0000 和 0xFFFF 之间。

（3）TIM_ClockDivision：设置了时钟分割，该参数取值见表 7－9。

表 7－9　TIM_ClockDivision 可取的值

TIM_ClockDivision 可取的值	描述
TIM_CKD_DIV1	TDTS=TCK_tim
TIM_CKD_DIV2	TDTS=2TCK_tim
TIM_CKD_DIV4	TDTS=4TCK_tim

（4）TIM_CounterMode：用于选择计数器模式，该参数的取值见表 7－10。

表 7－10　TIM_CounterMode 可取的值

TIM_CounterMode 可取的值	描述
TIM_CounterMode_Up	TIM 向上计数模式
TIM_CounterMode_Down	TIM 向下计数模式
TIM_CounterMode_CenterAligned1	TIM 中央对齐模式 1 计数模式
TIM_CounterMode_CenterAligned2	TIM 中央对齐模式 2 计数模式
TIM_CounterMode_CenterAligned3	TIM 中央对齐模式 3 计数模式

例如，配置定时器 2 向上计数模式，重装载寄存器值为 0xFFFF，预分频值为 16。

```
TIM_TimeBaseInitTypeDef  TIM_TimeBaseStructure;
TIM_TimeBaseStructure.TIM_Period=0xffff;
TIM_TimeBaseStructure.TIM_Prescaler=0xf;
TIM_TimeBaseStructure.TIM_ClockDivision=0x0;
TIM_TimeBaseStructure.TIM_CounterMode=TIM_CounterMode_Up;
TIM_TimeBaseInit (TIM2, &TIM_TimeBaseStructure);
```

7.5.4.3　函数 TIM_OC1Init

表 7－11 描述了函数 TIM_OC1Init。

表 7－11　函数 TIM_OC1Init

函数名	TIM_OC1Init
函数原型	void TIM_OC1Init（TIM_TypeDef * TIMx，TIM_OC1InitTypeDef * TIM_OC1InitStruct）
功能描述	根据 TIM_OC1InitStruct 中指定的参数初始化 TIMx 通道 1
输入参数 1	TIMx：可以是 1、2、3、4、5 或 8，用于选择 TIM 外设
输入参数 2	TIM_OC1InitStruct：指向结构 TIMx_OCInitTypeDef 的指针，包含了 TIMx 时间基数单位的配置信息
输出参数	无
返回值	无
先决条件	无
被调用函数	无

输出比较初始化结构体（TIMx_OCInitTypeDef）定义于文件 stm32f10x_tim. h：

```
typedef struct
{   u16 TIM_OCMode;
    u16 TIM_OutputState;
    u16 TIM_OutputNState;
    u16 TIM_Pulse;
    u16 TIM_OCPolarity;
    u16 TIM_OCNPolarity;
    u16 TIM_OCIdleState;
    u16 TIM_OCNIdleState;
} TIM_OCInitTypeDef;
```

（1）TIM_OCMode：用于选择定时器模式，该参数的取值见表 7－12。

表 7－12　TIM_OCMode 可取的值

TIM_OCMode 可取的值	描述
TIM_OCMode_TIMing	TIM 输出比较时间模式
TIM_OCMode_Active	TIM 输出比较主动模式
TIM_OCMode_Inactive	TIM 输出比较非主动模式
TIM_OCMode_Trigger	TIM 输出比较触发模式
TIM_OCMode_PWM1	TIM 脉冲宽度调制模式 1
TIM_OCMode_PWM2	TIM 脉冲宽度调制模式 2

（2）TIM_OutputState：用于选择输出比较状态，决定最终的输出比较信号 OCx 是否通过外部引脚输出。该参数的取值见表 7－13。

表 7－13 TIM_OutputState 可取的值

TIM_OutputState 可取的值	描述
TIM_OutputState_Disable	比较输出失能
TIM_OutputState_Enable	比较输出使能

（3）TIM_OutputNState：用于选择互补输出比较状态，决定最终的输出比较信号 OCx 的互补信号 OCxN 是否通过外部引脚输出。该参数的取值见表 7－14。

表 7－14 TIM_OutputNState 可取的值

TIM_OutputNState 可取的值	描述
TIM_OutputNState_Disable	比较互补输出失能
TIM_OutputNState_Enable	比较互补输出使能

（4）TIM Pulse：比较输出的脉冲宽度配置，“TIM Pulse”实际配置捕获/比较寄存器（TIMx_CCRx）的参数，它的取值必须在 0x0000～0xFFFF 之间。

（5）TIM_OCPolarity：比较输出的极性配置，可选择输出比较信号 OCx 是高电平有效还是低电平有效，决定了定时器输出通道的有效电平。该参数的取值见表 7－15。

表 7－15 TIM_OCPolarity 可取的值

TIM_OCPolarity 可取的值	描述
TIM_OCPolarity_High	OCx 输出高电平有效
TIM_OCPolarity_Low	OCx 输出低电平有效

（6）TIM_OCNPolarity：比较互补输出的极性配置，可选择输出比较信号 OCx 的互补信号 OCxN 是高电平有效还是低电平有效，决定了定时器互补输出通道的有效电平。该参数的取值见表 7－16。

表 7－16 TIM_OCNPolarity 可取的值

TIM_OCNPolarity 可取的值	描述
TIM_OCNPolarity_High	OCx 互补输出高电平有效
TIM_OCNPolarity_Low	OCx 互补输出低电平有效

（7）TIM_OCI dleState：空闲状态时通道输出电平配置。“TIM_OCIdleState”配置在空闲状态时经过死区时间后定时器通道输出高电平还是低电平，该参数的取值见表 7－17。

表7—17　TIM_OCIdleState 可取的值

TIM_OCIdleState 可取的值	描述
TIM_OCIdleState_Set	空闲状态通道输出高电平
TIM_OCIdleState_Reset	空闲状态通道输出低电平

（8）TIM_OCNIdleState：空闲状态时互补通道输出电平配置。“TIM_OCNIdle State”配置在空闲状态时经过死区时间后定时器互补通道输出高电平还是低电平，该参数的取值见表7—18。

表7—18　TIM_OCNIdleState 可取的值

TIM_OCNIdleState 可取的值	描述
TIM_OCNIdleState_Set	空闲状态互补通道输出高电平
TIM_OCNIdleState_Reset	空闲状态互补通道输出低电平

例如，配置TIM2第1通道为PWM1模式。

```
TIM_OCInitTypeDef   TIM_OCInitStructure;
TIM_OCInitStructure. TIM_OCMode=TIM_OCMode_PWM1;
TIM_OCInitStructure. TIM_OutputState=TIM_OutputState_Enable;
TIM_OCInitStructure. TIM_Pluse=0x7ff;
TIM_OCInitStructure. TIM_OCPolarity=TIM_OCPolarity_Low;
TIM_OC1Init（TIM2，&TIM_OCInitStructure）;
```

另外，TIM_OC2Init、TIM_OC3Init和TIM_OC4Init分别是初始化TIMx的通道2、通道3和通道4，其使用方法同TIM_OC1Init。

7.5.4.4　函数TIM_ICInit

表7—19描述了函数TIM_ICInit。

表7—19　函数TIM_ICInit

函数名	TIM_ICInit
函数原型	void TIM_ICInit（TIM_TypeDef * TIMx，TIM_ICInitTypeDef * TIM_ICInitStruct）
功能描述	根据TIM_ICInitStruct中指定的参数初始化TIMx
输入参数1	TIMx：可以是1、2、3、4、5或8，用于选择TIM外设
输入参数2	TIM_ICInitStruct：指向结构TIM_ICInitTypeDef的指针，包含了TIMx的配置信息
输出参数	无

续表7－19

函数名	TIM_ICInit
返回值	无
先决条件	无
被调用函数	无

TIM_ICInitTypeDef 定义于文件“stm32f10x_tim.h”：

```
typedef struct
{
u16 TIM_Channel;
u16 TIM_ICPolarity;
u16 TIM_ICSelection;
u16 TIM_ICPrescaler;
u16 TIM_ICFilter;
} TIM_ICInitTypeDef;
```

（1）TIM_Channel：用于选择通道，该参数的取值见表7－20。

表7－20　TIM_Channel 可取的值

TIM_Channel 可取的值	描述
TIM_Channel_1	使用 TIM 通道1
TIM_Channel_2	使用 TIM 通道2
TIM_Channel_3	使用 TIM 通道3
TIM_Channel_4	使用 TIM 通道4

（2）TIM_ICPolarity：用于输入活动沿，该参数的取值见表7－21。

表7－21　TIM_ICPolarity 可取的值

TIM_ICPolarity 可取的值	描述
TIM_ICPolarity_Rising	TIM 输入捕获上升沿
TIM_ICPolarity_Falling	TIM 输入捕获下降沿

（3）TIM_ICSelection：用于选择输入，该参数的取值见表7－22。

表7－22　TIM_ICSelection 可取的值

TIM_ICSelection 可取的值	描述
TIM_ICSelection_DirectTI	TIM 输入2、3或4选择对应的与IC1或IC2或IC3或IC4相连

续表7－22

TIM_ICSelection 可取的值	描述
TIM_ICSelection_IndirectTI	TIM 输入 2、3 或 4 选择对应的与 IC2 或 IC1 或 IC4 或 IC3 相连
TIM_ICSelection_TRC	TIM 输入 2、3 或 4 选择与 TRC 相连

（4）TIM_ICPrescaler：用于设置输入捕获预分频器，该参数的取值见表 7－23。

表 7－23　TIM_ICPrescaler **可取的值**

TIM_ICPrescaler 可取的值	描述
TIM_ICPSC_DIV1	TIM 捕获在捕获输入上每探测到一个边沿执行一次
TIM_ICPSC_DIV2	TIM 捕获每两个事件执行一次
TIM_ICPSC_DIV3	TIM 捕获每三个事件执行一次
TIM_ICPSC_DIV4	TIM 捕获每四个事件执行一次

（5）TIM_ICFilter：用于选择输入比较滤波器，该参数的取值在 0x0 和 0xF 之间。

例如，定义定时器 3 通道 1 为捕获输入方式：

```
TIM_ICInitTypeDef    TIM_ICInitStructure;
TIM_ICInitStructure.TIM_Channel=TIM_Channel_1;
TIM_ICInitStructure.TIM_ICPolarity=TIM_ICPolarity_Falling;
TIM_ICInitStructure.TIM_ICSelection=TIM_ICSelection_DirectTI;
TIM_ICInitStructure.TIM_ICPrescaler=TIM_ICPSC_DIV2;
TIM_ICInitStructure.TIM_ICFilter=0x0;
TIM_ICInit (TIM3, &TIM_ICInitStructure);
```

7.5.4.5　函数 TIM_Cmd

表 7－24 描述了函数 TIM_Cmd。

表 7－24　**函数** TIM_Cmd

函数名	TIM_Cmd
函数原型	void TIM_Cmd (TIM_TypeDef * TIMx, FunctionalState NewState)
功能描述	使能或者失能 TIMx 外设
输入参数 1	TIMx：可以是 1、2、3、4、5 或 8，用于选择 TIM 外设
输入参数 2	NewState：外设 TIMx 的新状态，该参数可以取 ENABLE 或者 DISABLE
输出参数	无
返回值	无

续表7－24

函数名	TIM_Cmd
先决条件	无
被调用函数	无

例如，使能定时器 2 程序如下：

```
TIM_Cmd（TIM2，ENABLE）；
```

7.5.4.6　函数 TIM_ITConfig

表 7－25 描述了函数 TIM_ITConfig。

表 7－25　函数 TIM_ITConfig

函数名	TIM_ITConfig
函数原型	void TIM_ITConfig（TIM_TypeDef ＊TIMx，u16 TIM_IT，FunctionalState NewState）
功能描述	使能或者失能 TIMx 中断
输入参数 1	TIMx：可以是 1、2、3、4、5 或 8，用于选择 TIM 外设
输入参数 2	TIM_IT：待使能或者失能的 TIM 中断源
输入参数 3	NewState：外设 TIMx 中断的新状态，该参数可以取 ENABLE 或者 DISABLE
输出参数	无
返回值	无
先决条件	无
被调用函数	无

输入参数 TIM_IT 可以使能或者失能 TIM 的中断，可以取表 7－26 中的一个或者多个取值的组合作为该参数的值。

表 7－26　TIM_IT 可取的值

TIM_IT 可取的值	描述	TIM_IT 可取的值	描述
TIM_IT_Update	TIM 更新中断源	TIM_IT_CC4	TIM 捕获/比较 4 中断源
TIM_IT_CC1	TIM 捕获/比较 1 中断源	TIM_IT_COM	TIMCOM 中断源
TIM_IT_CC2	TIM 捕获/比较 2 中断源	TIM_IT_Trigger	TIM 触发中断源
TIM_IT_CC3	TIM 捕获/比较 3 中断源	TIM_IT_BRK	TIM 刹车中断源

例如，使能 TIM5 捕获/比较 1 中断程序如下：

```
TIM_ITConfig (TIM5, TIM_IT_CC1, ENABLE);
```

7.5.4.7 函数 TIM_ARRPreloadConfig

表 7-27 描述了函数 TIM_ARRPreloadConfig。

表 7-27 函数 TIM_ARRPreloadConfig

函数名	TIM_ARRPreloadConfig
函数原型	void TIM_ARRPreloadConfig (TIM_TypeDef * TIMx, FunctionalState NewState)
功能描述	使能或者失能 TIMx 在 ARR 上的预装载寄存器
输入参数 1	TIMx：可以是 1、2、3、4、5 或 8，用于选择 TIM 外设
输入参数 2	NewState：TIM_CR1 寄存器 ARPE 位的新状态，该参数可以取 ENABLE 或者 DISABLE
输出参数	无
返回值	无
先决条件	无
被调用函数	无

例如，使能 TIM2 在 ARR 上的预装载寄存器程序如下：

```
TIM_ARRPreloadConfig (TIM2, ENABLE);
```

7.5.4.8 函数 TIM_CCPreloadControl

表 7-28 描述了函数 TIM_CCPreloadControl。

表 7-28 函数 TIM_CCPreloadControl

函数名	TIM_CCPreloadControl
函数原型	void TIM_CCPreloadControl (TIM_TypeDef * TIMx, FunctionalState NewState)
功能描述	设置或重置 TIMx 捕获比较控制位
输入参数 1	TIMx：可以是 1、2、3、4、5 或 8，用于选择 TIM 外设
输入参数 2	NewState：捕获比较控制位可用或不可用，该参数可以取 ENABLE 或者 DISABLE
输出参数	无
返回值	无
先决条件	无

续表7－28

函数名	TIM_CCPreloadControl
被调用函数	无

例如，使能 TIM1 捕获比较控制位程序如下：

```
TIM_CCPreloadControl（TIM1，ENABLE）；
```

7.5.4.9　函数 TIM_OC1PreloadConfig

表 7－29 描述了函数 TIM_OC1PreloadConfig。

表 7－29　函数 TIM_OC1PreloadConfig

函数名	TIM_OC1PreloadConfig
函数原型	void TIM_OC1PreloadConfig（TIM_TypeDef * TIMx，u16 TIM_OCPreload）
功能描述	使能或者失能 TIMx 在 CCR1 上的预装载寄存器
输入参数 1	TIMx：可以是 1、2、3、4、5 或 8，用于选择 TIM 外设
输入参数 2	TIM_OCPreload：输出比较预装载状态
输出参数	无
返回值	无
先决条件	无
被调用函数	无

TIM_OCPreload 用于使能或者失能输出比较预装载状态，表 7－30 给出了该参数可取的值。

表 7－30　TIM_OCPreload 可取的值

TIM_OCPreload 可取的值	描述
TIM_OCPreload_Enable	TIMx 在 CCR1 上的预装载寄存器使能
TIM_OCPreload_Disable	TIMx 在 CCR1 上的预装载寄存器失能

例如，使能 TIM2 在 CCR1 上的预装载寄存器程序如下：

```
TIM_OC1PreloadConfig（TIM2，TIM_OCPreload_Enable）；
```

另外，函数 TIM_OC2PreloadConfig、函数 TIM_OC3PreloadConfig 和函数 TIM_OC4PreloadConfig 分别是使能或者失能 TIMx 在 CCR2、CCR3、CCR4 上的预装载寄存

器，其使用方法同函数 TIM_OC1PreloadConfig。

7.5.4.10 函数 TIM_SetCounter

表 7-31 描述了函数 TIM_SetCounter。

表 7-31 函数 TIM_SetCounter

函数名	TIM_SetCounter
函数原型	void TIM_SetCounter (TIM_TypeDef * TIMx，u16 Counter)
功能描述	设置 TIMx 计数器寄存器值
输入参数 1	TIMx：可以是 1、2、3、4、5 或 8，用于选择 TIM 外设
输入参数 2	Counter：设置 TIMx 计数器寄存器值
输出参数	无
返回值	无
先决条件	无
被调用函数	无

例如，设定 TIM2 新的计数值为 0xFFFF 程序如下：

```
u16 TIMCounter=0xFFFF;
TIM_SetCounter (TIM2，TIMCounter);
```

7.5.4.11 函数 TIM_SetAutoreload

表 7-32 描述了 TIM_SetAutoreload。

表 7-32 函数 TIM_SetAutoreload

函数名	TIM_SetAutoreload
函数原型	void TIM_SetAutoreload (TIM_TypeDef * TIMx，u16 Counter)
功能描述	设置 TIMx 自动重装载寄存器值
输入参数 1	TIMx：可以是 1、2、3、4、5 或 8，用于选择 TIM 外设
输入参数 2	Counter：自动重装载寄存器新值
输出参数	无
返回值	无
先决条件	无
被调用函数	无

例如，设置 TIM2 新的重装载值程序如下：

```
u16 TIMAutoreload=0xFFFF;
TIM_SetAutoreload (TIM2, TIMAutoreload);
```

7.5.4.12　函数 TIM_GetCounter

表 7−33 描述了函数 TIM_GetCounter。

表 7−33　函数 TIM_GetCounter

函数名	TIM_GetCounter
函数原型	u16 TIM_GetCounter (TIM_TypeDef * TIMx)
功能描述	获得 TIMx 计数器的值
输入参数	TIMx：可以是 1、2、3、4、5 或 8，用于选择 TIM 外设
输出参数	无
返回值	计数器的值
先决条件	无
被调用函数	无

例如，读取 TIM2 计数值程序如下：

```
u16 TIMCounter=TIM_GetCounter (TIM2);
```

7.5.4.13　函数 TIM_GetPrescaler

表 7−34 描述了函数 TIM_GetPrescaler。

表 7−34　函数 TIM_GetPrescaler

函数名	TIM_GetPrescaler
函数原型	u16 TIM_GetPrescaler (TIM_TypeDef * TIMx)
功能描述	获得 TIMx 预分频值
输入参数	TIMx：可以是 1、2、3、4、5 或 8，用于选择 TIM 外设
输出参数	无
返回值	预分频值
先决条件	无
被调用函数	无

例如，读取 TIM2 的预分频值程序如下：

```
u16 TIMPrescaler=TIM_GetPrescaler (TIM2);
```

7.5.4.14 函数 TIM_GetFlagStatus

表 7－35 描述了函数 TIM_GetFlagStatus。

表 7－35 函数 TIM_GetFlagStatus

函数名	TIM_GetFlagStatus
函数原型	GetFlagStatus TIM_GetFlagStatus（TIM_TypeDef * TIMx，u16 TIM_FLAG）
功能描述	检查指定的 TIM 标志位设置与否
输入参数 1	TIMx：可以是 1、2、3、4、5 或 8，用于选择 TIM 外设
输入参数 2	TIM_FLAG：待检查的 TIM 标志位
输出参数	无
返回值	TIM_FLAG 的新状态（SET 或者 RESET）
先决条件	无
被调用函数	无

表 7－36 给出了所有可以被函数 TIM_GetFlagStatus 检查的标志位列表（即 TIM_FLAG 参数可取的值）

表 7－36 TIM_FLAG 可取的值

TIM_FLAG 可取的值	描述	TIM_FLAG 可取的值	描述
TIM_FLAG_Update	TIM 更新标志位	TIM_FLAG_Trigger	TIM 触发标志位
TIM_FLAG_CC1	TIM 捕获/比较 1 标志位	TIM_FLAG_CC1OF	TIM 捕获/比较 1 溢出标志位
TIM_FLAG_CC2	TIM 捕获/比较 2 标志位	TIM_FLAG_CC2OF	TIM 捕获/比较 2 溢出标志位
TIM_FLAG_CC3	TIM 捕获/比较 3 标志位	TIM_FLAG_CC3OF	TIM 捕获/比较 3 溢出标志位
TIM_FLAG_CC4	TIM 捕获/比较 4 标志位	TIM_FLAG_CC4OF	TIM 捕获/比较 4 溢出标志位

例如，检查 TIM2 捕获/比较 1 标志位是否置位程序如下：

```
if (TIM_GetFlagStatus (TIM2, TIM_FLAG_CC1) ==SET)
{
......
}
```

7.5.4.15　函数 TIM_ClearFlag

表 7—37 描述了 TIM_ClearFlag。

表 7—37　函数 TIM_ClearFlag

函数名	TIM_ClearFlag
函数原型	void TIM_ClearFlag（TIM_TypeDef * TIMx，u32 TIM_FLAG）
功能描述	清除 TIMx 的待处理标志位
输入参数 1	TIMx：可以是 1、2、3、4、5 或 8，用于选择 TIM 外设
输入参数 2	TIM_FLAG：待清除的 TIM 标志位
输出参数	无
返回值	无
先决条件	无
被调用函数	无

例如，清除 TIM2 捕获/比较 1 标志位程序如下：

```
TIM_ClearFlag（TIM2，TIM_FLAG_CC1）；
```

7.5.4.16　函数 TIM_GetITStatus

表 7—38 描述了函数 TIM_GetITStatus。

表 7—38　函数 TIM_GetITStatus

函数名	TIM_GetITStatus
函数原型	ITStatus TIM_GetITStatus（TIM_TypeDef * TIMx，u16 TIM_IT）
功能描述	检查指定的 TIM 中断发生与否
输入参数 1	TIMx：可以是 1、2、3、4、5 或 8，用于选择 TIM 外设
输入参数 2	TIM_IT：待检查的 TIM 中断源
输出参数	无
返回值	TIM_IT 的新状态
先决条件	无
被调用函数	无

例如，检查 TIM2 捕获/比较 1 中断是否发生程序如下：

```
if（TIM_GetITStatus（TIM2，TIM_IT_CC1）==SET）
{
  ……
}
```

7.5.4.17 函数 TIM_ClearITPendingBit

表 7－39 描述了函数 TIM_ClearITPendingBit。

表 7－39 函数 TIM_ClearITPendingBit

函数名	TIM_ClearITPendingBit
函数原型	void TIM_ClearITPendingBit（TIM_TypeDef ＊TIMx，u16 TIM_IT）
功能描述	清除 TIMx 中断待处理位
输入参数 1	TIMx：可以是 1、2、3、4、5 或 8，用于选择 TIM 外设
输入参数 2	TIM_IT：待清除的 TIM 中断处理位
输出参数	无
返回值	无
先决条件	无
被调用函数	无

例如，清除 TIM2 捕获/比较 1 中断位程序如下：

```
TIM_ClearITPendingBit（TIM2，TIM_IT_CC1）；
```

7.5.5 通用定时器使用流程

通用定时器具有多种功能，但其原理大致相同，仅流程有所区别，以使用中断方式为例，主要包括三部分，即 NVIC 设置、TIM 中断配置、定时器中断处理程序。

7.5.5.1 NVIC 设置

NVIC 设置用来完成中断分组、中断通道选择、中断优先级设置，即使能中断的功能，其流程如图 6－6 所示。其中，值得注意的是通道的选择，对于不同的定时器，不同事件发生时会产生不同的中断请求，针对不同的功能要选择相应的中断通道，中断通道的选择在第 6 章中做了详细描述。

7.5.5.2 TIM 中断配置

TIM 中断配置用来实现定时器时基及开启中断，TIM 中断配置流程如图 7－11 所示。

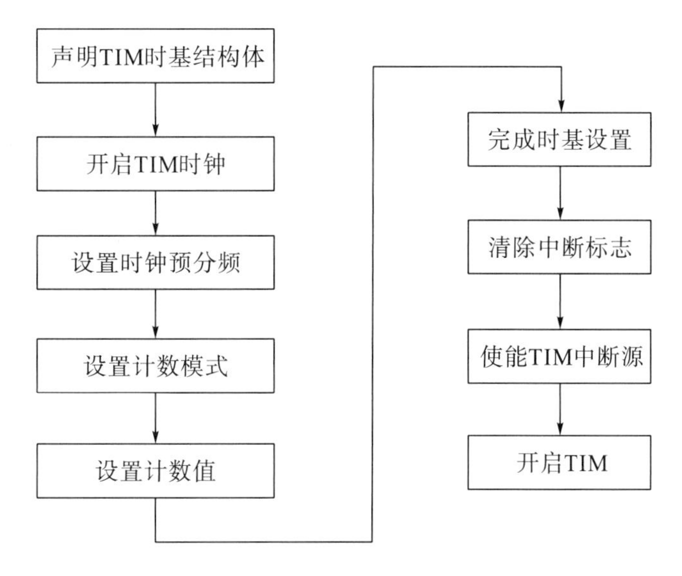

图 7—11　TIM 中断配置流程图

高级控制定时器使用的是 APB2 总线，采用函数 RCC_APB2PeriphClockCmd（ ）开启时钟，基本定时器和通用定时器使用 APB1 总线，采用函数 RCC_APB1PeriphClockCmd（ ）开启时钟。

预分频将输入时钟频率按 1～65536 之间的值任意分频，分频值决定了计数频率。计数值为计数的个数，当计数寄存器的值达到计数值时，产生溢出，发生中断。如 TIM1 系统时钟为 72MHz，若设定的预分频 TIM_Prescaler＝7200－1，计数值 TIM_Period＝10000，则计数时钟周期为（TIM_Prescaler＋1）/72MHz＝0.1ms，定时器产生 10000×0.1ms＝1000ms＝1s 的定时，即每 1s 产生一次中断。

计数模式可以设置为向上计数、向下计数和向上/向下计数。设置好时基参数后，调用函数 TIM_TimeBaseInit（ ）完成时基设置。

为了避免在设置时进入中断，这里需要清除中断标志位。如设置为向上计数模式，则调用函数 TIM_ClearFlag（TIM1，TIM_FLAG_Update）清除向上溢出更新中断标志位。

中断在使用时必须使能，如向上溢出中断，需调用函数 TIM_ITConfig（ ）。不同的模式其参数不同，如向上计数模式为 TIM_ITConfig（TIM1，TIM_IT_Update，ENABLE）。

在需要的时候使用函数 TIM_Cmd（ ）开启定时器。

7.5.5.3　定时器中断处理程序

进入定时器中断后需根据设计完成响应操作，定时器中断处理流程如图 7—12 所示。

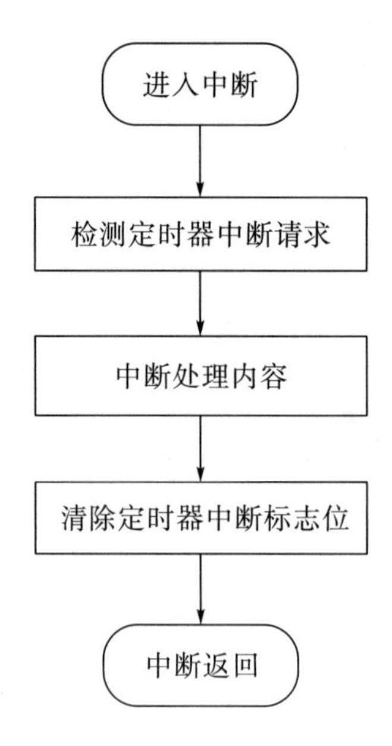

图 7-12 定时器中断处理流程

在进入 TIM2 的向上溢出更新中断后，首先要检测中断请求是否为所需中断，以防误操作。如果确实是所需中断，则进行中断处理，中断处理完成后清除中断标志位，否则会一直处于中断状态。程序框架如下：

```
void TIM2_IRQHandler (void)
{
if (TIM_GetITStatus (TIM2, TIM_IT_Update) ! = RESET)
   {
    ......
    }
  TIM_ClearITPendingBit (TIM2, TIM_IT_Update);
  }
```

7.6 子项目 2：用 STM32 通用定时器实现 1s 的定时

7.6.1 项目要求

利用通用定时器的精确延时实现项目二的流水灯控制。

7.6.2 程序设计

利用定时器 TIM2 实现 1ms 的定时，1ms 到时产生一次中断，在中断状态计数 1000

次，得到 1s，主程序和定时器中断服务程序流程如图 7—13 所示。

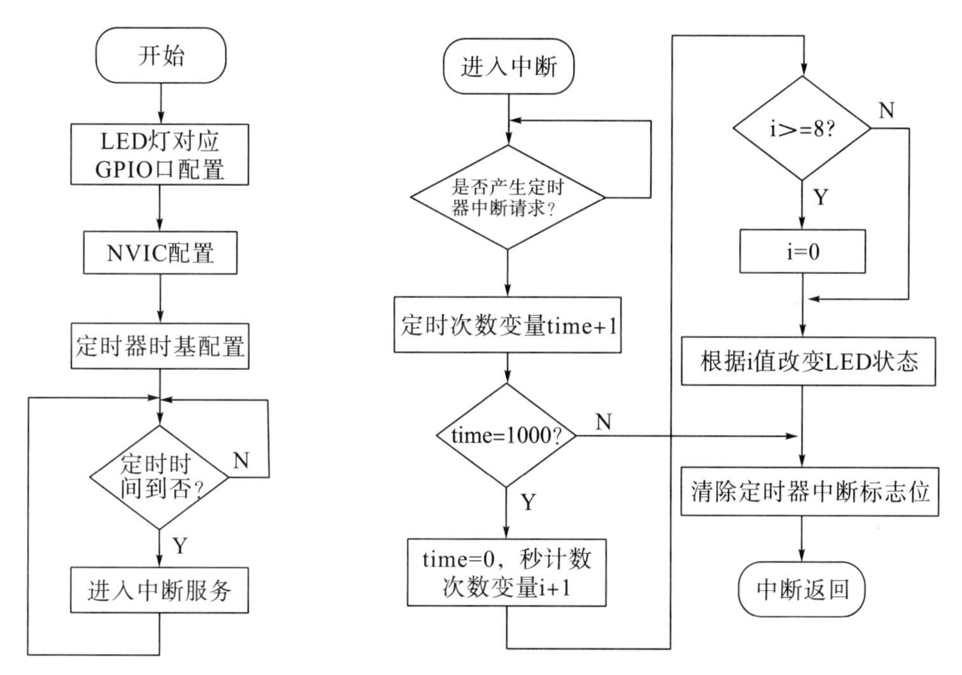

图 7—13　主程序和定时器中断服务程序流程图

本项目采用模块化编程，参考程序如下：

（1）编写 timer. h 头文件和 timer. c 文件。

timer. h 头文件完成定时器 TIM2 的中断配置函数声明和定时器实现 1ms 定时的时基初始化函数声明。timer. c 文件则是头文件中声明的两个函数的具体实现形式。

timer. h 头文件：

```
#ifndef  TIMER_H
#define  TIMER_H
#include  "stm32f10x. h"
void TIM2_NVIC_Configuration (void);
void TIM2_Configuration (void);
#endif
```

timer. c 文件：

```
#include "timer. h"
void TIM2_NVIC_Configuration (void) //定时器 2 中断配置
{
    NVIC_InitTypeDef  NVIC_InitStructure;
    NVIC_PriorityGroupConfig (NVIC_PriorityGroup_0);
    NVIC_InitStructure. NVIC_IRQChannel=TIM2_IRQn;
    NVIC_InitStructure. NVIC_IRQChannelPreemptionPriority=0;
```

```
    NVIC_InitStructure. NVIC_IRQChannelSubPriority=3;
    NVIC_InitStructure. NVIC_IRQChannelCmd=ENABLE;
    NVIC_Init (&NVIC_InitStructure);
}
void TIM2_Configuration (void)
{
    TIM_TimeBaseInitTypeDef   TIM_TimeBaseStructure;
    RCC_APB1PeriphClockCmd (RCC_APB1Periph_TIM2, ENABLE);
    TIM_DeInit (TIM2);
    TIM_TimeBaseStructure. TIM_Period= (1000-1);
    TIM_TimeBaseStructure. TIM_Prescaler= (72-1);
    TIM_TimeBaseStructure. TIM_ClockDivision=TIM_CKD_DIV1;
    TIM_TimeBaseStructure. TIM_CounterMode=TIM_CounterMode_Up;
    TIM_TimeBaseInit (TIM2, &TIM_TimeBaseStructure);
    TIM_ClearFlag (TIM2, TIM_FLAG_Update); //清除 TIM2 更新中断标志位
    TIM_ITConfig (TIM2, TIM_IT_Update, ENABLE); //使能 TIM2 更新中断
    TIM_Cmd (TIM2, ENABLE); //使能 TIM2
}
```

（2）编写 led. h 头文件和 led. c 文件。

在 led. h 头文件中做了一些宏定义，由于 LED 灯是低电平驱动的，因此用“ON”替换“0”，用“OFF”替换“1”，LED_A0（a）根据“a”值的不同可以将 PA0 置 1 或清 0，同理可理解其余的宏定义。在 led. h 头文件中还声明了 LED 对应 GPIO 口的初始化配置函数。

led. h 头文件：

```
#ifndef_LED_H
#define_LED_H
#include "stm32f10x. h"
#define  ON   0
#define  OFF   1
#define  LED_A0 (a)    if (a) GPIO_SetBits (GPIOA, GPIO_Pin_0); \
                       else GPIO_ResetBits (GPIOA, GPIO_Pin_0)
#define  LED_A1 (a)    if (a) GPIO_SetBits (GPIOA, GPIO_Pin_1); \
                       else GPIO_ResetBits (GPIOA, GPIO_Pin_1)
#define  LED_A2 (a)    if (a) GPIO_SetBits (GPIOA, GPIO_Pin_2); \
                       else GPIO_ResetBits (GPIOA, GPIO_Pin_2)
#define  LED_A3 (a)    if (a) GPIO_SetBits (GPIOA, GPIO_Pin_3); \
                       else GPIO_ResetBits (GPIOA, GPIO_Pin_3)
```

```
#define  LED_A4 (a)   if (a) GPIO_SetBits (GPIOA, GPIO_Pin_4); \
                      else GPIO_ResetBits (GPIOA, GPIO_Pin_4)
#define  LED_A5 (a)   if (a) GPIO_SetBits (GPIOA, GPIO_Pin_5); \
                      else GPIO_ResetBits (GPIOA, GPIO_Pin_5)
#define  LED_A6 (a)   if (a) GPIO_SetBits (GPIOA, GPIO_Pin_6); \
                      else GPIO_ResetBits (GPIOA, GPIO_Pin_6)
#define  LED_A7 (a)   if (a) GPIO_SetBits (GPIOA, GPIO_Pin_7); \
                      else GPIO_ResetBits (GPIOA, GPIO_Pin_7)
void LED_GPIO_Config (void);
#endif
```

led.c 文件：

```
#include "led.h"
void LED_GPIO_Config (void)
{  GPIO_InitTypeDef GPIO_InitStructure;
   RCC_APB2PeriphClockCmd (RCC_APB2Periph_GPIOA, ENABLE);
   GPIO_InitStructure.GPIO_Mode=GPIO_Mode_Out_PP;
   GPIO_InitStructure.GPIO_Pin=GPIO_Pin_All;
   GPIO_InitStructure.GPIO_Speed=GPIO_Speed_50MHz;
   GPIO_Init (GPIOA, &GPIO_InitStructure);
}
```

（3）中断服务函数的编写。

在中断服务函数中定义了 time 和 i 两个变量，time 用来计数中断的次数，当中断次数达到 1000 次时为 1s，将 time 清零以便实现下一个 1s 的定时，当 1s 时间到时变量 i 加 1，当 i 计数到 8 时清 0，因为需要点亮的 LED 灯只有 8 个，然后根据 i 值点亮相应的 LED 灯。程序如下：

```
#include "stm32f10x.h"
#include "timer.h"
#include "led.h"
volatile u32 time;
int i=0;
void TIM2_IRQHandler (void)
{
if (TIM_GetITStatus (TIM2, TIM_IT_Update) ! = RESET)
   {time++;
    if (time==1000)
    {
```

```
        time=0;
        i++;
        if (i>=8) i=0;
        switch (i)
         {
          case  0: LED_A0 (ON); LED_A1 (OFF); LED_A2 (OFF); LED_A3 (OFF); LED_
                   A4 (OFF); LED_A5 (OFF); LED_A6 (OFF); LED_A7 (OFF); break;
          case  1: LED_A0 (OFF); LED_A1 (ON); LED_A2 (OFF); LED_A3 (OFF); LED_
                   A4 (OFF); LED_A5 (OFF); LED_A6 (OFF); LED_A7 (OFF); break;
          case  2: LED_A0 (OFF); LED_A1 (OFF); LED_A2 (ON); LED_A3 (OFF); LED_
                   A4 (OFF); LED_A5 (OFF); LED_A6 (OFF); LED_A7 (OFF); break;
          case  3: LED_A0 (OFF); LED_A1 (OFF); LED_A2 (OFF); LED_A3 (ON); LED_
                   A4 (OFF); LED_A5 (OFF); LED_A6 (OFF); LED_A7 (OFF); break;
          case  4: LED_A0 (OFF); LED_A1 (OFF); LED_A2 (OFF); LED_A3 (OFF); LED_
                   A4 (ON); LED_A5 (OFF); LED_A6 (OFF); LED_A7 (OFF); break;
          case  5: LED_A0 (OFF); LED_A1 (OFF); LED_A2 (OFF); LED_A3 (OFF); LED_
                   A4 (OFF); LED_A5 (ON); LED_A6 (OFF); LED_A7 (OFF); break;
          case  6: LED_A0 (OFF); LED_A1 (OFF); LED_A2 (OFF); LED_A3 (OFF); LED_
                   A4 (OFF); LED_A5 (OFF); LED_A6 (ON); LED_A7 (OFF); break;
          case  7: LED_A0 (OFF); LED_A1 (OFF); LED_A2 (OFF); LED_A3 (OFF); LED_
                   A4 (OFF); LED_A5 (OFF); LED_A6 (OFF); LED_A7 (ON); break;
          }
      }
      TIM_ClearITPendingBit (TIM2, TIM_IT_Update);
      }
}
```

(4) 主函数编写。

主函数完成 LED 灯对应的 GPIO 口配置、定时器中断配置和定时器时基配置后，就等待定时器计数，当定时时间到，自动去执行中断服务函数。程序如下：

```
#include "stm32f10x.h"
#include "led.h"
#include "timer.h"
int main (void)
{
    LED_GPIO_Config ();
    TIM2_NVIC_Configuration ();
    TIM2_Configuration ();
    while (1);
}
```

编译成功后，将程序下载到开发板，观察采用通用定时器定时 1s，是否能按照要求控制 LED 循环点亮，若运行结果与任务要求不一致，要对程序进行分析检查，直到运行正确。

7.7　项目七的实现

项目七采用定时器 TIM2 实现，采用六位数码管显示，其电路原理如图 7－14 所示。时钟的最小计时单位是秒，如何获得 1s 的定时？子项目 2 已实现了 1s 的定时，即用 TIM2 定时 1ms，采用中断方式进行溢出次数的累计，计满 1000 次，则秒计数变量 second 加 1；若秒计满 60，则分计数变量 minute 加 1，同时将秒计数变量 second 清 0；若分钟计满 60，则小时计数变量 hour 加 1；若小时计满 24，则将小时计数变量 hour 清 0。参考程序如下：

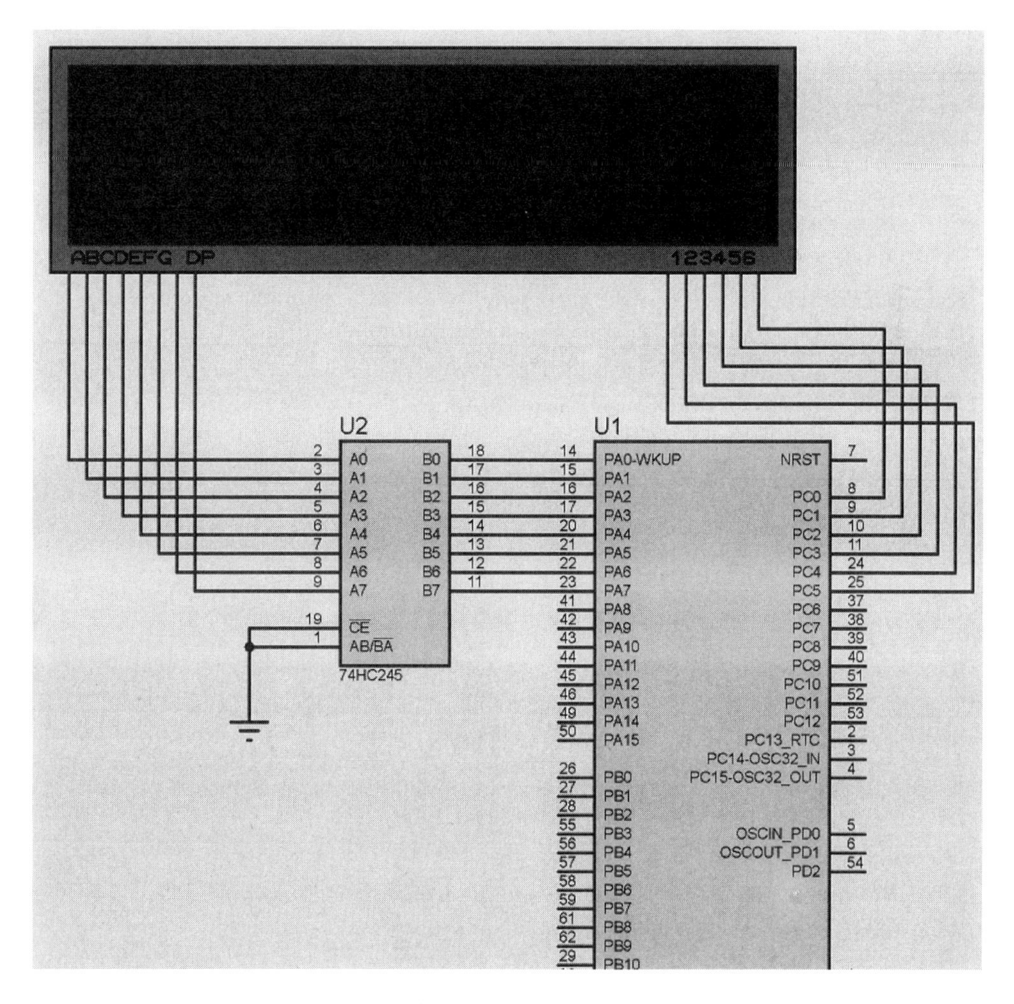

图 7－14　项目七电路原理图

（1）编写 timer. h 头文件和 timer. c 文件。

timer. h 头文件完成定时器 TIM2 的中断配置函数声明、定时器实现 1ms 定时的时基初始化函数和数码管显示段选及位选对应的 GPIO 口配置函数声明。timer. c 文件是头文件中声明的三个函数的具体实现形式。

timer. h 头文件：

```
#ifndef   TIMER_H
#define   TIMER_H
#include   "stm32f10x. h"
void TIM2_NVIC_Configuration (void);
void TIM2_Configuration (void);
void GPIO_Configuration (void);
#endif
```

timer. c 文件：

```
#include "timer. h"
void TIM2_NVIC_Configuration (void)
{
    NVIC_InitTypeDef   NVIC_InitStructure;
    NVIC_PriorityGroupConfig (NVIC_PriorityGroup_0);
    NVIC_InitStructure. NVIC_IRQChannel=TIM2_IRQn;
    NVIC_InitStructure. NVIC_IRQChannelPreemptionPriority=0;
    NVIC_InitStructure. NVIC_IRQChannelSubPriority=3;
    NVIC_InitStructure. NVIC_IRQChannelCmd=ENABLE;
    NVIC_Init (&NVIC_InitStructure);
}
void GPIO_Configuration (void)
{
    GPIO_InitTypeDef GPIO_InitStructure;    RCC_APB2PeriphClockCmd (RCC_APB2Periph_
GPIOA | RCC_APB2Periph_GPIOC, ENABLE);
    GPIO_InitStructure. GPIO_Mode=GPIO_Mode_Out_PP; GPIO_InitStructure. GPIO_Pin=GPIO_
Pin_0 | GPIO_Pin_1 | GPIO_Pin_2 | GPIO_Pin_3 | GPIO_Pin_4 | GPIO_Pin_5;
    GPIO_InitStructure. GPIO_Speed=GPIO_Speed_50MHz;
    GPIO_Init (GPIOC, &GPIO_InitStructure);
    GPIO_InitStructure. GPIO_Mode=GPIO_Mode_Out_PP;
    GPIO_InitStructure. GPIO_Pin=GPIO_Pin_All;
    GPIO_InitStructure. GPIO_Speed=GPIO_Speed_50MHz;
    GPIO_Init (GPIOA, &GPIO_InitStructure);
}
void TIM2_Configuration (void)
{
```

```
    TIM_TimeBaseInitTypeDef   TIM_TimeBaseStructure;
    RCC_APB1PeriphClockCmd (RCC_APB1Periph_TIM2, ENABLE);
    TIM_DeInit (TIM2);
    TIM_TimeBaseStructure.TIM_Period= (1000-1);
    TIM_TimeBaseStructure.TIM_Prescaler= (72-1);
    TIM_TimeBaseStructure.TIM_ClockDivision=TIM_CKD_DIV1;
    TIM_TimeBaseStructure.TIM_CounterMode=TIM_CounterMode_Up;
    TIM_TimeBaseInit (TIM2, &TIM_TimeBaseStructure);
    TIM_ClearFlag (TIM2, TIM_FLAG_Update);
    TIM_ITConfig (TIM2, TIM_IT_Update, ENABLE);
    TIM_Cmd (TIM2, ENABLE);
}
```

（2）中断服务函数的编写。

中断服务函数完成秒计时功能。

```
#include "stm32f10x.h"
#include "timer.h"
volatile u32 time;
int second=0;
int minute=0;
int hour=0;
extern u8 shis, ges, shim, gem, shih, geh;
void TIM2_IRQHandler (void)
{
    if (TIM_GetITStatus (TIM2, TIM_IT_Update) ! = RESET)
    {
      time++;
      if (time==1000)
    {
        time=0;
        second++;
    }
      if (second==60)
    {
        second=0;
        minute++;
    }
    if (minute==60)
    {
        minute=0;
        hour++;
    }
```

```
    if (hour==24)
    {
        hour=0;
    }
    shis=second/10;
    ges=second%10;
    shim=minute/10;
    gem=minute%10;
    shih=hour/10;
    geh=hour%10;
  }
  TIM_ClearITPendingBit (TIM2, TIM_IT_Update);
}
```

(3) 主函数编写。

主函数主要完成数码管段选端和位选端 GPIO 口配置、定时器中断配置和定时器时基配置，显示时、分、秒。

```
#include "stm32f10x.h"
#include "timer.h"
u8 shis, ges, shim, gem, shih, geh;
u8 discode [] = {0x3f, 0x06, 0x5b, 0x4f, 0x66, 0x6d, 0x7d, 0x07, 0x7f, 0x6f};
u8 weixuan [] = {0xfe, 0xfd, 0xfb, 0xf7, 0xef, 0xdf};
u8 display [6];
void delay (u16 t)
{
  u8 j;
  while (t--) for (j=0; j<200; j++);
  }
int main (void)
{
  u8 i, j;
  GPIO_Configuration ();
  TIM2_NVIC_Configuration ();
  TIM2_Configuration ();
  while (1)
   {
    display [0] =discode [ges];
    display [1] =discode [shis];
    display [2] =discode [gem] | 0x80;
    display [3] =discode [shim];
    display [4] =discode [geh] | 0x80;
```

```
    display [5] =discode [shih];
    for (i=0; i<6; i++)
    {
      GPIO_Write (GPIOA, 0x00);
      j=weixuan [i];
      GPIO_Write (GPIOC, j);
      GPIO_Write (GPIOA, display [i]);
      delay (90);
    }
  }
}
```

编译成功后，将程序下载到开发板，观察数码管显示是否符合要求，若运行结果与任务要求不一致，要对程序进行分析检查，直到运行正确。也可以采用 Proteus 仿真，将程序载入，运行一段时间，所得结果如图 7－15 所示，显示为 0 时 1 分 17 秒。

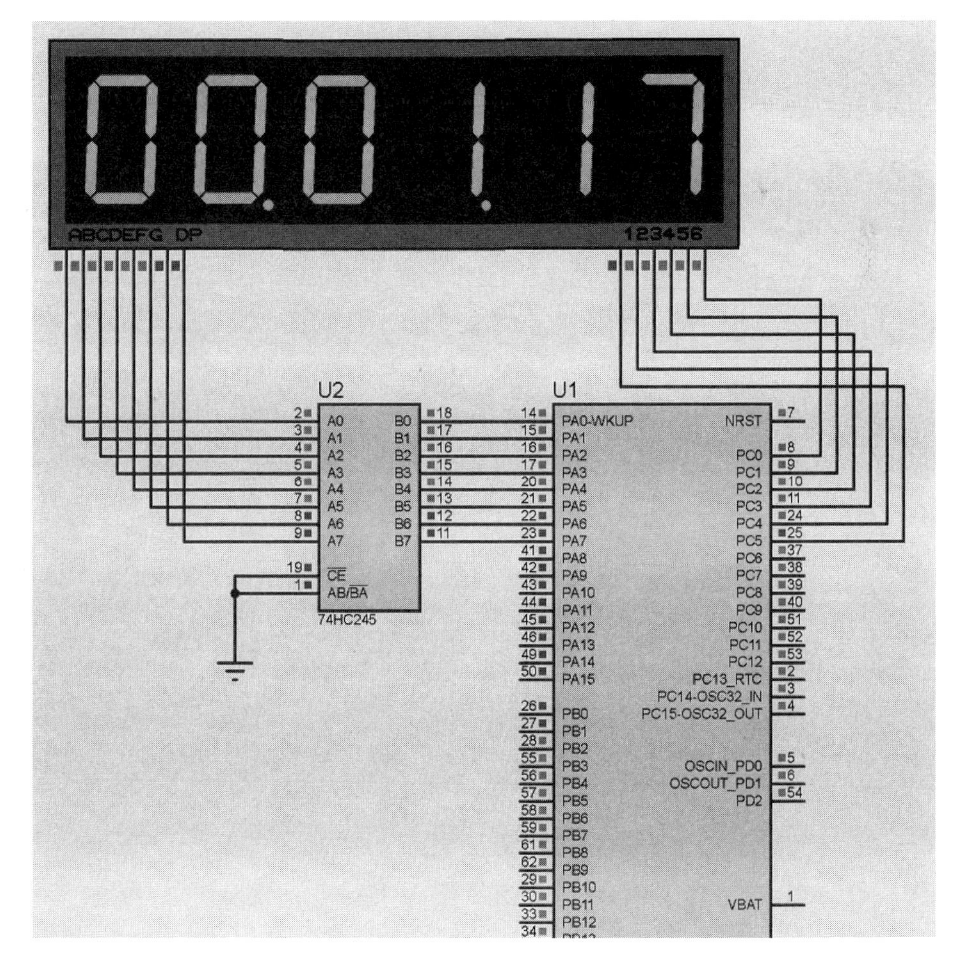

图 7－15 数字钟仿真结果图

思考与实操

1. STM32F103 有多少个定时/计数器，分别是哪些？各自的主要功能有哪些？

2. STM32 芯片中的通用定时器与 SysTick 定时器有什么区别？

3. 如何通过寄存器将 SysTick 时钟频率由 72MHz 更改为 9MHz？

4. STM32 时基单元包括哪些？各有什么功能？

5. 通用定时器有哪几种计数模式？请简述各种计数模式的工作过程。

6. 普通定时器模块的时钟为 72MHz，预分频值为 7199，若想得到 1s 的定时，计数器的值需要设定为多少？

7. 简述 STM32 的 TIMx 定时器初始化步骤。

8. 用定时器实现一个数码管间隔 500ms 的自动数显功能，数显范围是 0～9。要求用 Proteus 软件画出电路图，编程实现以上功能，并进行仿真验证。

9. 把项目三中的子项目二数码管动态显示里的延时函数改为定时器延时并进行仿真验证。

项目八　PWM 输出控制电机运转

8.1　项目要求

如图 8－1 所示，单片机通过 L298N 驱动两个直流电机转动，74LS244 为三态 8 位缓冲器，接在单片机和 L298N 之间，主要是防止大电流回灌至单片机，造成单片机的损伤，起到保护单片机的作用。IN1、IN2 分别接 STM32F103ZET6 的 PA6 和 PA7，PA6 和 PA7 映射为定时器 TIM3 的 CH1 和 CH2 通道输出，IN3、IN4 分别接 STM32F103ZET6 的 PB0 和 PB1，PB0 和 PB1 映射为定时器 TIM3 的 CH3 和 CH4 通道输出。现要求用 STM32F103ZET6 的定时器 TIM3 输出频率为 1kHz，占空比为 50％和 10％的方波，分别控制两台直流电机运转，并做出软件仿真验证程序的正确性。

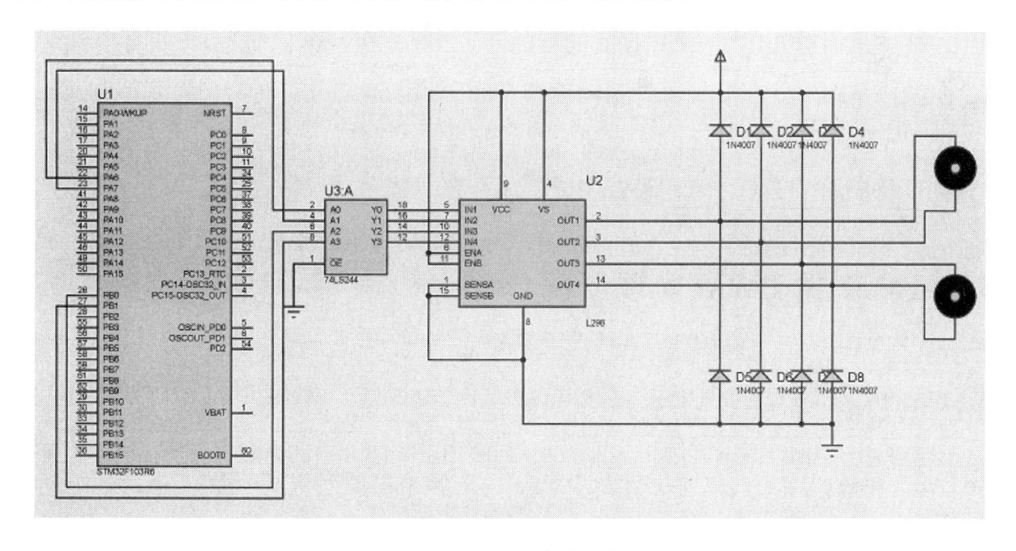

图 8－1　项目八电路连接图

8.2　PWM 基础

脉宽调制（Pulse Width Modulation，PWM）是脉冲宽度调制的简称，是一种利用微处理器的数字输出对模拟电路进行控制的非常有效的技术，被广泛应用于测量、通信、功率控制与变换等许多领域。

脉冲宽度调制可对模拟信号电平进行数字编码。通过使用高分辨率计数器来调制方波的占空比，可对一个具体模拟信号的电平进行数字编码。PWM 信号是数字信号，因为在给定的任何时刻，满幅值的直流供电要么完全有（ON），要么完全无（OFF）。电压或电流源是以一种通（ON）或断（OFF）的重复脉冲序列被加载到模拟负载上去的。通的时候直流供电被加载到负载上，断的时候供电被断开。只要带宽足够，任何模拟值都可以使用 PWM 进行数字编码。例如，在镍氢电池智能充电器中采用的 PWM 控制，把脉冲宽度均相等的脉冲列作为 PWM 波形，通过改变脉冲列的周期可以调频，通过改变脉冲的宽度或占空比可以调压，采用适当的控制方法即可使电压与频率协调变化，从而实现通过调整 PWM 的周期、PWM 的占空比而达到控制充电电流的目的。

占空比（Duty Cycle）的含义：在一串理想的脉冲序列（如方波）中，正脉冲的持续时间与脉冲总周期的比值。例如，脉冲宽度为 1μs、信号周期为 4μs 的脉冲序列占空比为 0.25。

PWM 的应用十分广泛，典型的有以下 3 种。

（1）直流电机调速：通过改变 PWM 的占空比，使得直流电机两端的有效电压改变，从而达到调节直流电机转速的目的。

（2）LED 发光二极管亮度调节：通过改变 PWM 的占空比，使得流过 LED 的有效电流发生改变，从而达到调节 LED 亮度的目的。

（3）变频调速：往往有交流变频调速和直流变频调速之分。对于交流变频调速，可以通过改变 PWM 的频率，从而改变交流电机的转速。变频调速的目的除了调速，往往是节能，其被广泛应用于工业、家用设备中，例如变频空调。

8.3 STM32 的 PWM 实现原理

8.3.1 STM32 的 PWM 原理

STM32 单片机的定时器中的计数单元对一定频率的时钟进行计数，当计数值达到某个设定值时，某一对应的引脚的输出状态发生翻转（例如由高电平翻转为低电平），然后直到计数单元溢出，输出状态再次翻转回到原始状态。周而复始，形成具有一定脉冲宽度的高电平和低电平周期波。该周期波的周期（频率）显然取决于计数的时钟的频率。其实 PWM 就是定时器的一个比较功能。

图 8-2 是 STM32F1 微控制器定时器输出 PWM 信号（PWM 信号生成过程）的示意图。

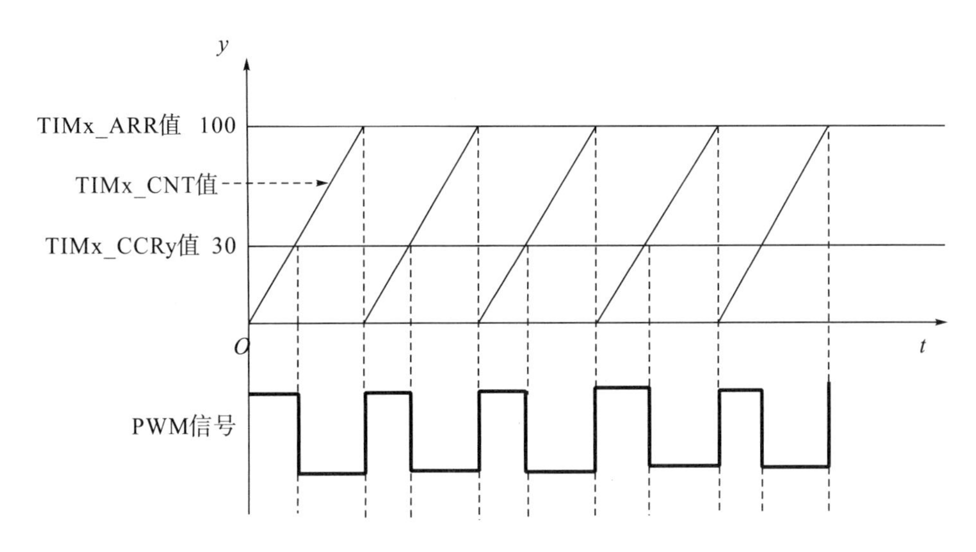

图 8－2　PWM **信号生成过程示意图**（PWM1 **模式**）

PWM 信号的生成与计数器寄存器（TIMx_CNT）、自动重载寄存器（TIMx_ARR）、捕获/比较寄存器（TIMx_CCRy）以及捕获/比较使能寄存器（TIMx_CCER）关系紧密。图 8－2 中的 x 为定时器编号，取值范围 1～8，y 为捕获/比较通道编号，取值范围 1～4。如 TIM3_CCR2 表示定时器 3 的捕获/比较寄存器 2。

图 8－2 中设置 TIMx_ARR 的值为 100，TIMx_CCRy 的值为 30。设置定时器为递增计数模式，TIMx_CNT 的值从 0 开始计数。当 TIMx_CNT＜TIMx_CCRy 时，PWM 输出有效电平（高电平）；当 TIMx_CCRy≤TIMx_CNT＜TIMx_ARR 时，PWM 输出无效电平（低电平）；当 TIMx_CNT＝TIMx_ARR 时，TIMx_CNT 又从 0 开始计数，如此循环往复。

由此可见，PWM 信号的频率由 TIMx_ARR 的值来决定，其占空比则由 TIMx_CCRy 的值来决定。

有效和无效电平的高低由 TIMx_CCER 的 CCxP 位决定。当 CCxP 位配置为 0 时，高电平为有效电平；当 CCxP 位配置为 1 时，低电平为有效电平。

STM32 定时器的 PWM 输出有两种：PWM1 和 PWM2。这两种模式在 CCxP 位配置为 0 的情况下的区别见表 8－1。由表 8－1 可知，图 8－2 中所示的 PWM 生成过程工作在 PWM1 模式下，计数器模式为递增，CCxP 位配置为 0。

计数模式为递增，CCxP 位配置为 0 时的 PWM2 模式下的 PWM 信号生成过程如图 8－3 所示。

表 8-1　PWM1 与 PWM2 的区别

模式	计数器计数模式	PWM 输出说明
PWM1	递增	TIMx_CNT<TIMx_CCRy，CHy 通道输出有效电平（高电平）
	递减	TIMx_CNT>TIMx_CCRy，CHy 通道输出无效电平（低电平）
PWM2	递增	TIMx_CNT<TIMx_CCRy，CHy 通道输出无效电平（低电平）
	递减	TIMx_CNT>TIMx_CCRy，CHy 通道输出有效电平（高电平）

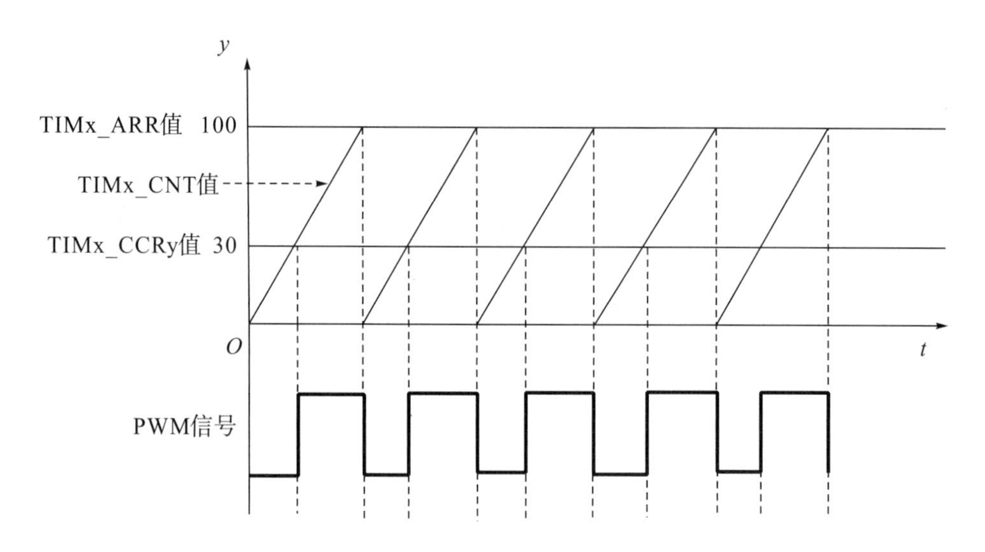

图 8-3　PWM 信号生成过程示意图（PWM2 模式）

8.3.2　STM32 的 PWM 程序实现步骤

对 STM32 定时器进行配置，使之输出 PWM 信号，具体的编程配置步骤如下。

（1）开启定时器时钟和输出比较通道 GPIO 的时钟，配置 GPIO 端口为复用功能

由图 8-3 可知，TIM1 和 TIM8 挂载在 APB2 上，因此需要调用 APB2 的时钟使能函数来开启 TIM1 和 TIM8，而 TIM2～TIM5 挂载在 APB1 上，因此需要调用 APB1 的时钟使能函数来开启 TIM2～TIM5。

选择使用某个通道或某几个通道作为 PWM 功能的定时器的输出通道，那么对应的引脚（其实就是 GPIO）必须进行时钟和引脚输出方式配置。按照 STM32 使用手册的要求，PWM 输出口要配置为复用推挽输出 GPIO_Mode_AF_PP。

考虑到 STM32 定时器的输出通道具有重定向功能（Remap），在硬件设计中，有时候为了方便连接，可以选择不同的引脚，这时就必须使用 Remap 功能。如果要使用该功能，那么引脚配置时，必须打开 AFIO 时钟（复用时钟使能），同时调用 Remap 函数进行引脚重定向。

定时器输出通道复用功能重映射关系可参见表 2-31～表 2-34。输出通道的配置要使

用重映射，需要用到 TIMx_REMAP［1：0］这两位。当 TIMx_REMAP［1：0］=00 时，没有重映射；当 TIMx_REMAP［1：0］=10 时，为部分重映射；当 TIMx_REMAP［1：0］=11 时，为完全重映射。以 TIM3 定时器为例，从表 2-32 可以看出，没有重映射时，TIM3 的 4 个输出通道分别接在 PA6、PA7、PB0、PB1 上。如果想让 TIM3_CH2 重映射到 PB5，则需要设置 TIMx_REMAP［1：0］=10，即部分重映射，但此时需要注意的是，TIM3_CH1 同时被映射到 PB4 上了。

（2）配置定时器的基本工作参数。

设该步骤主要通过配置“定时器基本初始化结构体”（TIM_TimeBaseInitTypeDef）的各成员变量，然后调用 TIM_TimeBaseInit（）函数进行参数的初始化来完成，其配置过程见项目七，若未使用输入捕获功能，则无须关心“TIM_ClockDivision”的配置。

（3）配置定时器输出比较功能的工作参数。

定时器的基本工作参数配置好之后，还需要配置定时器输出比较功能的工作参数，如具体工作在何种输出比较功能、输出通道（OCx）与互补输出通道（OCxN）是否使能、比较输出的极性（高电平有效或低电平有效）、空闲状态下输出通道的电平状态等。

输出比较功能主要通过配置“定时器输出比较结构体”（TIM_OCInitTypeDef）的各成员变量，然后调用 TIM_OCxInit（）函数进行参数的初始化来完成。具配置过程见项目七。

（4）使能定时器。

完成以上配置后，定时器暂时还无法输出 PWM 信号，需要使能定时器后才能满足要求。

（5）修改 TIMx_CCRx 的值以控制 PWM 信号的占空比。

遵循以上步骤完成高级控制定时器的配置后，即可在其 4 个输出通道检测到 PWM 信号。在直流电机控制的实际应用中，电机的转速是频繁变化的，这就需要调节 PWM 信号的占空比。通过前面的学习可知，PWM 信号的占空比是由捕获/比较寄存器（TIMx_CCRx）的值决定的，因此，我们还应知道调用 STM32F1 标准外设库的哪个函数可以控制 PWM 信号的占空比。

STM32F1 标准库提供了一个修改定时器捕获/比较寄存器（TIMx_CCRx）值的函数，该函数的原型定义如下：

```
void TIM_SetCompare1（TIM_TypeDef * TIMx，uint16_t Compare1）；
```

这个函数及其参数的说明如下：

①TIM_SetCompare1（）函数对应设置“通道 1 寄存器 CCR1”的值，TIM_SetCompare2（）函数对应设置“通道 2 寄存器 CCR2”的值。以此类推，可知此类函数共有 4 个。

②TIMx：定时器编号，如 TIM1。只有基本定时器 TIM6 和 TIM7 无法使用该函数。

③Compare1：要设置的 TIMx_CCRx 的参数。前半部 TIMx 中的 x 由第一个参数决定，表示定时器编号；后半部 CCRx 中的 x 的取值范围为 1～4，表示通道编号，具体如何表示取决于函数调用，参见函数名的说明。

例如，如果要修改定时器 TIM1 的通道 4 的捕获/比较寄存器（TIM1_CCR4）的值为“90”，可执行以下代码：

```
TIM_SetCompare4（TIM1，90）；
```

8.4 PWM 输出控制电机运转硬件设计

调节电动机的转速，首先就要根据选用电动机的型号来选择合适的 PWM 频率，使电动机能够正常运行。对电动机转速进行控制只需要根据不同的占空比设置 PWM 就可以实现。该控制需要注意以下两点：

（1）PWM 波只是触发信号，具体给电动机供电还需要驱动模块。其原因很简单，一般的单片机 I/O 口的驱动能力不够，电流最多是毫安级的，无法驱动电动机。这里介绍采用 L298N 作为驱动电路。

（2）根据 PWM 调速的原理，电动机的速度主要取决于电压和电流。虽然电流与负载有关，不易控制，但是电压可以控制，改变占空比就可以控制电压的有效值，从而实现对电动机的调速。

L298N 是恒压恒流桥式 2A 驱动芯片，其内部包含四通道逻辑驱动电路，是一种二相和四相步进电机的专用驱动器，内含两个 H−Bridge 的高电压、大电流双桥式驱动器，接收标准 TTL 逻辑电平信号，可驱动 46V、2A 以下的步进电机，且可以直接通过电源来调节输出电压。此芯片可直接由单片机的 I/O 端口来提供模拟时序信号，也可以由 L297N 提供时序信号，节省了单片机 I/O 端口的使用，可实现正反转和调速的功能，有热保护并且能够自动恢复。图 8−4 为 15 脚的 L298N 的实物图和引脚排列图。表 8−2 给出了 L298N 的引脚功能。

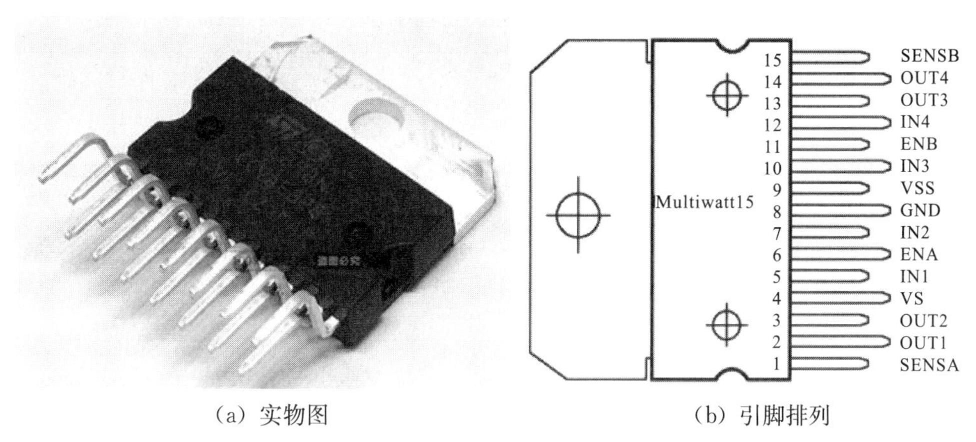

(a) 实物图　　(b) 引脚排列

图 8-4　L298N 的实物图和引脚排列图

表 8-2　L298N 的引脚功能

引脚	符号	功能
1 15	SENSA SENSB	此两端通过电流检测电阻与地连接，并向驱动芯片反馈检测到的信号
2 3	OUT1 OUT2	此两脚是全桥式驱动器 A 的两个输出端，用来连接负载
4	VS	电机驱动电源输入端
5 7	IN1 IN2	输入标准的 TTL 逻辑电平信号，用来控制全桥式驱动器 A 的开关
6 11	ENA ENB	使能控制端，输入标准 TTL 逻辑电平信号；低电平时全桥式驱动器禁止工作
8	GND	接地端，芯片本身的散热片与 8 脚相通
9	VSS	逻辑控制部分的电源输入端口
10 12	IN3 IN4	输入标准的 TTL 逻辑电平信号，用来控制全桥式驱动器 B 的开关
13 14	OUT3 OUT4	此两脚是全桥式驱动器 B 的两个输出端，用来连接负载

L298N 可接收标准 TTL 逻辑电平信号，9 脚 VSS 可接 4.5～7V 电压。4 脚 VS 接电源电压，电压范围 V_{IH} 为 2.5～46V。输出电流可达 2A，可驱动电感性负载。1 脚和 15 脚可以接入电流采样电阻，形成电流传感信号。L298N 可驱动两个电动机，OUT1 和 OUT2 或 OUT3 和 OUT4 之间可分别接电动机。如果使用 L298N 驱动直流电动机，则 5、7、10、12 脚接输入控制电平，控制电动机的正反转。6 脚和 11 脚是控制使能端，控制电动机的起停。表 8-3 给出了 ENA、IN1 和 IN2 三端控制直流电机时的逻辑真值表，ENB、IN3 和 IN4 的逻辑功能与表 8-3 相同。由表 8-3 可知，当 ENA 为低电平时，输入电平对电机控制不起作用；当 ENA 为高电平，且输入电平为一高一低时，电动机正或反转，同为低电平时，电动机停止，同为高电平时，电动机刹停。

表 8-3　L298N 逻辑功能

ENA	IN1	IN2	运行状态
0	×	×	停止
1	1	0	正转
1	0	1	反转
1	1	1	刹停
1	0	0	停止

L298N 驱动两个直流电动机的电路原理如图 8-1 所示。74LS244 由 8 个三态门组成，其主要作用是保护单片机，防止大电流回灌至单片机，造成单片机的损伤。L298N 输出端接的二极管 1N4007 主要起保护作用。由于电动机线圈在运转过程中两边会产生反电动势，对 L298N 形成冲击，易造成损坏，当反电动势为正，且超过电源+0.7V 时，上端的二极管导通，输出线被钳位于+0.7V；当反电动势为负，且低于-0.7V 时，下端二极管导通，输出线电位被钳位于-0.7V，使输出线电平不至于过高或过低，从而起到保护作用。

在连接线路时，注意事项如下：

（1）ENA、ENB 接 5V 高电平；

（2）四路 PWM 波 PA6、PA7、PB0、PB1 分别接 L298N 的 IN1、IN2、IN3、IN4；

（3）单片机的 GND 要和 L298N 的 GND 接在一起。

8.5　项目八的实现

项目八的硬件设计原理 8.4 节已阐述，这里介绍软件设计。在本项目中，需要编写 mmot.c 文件和 mmot.h 头文件，mmot.c 主要包括 TIM3 的配置函数 TIM3_Mode_Config（）和输出 GPIO 端口的配置函数 TIM3_GPIO_Config（）。函数 TIM3_Mode_Config（）完成 TIM3 时基的初始化和输出比较功能的配置。

mmot.c 文件的代码如下：

```
#include "mmot.h"
    void TIM3_GPIO_Config (void)
{
    GPIO_InitTypeDef GPIO_InitStructure;
    RCC_APB1PeriphClockCmd (RCC_APB1Periph_TIM3, ENABLE);
    RCC_APB2PeriphClockCmd ( RCC_APB2Periph_GPIOA | RCC_APB2Periph_GPIOB,
ENABLE);
    GPIO_InitStructure.GPIO_Pin=GPIO_Pin_6 | GPIO_Pin_7;
    GPIO_InitStructure.GPIO_Mode=GPIO_Mode_AF_PP;
```

```
    GPIO_InitStructure.GPIO_Speed=GPIO_Speed_50MHz;
    GPIO_Init (GPIOA, &GPIO_InitStructure);
    GPIO_InitStructure.GPIO_Pin=GPIO_Pin_0 | GPIO_Pin_1;
    GPIO_InitStructure.GPIO_Mode=GPIO_Mode_AF_PP;
    GPIO_InitStructure.GPIO_Speed=GPIO_Speed_50MHz;
    GPIO_Init (GPIOB, &GPIO_InitStructure);
}
    void TIM3_Mode_Config (void) //配置产生PWM信号的周期、极性、占空比
{
    TIM_TimeBaseInitTypeDef TIM_TimeBaseStructure;
    TIM_OCInitTypeDef TIM_OCInitStructure;
    u16 CCR1_Val=500;
    u16 CCR2_Val=0;
    u16 CCR3_Val=100;
    u16 CCR4_Val=0;
    TIM_TimeBaseStructure.TIM_Period=999;
    TIM_TimeBaseStructure.TIM_Prescaler=71;
    TIM_TimeBaseStructure.TIM_ClockDivision=TIM_CKD_DIV1;
    TIM_TimeBaseStructure.TIM_CounterMode=TIM_CounterMode_Up;
    TIM_TimeBaseInit (TIM3, &TIM_TimeBaseStructure);

    TIM_OCInitStructure.TIM_OCMode=TIM_OCMode_PWM1; TIM_OCInitStructure.TIM_
OutputState=TIM_OutputState_Enable; TIM_OCInitStructure.TIM_Pulse=CCR1_Val; TIM_
OCInitStructure.TIM_OCPolarity=TIM_OCPolarity_High; TIM_OC1Init (TIM3, &TIM_
OCInitStructure); TIM_OC1PreloadConfig (TIM3, TIM_OCPreload_Enable);
    TIM_OCInitStructure.TIM_OutputState=TIM_OutputState_Enable;
    TIM_OCInitStructure.TIM_Pulse=CCR2_Val;
    TIM_OC2Init (TIM3, &TIM_OCInitStructure);
    TIM_OC2PreloadConfig (TIM3, TIM_OCPreload_Enable);
    TIM_OCInitStructure.TIM_OutputState=TIM_OutputState_Enable;
    TIM_OCInitStructure.TIM_Pulse=CCR3_Val;
    TIM_OC3Init (TIM3, &TIM_OCInitStructure);
    TIM_OC3PreloadConfig (TIM3, TIM_OCPreload_Enable);
    TIM_OCInitStructure.TIM_OutputState=TIM_OutputState_Enable;
    TIM_OCInitStructure.TIM_Pulse=CCR4_Val;
    TIM_OC4Init (TIM3, &TIM_OCInitStructure);
    TIM_OC4PreloadConfig (TIM3, TIM_OCPreload_Enable);
    TIM_ARRPreloadConfig (TIM3, ENABLE);
    TIM_Cmd (TIM3, ENABLE);
}
```

mmot. h 头文件的代码如下：

```
#ifndef_MMOT_H
#define_MMOT_H
#include "stm32f10x. h"
void TIM3_GPIO_Config (void);
void TIM3_Mode_Config (void);
#endif
```

在主文件中，主要完成 TIM3 定时器的初始化，通过 TIM3 的通道 1 和通道 3 产生的 PWM 来控制电机转动。主文件 main. c 的代码如下：

```
#include "stm32f10x. h"
#include "mmot. h"
int main (void)
{
    TIM3_GPIO_Config ( );
    TIM3_Mode_Config ( );
    while (1);
}
```

程序经过编译后，如无错误将生成的. hex 文件下载到开发板，观察电机的转动情况，若运行结果与项目要求不一致，要对程序进行分析检查，直到运行正确。也可以通过 Keil MDK 的逻辑分析仪观察四个通道的输出是否符合设计要求。图 8−5 给出了逻辑分析仪四个通道的仿真波形。由图可见，PA6（通道 1）和 PB0（通道 3）分别产生了 50%和 10%的矩形波，PA7（通道 2）和 PB1（通道 4）输出为低电平，说明控制的两个电机都是正转的，达到了设计要求。

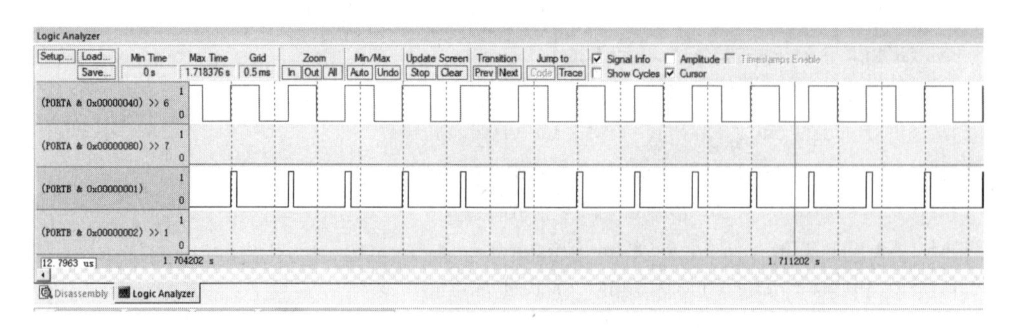

图 8−5　项目八的仿真波形

思考与实操

1. 什么是 PWM？简述通过定时器输出 PWM 波形的原理。

2. 简述使用库函数配置 PWM 的步骤。

3. 利用 TIM3 的通道 2（PD5）产生 PWM 脉冲波形来控制 LED 闪烁的速度，实现 LED 闪烁慢→快→慢→快的循环变化。要求用 Proteus 软件画出电路图，编程实现以上功能，并进行仿真验证。

项目九　外部输入模拟电压的采集

9.1　项目要求

本项目电路连接如图 9－1 所示，电位器的中间抽头接到 PB0 上，显然 PB0 口线上的电压值在 0～3.3V 之间变化。其中 R1 是限流电阻，C1 是滤波电容。现要通过 STM32 的 ADC 读取 PB0 引脚的电压值并用数码管显示出来。

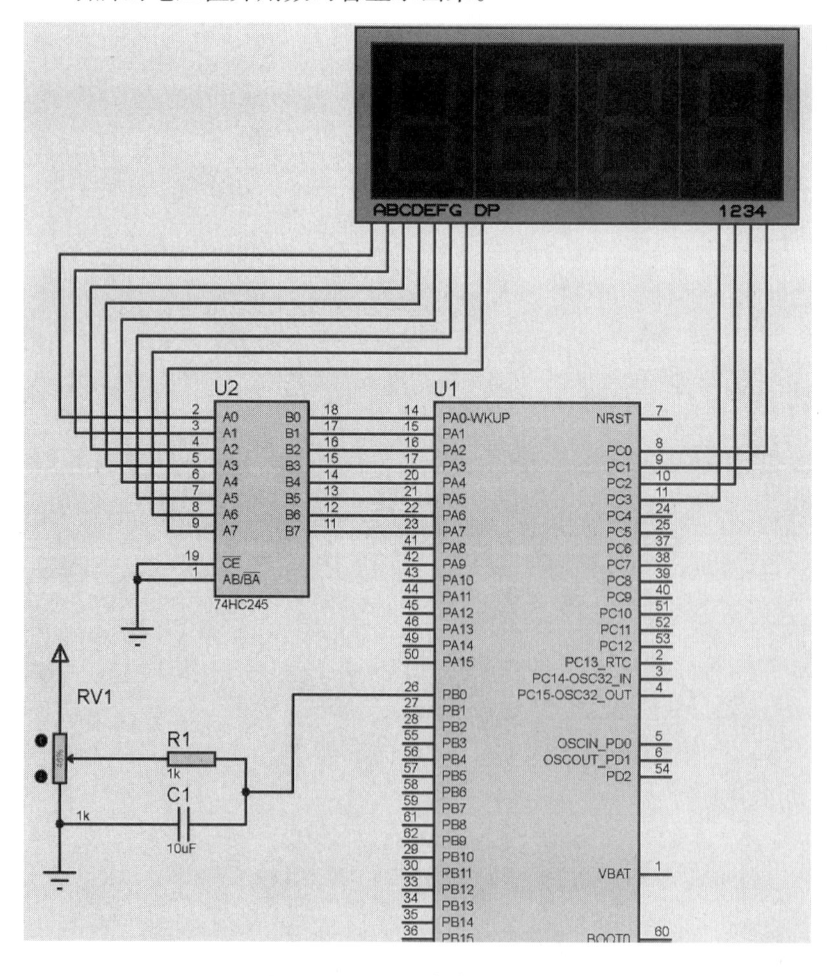

图 9－1　项目九的电路连接图

9.2　STM32 的模数转换

在 STM32 的数据采集应用中，外界物理量通常是模拟信号，如温度、湿度、压力、速度、液位、流量等，而 STM32 处理的都是数字信号，因此在 STM32 的输入端需要进行模数转换。

9.2.1　STM32 的模数转换简介

将模拟信号转换成数字信号的电路，称为模数转换器（简称 A/D 转换器或 ADC）。模数转换的作用是将时间连续、幅值也连续的模拟量转换为时间离散、幅值也离散的数字信号，即将模拟信号转换成数字信号。

模数转换一般要经过取样、保持、量化和编码 4 个过程。在实际电路中，这些过程有的是合并进行的，例如，取样和保持、量化和编码往往是在转换过程中同时实现的。

9.2.1.1　认识 STM32 的模数转换

STM32 拥有 1～3 个 ADC（STM32F101/102 系列只有 1 个 ADC），多个 ADC 可以独立使用，也可以使用双重模式（提高采样率）。STM32 的 ADC 是 12 位逐次逼近型的模/数转换器。它有 18 个通道，可测量 16 个外部信号源和 2 个内部信号源。各通道的 A/D 转换可以单次、连续、扫描或间断模式执行。ADC 的结果可以左对齐或右对齐方式存储在 16 位数据寄存器中。

STM32F103 系列最少拥有 2 个 ADC。STM32 的 ADC 最大的转换频率为 1MHz，也就是转换时间为 1μs（在 ADCCLK＝14MHz，采样周期为 1.5 个 ADC 时钟下得到），使用时不要让 ADC 的时钟频率超过 14MHz，否则将导致结果准确度下降。

STM32 的 ADC 的 18 个通道与 GPIO 口之间的对应关系如表 9－1 所示。

表 9－1　ADC 通道与 GPIO 口的对应关系

通道号	ADC1	ADC2	ADC3
通道 0	PA0	PA0	PA0
通道 1	PA1	PA1	PA1
通道 2	PA2	PA2	PA2
通道 3	PA3	PA3	PA3
通道 4	PA4	PA4	—
通道 5	PA5	PA5	—
通道 6	PA6	PA6	—

续表9－1

通道号	ADC1	ADC2	ADC3
通道 7	PA7	PA7	—
通道 8	PB0	PB0	—
通道 9	PB1	PB1	—
通道 10	PC0	PC0	PC0
通道 11	PC1	PC1	PC1
通道 12	PC2	PC2	PC2
通道 13	PC3	PC3	PC3
通道 14	PC4	PC4	—
通道 15	PC5	PC5	—
通道 16	温度传感器	—	—
通道 17	内部参考电压	—	—

9.2.1.2　STM32 的 ADC 主要技术指标

对于 ADC 来说，最关注的就是分辨率、转换速度、ADC 类型、参考电压范围。

(1) 分辨率。STM32 的 ADC 具有 12 位分辨率。由于不能直接测量负电压，因此没有符号位，即其最小量化单位为：

$$LSB=V_{REF+}/2^{12}$$

(2) 转换时间。转换时间是可编程的。采样一次至少要用 14 个 ADC 时钟周期，而 ADC 的时钟频率最高为 14MHz，其采样时间最短为 1μs，足以胜任中、低频数字示波器的采样工作。

(3) ADC 类型。ADC 的类型决定了其性能的极限，STM32 的 ADC 是逐次比较型的。

(4) 参考电压范围。STM32 的 ADC 输入参考电压见表 9－2。V_{DDA}和 V_{SSA}应该分别连接到 V_{DD}和 V_{SS}。参考电压负极要接地，即 VREF－＝0V。参考电压正极的范围为 $2.4V \leqslant V_{REF+} \leqslant 3.6V$，所以 STM32 的 ADC 是不能直接测量负电压的，而且其输入电压信号的范围为 $V_{REF-} \leqslant V_{IN} \leqslant V_{REF+}$。当需要测量负电压或测量的电压信号超出范围时，要先经过运算电路进行平移或利用电阻分压。

表 9－2　ADC 输入参考电压

名称	信号类型	说明
V_{REF+}	输入，模拟参考正极	ADC 使用的高端/正极参考电压，2.4V≤V_{REF+}≤V_{DDA}
V_{DDA}	输入，模拟电源	等效于 VDD 的模拟电源且 2.4V≤V_{DDA}≤V_{DD}（3.6V）
V_{REF-}	输入，模拟参考负极	ADC 使用的低端/负极参考电压，V_{REF-}＝V_{SSA}
V_{SSA}	输入，模拟电源地	等效于 V_{SS} 的模拟电源地
ADC_IN［15：0］	模拟输入信号	16 个模拟输入通道

9.2.1.3　STM32 的 ADC 结构

STM32 的 ADC 结构如图 9－2 所示。在图 9－2 中，STM32 把 ADC 的转换分为规则通道组和注入通道组，规则通道组最多包含 16 个通道，注入通道组最多包含 4 个通道。

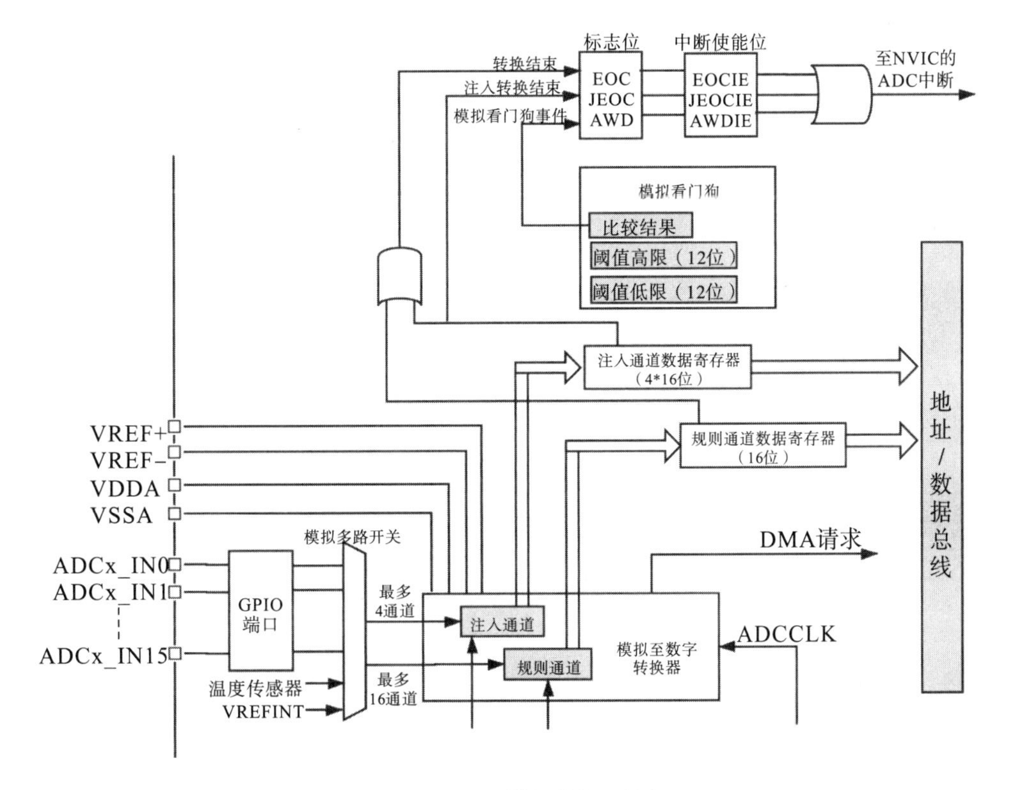

图 9－2　STM32 模数转换结构框图

规则通道组和注入通道组之间有什么关系呢？规则通道相当于正常运行的程序，注入通道相当于中断。在正常执行程序（规则通道）时，中断（注入通道）可以打断正常程序的执行。注入通道的转换可以打断规则通道的转换，在注入通道转换完成后，规则通道才得以继续转换。下面通过一个例子来说明规则通道和注入通道之间的关系。

比如在房间里面放 4 个温度传感器，设置为规则通道组，循环扫描房间里面的 4 个温度传感器，并显示 A/D 转换结果；在房间外面放 4 个温度传感器，设置为注入转换组，并暂时显示房间外面的温度。通常，我们是一直监控房间里面的温度，若需要看房间外面的温度，只需通过一个按键启动注入转换组，就能看到房间外面的温度。当松开这个按键后，系统又回到规则通道组，继续监控房间里面的温度。

从上面的描述可以看出，检测和显示房间外面温度的过程，中断了检测和显示房间里面温度的过程，即注入通道的转换中断了规则通道的转换。

如果没有规则通道组和注入通道组的划分，当按下按键后，就需要重新配置 ADC 循环扫描的通道；在松开按键后，也需要重新配置 ADC 循环扫描的通道。

为此，在程序初始化时要设置好规则通道组和注入通道组。这样在程序执行时，就不需要重新配置 ADC 循环扫描的通道，从而达到两个任务之间互不干扰和快速切换的目的。在工业应用领域中，有很多检测和监视需要较快地处理，通过对 A/D 转换的分组，可以简化事件处理程序，提高事件处理的速度。

9.2.2 ADC 操作相关寄存器

与 STM32 的 ADC 编程相关的寄存器有 ADC 控制寄存器（ADC_CR1 和 ADC_CR2）、ADC 采样时间寄存器（ADC_SMPR1 和 ADC_SMPR2）、ADC 规则序列寄存器（ADC_SQR1～3）、ADC 规则数据寄存器（ADC_DR）和 ADC 状态寄存器（ADC_SR）。

9.2.2.1 ADC 控制寄存器（ADC_CR1 和 ADC_CR2）

（1）ADC_CR1 寄存器。

ADC 控制寄存器 ADC_CR1 的各位描述如图 9-3 所示。位 31～24、21、20 保留，其余各位可读写。表 9-3 给出了部分位的描述。

31	30	29	28	27	26	25	24	23	22	21	20	19	18	17	16
保留								AWDEN	JAWDEN	保留		DUALMOD[3:0]			
								rw	rw			rw	rw	rw	rw

15	14	13	12	11	10	9	8	7	6	5	4	3	2	1	0
DISCNUM[2:0]			JDISCEN	DIACEN	JAUTO	AWDSGL	SCAN	JEOCIE	AWDIE	EOCIE	AWDCH[4:0]				
rw	rw	rw	rw	rw	rw	rw	rw	rw	rw	rw	rw	rw	rw	rw	rw

图 9-3　ADC_CR1 寄存器

表 9-3　ADC_CR1 寄存器部分位描述

寄存器位	描述
位 31：24	保留，必须保持为 0
位 23	AWDEN：在规则通道上开启模拟看门狗，该位由软件设置和清除。 0：在规则通道上禁用模拟看门狗；1：在规则通道上使用模拟看门狗

续表9－3

寄存器位	描述
位 22	JAWDEN：在注入通道上开启模拟看门狗，该位由软件设置和清除 0：在注入通道上禁用模拟看门狗；1：在注入通道上使用模拟看门狗
位 21：20	保留，必须保持为 0
位 19：16	DUALMOD［3：0］：双模式选择。由软件使用这些位选择操作模式。 0000：独立模式　0101：注入同步模式 0001：混合的同步规则＋注入同步模式　0110：规则同步模式 0010：混合的同步规则＋交替触发模式　0111：快速交替模式 0011：混合同步注入＋快速交替模式　1000：慢速交替模式 0100：混合同步注入＋慢速交替模式　1001：交替触发模式
位 15：13	DISCNUM［2：0］：间断模式通道计数。软件通过这些位定义在间断模式下，收到外部触发后转换规则通道的数目 000：1 个通道；001：2 个通道；…；111：8 个通道

ADC_CR1 的 SCAN 位用于设置扫描模式，由软件设置和清除。如果设置为 1，则使用扫描模式；如果设置为 0，则关闭扫描模式。在扫描模式下，由 ADC_SQRx 或 ADC_JSQRx 寄存器选中的通道被转换。如果设置了 EOCIE 或 JEOCIE，则只在最后一个通道转换完成后才会产生 EOC 或 JEOC 中断。ADC_CR1［19：16］用于设置 ADC 的操作模式，如果使用独立模式，这几位设置为 0。

（2）ADC_CR2 寄存器。

ADC 控制寄存器 ADC_CR2 的各位描述如图 9－4 所示。位 31～24、16、10、9、7～4 保留，其余各位可读写。各位描述见表 9－4。

31	30	29	28	27	26	25	24	23	22	21	20	19	18	17	16
保留								TSVREFE	SWSTART	JSWSTART	EXTTRIG	EXTSEL[2:0]			保留
								rw	rw	rw	rw	rw	rw	rw	

15	14	13	12	11	10	9	8	7	6	5	4	3	2	1	0
JEXTTRIG	JEXTSEL[2:0]			ALIGN	保留		DMA	保留				RSTCAL	CAL	CONT	ADON
rw	rw	rw	rw	rw			rw					rw	rw	rw	rw

图 9－4　ADC－CR2 **各位描述**

ADON 位用于开关 A/D 转换器。

CONT 位用于设置是否进行连续转换，如果使用单次转换，CONT 位必须为 0。

CAL 和 RSTCAL 用于 A/D 校准。

ALIGAN 用于设置数据对齐，这里使用右对齐，该位设置为 0。

EXTSEL［2：0］用于选择启动规则转换组转换的外部事件。

软件触发（SWSTART）可以设置位 19～17 为 111。ADC_CR2 的 SWSTART 位用于开始规则通道的转换，每次转换（单次转换模式下）都需要向该位写 1。

AWDEN 位用于使能温度传感器和 VREFINT。

表 9－4　ADC_CR2 寄存器各位描述

寄存器位	描述
位 31：24	保留，必须保持为 0
位 23	TSVREFE：温度传感器和 VREFINT 使能。该位由软件设置和清除，用于开启或禁止温度传感器和 VREFINT 通道。在双 ADC 的器件中，该位出现在 ADC1 中。 0：禁止温度传感器和 VREFINT；1：启用温度传感器和 VREFINT
位 22	SWSTART：开始转换规则通道。由软件设置该位以启动转换，转换开始后硬件马上清除此位。如果在 EXTSEL［2：0］位中选择了 SWSTART 为触发事件，则该位用于启动一组规则通道的转换。 0：复位状态；1：开始转换规则通道
位 21	JSWSTART：开始转换注入通道。由软件设置该位为启动转换，软件可清除此位或在转换开始后由硬件马上清除此位。如果在 JEXTSEL［2：0］位中选择了 JSWSTART 为触发事件，则该位用于启动一组注入通道的转换
位 20	EXTTRIG：规则通道的外部触发转换模式。该位由软件设置和清除，用于开启或禁止可以启动规则通道组转换的外部触发信号。 0：不用外部触发信号启动转换；1：使用外部触发信号启动转换
位 19：17	EXTSEL［2：0］：选择启动规则通道组转换的外部事件。 000：定时器 1 的 CC1 事件　　001：定时器 1 的 CC2 事件 010：定时器 1 的 CC3 事件　　011：定时器 2 的 CC2 事件 100：定时器 3 的 TRGO 事件　　101：定时器 4 的 CC4 事件 110：EXTI 线 11　　111：SWSTART
位 16	保留，必须保持为 0
位 15	JEXTTRIG：注入通道的外部触发转换模式。该位由软件设置和清除，用于开启或禁止可以启动注入通道组转换的外部触发信号。 0：不用外部触发信号启动转换；1：使用外部触发信号启动转换
位 14：12	JEXTSEL［2：0］：选择启动注入通道组转换的外部事件。 000：定时器 1 的 TRGO 事件　　001：定时器 1 的 CC4 事件 010：定时器 2 的 TRGO 事件　　011：定时器 2 的 CC1 事件 100：定时器 3 的 CC4 事件　　101：定时器 4 的 TRGO 事件 110：EXTI 线 15　　111：JSWSTART
位 11	ALIGN：数据对齐。该位由软件设置和清除。0：右对齐；1：左对齐
位 10：9	保留，必须保持为 0
位 8	DMA：直接数据访问模式，该位由软件设置和清除。 0：不使用 DMA 模式；1：使用 DMA 模式。 注意：在多于一个 ADC 的器件中，只有 ADC1 能产生 DMA 请求
位 7：4	保留，必须保持为 0
位 3	RSTCAL：复位校准。该位由软件设置并由硬件清除，在校准寄存器被初始化后，该位将被清除。 0：校准寄存器已初始化；1：初始化校准寄存器。 注意：正在进行转换时，如果设置 RSTCAL，则清除校准寄存器需要额外的周期
位 2	CAL：A/D 校准。该位由软件设置以开始校准，并在校准结束时由硬件清除。 0：校准完成；1：开始校准

续表9－4

寄存器位	描述
位 1	CONT：连续转换。该位由软件设置和清除。如果设置了该位，则转换将连续进行直到该位被清除。 0：单次转换模式；1：连续转换模式
位 0	ADON：开关 ADC 转换器。该位由软件设置和清除。当该位为 0 时，写入 1 将把 ADC 从断电模式下唤醒；当该位为 1 时，写入 1 将启动转换。从转换器上电至转换开始有一个延时 t_{STAB}。 0：关闭 ADC 转换/校准，并进入断电模式；1：开启 ADC 并启动转换。 注意：如果在这个寄存器中与 ADON 一起还有其他位被改变，则转换不被触发，这是为了防止触发错误的转换

9.2.2.2　ADC 采样时间寄存器（ADC_SMPR1 和 ADC_SMPR2）

这两个寄存器用于设置通道 0～17 的采样时间，每个通道占用 3 位。

（1）ADC_SMPR1 寄存器。

ADC 采样时间寄存器 ADC_SMPR1 如图 9－5 所示。位 31～24 保留，其余各位可读写，各位描述见表 9－5。ADC1 的模拟输入通道 16 和通道 17 在芯片内部分别连到了温度传感器和 VREFINT。ADC2 的模拟输入通道 16 和通道 17 在芯片内部连到了 VSS。

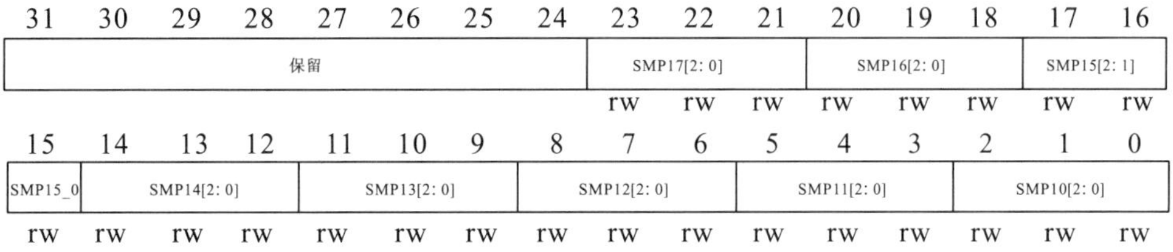

31	30	29	28	27	26	25	24	23	22	21	20	19	18	17	16
保留								SMP17[2: 0]			SMP16[2: 0]			SMP15[2: 1]	
								rw	rw	rw	rw	rw	rw	rw	rw

15	14	13	12	11	10	9	8	7	6	5	4	3	2	1	0
SMP15_0	SMP14[2: 0]			SMP13[2: 0]			SMP12[2: 0]			SMP11[2: 0]			SMP10[2: 0]		
rw	rw	rw	rw	rw	rw	rw	rw	rw	rw	rw	rw	rw	rw	rw	rw

图 9－5　ADC_SMPR1 **寄存器**

表 9－5　ADC_SMPR1 **寄存器各位描述**

寄存器位	描述
位 31：24	保留，必须保持为 0
位 24：0	SMPx［2：0］：选择通道 x 的采样时间。这些位用于独立地选择每个通道的采样时间。在采样周期中，通道选择位必须保持不变。 000：1.5 周期　　100：41.5 周期 001：7.5 周期　　101：55.5 周期 010：13.5 周期　　110：71.5 周期 011：28.5 周期　　111：239.5 周期

（2）ADC_SMPR2 寄存器。

ADC 采样时间寄存器 ADC_SMPR2 如图 9－6 所示。位 31、30 保留，其余各位可读写，各位描述见表 9－6。

31	30	29	28	27	26	25	24	23	22	21	20	19	18	17	16
保留		SMP9[2: 0]			SMP8[2: 0]			SMP7[2: 0]			SMP6[2: 0]			SMP5[2: 1]	
		rw	rw	rw	rw	rw	rw	rw	rw	rw	rw	rw	rw	rw	rw

15	14	13	12	11	10	9	8	7	6	5	4	3	2	1	0
SMP5_0	SMP4[2: 0]			SMP3[2: 0]			SMP2[2: 0]			SMP1[2: 0]			SMP0[2: 0]		
rw	rw	rw	rw	rw	rw	rw	rw	rw	rw	rw	rw	rw	rw	rw	rw

图 9－6　ADC_SMPR2 寄存器

表 9－6　ADC_SMPR2 寄存器各位描述

寄存器位	描述
位 31：30	保留，必须保持为 0
位 29：0	SMPx［2：0］：选择通道 x 的采样时间。这些位用于独立地选择每个通道的采样时间。在采样周期中，通道选择位必须保持不变。 000：1.5 周期　　100：41.5 周期 001：7.5 周期　　101：55.5 周期 010：13.5 周期　　110：71.5 周期 011：28.5 周期　　111：239.5 周期

对于每个要转换的通道，采样时间建议尽量长一点，以获得较高的准确度，但是这样会降低 ADC 的转换速率。ADC 的转换时间可以由下式计算：

$$T_{\mathrm{covn}}=\text{采样时间}+12.5\text{ 个周期}$$

式中：T_{covn}为总转换时间，采样时间根据每个通道的 SMP 位的设置来决定。

比如，当 ADCCLK＝14MHz 时，设置 1.5 个周期的采样时间，根据公式计算，可以得到总转换时间：$T_{\mathrm{covn}}=1.5+12.5=14$ 个周期$=1\mu s$。

9.2.2.3　ADC 规则序列寄存器（ADC_SQR1～ADC_SQR3）

ADC_SQR 寄存器共有 3 个，功能相似。以 ADC_SQR1 寄存器为例，该寄存器的位 31～24 保留，其余各位可读写，如图 9－7 所示，各位描述见表 9－7。其中 L［3：0］用于存储规则序列的长度，SQ13～16 存储了规则序列中第 13～16 通道的编号（编号范围：0～17）。如果选择单次转换，只有一个通道在规则序列里，就是 SQ1，可以通过 ADC_SQR3 的最低 5 位（也就是 SQ1）来设置。

31	30	29	28	27	26	25	24	23	22	21	20	19	18	17	16
保留								L[3: 0]				SQ16[4: 1]			
								rw	rw	rw	rw	rw	rw	rw	rw

15	14	13	12	11	10	9	8	7	6	5	4	3	2	1	0
SQ16_0	SQ15[4: 0]				SQ14[4: 0]					SQ13[4: 0]					
rw	rw	rw	rw	rw	rw	rw	rw	rw	rw	rw	rw	rw	rw	rw	rw

图 9－7　ADC_SQR1 寄存器

表 9－7　ADC_SQR1 寄存器各位描述

寄存器位	描述
位 31：24	保留，必须保持为 0
位 23：20	L［3：0］：规则通道序列长度。这些位定义了在规则通道转换序列中的转换总数。 0000：1 个转换；0001：2 个转换；…；1111：16 个转换
位 19：15	SQ16［4：0］：规则序列中的第 16 个转换。这些位定义了转换序列中的第 16 个转换通道的编号（0～17）
位 14：10	SQ15［4：0］：规则序列中的第 15 个转换
位 9：5	SQ14［4：0］：规则序列中的第 14 个转换
位 4：0	SQ13［4：0］：规则序列中的第 13 个转换

9.2.2.4　ADC 规则数据寄存器（ADC_DR）和 ADC 注入数据寄存器（ADC_JDRx）

规则序列中的 ADC 转化结果都被存储在 ADC_DR 寄存器，该寄存器的各位可读，如图 9－8 所示，各位描述见表 9－8。

31	30	29	28	27	26	25	24	23	22	21	20	19	18	17	16
ADC2DATA[15:0]															
r	r	r	r	r	r	r	r	r	r	r	r	r	r	r	r
15	14	13	12	11	10	9	8	7	6	5	4	3	2	1	0
DATA[15:0]															
r	r	r	r	r	r	r	r	r	r	r	r	r	r	r	r

图 9－8　ADC_DR 寄存器

表 9－8　ADC_DR 寄存器各位描述

寄存器位	描述
位 31：16	ADC2DATA［15：0］：ADC2 转换的数据。在 ADC1 双模式下，这些位包含了 ADC2 转换的规则通道数据。在 ADC2 中，不用这些位
位 15：0	DATA［15：0］：规则转换的数据。这些位为只读，包含了规则通道的转换结果

注入通道的转换结果保存在 ADC_JDRx（x=1～4）中，位 31～16 为保留位，位 15～0 为只读位，如图 9－9 所示，各位描述见表 9－9。

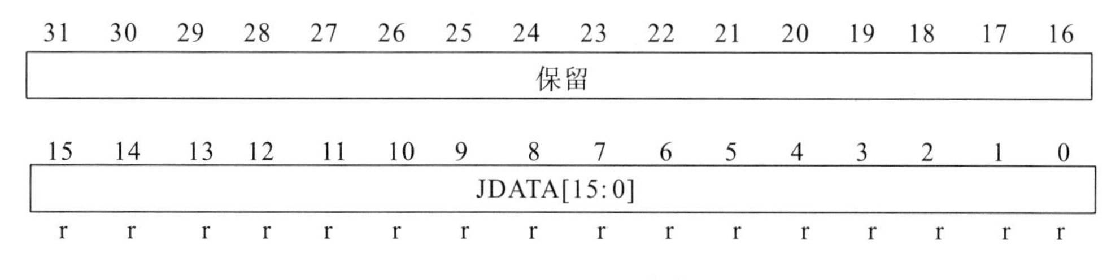

图 9－9　ADC_JDR 寄存器

表 9－9　ADC_JDR 寄存器各位描述

寄存器位	描述
位 31：16	保留，必须保持为 0
位 15：0	JDATA [15：0]：注入转换的数据。这些位为只读，包含了注入通道的转换结果

ADC_DR 寄存器和 ADC_JDRx 寄存器的数据可以通过 ADC_CR2 的 ALIGN 位来设置是左对齐还是右对齐。

9.2.2.5　ADC 状态寄存器（ADC_SR）

ADC_SR 寄存器保存了 ADC 转换时的各种状态。该寄存器的位 31～5 保留，其余各位可读写，如图 9－10 所示，各位描述见表 9－10。通过判断 EOC 位来决定此次规则通道的 ADC 转换是否已经完成，如果完成就从 ADC_DR 中读取转换结果，否则等待转换完成。

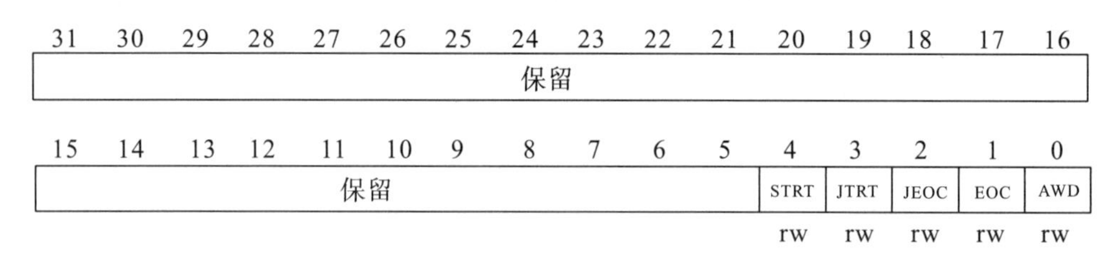

图 9－10　ADC_SR 寄存器

表 9－10　ADC_SR 寄存器各位描述

寄存器位	描述
位 31：5	保留，必须保持为 0
位 4	STRT：规则通道开始位。该位由硬件在规则通道转换开始时设置，由软件清除。 0：规则通道转换未开始；1：规则通道转换已开始
位 3	JSTRT：注入通道开始位。该位由硬件在注入通道组转换开始时设置，由软件清除。 0：注入通道转换未开始；1：注入通道转换已开始
位 2	JEOC：注入通道转换结束位。该位由硬件在所有注入通道组转换结束时设置，由软件清除。 0：转换未完成；1：转换完成
位 1	EOC：转换结束位。该位由硬件在（规则或注入）通道组转换结束时设置，由软件清除或通过读取 ADC_DR 时清除 0：转换未完成；1：转换完成
位 0	AWD：模拟看门狗标志位。该位由硬件在转换的电压值超出了 ADC_LTR 和 ADC_HTR 寄存器定义的范围时设置，由软件清除 0：没有发生模拟看门狗事件；1：发生模拟看门狗事件

9.2.3　ADC 相关的库函数

与 STM32 的 ADC 编程相关的库函数，主要在 stm32f10x_adc.c 文件和 stm32f10x_adc.h 头文件中，见表 9-11。下面介绍部分库函数的使用方法。

表 9-11　ADC 相关库函数

函数名	描述
ADC_DeInit	将外设 ADCx 的全部寄存器重设为缺省值
ADC_Init	根据 ADC_InitStruct 中指定的参数初始化外设 ADCx 的寄存器
ADC_StructInit	把 ADC_InitStruct 中的每一个参数按缺省值填入
ADC_Cmd	使能或者失能指定的 ADC
ADC_DMACmd	使能或者失能指定的 ADC 的 DMA 请求
ADC_ITConfig	使能或者失能指定的 ADC 中断
ADC_ResetCalibration	重置指定的 ADC 的校准寄存器
ADC_GetResetCalibrationStatus	获取 ADC 重置校准寄存器的状态
ADC_StartCalibration	开始指定 ADC 的校准程序
ADC_GetCalibrationStatus	获取指定 ADC 的校准状态
ADC_SoftwareStartConvCmd	使能或者失能指定的 ADC 的软件转换启动功能
ADC_GetSoftwareStartConvStatus	获取 ADC 软件转换启动状态
ADC_DiscModeChannelCountConfig	对 ADC 规则组通道配置间断模式
ADC_DiscModeCmd	使能或者失能指定的 ADC 规则组通道的间断模式
ADC_RegularChannelConfig	设置指定 ADC 的规则组通道，设置它们的转化顺序和采样时间
ADC_ExternalTrigConvConfig	使能或者失能 ADCx 经外部触发启动转换功能
ADC_GetConversionValue	返回最近一次 ADCx 规则组的转换结果
ADC_GetDuelModeConversionValue	返回最近一次双 ADC 模式下的转换结果
ADC_AutoInjectedConvCmd	使能或者失能指定 ADC 在规则组转化后自动开始注入组转换
ADC_InjectedDiscModeCmd	使能或者失能指定 ADC 的注入组间断模式
ADC_ExternalTrigInjectedConvConfig	配置 ADCx 的外部触发启动注入组转换功能
ADC_ExternalTrigInjectedConvCmd	使能或者失能 ADCx 经外部触发启动注入组转换功能
ADC_SoftwareStartInjectedConvCmd	使能或者失能 ADCx 软件启动注入组转换功能
ADC_GetsoftwareStartInjectedConvStatus	获取指定 ADC 的软件启动注入组转换功能
ADC_InjectedChannelConfig	设置指定 ADC 的注入组通道，设置它们的转化顺序和采样时间

续表9－11

函数名	描述
ADC_InjectSequenceLengthConfig	设置注入组通道的转换序列长度
ADC_SetInjectedOffset	设置注入组通道的转换偏移值
ADC_GetInjectedConversionValue	返回 ADC 指定注入通道的转换结果
ADC_AnalogWatchdogCmd	使能或者失能指定单个/全体，规则/注入组通道上的模拟看门狗
ADC_AnalogWatchdogThresholdsConfig	设置模拟看门狗的高/低阈值
ADC_AnalogWatchdogSingleChannelConfig	对单个 ADC 通道设置模拟看门狗
ADC_TampSensorVrefintCmd	使能或者失能温度传感器和内部参考电压通道
ADC_GetFlagStatus	检查指定 ADC 标志位置 1 与否
ADC_ClearFlag	清除 ADCx 的待处理标志位
ADC_GetITStatus	检查指定的 ADC 中断是否发生
ADC_ClearITPendingBit	清除 ADCx 的中断待处理位

9.2.3.1 函数 ADC_DeInit

表 9－12 描述了函数 ADC_DeInit，其功能是将外设 ADCx 的全部寄存器重设为默认值。

表 9－12　**函数** ADC_DeInit

函数名	ADC_DeInit
函数原型	void ADC_DeInit（ADC_TypeDef ＊ADCx)
功能描述	将外设 ADCx 的全部寄存器重设为默认值
输入参数	ADCx：x 可以是 1 或 2 来选择 ADC 外设 ADC1 或 ADC2
输出参数	无
返回值	无
先决条件	无
被调用函数	RCC_APB2PeriphClockCmd（）

例如：重置 ADC2 代码如下：

```
ADC_DeInit (ADC2);
```

9.2.3.2 函数 ADC_Init

表 9－13 描述了函数 ADC_Init，其功能是根据 ADC_InitStruct 中指定的参数初始化

外设 ADCx 的寄存器。

表 9—13　函数 ADC_Init

函数名	ADC_Init
函数原型	void ADC_Init（ADC_TypeDef * ADCx，ADC_InitTypeDef * ADC_InitStruct）
功能描述	根据 ADC_InitStruct 中指定的参数初始化外设 ADCx 的寄存器
输入参数 1	ADCx：x 可以是 1 或 2 来选择 ADC 外设 ADC1 或 ADC2
输入参数 2	ADC_InitStruct：指向结构 ADC_InitTypeDef 的指针，包含了指定外设 ADC 的配置信息
输出参数	无
返回值	无
先决条件	无
被调用函数	无

ADC 初始化定义结构体 ADC_InitTypeDef 如下：

```
typedef  struct
{
  u32  ADC_Mode;
  FunctionalState  ADC_ScanConvMode;
  FunctionalState  ADC_ContinuousConvMode;
  u32  ADC_ExternalTrigConv;
  u32  ADC_DataAlign;
  u8  ADC_NbrOfChannel;
} ADC_InitTypeDef;
```

（1）ADC_Mode。

ADC_Mode 设置 ADC 工作在独立或者双 ADC 模式。表 9—14 给出了这个参数的所有成员。

表 9—14　ADC_Mode 定义

ADC_Mode	描述
ADC_Mode_Independent	ADC1 和 ADC2 工作在独立模式
ADC_Mode_RegInjecSimult	ADC1 和 ADC2 工作在同步规则和同步注入模式
ADC_Mode_RegSimult_AlterTrig	ADC1 和 ADC2 工作在同步规则和交替触发模式
ADC_Mode_InjecSimult_FastInterl	ADC1 和 ADC2 工作在同步规则和快速触发模式
ADC_Mode_InjecSimult_SlowInterl	ADC1 和 ADC2 工作在同步规则和慢速触发模式
ADC_Mode_InjecSimult	ADC1 和 ADC2 工作在同步注入模式

续表9－14

ADC_Mode	描述
ADC_Mode_RegSimult	ADC1 和 ADC2 工作在同步规则模式
ADC_Mode_FastInterl	ADC1 和 ADC2 工作在快速交替模式
ADC_Mode_SlowInterl	ADC1 和 ADC2 工作在慢速交替模式
ADC_Mode_AlterTrig	ADC1 和 ADC2 工作在交替触发模式

（2）ADC_ScanConvMode。

ADC_ScanConvMode 规定了 A/D 转换工作在扫描模式（多通道）还是单次（单通道）模式。可以设置这个参数为 ENABLE 或 DISABLE。

（3）ADC_ContinuousConvMode。

ADC_ContinuousConvMode 规定了 A/D 转换工作在连续还是单次模式。可以设置这个参数为 ENABLE 或 DISABLE。

（4）ADC_ExternalTrigConv。

ADC_ExternalTrigConv 定义了使用外部触发来启动规则通道的模数转换，这个参数可以取的值见表 9－15。

表 9－15　ADC_ExternalTrigConv **定义**

ADC_ExternalTrigConv	描述
ADC_ExternalTrigConv_T1_CC1	选择定时器 1 的捕获比较 1 作为转换外部触发
ADC_ExternalTrigConv_T1_CC2	选择定时器 1 的捕获比较 2 作为转换外部触发
ADC_ExternalTrigConv_T1_CC3	选择定时器 1 的捕获比较 3 作为转换外部触发
ADC_ExternalTrigConv_T2_CC2	选择定时器 2 的捕获比较 2 作为转换外部触发
ADC_ExternalTrigConv_T3_TRGO	选择定时器 3 的 TRGO 作为转换外部触发
ADC_ExternalTrigConv_T4_CC4	选择定时器 4 的捕获比较 4 作为转换外部触发
ADC_ExternalTrigConv_Ext_IT11	选择外部中断线 11 事件作为转换外部触发
ADC_ExternalTrigConv_None	转换由软件而不是外部触发启动

（5）ADC_DataAlign。

ADC_DataAlign 规定了 ADC 数据向左边对齐还是向右边对齐，这个参数可取的值见表 9－16。

表 9－16　ADC_DataAlign **定义**

ADC_DataAlign	描述
ADC_DataAlign_Right	ADC 数据右对齐

续表9－16

ADC_DataAlign	描述
ADC_DataAlign_Left	ADC 数据左对齐

（6）ADC_NbrOfChannel。

ADC_NbrOfChannel 规定了顺序进行规则转换的 ADC 通道的数目。这个数目的取值范围是 1～16。

根据 ADC_InitStruct 成员初始化 ADC1 的参考程序如下：

```
ADC_InitTypeDef ADC_InitStructure;
ADC_InitStructure.ADC_Mode = ADC_Mode_Independent;
ADC_InitStructure.ADC_ScanConvMode = ENABLE;
ADC_InitStructure.ADC_ContinuousConvMode = DISABLE;
ADC_InitStructure.ADC_ExternalTrigConv = ADC_ExternalTrigConv_Ext_IT11;
ADC_InitStructure.ADC_DataAlign = ADC_DataAlign_Right;
ADC_InitStructure.ADC_NbrOfChannel = 16;
ADC_Init (ADC1, &ADC_InitStructure);
```

注意：为了能够正确地配置每一个 ADC 通道，用户在调用 ADC_Init（）之后，必须调用 ADC_ChannelConfig（ ）来配置每个所使用通道的转换次序和采样时间。

9.2.3.3　函数 ADC_Cmd

表 9－17 描述了函数 ADC_Cmd。

表 9－17　**函数** ADC_Cmd

函数名	ADC_Cmd
函数原型	void ADC_Cmd（ADC_TypeDef * ADCx，FunctionalState NewState）
功能描述	使能或者失能指定的 ADC
输入参数 1	ADCx：x 可以是 1 或 2 来选择 ADC 外设 ADC1 或 ADC2
输入参数 2	NewState：外设 ADCx 的新状态，这个参数可以取 ENABLE 或者 DISABLE
输出参数	无
返回值	无
先决条件	无
被调用函数	无

例如，使能 ADC1 的代码如下：

```
ADC_Cmd (ADC1, ENABLE);
```

注意：函数 ADC_Cmd 只能在其他 ADC 设置函数之后被调用。

9.2.3.4 函数 ADC_DMACmd

表 9-18 描述了函数 ADC_DMACmd。

表 9-18 函数 ADC_DMACmd

函数名	ADC_DMACmd
函数原型	void ADC_DMACmd（ADC_TypeDef *ADCx，FunctionalState NewState）
功能描述	使能或者失能指定的 ADC 的 DMA 请求
输入参数 1	ADCx：x 可以是 1 或 2 来选择 ADC 外设 ADC1 或 ADC2
输入参数 2	NewState：ADC DMA 传输的新状态，这个参数可以取 ENABLE 或者 DISABLE
输出参数	无
返回值	无
先决条件	无
被调用函数	无

例如，使能 ADC2 的 DMA 传输代码如下：

```
ADC_DMACmd（ADC2，ENABLE）；
```

9.2.3.5 函数 ADC_ITConfig

表 9-19 描述了函数 ADC_ITConfig。

表 9-19 函数 ADC_ITConfig

函数名	ADC_ITConfig
函数原型	void ADC_ITConfig（ADC_TypeDef *ADCx，u16 ADC_IT，FunctionalState NewState）
功能描述	使能或者失能指定的 ADC 的中断
输入参数 1	ADCx：x 可以是 1 或 2 来选择 ADC 外设 ADC1 或 ADC2
输入参数 2	ADC_IT：将要被使能或者失能的指定 ADC 中断源
输入参数 3	NewState：指定 ADC 中断的新状态，这个参数可以取 ENABLE 或者 DISABLE
输出参数	无
返回值	无
先决条件	无
被调用函数	无

其中，ADC_IT 可以用来使能或者失能 ADC 中断。ADC_IT 可取的参数见表 9—20，可以使用表中的一个参数或者它们的组合。

表 9—20　ADC_IT 定义

ADC_IT	描述
ADC_IT_EOC	EOC 中断屏蔽
ADC_IT_AWD	AWDOG 中断屏蔽
ADC_IT_JEOC	JEOC 中断屏蔽

例如，使能 ADC2 的 EOC 和 AWDOG 中断代码如下：

```
ADC_ITConfig (ADC2, ADC_IT_EOC | ADC_IT_AWD, ENABLE);
```

9.2.3.6　函数 ADC_ResetCalibration

表 9—21 描述了函数 ADC_ResetCalibration。

表 9—21　函数 ADC_ResetCalibration

函数名	ADC_ResetCalibration
函数原型	void ADC_ResetCalibration (ADC_TypeDef * ADCx)
功能描述	重置指定的 ADC 的校准寄存器
输入参数	ADCx：x 可以是 1 或 2 来选择 ADC 外设 ADC1 或 ADC2
输出参数	无
返回值	无
先决条件	无
被调用函数	无

例如：重置 ADC1 的校准寄存器代码如下：

```
ADC_ResetCalibration (ADC1);
```

9.2.3.7　函数 ADC_GetResetCalibrationStatus

表 9—22 描述了函数 ADC_GetResetCalibrationStatus。

表 9－22　函数 ADC_GetResetCalibrationStatus

函数名	ADC_GetResetCalibrationStatus
函数原型	FlagStatus ADC_GetResetCalibrationStatus（ ADC_TypeDef ＊ADCx）
功能描述	获取 ADC 重置校准寄存器的状态
输入参数	ADCx：x 可以是 1 或 2 来选择 ADC 外设 ADC1 或 ADC2
输出参数	无
返回值	ADC 重置校准寄存器的新状态（SET 或者 RESET）
先决条件	无
被调用函数	无

例如，获取 ADC2 重置校准寄存器的状态代码如下：

```
FlagStatus Status;
Status = ADC_GetResetCalibrationStatus (ADC2);
```

9.2.3.8　函数 ADC_StartCalibration

表 9－23 描述了函数 ADC_StartCalibration。

表 9－23　函数 ADC_StartCalibration

函数名	ADC_StartCalibration
函数原型	void ADC_StartCalibration（ADC_TypeDef ＊ADCx）
功能描述	开始指定 ADC 的校准状态
输入参数	ADCx：x 可以是 1 或 2 来选择 ADC 外设 ADC1 或 ADC2
输出参数	无
返回值	无
先决条件	无
被调用函数	无

例如，开始 ADC2 校准代码如下：

```
ADC_StartCalibration (ADC2);
```

9.2.3.9　函数 ADC_GetCalibrationStatus

表 9－24 描述了函数 ADC_GetCalibrationStatus。

表 9-24　函数 ADC_GetCalibrationStatus

函数名	ADC_GetCalibrationStatus
函数原型	FlagStatus ADC_GetCalibrationStatus (ADC_TypeDef * ADCx)
功能描述	获取指定 ADC 的校准程序
输入参数	ADCx：x 可以是 1 或 2 来选择 ADC 外设 ADC1 或 ADC2
输出参数	无
返回值	ADC 校准的新状态（SET 或者 RESET）
先决条件	无
被调用函数	无

例如，获取 ADC2 的校准状态代码如下：

```
FlagStatus Status;
Status = ADC_GetCalibrationStatus (ADC2);
```

9.2.3.10　函数 ADC_SoftwareStartConvCmd

表 9-25 描述了函数 ADC_SoftwareStartConvCmd。

表 9-25　函数 ADC_SoftwareStartConvCmd

函数名	ADC_SoftwareStartConvCmd
函数原型	void ADC_SoftwareStartConvCmd (ADC_TypeDef * ADCx, FunctionalState NewState)
功能描述	使能或者失能指定 ADC 的软件转换启动功能
输入参数 1	ADCx：x 可以是 1 或 2 来选择 ADC 外设 ADC1 或 ADC2
输入参数 2	NewState：指定 ADC 的软件转换启动新状态
输出参数	无
返回值	无
先决条件	无
被调用函数	无

例如，软件启动 ADC1 转换代码如下：

```
ADC_SoftwareStartConvCmd (ADC1, ENABLE);
```

9.2.3.11　函数 ADC_RegularChannelConfig

表 9-26 描述了函数 ADC_RegularChannelConfig。

表 9-26　函数 ADC_RegularChannelConfig

函数名	ADC_RegularChannelConfig
函数原型	void ADC_RegularChannelConfig (ADC_TypeDef * ADCx, u8 ADC_Channel, u8 Rank, u8 ADC_SampleTime)
功能描述	使能或者失能指定 ADC 的软件转换启动功能
输入参数 1	ADCx：x 可以是 1 或 2 来选择 ADC 外设 ADC1 或 ADC2
输入参数 2	ADC_Channel：被设置的 ADC 通道
输入参数 3	Rank：规则组采样顺序，取值范围 1～16
输入参数 4	ADC_SampleTime：指定 ADC 通道的采样时间值
输出参数	无
返回值	无
先决条件	无
被调用函数	无

（1）ADC_Channel。

参数 ADC_Channel 指定了通过调用 ADC_RegularChannelConfig 来设置的 ADC 通道。表 9-27 列举了 ADC_Channel 可取的值。

表 9-27　ADC_Channel 的值

ADC_Channel	描述
ADC_Channel_0	选择 ADC 通道 0
ADC_Channel_1	选择 ADC 通道 1
ADC_Channel_2	选择 ADC 通道 2
ADC_Channel_3	选择 ADC 通道 3
ADC_Channel_4	选择 ADC 通道 4
ADC_Channel_5	选择 ADC 通道 5
ADC_Channel_6	选择 ADC 通道 6
ADC_Channel_7	选择 ADC 通道 7
ADC_Channel_8	选择 ADC 通道 8
ADC_Channel_9	选择 ADC 通道 9
ADC_Channel_10	选择 ADC 通道 10
ADC_Channel_11	选择 ADC 通道 11
ADC_Channel_12	选择 ADC 通道 12
ADC_Channel_13	选择 ADC 通道 13
ADC_Channel_14	选择 ADC 通道 14

续表

ADC_Channel	描述
ADC_Channel_15	选择 ADC 通道 15
ADC_Channel_16	选择 ADC 通道 16
ADC_Channel_17	选择 ADC 通道 17

（2）ADC_SampleTime。

ADC_SampleTime 设定了选中通道的 ADC 采样时间。表 9－28 给出了 ADC_SampleTime 可取的值。

表 9－28　ADC_SampleTime **的值**

ADC_SampleTime	描述
ADC_SampleTime_1Cycles5	采样时间为 1.5 周期
ADC_SampleTime_7Cycles5	采样时间为 7.5 周期
ADC_SampleTime_13Cycles5	采样时间为 13.5 周期
ADC_SampleTime_28Cycles5	采样时间为 28.5 周期
ADC_SampleTime_41Cycles5	采样时间为 41.5 周期
ADC_SampleTime_55Cycles5	采样时间为 55.5 周期
ADC_SampleTime_71Cycles5	采样时间为 71.5 周期
ADC_SampleTime_239Cycles5	采样时间为 239.5 周期

例如，配置 ADC1 的通道 2 的第一个转换的采样时间为 7.5 周期代码如下：

```
ADC_RegularChannelConfig（ADC1，ADC_Channle_2，1，
ADC_SampleTime_7Cycles5)；
```

9.2.3.12　ADC_GetConversionValue

表 9－29 描述了函数 ADC_GetConversionValue。

表 9－29　**函数** ADC_GetConversionValue

函数名	ADC_GetConversionValue
函数原型	u16 ADC_GetConversionValue（ ADC_TypeDef ＊ ADCx)
功能描述	返回最近一次 ADCx 规则组的转换结果
输入参数	ADCx：x 可以是 1 或 2 来选择 ADC 外设 ADC1 或 ADC2
输出参数	无

续表9－29

函数名	ADC_GetConversionValue
返回值	转换结果
先决条件	无
被调用函数	无

例如，获取ADC1的转换结果代码如下：

```
u16 DataValue;
DataValue = ADC_GetConversionValue (ADC1);
```

9.2.3.13 函数ADC_TampSensorVrefintCmd

表9－30描述了函数ADC_TampSensorVrefintCmd。

表9－30 函数ADC_TampSensorVrefintCmd

函数名	ADC_TampSensorVrefintCmd
函数原型	void ADC_TampSensorVrefintCmd (FunctionalState NewState)
功能描述	使能或者失能温度传感器和内部参考电压通道
输入参数	NewState：温度传感器和内部参考电压通道的新状态，这个参数可以取ENABLE或者DISABLE
输出参数	无
返回值	无
先决条件	无
被调用函数	无

例如，使能温度传感器和内部参考电压通道代码如下：

```
ADC_TampSensorVrefintCmd (ENABLE);
```

9.2.3.14 ADC_GetFlagStatus

表9－31描述了函数ADC_GetFlagStatus。

表9－31 函数ADC_GetFlagStatus

函数名	ADC_GetFlagStatus
函数原型	FlagStatus ADC_GetFlagStatus (ADC_TypeDef * ADCx, u8 ADC_FLAG)

续表9－31

函数名	ADC_GetFlagStatus
功能描述	检查指定 ADC 标志位置 1 与否
输入参数 1	ADCx：x 可以是 1 或 2 来选择 ADC 外设 ADC1 或 ADC2
输入参数 2	ADC_FLAG：指定需检查的标志位
输出参数	无
返回值	无
先决条件	无
被调用函数	无

其中，ADC_FLAG 可取的值由表 9－32 给出。

表 9－32　ADC_FLAG 的值

ADC_FLAG	描述
ADC_FLAG_AWD	模拟看门狗标志位
ADC_FLAG_EOC	转换结束标志位
ADC_FLAG_JEOC	注入组转换结束标志位
ADC_FLAG_JSTRT	注入组转换开始标志位
ADC_FLAG_STRT	规则组转换开始标志位

例如，检查 ADC1 的转换结束标志位是否置位代码如下：

```
FlagStatus Status;
Status = ADC_GetFlagStatus (ADC1, ADC_FLAG_EOC);
```

9.2.3.15　函数 ADC_ClearFlag

表 9－33 描述了函数 ADC_ClearFlag。

表 9－33　函数 ADC_ClearFlag

函数名	ADC_ClearFlag
函数原型	void　ADC_ClearFlag (ADC_TypeDef * ADCx, u8 ADC_FLAG)
功能描述	清除 ADCx 的待处理标志位
输入参数 1	ADCx：x 可以是 1 或 2 来选择 ADC 外设 ADC1 或 ADC2
输入参数 2	ADC_FLAG：待处理的标志位，使用操作符“｜”可以同时清除 1 个以上的标志位
输出参数	无

续表9－33

函数名	ADC_ClearFlag
返回值	无
先决条件	无
被调用函数	无

例如，清除 ADC2 规则组转换开始标志位代码如下：

```
ADC_ClearFlag（ADC2，ADC_FLAG_STRT）；
```

9.2.3.16　函数 ADC_GetITStatus

表 9－34 描述了函数 ADC_GetITStatus。

表 9－34　**函数** ADC_GetITStatus

函数名	ADC_GetITStatus
函数原型	ITStatus ADC_GetITStatus（ADC_TypeDef * ADCx，u16 ADC_IT）
功能描述	检查指定的 ADC 中断是否发生
输入参数 1	ADCx：x 可以是 1 或 2 来选择 ADC 外设 ADC1 或 ADC2
输入参数 2	ADC_IT：将要被检查指定 ADC 中断源，其取值见表 9－20
输出参数	无
返回值	无
先决条件	无
被调用函数	无

例如，检查 ADC1 的模拟看门狗中断是否发生代码如下：

```
ITStatus Status；
Status = ADC_GetITStatus（ADC1，ADC_IT_AWD）；
```

9.2.3.17　函数 ADC_ClearITPendingBit

表 9－35 描述了函数 ADC_ClearITPendingBit。

表 9－35　**函数** ADC_ClearITPendingBit

函数名	ADC_ClearITPendingBit
函数原型	void　ADC_ClearITPendingBit（ADC_TypeDef * ADCx，u16 ADC_IT）

续表9－35

函数名	ADC_ClearITPendingBit
功能描述	清除 ADCx 的中断待处理位
输入参数 1	ADCx：x 可以是 1 或 2 来选择 ADC 外设 ADC1 或 ADC2
输入参数 2	ADC_IT：待清除的 ADC 中断待处理位，其取值见表 9－20
输出参数	无
返回值	无
先决条件	无
被调用函数	无

例如，清除 ADC2 注入通道转换结束标志位代码如下：

```
ADC_ClearITPendingBit (ADC2, ADC_IT_JEOC);
```

9.2.4　ADC 的程序流程

STM32 中 ADC 的程序流程（以 ADC1 为例）如下：

（1）开启 ADC1 时钟。因为 ADC1 的模拟输入通道是在 GPIOA 上，所以同时也要打开 GPIOA 时钟，并进行相关的配置，要把 GPIOA 的相应引脚设置成模拟输入。以 ADC1 通道 0（PA1）为例，其配置方法代码如下：

```
RCC_APB2PeriphClockCmd (RCC_APB2Periph_GPIOA | RCC_APB2Periph_ADC1, ENABLE);
GPIO_InitStructure.GPIO_Mode=GPIO_Mode_AIN;
GPIO_InitStructure.GPIO_Pin=GPIO_Pin_1;
GPIO_Init (GPIOA, &GPIO_InitStructure);
```

（2）复位 ADC1 并设置分频因子。开启 ADC1 时钟后，要复位 ADC1，将 ADC1 的全部寄存器重设为默认值，还要通过 RCC_CFGR 设置 ADC1 的分频因子（注意，ADC 的时钟不能超过 14MHz），而且其采样周期长点会更好。库函数实现的代码如下：

```
ADC_DeInit (ADC1);                    //ADC1 复位
RCC_ADCCLKConfig (RCC_PCLK_Div6);     //设置 ADC 分频因子为 6, 72MHz/6=12MHz
```

（3）初始化 ADC1 参数，设置 ADC1 的工作模式以及规则序列的相关信息。在设置完分频因子后，就可以开始 ADC1 的模式配置，设置单次转换模式、触发方式、数据对齐方式等。还要设置 ADC1 规则序列的相关信息，在这里只有一个通道，又是单次转换，规则序列中的通道数要设置为 1。库函数实现的代码如下：

```
ADC_InitTypeDef ADC_InitStructure;
ADC_InitStructure.ADC_Mode=ADC_Mode_Independent; //ADC 独立工作模式
ADC_InitStructure.ADC_ScanConvMode=DISABLE; //非扫描模式（单通道模式）
ADC_InitStructure.ADC_ContinuousConvMode=DISABLE; //单次转换模式
ADC_InitStructure.ADC_ExternalTrigConv=ADC_ExternalTrigConv_None; //软件控制转换
ADC_InitStructure.ADC_DataAlign=ADC_DataAlign_Right; //ADC 数据右对齐
ADC_InitStructure.ADC_NbrOfChannel=1; //转换规则序列 1 的 ADC 通道的数目为 1
ADC_Init (ADC1, &ADC_InitStructure); //根据以上指定的参数，初始化外设 ADCx 的寄存器
```

（4）使能 ADC 和校准设置。使能 A/D 转换器，执行复位校准和 A/D 校准。注意：这两步校准一定要有，否则转换结果将有较大的误差。每次进行校准之后都要等待校准结束，但是通过什么方式知道校准结束呢？这就需要通过获取校准状态以判断校准是否结束。库函数实现的代码如下：

```
ADC_Cmd (ADC1, ENABLE); //使能指定的 ADC1
ADC_ResetCalibration (ADC1); //使能复位校准
while (ADC_GetResetCalibrationStatus (ADC1)); //等待复位校准结束
ADC_StartCalibration (ADC1); //开启 AD 校准
while (ADC_GetCalibrationStatus (ADC1)); //等待校准结束
```

（5）读取 ADC 值。在上面的校准完成后，ADC 就准备好了。接下来要做的是设置规则序列 1 的采样通道、采样顺序，以及通道的采样周期，然后启动 ADC 转换。在转换结束后，读取 ADC1_DR 里面的值就可以了。库函数实现的代码如下：

```
ADC_RegularChannelConfig (ADC1, ADC_Channel_0, 1, ADC_SampleTime_239Cycles5); //ADC1
的通道 0 采样时间是 239.5 周期
ADC_SoftwareStartConvCmd (ADC1, ENABLE); //使能指定的 ADC1 的软件转换启动功能
while (! ADC_GetFlagStatus (ADC1, ADC_FLAG_EOC)); //等待转换结束
ad=ADC_GetConversionValue (ADC1); //读取 ADC1 规则组的转换结果
```

通过以上步骤，就可以正常地使用 STM32 的 ADC1 来完成 A/D 转换操作。

9.3 项目九的实现

9.3.1 硬件分析

根据项目要求，采集的模拟电压通过电位器来获得，可调节输入电压在 0～3.3V 之间变化，通过 STM32F103R6 芯片的 PB0 来读取外部电压值。由表 9－1 可知，PB0 对应

ADC1 的通道 8。采集的模拟电压通过 4 位数码管动态显示出来。

9.3.2　软件设计

本项目执行 ADC 规则通道的单次转换，ADC 配置流程见 9.2.4 节，整个项目的程序设计流程如图 9—11 所示。在程序设计中为了减少 A/D 转换的误差，采用数字滤波的方法，即连续采集 10 次，取其平均值作为转换结果。

采用系统电源 3.3V 作为参考电压。因此，采集的模拟电压 V 可用以下公式表示：

$$V=\frac{AD}{4096}\times 3.3$$

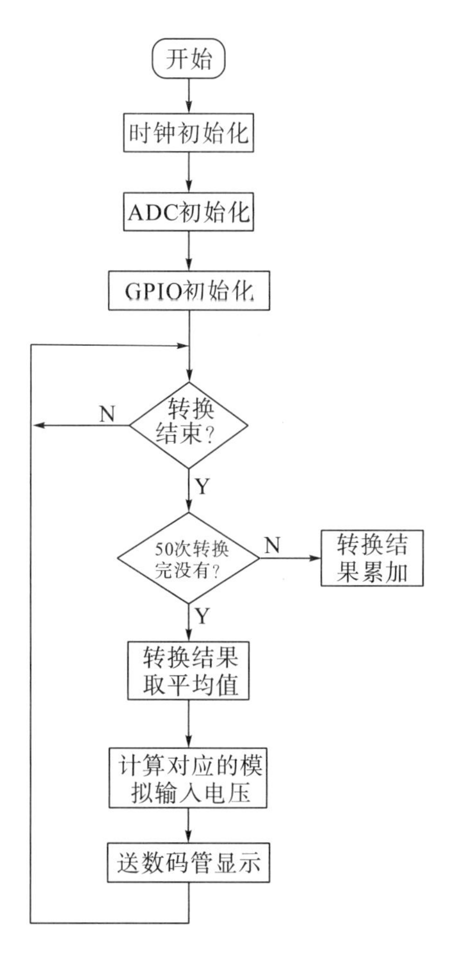

图 9—11　项目九程序设计流程图

在本项目中，需要编写 anadc_init.c 文件和 anadc_init.h 头文件，anadc_init.c 主要包括时钟的初始化函数 RCC_Configuration（ ）、采集模拟输入的 GPIO 端口的配置函数 GPIO_Configuration（ ）和 ADC 的初始化配置函数 Adc_Init（ ）。

anadc_init.c 文件的代码如下：

```
#include "anadc_init.h"
void RCC_Configuration (void)
{
    RCC_APB2PeriphClockCmd (RCC_APB2Periph_GPIOB, ENABLE);
    RCC_APB2PeriphClockCmd (RCC_APB2Periph_ADC1, ENABLE);
    RCC_ADCCLKConfig (RCC_PCLK2_Div6);
}
void GPIO_Configuration (void)
{
    GPIO_InitTypeDef  GPIO_InitStructure;
    GPIO_InitStructure.GPIO_Mode=GPIO_Mode_AIN;
    GPIO_InitStructure.GPIO_Pin=GPIO_Pin_0;
    GPIO_InitStructure.GPIO_Speed=GPIO_Speed_50MHz;
    GPIO_Init (GPIOB, &GPIO_InitStructure);
}
void Adc_Init (void)
{
    ADC_InitTypeDef ADC_InitStructure;
    ADC_InitStructure.ADC_Mode=ADC_Mode_Independent;
    ADC_InitStructure.ADC_ScanConvMode = DISABLE; ADC_InitStructure.ADC_ContinuousConvMode=DISABLE;
    ADC_InitStructure.ADC_ExternalTrigConv=ADC_ExternalTrigConv_None; ADC_InitStructure.ADC_DataAlign=ADC_DataAlign_Right; ADC_InitStructure.ADC_NbrOfChannel=1;
    ADC_Init (ADC1, &ADC_InitStructure);
    ADC_RegularChannelConfig (ADC1, ADC_Channel_8, 1, ADC_SampleTime_239Cycles5);
    ADC_Cmd (ADC1, ENABLE);
    ADC_ResetCalibration (ADC1);
    while (! ADC_GetResetCalibrationStatus (ADC1));
    ADC_StartCalibration (ADC1);
    while (! ADC_GetCalibrationStatus (ADC1));
}
```

anadc_init.h头文件的代码如下：

```
#ifndef_ANADC_INIT_H
#define_ANADC_INIT_H
#include "stm32f10x.h"
void RCC_Configuration (void);
void GPIO_Configuration (void);
void Adc_Init (void);
#endif
```

数码管动态显示程序的编写可参考项目三，其中 meggpio. c 文件主要包括为数码管提供位选和段选的 GPIO 端口的初始化函数 GPIO_config（ ）、延时函数 delay（ ）和带小数点的 4 位数码管动态显示函数 smg_disp（ ）。

```
meggpio. c 文件的代码如下：
#include "meggpio. h"
u8 discode [] = {0x3f, 0x06, 0x5b, 0x4f, 0x66, 0x6d, 0x7d, 0x07, 0x7f, 0x6f};
u8 weixuan [] = {0xfe, 0xfd, 0xfb, 0xf7};
```

```
static void GPIO_config (void)
{
GPIO_InitTypeDef   GPIO_InitStructure;
RCC_APB2PeriphClockCmd (RCC_APB2Periph_GPIOA | RCC_APB2Periph_GPIOC, ENABLE);
GPIO_InitStructure. GPIO_Mode=GPIO_Mode_Out_PP;
GPIO_InitStructure. GPIO_Pin=GPIO_Pin_0 | GPIO_Pin_1 | GPIO_Pin_2 | GPIO_Pin_3;
GPIO_InitStructure. GPIO_Speed=GPIO_Speed_50MHz;
GPIO_Init (GPIOC, &GPIO_InitStructure);
GPIO_InitStructure. GPIO_Mode=GPIO_Mode_Out_PP;
GPIO_InitStructure. GPIO_Pin=GPIO_Pin_0 | GPIO_Pin_1 | GPIO_Pin_2 | GPIO_Pin_3 | GPIO_Pin
_4 | GPIO_Pin_5 | GPIO_Pin_6 | GPIO_Pin_7;
GPIO_InitStructure. GPIO_Speed=GPIO_Speed_50MHz;
GPIO_Init (GPIOA, &GPIO_InitStructure);
}
static void delay (u16 t)
{
  u8 i;
  while (t--) for (i=0; i<200; i++);
}

void smg_disp (u8 num1, u8 num2, u8 num3, u8 num4, u8 point)
{
    GPIO_config ();
    u8 i, dispnum [4];
    dispnum [0] =discode [num4];
    dispnum [1] =discode [num3];
    dispnum [2] =discode [num2];
    dispnum [3] =discode [num1];
    switch (point)
    {
        case 1: dispnum [3] |=0x80; break;
```

```
        case 2：dispnum [2] | =0x80；break;
        case 3：dispnum [1] | =0x80；break;
    }
    for (i=0；i<4；i++)
    {
        GPIO_Write (GPIOA，0x00)；
        GPIO_Write (GPIOC，weixuan [i])；
        GPIO_Write (GPIOA，dispnum [i])；
        delay (120)；
    }
}
```

meggpio. h 头文件的代码如下：

```
#ifndef_MEGGPIO_H
#define_MEGGPIO_H
#include "stm32f10x. h"
void smg_disp (u8 num1，u8 num2，u8 num3，u8 num4，u8 point)；
#endif
```

最后是主函数的编写，按照图 9-11 所示流程编写即可，其参考代码如下：

```
#include "stm32f10x. h"
#include "anadc_init. h"
#include "meggpio. h"
int main (void)
{
    u32 ad=0;
    u8 i=0;
    u8 qian，bai，shi，ge;
    RCC_Configuration ()；
    GPIO_Configuration ()；
    Adc_Init ()；
    while (1)
{
    for (i=0；i<50；i++)
    {
    ADC_SoftwareStartConvCmd (ADC1，ENABLE)；
    while (! ADC_GetFlagStatus (ADC1，ADC_FLAG_EOC))；
    ad=ad+ADC_GetConversionValue (ADC1)；
    }
    ad=ad/50;
```

```
    ad=(3.3/4096*ad)*1000;
    qian=ad/1000;
    bai=ad%1000/100;
    shi=ad%100/10;
    ge=ad%10;
    smg_disp(qian, bai, shi, ge, 1);
  }
}
```

程序经过编译后，如无错误产生将生成的.hex文件下载到开发板，按照图9−1接好外电路，先用万用表测试电位器中间抽头输出端电平，然后观察开发板运行显示结果与用万用表测试结果是否一致，如果不一致，要对程序进行分析检查，直到两者一致。也可以通过Proteus软件进行仿真验证，将电位器调到46%，运行程序得到仿真图如图9−12所示，与理论值基本相符。

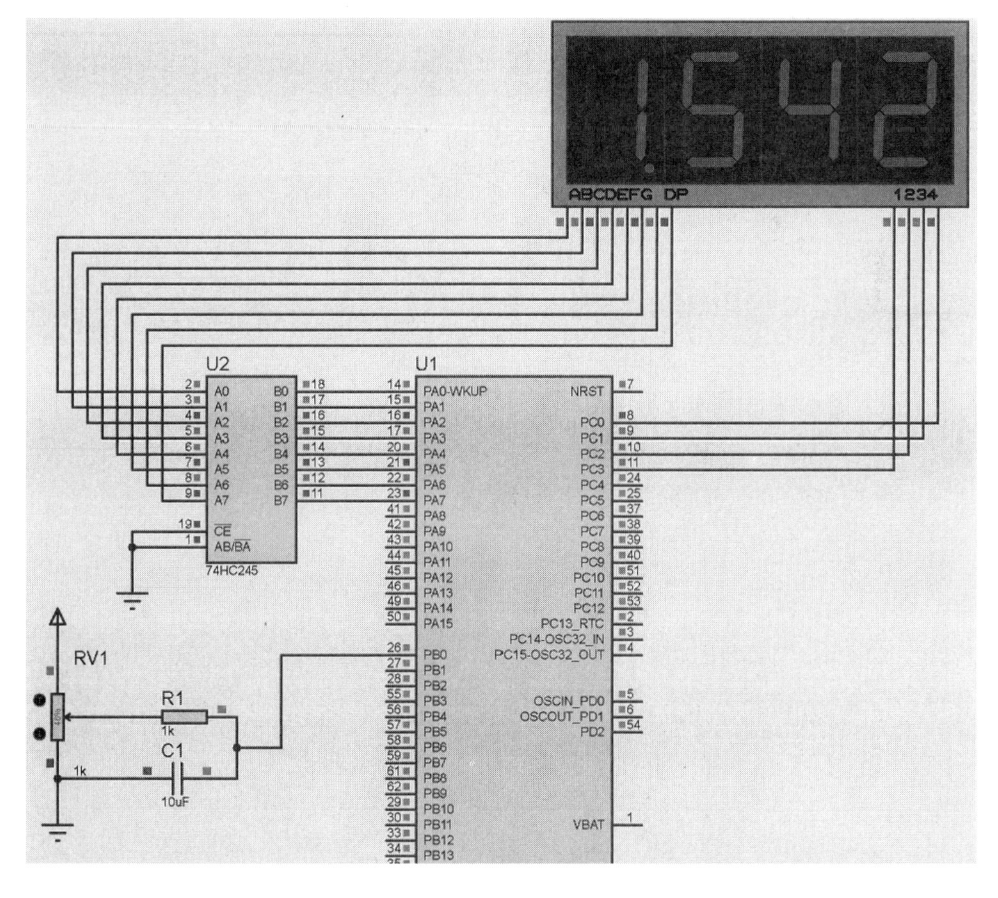

图9−12　项目九仿真结果

思考与实操

1. ADC 有哪些主要参数？其含义是什么？ADC 最重要的两个指标是什么？

2. 简述 STM32 的 ADC 的主要特性。

3. 简述规则通道组和注入通道组之间的关系。

4. STM32 的 ADC1 设置有哪几个步骤？

5. 判断本次规则通道的 A/D 转换是否完成，是通过哪个寄存器的哪一位判断的？

6. 若 A/D 转换完成，是通过哪个寄存器来读取转换结果的？

7. STM32 的 ADC 的测量范围是多少？如果测量 7.2V 电压，需要如何处理电路？

8. 设计一个程序，检测 STM32 芯片温度，并将测试结果用数码管显示出来，要求把程序下载到开发板进行验证。

项目十　串口通信

10.1　项目要求

基于 STM32 核心板设计一个串口通信实验，每秒通过 printf 向计算机发送信息“请输入数据，以回车键结束”，在计算机上通过串口调试助手显示。另外，计算机上的串口调试助手向 STM32 核心板发送 1 字节数据，STM32 核心板收到后，进行加 1 处理再回发到计算机，通过串口调试助手显示出来。比如，计算机通过串口调试助手向 STM32 核心板发送 6，STM32 核心板收到之后，进行加 1 处理，向计算机发送 7。

10.2　STM32 的串口通信

通信接口通常有两种：一种是并行通信，数据的各个位同时传输，速度快，但占用引脚资源多；另一种是串行通信，数据按位顺序传输，占用引脚资源少，速度相对慢。

10.2.1　串行通信基本知识

按照串行数据的时钟控制方式，串行通信可以分为异步通信和同步通信。

10.2.1.1　异步通信

在异步通信中，数据通常是以字符为单位组成字符帧传送的。字符帧由发送端一帧一帧地发送，每一帧数据低位在前、高位在后，通过传输线被接收端一帧一帧地接收。发送端和接收端可以由各自独立的时钟来控制数据的发送和接收，这两个时钟彼此独立、互不同步。

在异步通信中，接收端是依靠字符帧格式来判断发送端是何时开始发送和何时结束发送的。

（1）字符帧格式。

字符帧格式是异步通信的一个重要指标。字符帧也称数据帧，由起始位、数据位、奇偶校验位和停止位 4 部分组成，如图 10－1 所示。

起始位：位于字符帧开头，只占 1 位，为逻辑 0 低电平，向接收设备表明发送端开始发送一帧信息。

数据位：紧跟起始位之后，根据情况可取 5 位、6 位、7 位或 8 位，低位在前、高位在后。

奇偶校验位：位于数据位之后，仅占 1 位，用来表征串行通信中采用奇校验还是偶校验，由用户决定。

停止位：位于字符帧最后，为逻辑 1 高电平。通常取 1 位、1.5 位或 2 位，用于向接收端表明一帧信息已经发送完，正为发送下一帧做准备。

在串行通信中，两相邻字符帧之间可以没有空闲位，也可以有若干空闲位，由用户决定。图 10－1（b）所示为 3 个空闲位的字符帧格式。

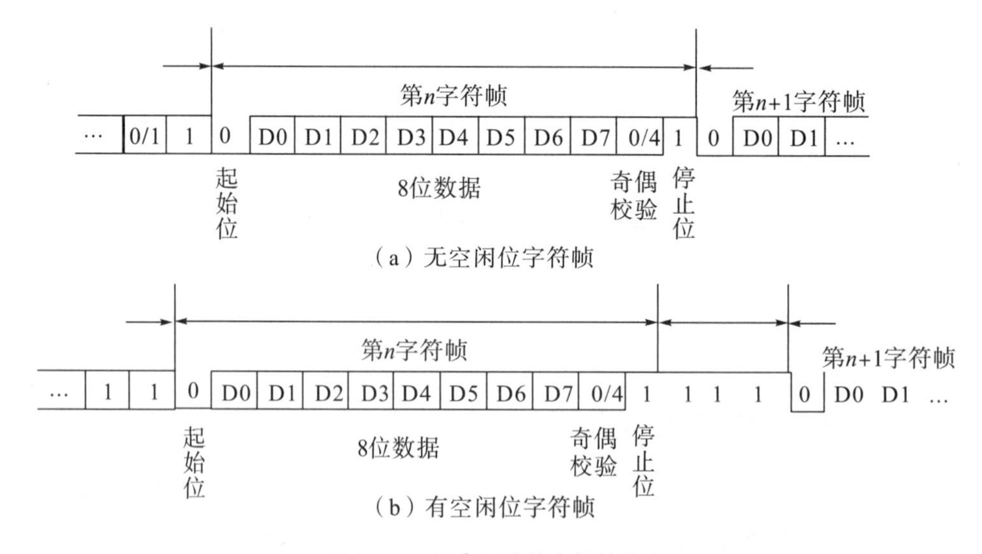

图 10－1 异步通信的字符帧格式

（2）波特率。

异步通信的另一个重要指标为波特率。波特率为每秒钟传送二进制数码的位数，也叫作比特数，单位 b/s，即位/秒。波特率用于表征数据传输的速度，波特率越高，数据传输的速度越快。但波特率和字符的实际传输速率不同，字符的实际传输速率是每秒内所传字符帧的帧数，和字符帧格式有关。

例如：波特率为 1200b/s 的通信系统，若采用 11 数据位字符帧，则字符的实际传输速度为 1200/11=109.09 帧/秒，每位的传输时间为 1/1200s。

异步通信的优点是不需要传送同步时钟，字符帧长度不受限制，故设备简单；缺点是字符帧中因包含起始位和停止位而降低了有效数据的传输效率。

10.2.1.2　同步通信

同步通信是一种连续串行传送数据的通信方式，一次通信只传输一帧信息。这里的信息帧和异步通信的字符帧不同，通常有若干个数据字符，如图 10－2 所示。图 10－2（a）为单同步字符帧结构，图 10－2（b）为双同步字符帧结构，均由同步字符、数据字符和校验字符 CRC 三部分组成。在同步通信中，同步字符可以采用统一的标准格式，也可以由用户自行确定。

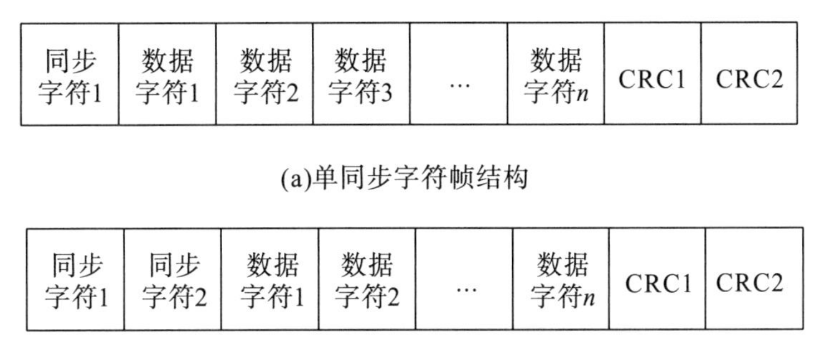

图 10　2　同步通信的字符帧格式

10.2.1.3　串行通信的方式

串行通信根据数据传输的方向及时间关系可分为单工、半双工和全双工 3 种方式，如图 10－3 所示。

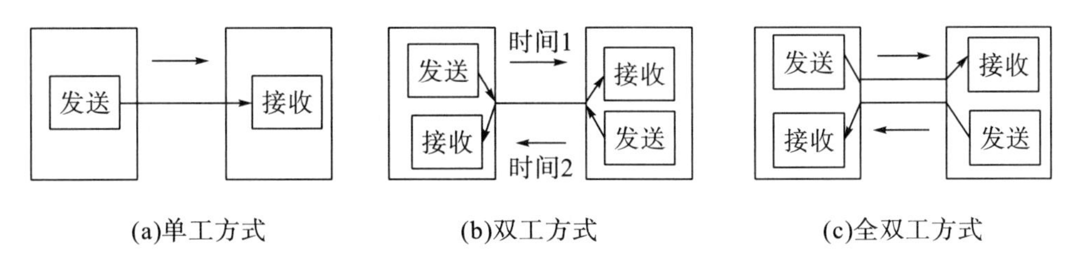

(a)单工方式　(b)双工方式　(c)全双工方式

图 10－3　串行通信的 3 种方式

（1）单工方式。在单工方式下，通信线的一端接发送器，另一端接接收器，数据只能按照一个固定的方向传送，如图 10－3（a）所示。

（2）半双工方式。在半双工方式下，系统的每个通道设备都由一个发送器和一个接收器组成，数据可以沿两个方向传送，但需要分时进行，如图 10－3（b）所示。

（3）全双工方式。在全双工方式下，系统的每端都有发送器和接收器，可以同时发送和接收，即数据可以在两个方向上同时传送，如图 10－3（c）所示。

在实际应用中，尽管多数串行通信接口电路具有全双工功能，但一般情况下，只工作于半双工方式下，这种用法更简单实用。

10.2.1.4 STM32串行通信的通信方式

STM32串行通信的方式有两种：一种是同步通信，带时钟同步信号传输，如SPI、I2C通信接口；另一种是异步通信，不带时钟同步信号。具体通信标准和引脚说明见表10-1。

表10-1 常见串行通信接口

通信标准	引脚说明	通信方式	通信方向
UART (通用异步收发器)	TXD：发送端 RXD：接收端 GND：公共地	异步通信	全双工
单总线（1-wire）	DQ：发送/接收端	异步通信	半双工
SPI	SCK：同步时钟 MISO：主机输入，从机输出 MOSI：主机输出，从机输入	同步通信	全双工
I2C	SCL：同步时钟 SDA：数据输入/输出端	同步通信	半双工

10.2.2 STM32串口通信的功能和结构

串口通信是单片机最基本的功能，很多传感器模块与单片机的连接都会用到串口功能。串口通信，顾名思义就是将一整条内容，切成一“串”个体来发送或接收。发送的核心思想是：将字符串中的一个字符写到一个寄存器中（此寄存器只能存一个字符），写入后会自动通过串口发送，发送结束再写入下一个字符。接收时会直接装入单片机缓冲区的一个字符型数组中，由程序依次读这个数组。

STM32的串口非常强大，STM32F10x处理器的通用同步/异步收发器（USART）单元提供2～5个独立的异步串行通信接口，皆可工作于中断和DMA模式。在STM32F103内置3个通用同步/异步收发器（USART1、USART2和USART3）和2个通用异步收发器（UART4和UART5）。

10.2.2.1 USART功能

STM32F10x处理器的5个接口提供异步通信、支持IrDA SIR ENDEC传输编解码、多处理器通信模式、单线半双工通信模式和LIN主/从功能。

USART1接口通信速率可达4.5Mb/s，其他接口的通信速率可达2.25Mb/s。USART1、USART2和USART3接口具有硬件的CTS和RTS信号管理、兼容ISO7816的智能卡模式和类SPI通信模式，除UART5外，所有其他接口都可以使用DMA操作。

作为串行接口，USART的基本性能如下：

（1）单线半双工通信，只使用 Tx 引脚，如图 10－4 所示。

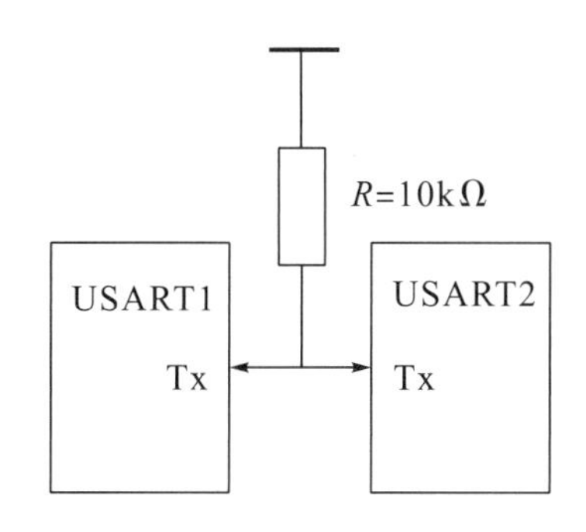

图 10－4　单线半双工通信

（2）全双工同步、异步通信。同步通信仅可用于主模式，通过 SPI 总线和外设通信，如图 10－5 所示。

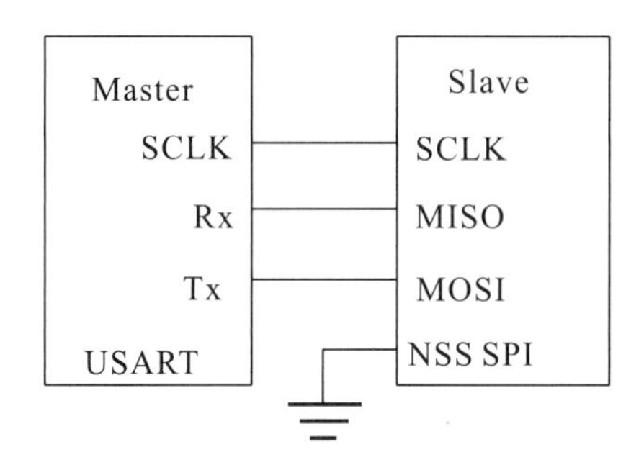

图 10－5　全双工同步通信

（3）分数波特率发生器系统通信速率最高达 4.5Mb/s。

（4）发送方为同步传输提供时钟。

（5）单独的发送器和接收器使能位。

（6）检测标志：接收缓冲器满、发送缓冲器空和传输结束标志。

（7）可编程数据字长度（8 位或 9 位）；可配置的停止位，支持 1 个或 2 个停止位。

（8）校验控制：发送校验位，对接收数据进行校验。

（9）4 个错误检测标志：溢出错误、噪声错误、帧错误和校验错误。

（10）硬件数据流控制。

（11）从静默模式中唤醒（通过空闲总线检测或地址标志检测）。

（12）两种唤醒接收器的方式：地址位（MSB，第 9 位），总线空闲。

与处理器相关的控制功能如下：

（1）10 个带标志的中断源：CTS 改变、LIN 断开符检测、发送数据寄存器空、发送完成、接收数据寄存器满、检测到总线为空闲、溢出错误、帧错误、噪声错误和校验错误；

（2）2 路 DMA 通道。

附加其他协议的串口功能：

（1）多处理器通信：如果地址不匹配，则进入静默模式。

（2）红外 IrDA SIR 编码器、解码器。IrDA 是红外数据组织（Infrared Data Association）的简称，另外也是 Infra Red Data Association 的缩写，即红外线接口。

（3）智能卡模拟功能。智能卡接口支持 ISO7816－3 标准中定义的异步智能卡协议。

（4）LIN（局域互联）功能。

10.2.2.2 USART 结构

STM32 的 USART 硬件结构如图 10－6 所示。接口通过 Rx（接收数据输入）、Tx（发送数据输出）和 GND 三个引脚与其他设备连接在一起。

Rx 通过过采样技术（采样率大于被采样信号最高频率 2 倍以上的采样就是过采样）来区别数据和噪声，从而恢复数据。当发送器被禁止时，输出引脚恢复到它的 I/O 端口配置。当发送器被激活，并且不发送数据时，Tx 引脚处于高电平。USART 硬件结构可分为以下 4 个部分。

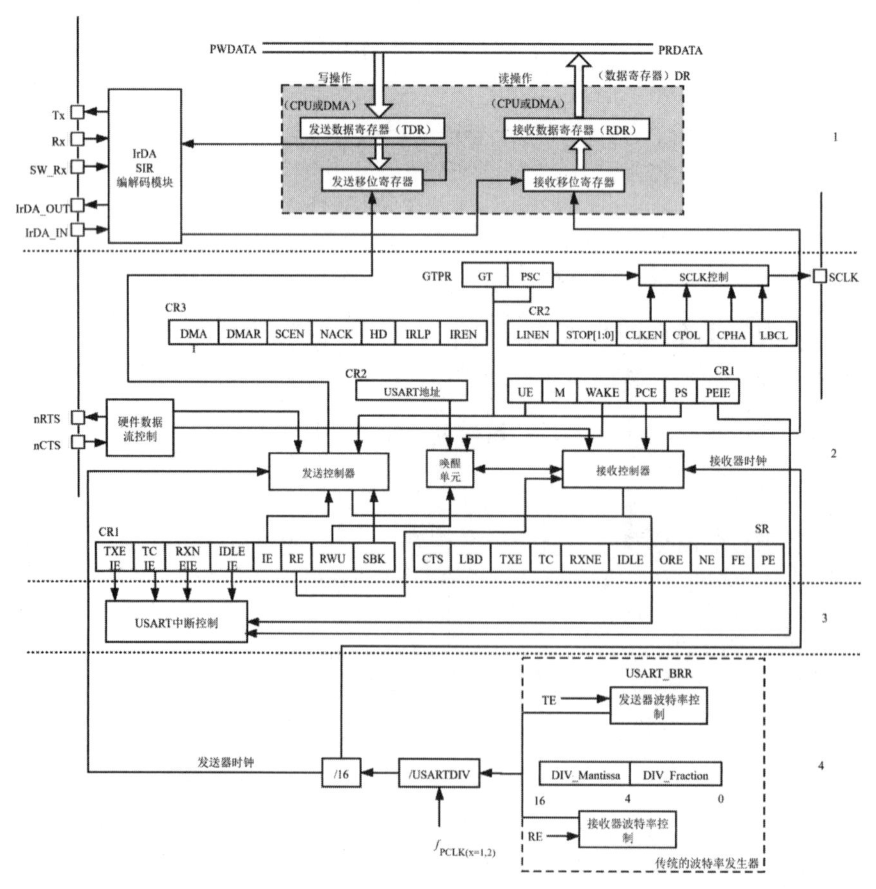

图 10－6　USART 硬件结构框图

（1）发送部分和接收部分，包括相应的引脚和寄存器；收发控制器根据寄存器配置对数据存储转移部分的移位寄存器进行控制，图 10－7 给出了串口数据发送/接收的简单过程。当需要发送数据时，如图 10－7（a）所示，内核或 DMA 外设把数据从内存（变量）写入发送数据寄存器 TDR 后，发送控制器将自动把数据从 TDR 加载到发送移位寄存器，然后通过串口线 Tx 把数据一位一位地发送出去，在数据从 TDR 转移到移位寄存器时，会产生发送寄存器 TDR 已空事件 TXE，当数据从移位寄存器全部发送出去时，会产生数据发送完成事件 TC，这些事件可以在状态寄存器中查询到。而接收数据则是一个逆过程，如图 10－7（b）所示，数据从串口线 Rx 一位一位地输入接收移位寄存器，然后自动地转移到接收数据寄存器 RDR，最后用内核指令或 DMA 读取到内存（变量）中。

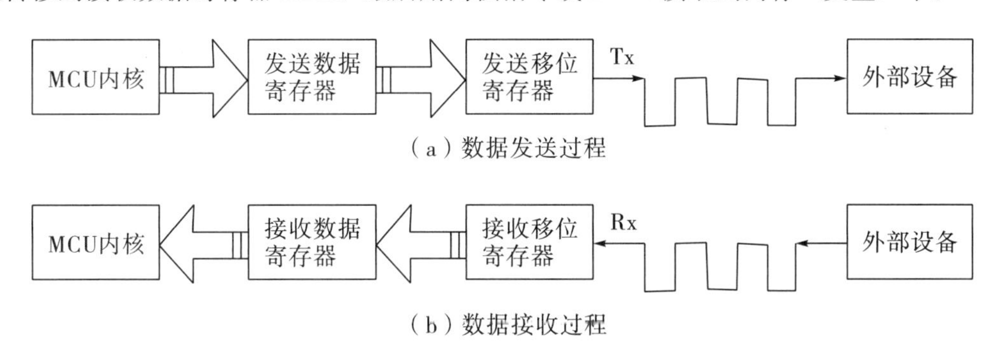

图 10－7　数据发送与数据接收过程

（2）发送器控制和接收器控制，包括相应的控制寄存器。围绕着发送器和接收器控制部分，有多个寄存器（CR1、CR2、CR3、SR），即 USART 的 3 个控制寄存器和一个状态寄存器。通过向寄存器写入各种控制参数来控制发送和接收、如奇偶校验位、停止位等，还包括对 USART 中断的控制；串口的状态在任何时候都可以从状态寄存器中查询到。

（3）中断控制。

（4）波特率控制部分。

10.2.3　波特率设置

接收器和发送器的波特率在 USARTDIV 的整数和小数寄存器中的值应设置成相同的。波特率通过 USART_BRR 寄存器来设置，包括 12 位整数部分和 4 位小数部分。USART_BRR 寄存器如图 10－8 所示，其各位域定义见表 10－2。

31	30	29	28	27	26	25	24	23	22	21	20	19	18	17	16
保留															

15	14	13	12	11	10	9	8	7	6	5	4	3	2	1	0
DIV_Mantissa[11: 0]												DIV_Fraction[3: 0]			
rw	rw	rw	rw	rw	rw	rw	rw	rw	rw	rw	rw	rw	rw	rw	rw

图 10−8　USART_BRR **寄存器**

表 10−2　USART_BRR **各位域定义**

位	定义
位 31：16	保留位，硬件强制为 0
位 15：4	DIV_Mantissa [11：0]：USARTDIV 的整数部分。这 12 位定义了 USART 分频器除法因子（USARTDIV）的整数部分
位 3：0	DIV_Fraction [3：0]：USARTDIV 的小数部分。这 4 位定义了 USART 分频器除法因子（USARTDIV）的小数部分

发送和接收的波特率计算公式为：

$$波特率 = \frac{f_{PCLKx}}{16 \times USARTDIV}$$

式中：f_{PCLKx}（x=1，2）是提供给外设的时钟，PCLK1 用于 USART2、3、4、5，PCLK2 用于 USART1。

USARTDIV 是一个无符号的定点数。如果 USART_BRR = 0x1BC，则 DIV_Mantissa = 27，DIV_Fraction = 12，所以 Mantissa（USARTDIV） = 27；Fraction（USARTDIV） =12/16=0.75，所以 USARTDIV=27.75。

表 10−3 列举了 STM32 一些常用的波特率设置及其误差。

表 10−3　**波特率设置**

波特率期望值(kb/s)	f_{PCLK} = 36MHz			f_{PCLK} = 72MHz		
	实际值	误差（%）	USART_BRR 中的值	实际值	误差（%）	USART_BRR 中的值
2.4	2.400	0	937.5	2.400	0	1875
9.6	9.600	0	234.375	9.600	0	468.75
19.2	19.200	0	117.1875	19.200	0	234.375
57.6	57.600	0	39.0625	57.600	0	78.125
115.2	115.384	0.15	19.5	115.200	0	39.0625
230.4	230.769	0.16	9.75	230.769	0.16	19.5
460	461.538	0.16	4.875	461.538	0.16	9.75

续表10－3

波特率期望值(kb/s)	f_{PCLK} = 36MHz			f_{PCLK} = 72MHz		
	实际值	误差（%）	USART_BRR 中的值	实际值	误差（%）	USART_BRR 中的值
921.6	923.076	0.16	2.4375	923.076	0.16	4.875
2250	2250	0	1	2250	0	2
4500	不可能	不可能	不可能	4500	0	1

10.2.4 硬件流控制

数据在两个串口之间传输时，经常会出现丢失的现象，或者两台计算机的处理速度不同，如台式机与单片机之间的通信，接收端数据缓冲区已满，则此时继续发送来的数据就会丢失。硬件流控制可以解决这个问题，当接收端数据处理能力不足时，就发出“不再接收”的信号，发送端即停止发送，直至收到“可以继续发送”的信号时再发送数据。因此，硬件流控制可以控制数据传输的进程，防止数据丢失。硬件流控制常用的有 RTS/CTS（请求发送/清除发送）流控制和 DTR/DSR（数据终端就绪/数据设置就绪）流控制。用 RTS/CTS 流控制时，应将通信两端的 RTS、CTS 线对应相连，数据终端设备（如计算机）使用 RTS 来启动调制解调器或其他数据通信设备的数据流，而数据通信设备（如调制解调器）则用 CTS 来启动和暂停来自计算机的数据流。这种硬件握手方式的过程为：在编程时根据接收端缓冲区大小设置一个高位标志和一个低位标志，当缓冲区内数据量达到高位时，在接收端设置 CTS 线，当发送端的程序检测到 CTS 有效后，就停止发送数据，直到接收端缓冲区的数据量低于低位而将 CTS 取反。RTS 则用于表明接收设备是否准备好接收数据。

利用 nCTS 输入和 nRTS 输出可以控制两个设备之间的串行数据流。图 10－9 所示为两个 USART 之间的硬件流控制。

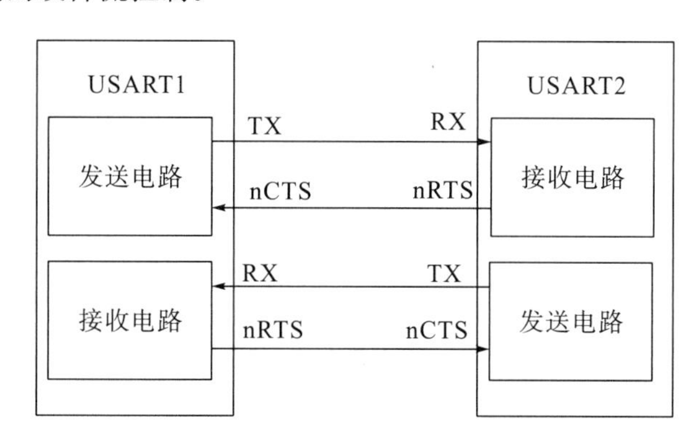

图 10－9 两个 USART 之间的硬件流控制

10.2.4.1 RTS 流控制

如果 RTS 流控制被使能（RTSE=1），只要 USART 接收器准备好接收新的数据，nRTS 就变成有效（低电平）。当接收寄存器内有数据到达时，nRTS 被释放，由此表明希望在当前帧结束时停止数据传输。图 10－10 所示是一个启用 RTS 流控制通信的例子。

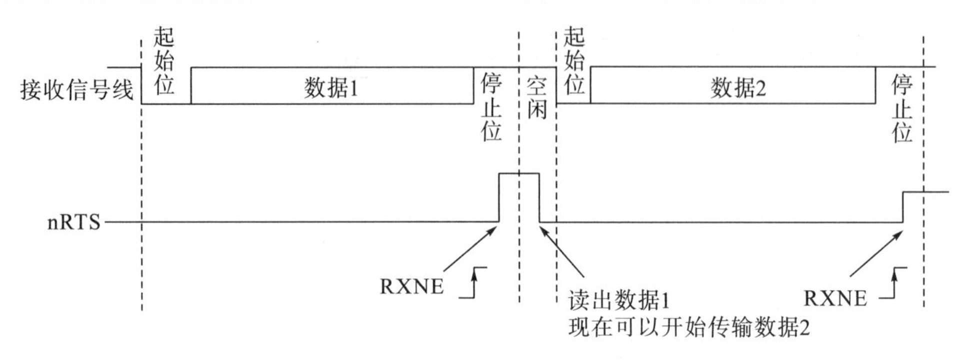

图 10－10 启用 RTS 流控制通信的例子

10.2.4.2 CTS 流控制

如果 CTS 流控制被使能（CTSE=1），则发送器在发送下一帧前检查 nCTS 输入。如果 nCTS 有效（低电平），则下一个数据被发送（假设那个数据是准备发送的，即 TXE=0），否则下一帧数据不被发送。若 nCTS 在传输期间变成无效，则当前的传输完成后停止发送。当 CTSE=1 时，只要 nCTS 输入变换状态，硬件就自动设置 CTSIF 状态位，并产生中断。图 10－11 所示是一个启用 CTS 流控制通信的例子。

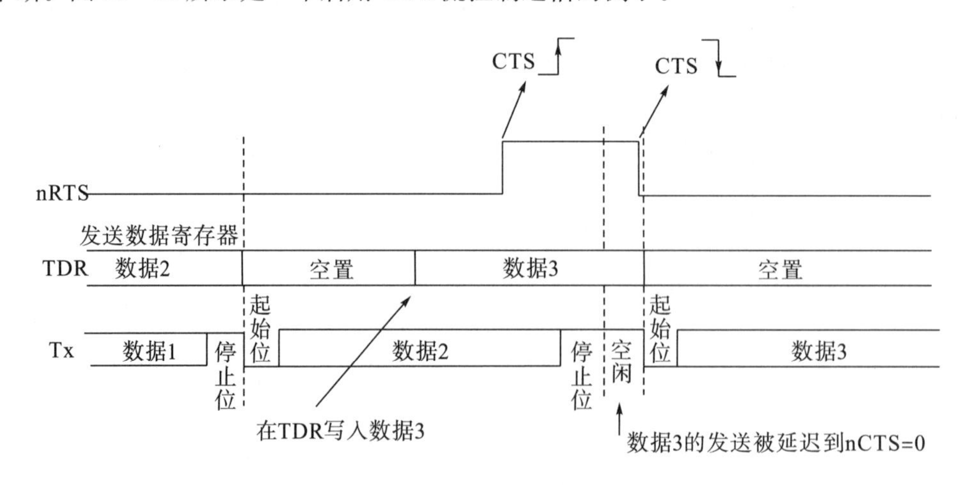

图 10－11 启用 CTS 流控制通信的例子

10.2.5 USART 中断请求

USART 中断请求见表 10－4。发送期间的中断事件包括发送完成、清除发送和发送数据寄存器空。接收期间的中断事件包括空闲总线检测、溢出错误、接收数据寄存器非空、校验错误、LIN 断开符号检测、噪声标志（仅在多缓冲器通信）和帧错误（仅在多缓冲器通信）。

表 10－4　USART 中断请求

中断	中断标志	使能位
发送数据寄存器空	TXE	TXEIE
CTS 标志	CTS	CTSIE
发送完成	TC	TCIE
接收数据就绪（可读）	RXNE	RXNEIE
检测到数据溢出	ORE	RXNEIE
检测到空闲线路	IDLE	IDLEIE
奇偶检验错	PE	PEIE
断开标志	LBD	LBDIE
噪声标志，多缓冲通信中的溢出错误和帧错误	NE 或 ORT 或 FE	EIE

USART 的各种中断事件被连接到同一个中断向量，如图 10－12 所示。如果设置了对应的使能控制位，这些事件就可以产生各自的中断。

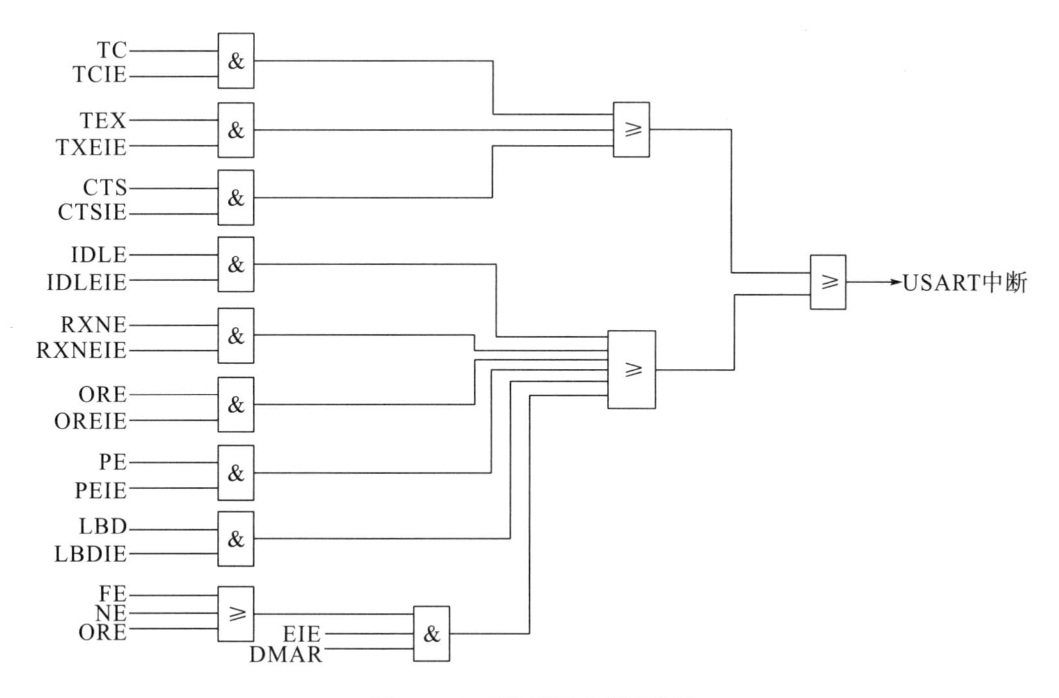

图 10－12　USART 中断映像图

10.2.6 USART 的相关库函数

本小节主要介绍与串口基本配置直接相关的库函数，这些函数在串口头文件 stm32f10x_usart.h 中声明，在 stm32f10x_usart.c 中实现。通常串口设置可以分为以下几个步骤：

（1）串口时钟使能，GPIO 时钟使能；

（2）串口复位；

（3）GPIO 端口模式设置；

（4）串口参数初始化；

（5）开启中断并且初始化 NVIC（如果需要开启中断才需要这个步骤）；

（6）使能串口；

（7）编写中断处理函数。

10.2.6.1 使能 USART 串口的时钟

STM32 的 USART1 串口是挂载在 APB2（高速外设）下面的外设，USART2 和 USART3 串口是挂载在 APB1（低速外设）下面的外设。例如，使能 USART1 串口时钟的代码如下：

```
RCC_APB2PeriphClockCmd（RCC_APB2Periph_USART1，ENABLE）；
```

使能 USART2 串口时钟的代码如下：

```
RCC_APB1PeriphClockCmd（RCC_APB1Periph_USART2，ENABLE）；
```

10.2.6.2 设置 GPIO 复用端口

STM32 有很多内置外设，这些内置外设的引脚都是与 GPIO 引脚复用的，即 GPIO 的引脚可以重新定义为其他功能。

STM32 的 USART1 串口的 Tx 和 Rx 引脚使用的是 PA9 和 PA10，USART2 串口的 Tx 和 Rx 引脚使用的是 PA2 和 PA3，USART3 串口的 Tx 和 Rx 引脚使用的是 PB10 和 PB11，这些引脚默认的功能都是 GPIO。在作为串口使用时，就要用到这些引脚的复用功能。在使用其复用功能前，必须对复用的端口进行设置。下面以 USART1 串口为例，GPIO 复用功能设置步骤如下：

（1）由于 GPIOA 口的 PA9 和 PA10 引脚复用为 USART1 串口的 Tx 和 Rx 引脚，因此要使能 GPIOA 的时钟，代码如下：

```
RCC_APB2PeriphClockCmd (RCC_APB2Periph_GPIOA, ENABLE);
```

（2）PA9（TXD）用来向串口发送数据，应设置成复用功能的推挽输出（AF_PP），代码如下：

```
GPIO_InitStructure.GPIO_Pin=GPIO_Pin_9;
GPIO_InitStructure.GPIO_Speed=GPIO_Speed_50MHz;
GPIO_InitStructure.GPIO_Mode=GPIO_Mode_AF_PP;
GPIO_Init (GPIOA, &GPIO_InitStructure);
```

（3）PA10（RXD）用来从串口接收数据，应设置成浮空输入（IN_FLOATING），代码如下：

```
GPIO_InitStructure.GPIO_Pin=GPIO_Pin_10;
GPIO_InitStructure.GPIO_Mode=GPIO_Mode_IN_FLOATING;
GPIO_Init (GPIOA, &GPIO_InitStructure);
```

10.2.6.3　串口复位

在以下两种情况下，需要对串口进行复位：

（1）在系统刚开始配置外设的时候，都会先执行复位外设的操作。

（2）当外设出现异常的时候，可以通过复位设置来实现该外设的复位，然后重新配置这个外设，达到让其重新工作的目的。

串口复位是在 USART_DeInit（ ）函数中完成的，函数原型如下：

```
void USART_DeInit (USART_TypeDef * USARTx);
```

例如，复位 USART2 串口的代码如下：

```
USART_DeInit (USART2);
```

10.2.6.4　初始化串口

USART 串口初始化主要是配置串口的波特率、校验位、停止位和时钟等基本功能，是通过 USART_Init（ ）函数实现的。其函数原型如下：

```
void USART_Init (USART_TypeDef * USARTx, USART_InitTypeDef * USART_InitStruct);
```

其中第一个参数是选择初始化的串口，如选择 USART1（串口 1）。第二个参数是一个 USART_InitTypeDef 类型的结构体指针，这个结构体指针的成员变量用来设置串口的波特率、字长、停止位、奇偶校验位、硬件数据流控制和收发模式等参数。USART_InitTypeDef 类型的结构体是在 stm32f10x_usart.h 头文件中定义的，代码如下：

```
typedef  struct
{
    uint32_t  USART_BaudRat;
    uint16_t  USART_WordLength;
    uint16_t  USART_StopBits;
    uint16_t  USART_Parity;
    uint16_t  USART_Mode;
    uint16_t  USART_HardwareFlowControl;
} USART_InitTypeDef;
```

（1）USART_BaudRat 提供了串口的波特率，可参照表 10－3 进行设置。

（2）USART_WordLength 提供了在一个帧中传输或接收到的数据位数，见表 10－5。

表 10－5　USART_WordLength 定义

USART_WordLength 可取的值	描述
USART_WordLength_8b	8 位数据
USART_WordLength_9b	9 位数据

（3）USART_StopBits 定义了发送的停止位数目，见表 10－6。

表 10－6　USART_StopBits 定义

USART_StopBits 可取的值	描述
USART_StopBits_1	在帧结尾传输 1 个停止位
USART_StopBits_0.5	在帧结尾传输 0.5 个停止位
USART_StopBits_2	在帧结尾传输 2 个停止位
USART_StopBits_1.5	在帧结尾传输 1.5 个停止位

（4）USART_Parity 定义了奇偶模式。奇偶校验一旦使能，就会在发送数据的 MSB 位插入经计算的奇偶位（字长 9 位时的第 9 位，字长 8 位时的第 8 位），见表 10－7。

表 10－7　USART_Parity 定义

USART_Parity 可取的值	描述
USART_Parity_No	奇偶失能

续表10—7

USART_Parity 可取的值	描述
USART_Parity_Even	偶模式
USART_Parity_Odd	奇模式

（5）USART_Mode 指定了使能或失能发送和接收模式，见表 10—8。

表 10—8　USART_Mode 定义

USART_Mode 可取的值	描述
USART_Mode_Tx	发送使能
USART_Mode_Rx	接收使能

（6）USART_HardwareFlowControl 指定了硬件流控制模式是否使能，见表 10—9。

表 10—9　USART_HardwareFlowControl 定义

USART_HardwareFlowControl 可取的值	描述
USART_HardwareFlowControl_None	硬件流控制失能
USART_HardwareFlowControl_RTS	发送请求 RTS 使能
USART_HardwareFlowControl_CTS	接收请求 CTS 使能
USART_HardwareFlowControl_RTS_CTS	RTS 和 CTS 使能

下面是对 USART1 串口进行初始化的代码：

```
USART_InitTypeDef   USART_InitStructure;
USART_InitStructure.USART_BaudRate = 9600; //波特率设置;
USART_InitStructure.USART_WordLength = USART_WordLength_8b; //字长为 8 位数据格式
USART_InitStructure.USART_StopBits = USART_StopBits_1; //一个停止位
```

```
USART_InitStructure.USART_Parity = USART_Parity_No; //无奇偶校验位
USART_InitStructure.USART_HardwareFlowControl=USART_HardwareFlowControl_None;    //
无硬件数据流控制
USART_InitStructure.USART_Mode = USART_Mode_Rx | USART_Mode_Tx; //收发模式
USART_Init (USART1, &USART_InitStructure); //初始化串口
```

10.2.6.5　USART 串口使能

USART 串口使能是通过函数 USART_Cmd（ ）实现的，其函数原型如下：

```
void USART_Cmd (USART_TypeDef * USARTx, FunctionalState NewState);
```

例如，USART1 串口使能的代码如下：

```
USART_Cmd (USART1, ENABLE);
```

10.2.6.6 数据发送和接收

STM32 的 USART 串口的发送和接收是通过数据寄存器 USART_DR 实现的，它是一个双寄存器，包含了 TDR 和 RDR。当向该寄存器写数据的时候，串口会自动发送；当收到数据的时候，也是保存在该寄存器中。

（1）USART 串口发送数据。

USART 串口发送数据是通过 USART_SendData（ ）函数操作 USART_DR 寄存器来完成的，其函数原型如下：

```
void USART_SendData (USART_TypeDef * USARTx, uint16_t Data);
```

例如，向串口 1 发送数据的代码如下：

```
USART_SendData (USART1, USART_Tx_Buf [t]);
```

（2）USART 串口接收数据。

USART 串口接收数据是通过 USART_ReceiveData（ ）函数操作 USART_DR 寄存器来读取串口接收到的数据，其函数原型如下：

```
uint16_t USART_ReceiveData (USART_TypeDef * USARTx);
```

例如，读取串口 1 接收到的数据的代码如下：

```
res=USART_ReceiveData (USART1);
```

10.2.6.7 完成发送和接收数据的状态位

如何判断串口是否已完成数据发送和接收呢？可以读取串口的 USART_SR 状态寄存器，然后根据 USART_SR 的第 5 位（RXNE）和第 6 位（TC）的状态来判断。

（1）RXNE（读数据寄存器非空）位。

当 TXNE 位被置 1 时，说明串口已接收到数据，并且可以读出来。这时就要尽快读取 USART_DR 中的数据。通过读取 USART_DR 可以将该位清零，也可以向该位写 0 直接清零。

（2）TC（发送完成）位。

当该位被置1时，说明USART_DR内的数据已经发送完成。若设置了这个位的中断，就会产生中断。通过读或写USART_DR可以将该位清零，也可以向该位写0直接清零。

读取串口的USART_SR状态寄存器（串口状态）是通过FlagStatus USART_GetFlagStatus（）来实现的，其函数原型如下：

```
FlagStatus USART_GetFlagStatus (USART_TypeDef *USARTx, uint16_t USART_FLAG );
```

函数中第二个参数USART_FLAG非常重要，涉及需要查看串口的哪个状态。其可取的值见表10-10。

表10-10　USART_FLAG可取的值

USART_FLAG可取的值	描述
USART_FLAG_CTS	CTS标志
USART_FLAG_LBD	断开标志
USART_FLAG_TXE	发送数据寄存器空
USART_FLAG_TC	发送完成
USART_FLAG_RXNE	接收数据就绪（可读）
USART_FLAG_IDLE	检测到空闲线路
USART_FLAG_ORE	检测到数据溢出
USART_FLAG_NE	噪声标志
USART_FLAG_FE	帧错误
USART_FLAG_PE	奇偶检验错

例如，判断读寄存器是否非空（RXNE）的代码如下：

```
USART_GetFlagStatus (USART1, USART_FLAG_RXNE);
```

判断发送是否完成（TC）的代码如下：

```
USART_GetFlagStatus (USART1, USART_FLAG_TC);
```

10.2.6.8　开启串口响应中断

在串行通信时，有时还需要开启串口中断，即使能串口中断。使能串口中断的函数原型如下：

```
void USART_ITConfig (USART_TypeDef * USARTx, uint16_t USART_IT, FunctionalState NewState);
```

参数 USART_IT 代表使能串口的中断类型，也就是使能哪种中断，可以取表 10－11 中的一个或者多个取值的组合作为该参数的值。

表 10－11　USART_IT 可取的值

USART_IT 可取的值	描述
USART_IT_PE	奇偶错误中断
USART_IT_TXE	发送中断
USART_IT_TC	传输完成中断
USART_IT_RXNE	接收中断
USART_IT_IDLE	空闲总线中断
USART_IT_LBD	LIN 中断检测中断
USART_IT_CTS	CTS 中断
USART_IT_ERR	错误中断

例如，USART1 串口在接收到数据的时候（RXNE 读数据寄存器非空），就要产生中断，开启 USART1 串口接收到数据中断的代码如下：

```
USART_ITConfig (USART1, USART_IT_RXNE, ENABLE);
```

USART1 串口在发送数据结束的时候（TC 发送完成），就要产生中断，开启 USART1 发送数据完成中断的代码如下：

```
USART_ITConfig (USART1, USART_IT_TC, ENABLE);
```

10.2.6.9　获取相应中断状态

在使能某个中断后，如该中断发生，就会设置状态寄存器中的某个标志位。我们经常需要在中断处理函数中判断该中断是哪种中断，函数的原型如下：

```
ITStatus USART_GetITStatus (USART_TypeDef * USARTx, uint16_t USART_IT);
```

例如，使能了 USART1 串口发送完成中断，如中断发生，便可以在中断处理函数中调用这个函数，来判断是否为串口发送完成中断，代码如下：

```
USART_GetITStatus (USART1, USART_IT_TC);
```

若返回值是 SET，说明发生了串口发送完成中断。

10.2.7 USART 应用子项目

10.2.7.1 项目要求

利用 STM32 串口 USART1 输出 26 个大写英文字母，并在输出的大写英文字母前加上“你发送的信息为:”，此信息用 printf 函数打印输出，在用 printf 函数之前需设置一个函数 fputc（ch，FILE ＊f），实现重定向 C 标准库（stdio）printf 函数文件流－>串口 USART1。

10.2.7.2 程序设计

（1）利用 printf（ ）的串口编程。

重定向是指用户可以自己重写 C 语言的库函数，当连接器检查到用户编写了与 C 语言库函数相同名字的函数时，优先采用用户编写的函数，这样用户就可以实现对库的修改了。若要使 printf（ ）函数工作，需要 printf（ ）重新定向到串口函数。为了实现重定向 printf（ ）函数，需要重写 fputc（ ）这个 C 标准库函数，因为 printf（ ）在 C 标准库函数中实质是一个宏，最终是调用了 fputc（ ）函数。

fputc（int ch，FILE ＊f）函数可在 main. c 文件中编写，这个函数的具体实现如下：

```
int fputc (int ch, FILE *f)
{
    USART_SendData (USART1, ch);
    while (USART_GetFlagStatus (USART1, USART_FLAG_TC) ==RESET);
    return (ch);
}
```

这个代码中调用了两个 ST 库函数，即 USART_SendData（ ）和 USART_GetFlagStatus（ ）。USART_SendData（ ）把数据转移到发送数据寄存器 TDR，触发串口向 PC 发送一个相应的数据。调用完 USART_SendData（ ）后，要使用 while（USART_GetFlagStatus（USART1，USART_FLAG_TC）==RESET）语句不停地检测串口发送是否完成的标志位 TC，一直检测到标志位完成，才进入下一步的操作，这样可以避免出错。在这段 while 的循环检测延时中，串口外设已经由发送控制器根据配置把数据从移位寄存器逐位地通过串口线 Tx 发送出去了。

在使用 printf（ ）前要完成如下配置：

①在 main. c 文件中包含“stdio. h”。

②在 main. c 文件中加入 fputc（int ch，FILE ＊f）函数代码。

③在工程属性对话框中选择“Traget”选项卡，在“Code Generation”区域中选中“Use MicroLIB”选项，如图 10－13 所示。

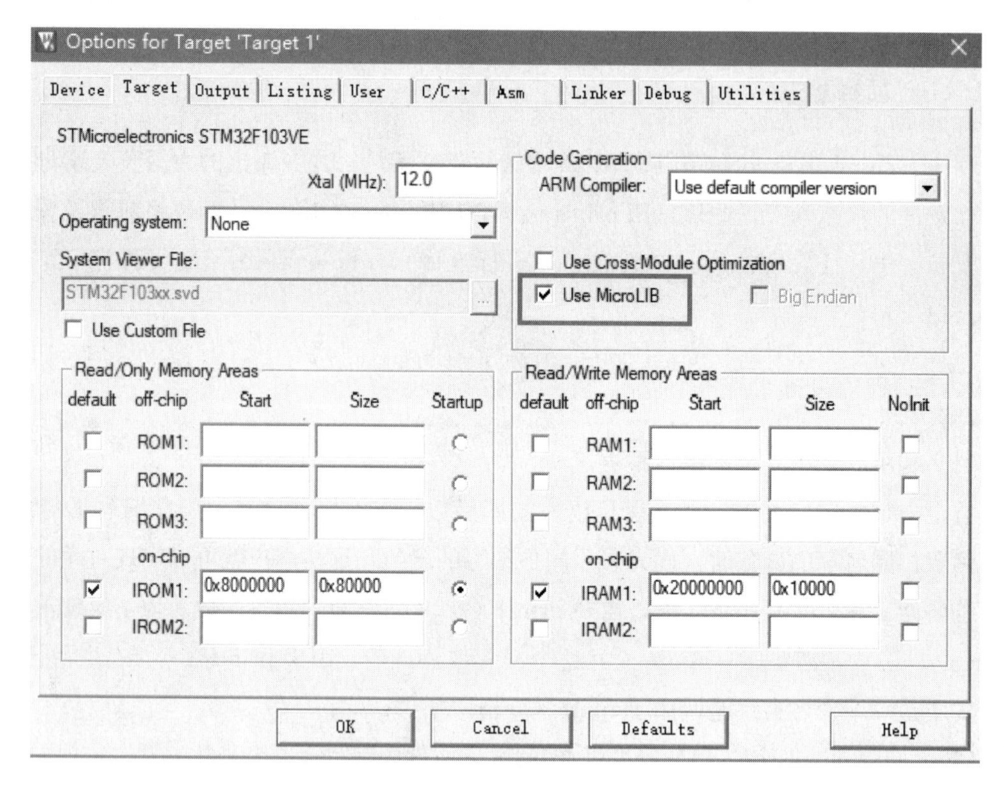

图 10－13　工程属性对话框

这样在使用 printf 时就会调用自定义的 fputc 函数来发送字符。

（2）编写串口配置函数 USART_Config（void）。

因为串口需要使用 I/O 口来进行数据的发送和接收，所以在串口配置函数中需对 PA9 和 PA10 进行配置，还要对串口初始化结构体中的成员进行配置，其参考程序如下：

```
GPIO_InitTypeDef   GPIO_InitStructure;
USART_InitTypeDef USART_InitStructure;
RCC_APB2PeriphClockCmd（RCC_APB2Periph_GPIOA | RCC_APB2Periph_
    AFIO | RCC_APB2Periph_USART1，ENABLE）;
GPIO_InitStructure. GPIO_Pin=GPIO_Pin_9;            //TXD 端
GPIO_InitStructure. GPIO_Speed=GPIO_Speed_50MHz;
GPIO_InitStructure. GPIO_Mode=GPIO_Mode_AF_PP;
GPIO_Init（GPIOA，&GPIO_InitStructure）;
GPIO_InitStructure. GPIO_Pin=GPIO_Pin_10; //RXD 端
GPIO_InitStructure. GPIO_Mode=GPIO_Mode_IN_FLOATING;
GPIO_Init（GPIOA，&GPIO_InitStructure）;
```

```
    USART_InitStructure.USART_BaudRate = 9600；//波特率设置
USART_InitStructure.USART_WordLength = USART_WordLength_8b；//字长为 8 位数据格式
USART_InitStructure.USART_StopBits = USART_StopBits_1；//一个停止位
USART_InitStructure.USART_Parity = USART_Parity_No；//无奇偶校验位
USART_InitStructure.USART_HardwareFlowControl
    =USART_HardwareFlowControl_None；    //无硬件数据流控制
USART_InitStructure.USART_Mode = USART_Mode_Rx | USART_Mode_Tx；//收发模式
USART_Init（USART1，&USART_InitStructure）；//初始化串口
USART_Cmd（USART1，ENABLE）；//USART1 使能
```

（3）编写主函数。

```
int main（void）
{
    u8 i，data；
    USART_Config（）；
    data='A'；
    printf（"\r\n您发送的消息为：\r\n\r\n"）；
    for（i=0；i<26；i++）
    {
    USART_SendData（USART1，data）；
    while（USART_GetFlagStatus（USART1，USART_FLAG_TC）==RESET）；
    data++；
    }
}
```

编译程序无误后，可以利用 Keil 软件仿真查看结果，打开串行窗口，运行程序，得到如图 10—14 所示的结果，符合项目设计要求，验证了程序设计的正确性。

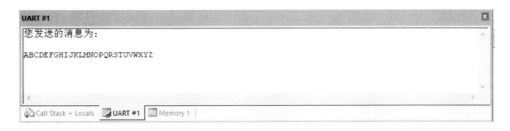

图 10—14　**串口仿真结果**

10.3 项目十的实现

项目十借助串口调试助手，通过串口打印信息是一种常用的调试方法，在特定位置输出打印信息，可以直观地观察程序的运行状态，判断程序的运行结果是否与预期逻辑一致。因此，在硬件设计时通常预留串口进行调试。由于计算机串口和 STM32 串口通信电平不一致，通常采用 PL2302、PL2303、CH340 等芯片进行 USB 和串口转换，本项目采用 CH340 芯片实现 USB 转串口，硬件原理如图 10−15 所示。

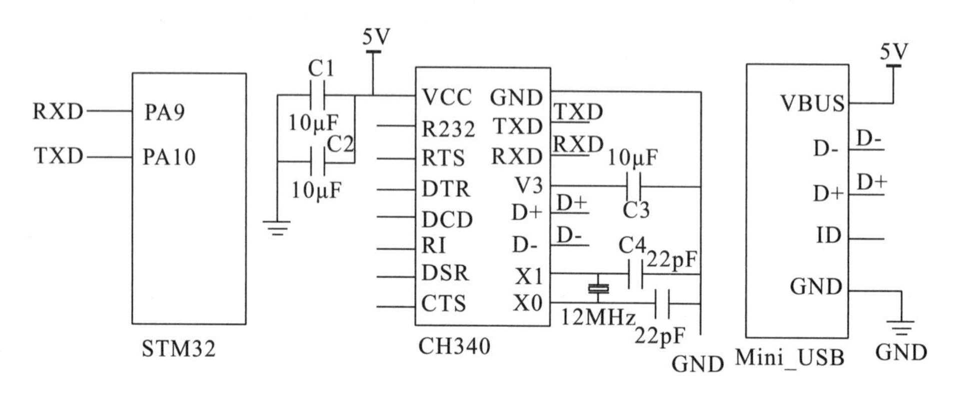

图 10−15　CH340 芯片硬件原理图

利用计算机的串口与 STM32 的 USART1 通信。计算机通过键盘给 STM32 的串口发送字符，STM32 将接收到的字符再传回计算机。在计算机上通过串口调试助手显示结果。采用查询方式，接收寄存器中有数据时就取出来，再通过串口发送到计算机。计算机与 STM32 通信程序流程如图 10−16 所示。

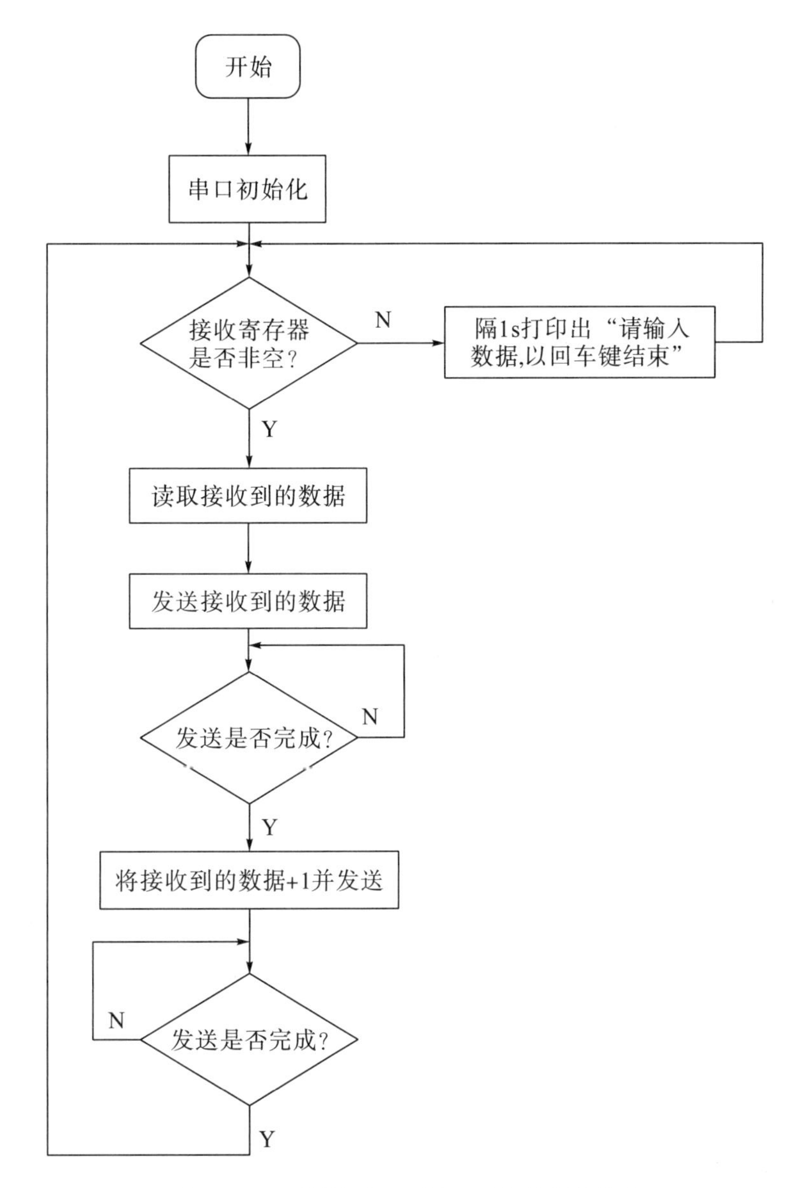

图 10－16　计算机与 STM32 通信程序流程图

串口初始化程序见 10.2.7 节，主程序按照图 10－16 所示程序流程编写，参考代码如下：

```
int main (void)
{
  u16 data;
  USART_Config ();
  while (1)
   {
    if (USART_GetFlagStatus (USART1, USART_FLAG_RXNE) ==SET)
    {
    data=USART_ReceiveData (USART1);
```

```
    printf ("\r\n您发送的信息为:\r\n\r\n");
    USART_SendData (USART1, data);
    while (USART_GetFlagStatus (USART1, USART_FLAG_TC) ==RESET);
    printf ("\r\n+1后的结果为:\r\n\r\n");
    USART_SendData (USART1, data+1);
    while (USART_GetFlagStatus (USART1, USART_FLAG_TC) ==RESET);
    }
    else
    {
      delay_ms (1000);
      printf ("请输入数据,以回车键结束\r\n\r\n");
    }
  }
}
```

编译成功后，将程序下载到开发板，打开串口调试助手，设置串口号、波特率、数据位和停止位，打开串口，可以看到打印字符，在发送区域输入要发送的内容，如“6”，单击“发送”按钮，每单击一次，串口数据接收区域就会显示一次发送的数据，表示接收完成，同时 STM32 将接收到的数据加 1 后，通过串口发送给计算机，并在串口调试助手接收区域显示加 1 后的数据，如图 10－17 所示。

图 10－17　串口调试助手打印字符

思考与实操

1. 串行通信分为异步通信和同步通信，简述异步通信和同步通信的区别。

2. 串行通信有哪几种方式？几种方式之间有什么区别？

3. USART 是什么含义？STM32 的 USART 的结构特性有哪些？

4. 分别说明 USART 在发送期间和接收期间有几种中断事件？

5. USART 的基本配置包括哪几部分？简述其流程。

6. 利用 STM32 的串口 2 即 USART2，实现波特率 9600、8 位数据位、1 位停止位、无校验的串行通信，PC 发送“a”，STM32 系统回送“b”。

7. 利用串口实现两个单片机系统之间的通信。要求：单片机 1 发送指令“ON”或“OFF”给单片机 2，如果单片机 2 收到的信息是“ON”，则点亮单片机 2 系统上的一个发光二极管，并回送信息“OK”给单片机 1；如果单片机 2 收到的信息是“OFF”，则关闭单片机 2 系统上的发光二极管，并回送信息“OK”给单片机 1。

项目十一　利用 DMA 实现数据传输

11.1　项目要求

利用 DMA 通道 6 将处理器片内 FLASH 中的 32 位数据缓冲区的内容传送到 RAM 中所定义的缓冲区内。在传输完成后将产生传输完成中断，最后将源缓冲区中的数据（源数据）与目的缓冲区中的数据（目的数据）进行对比来检测所有数据是否传输正确。

11.2　STM32 的 DMA 介绍

11.2.1　DMA 简介

存储器直接访问（Direct Memory Access，DMA）是计算机科学中的一种内存访问技术，允许某些计算机内部的硬件子系统（计算机外设）可以独立地直接读写系统存储器，而不需 CPU 参与处理。在同等程度的 CPU 负担下，DMA 是一种快速的数据传送方式，允许不同速度的硬件装置进行沟通，而不需要产生大量的 CPU 中断请求。

传统的 DMA 主要用于大批量数据的传输，现在越来越多的单片机采用 DMA 技术，主要是实现外设和存储器之间或者存储器之间的高速数据传输。

DMA 传输方式由 CPU 初始化，传输动作本身由 DMA 控制器来实施和完成。整个过程无须 CPU 直接控制传输，也没有中断处理方式那样保护现场和恢复现场的过程。通过硬件为 RAM 与 I/O 设备开辟一条直接传送数据的通路，能够使 CPU 的效率大为提高。DMA 的作用就是帮助 CPU 减轻负担，独立传输数据。

DMA 方式可以形象地理解为：微机系统是个公司，其中微处理器（CPU）是经理，外设是员工，内存是仓库，数据就是仓库里存放的物品。公司规模较小时，经理直接管理仓库里的物品，员工若需要使用物品，就直接告诉经理，然后经理去仓库取（相当于 MOV 指令）。员工若采购了物品，也先交给经理，然后经理将物品放进仓库（MOV）。公司规模较小时，经理还忙得过来，但当公司规模变大了，会有越来越多的员工（外设）

和物品（数据）。此时若经理的大部分时间都用来处理这些事情，就很少有时间做其他事情了，于是经理雇了一个仓库保管员，专门负责“入库”和“出库”，经理只告诉保管员去哪个区域（源地址）要哪种类型的物品（数据类型）、数量多少（数据长度）、送到哪里去（目标地址）等信息，其他事情就不管了；然后保管员完成任务回来，打断一下正在做其他事情的经理（中断）并告诉他完成情况，或者不打断经理而只是把完成任务牌（标志位）挂到经理面前即可，这个仓库保管员正是 DMA 控制器。在 PC 中，硬盘工作在 DMA 下，CPU 只需向 DMA 控制器下达指令，让 DMA 控制器来处理数据的传送，数据传送完毕再把信息反馈给 CPU，这样在很大程度上减轻了 CPU 资源占用率。

11.2.2　STM32 的 DMA 概述

DMA 控制器和 Cortex－M3 核共享系统数据总线，执行直接存储器数据传输。当 CPU 和 DMA 同时访问相同的目标（RAM 或外设）时，DMA 请求可能会停止 CPU 访问系统总线达若干个周期，总线仲裁器执行循环调度，以保证 CPU 至少可以得到一半的系统总线（存储器或外设）带宽。

11.2.2.1　STM32 的 DMA 操作过程

在发生一个事件后，外设发送一个请求信号到 DMA 控制器。DMA 控制器根据通道的优先权处理请求。当 DMA 控制器开始访问外设时，DMA 控制器立即发送给外设一个应答信号。当从 DMA 控制器得到应答信号时，外设立即释放它的请求。一旦外设释放了这个请求，DMA 控制器同时撤销应答信号。如果发生更多的请求，外设可以启动下次处理。

STM32 的 DMA 操作过程如图 11－1 所示。其中，冲裁器根据通道请求的优先级来启动外设/存储器的访问。优先级分为两个等级：软件（4 个等级：最高、高、中等、低）、硬件（有较低编号的通道比较高编号的通道具有较高的优先权）。可以在 DMA 传输过半、传输完成和传输错误时产生中断。STM32 中 DMA 的不同中断（传输完成、半传输、传输错误）通过“线或”方式连接至 NVIC，需要在中断例程中进行判断。进行 DMA 配置前，需要在 RCC 设置中使能 DMA 时钟。STM32 的 DMA 控制器挂在 AHB 总线上。

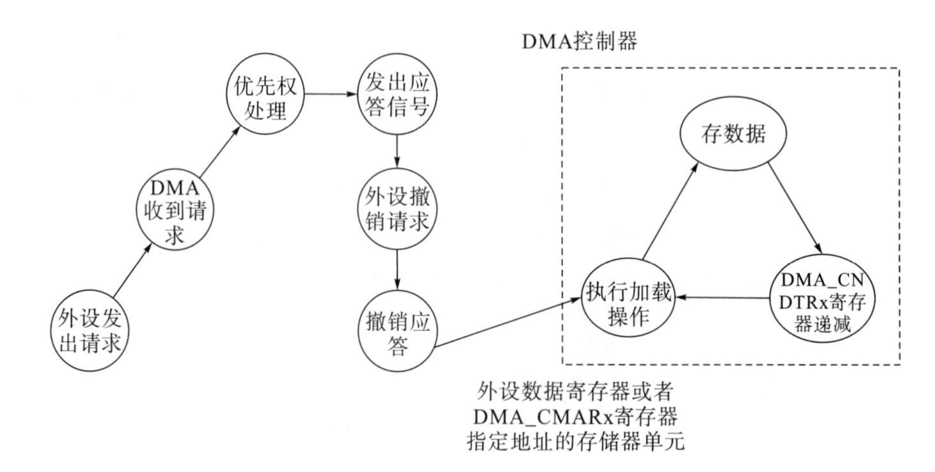

图 11－1 DMA 操作过程

11.2.2.2 STM32 的 DMA 功能特性

STM32 最多有 2 个 DMA 控制器（DMA2 仅存在于大容量产品中），DMA1 有 7 个通道，DMA2 有 5 个通道。每个通道专门用来管理来自一个或多个外设对存储器访问的请求，DMA 控制器中的仲裁器用来协调各个 DMA 请求的优先权。图 11－2 是 STM32 的 DMA 功能结构图。

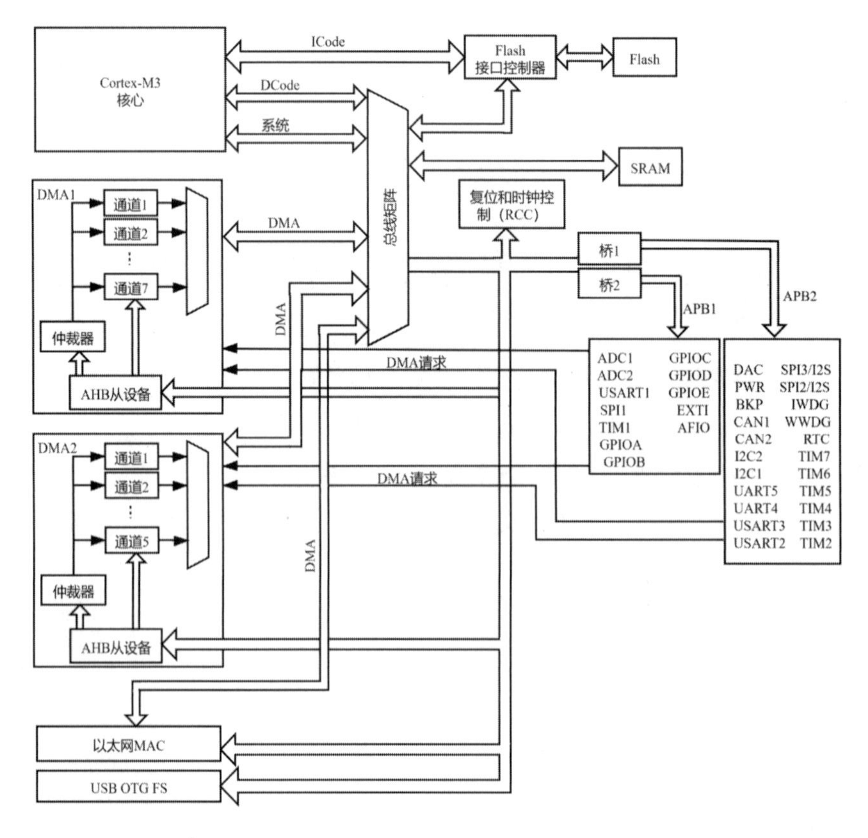

图 11－2 STM32 的 DMA 功能结构框图

STM32的DMA有以下特性：

（1）12个独立的可配置通道（请求），DMA1有7个通道，DMA2有5个通道。

（2）每个通道都直接连接专用的硬件DMA请求，每个通道都同样支持软件触发，这些功能通过软件来配置。

（3）7个请求间的优先权可以通过软件编程设置（共有4级：很高、高、中等和低），加入相等优先权时由硬件决定（请求0优先于请求1，以此类推）。

（4）独立的源和目标数据区的传输宽度（字节、半字、全字），模拟打包和拆包的过程。源和目标地址必须按数据传输宽度对齐。

（5）支持循环的缓冲器管理。

（6）每个通道都有3个事件标志（DMA半传输、DMA传输完成和DMA传输出错），这3个事件标志“逻辑或”成为一个单独的中断请求。

（7）存储器和存储器间的传输。

（8）外设和存储器、存储器和外设间的传输。

（9）闪存、SRAM、外设的SRAM、APB1、APB2和AHB外设均可作为访问的源和目标。

（10）可编程的数据传输数目最大为65536。

11.2.2.3　STM32的DMA通道映射关系

STM32的DMA总共有7个通道，外设的事件连接至相应的DMA通道，每个通道均可通过软件触发实现存储器内部的DMA数据传输（M2M模式）。DMA1控制器的各通道见表11－1。从外设（TIMx（x=1，2，3，4）、ADC1、SPI1、SPI/I2S2、I2Cx（x=1，2）和USARTx（x=1，2，3））产生的7个请求，通过逻辑或输入DMA1控制器，这意味着同时只能有一个请求有效。外设的DMA请求可以通过设置相应外设寄存器中的DMA控制位被独立地开启或关闭。

表11－1　各个通道的DMA1请求

外设	通道1	通道2	通道3	通道4	通道5	通道6	通道7
ADC1	ADC1	—	—	—	—	—	—
SPI/I2S	—	SPI_RX	SPI1_TX	SPI/I2S2_RX	SPI/I2S2_TX	—	—
USART	—	USART3_TX	USART3_RX	USART1_TX	USART1_RX	USART2_RX	USART2_TX
I2C	—	—	—	I2C2_TX	I2C2_RX	I2C1_TX	I2C1_RX
TIM1	—	TIM1_CH1	TIM1_CH2	TIM1_TX4 TIM1_TRIG TIM1_COM	TIM1_UP	TIM1_CH3	—
TIM2	TIM2_CH3	TIM2_UP	—	—	TIM2_CH1	—	TIM2_CH2 TIM2_CH4

续表11－1

外设	通道1	通道2	通道3	通道4	通道5	通道6	通道7
TIM3	—	TIM3_CH3	TIM3_CH4 TIM3_UP	—	—	TIM3_CH1 TIM3_TRIG	—
TIM4	TIM4_CH1	—	—	TIM4_CH2	TIM4_CH3	—	TIM4_UP

11.2.3 DMA库函数

每个通道都可以在有固定地址的外设寄存器和存储器地址之间执行DMA传输。DMA的相关库函数定义在stm32f10x_dma.h和stm32f10x_dma.c文件中，主要库函数见表11－2。

表11－2 DMA库函数

函数名	描述
DMA_DeInit	将DMA的通道x寄存器重设为缺省值
DMA_Init	根据DMA_InitStruct中指定的参数初始化DMA的通道x寄存器
DMA_StructInit	把DMA_InitStruct中的每一个参数按缺省值填入
DMA_Cmd	使能或者失能指定的通道x
DMA_ITConfig	使能或者失能指定的通道x中断
DMA_GetCurrDataCounter	返回当前DMA通道x剩余的待传输数据数目
DMA_GetFlagStatus	检查指定的DMA通道x标志位设置与否
DMA_ClearFlag	清除DMA通道x待处理标志位
DMA_GetITStatus	检查指定的DMA通道x中断发生与否
DMA_ClearITPendingBit	清除DMA通道x中断待处理标志位

DMA寄存器初始化相关数据结构如下：

```
typedef struct
    {
    uint32_t DMA_PeripheralBaseAddr; //DMA通道外设地址
    uint32_t DMA_MemoryBaseAddr; //DMA通道存储器地址
    uint32_t DMA_DIR; //设置外设是作为数据传输的目的地还是来源
    uint32_t DMA_BufferSize; //DMA缓存的大小，单位在下面设定
    uint32_t DMA_PerpheralInc; //外设地址寄存器是否递增
    uint32_t DMA_MemoryInc; //内存地址是否递增
    uint32_t DMA_PeripheralDataSize; //外设数据传输单位
    uint32_t DMA_MemoryDataSize; //存储器数据传输单位
    uint32_t DMA_Mode;     //设定工作模式
```

```
    uint32_t DMA_Priority;     //设定优先级
    uint32_t DMA_M2M;     //是否从内存到内存
} DMA_InitTypeDef;
```

上述结构体部分参数说明如下：

（1）DMA_DIR设置外设是作为数据传输的目的地还是来源。表11－3给出了该参数的取值范围。

表11－3　DMA_DIR的值

DMA_DIR可取的值	描述
DMA_DIR_PeripheralDST	外设作为数据传输的目的地
DMA_DIR_PeripheralSRC	外设作为数据传输的来源

（2）DMA_BufferSize用于定义指定DMA通道的缓存大小，单位为数据单位。根据传输方向，数据单位等于结构体中的参数DMA_PeripheralDataSize或DMA_MemoryDataSize的值。

（3）DMA_PerpheralInc用于设置外设地址寄存器递增与否。表11－4给出了该参数的取值范围。

表11－4　DMA_PerpheralInc的值

DMA_PerpheralInc可取的值	描述
DMA_PerpheralInc_Enable	外设地址寄存器递增
DMA_PerpheralInc_Disable	外设地址寄存器不变

（4）DMA_MemoryInc用于设置内存地址寄存器递增与否。表11－5给出了该参数的取值范围。

表11－5　DMA_MemoryInc的值

DMA_MemoryInc可取的值	描述
DMA_MemoryInc_Enable	内存地址寄存器递增
DMA_MemoryInc_Disable	内存地址寄存器不变

（5）DMA_PeripheralDataSize用于设置外设数据宽度。表11－6给出了该参数的取值范围。

表 11－6　DMA_PeripheralDataSize 的值

DMA_PeripheralDataSize 可取的值	描述
DMA_PeripheralDataSize_Byte	数据宽度为 8 位
DMA_PeripheralDataSize_HalfWord	数据宽度为 16 位
DMA_PeripheralDataSize_Word	数据宽度为 32 位

（6）DMA_MemoryDataSize 用于设置内存数据宽度。表 11－7 给出了该参数的取值范围。

表 11－7　DMA_MemoryDataSize 的值

DMA_MemoryDataSize 可取的值	描述
DMA_MemoryDataSize_Byte	数据宽度为 8 位
DMA_MemoryDataSize_HalfWord	数据宽度为 16 位
DMA_MemoryDataSize_Word	数据宽度为 32 位

（7）DMA_Mode 用于设置 DMA 的工作模式。表 11－8 给出了该参数的取值范围。

表 11－8　DMA_Mode 的值

DMA_Mode 可取的值	描述
DMA_Mode_Circular	工作在循环缓存模式
DMA_Mode_Normal	工作在正常缓存模式

（8）DMA_Priority 用于设置 DMA 通道 x 的软件优先级。表 11－9 给出了该参数的取值范围。

表 11－9　DMA_Priority 的值

DMA_Priority 可取的值	描述
DMA_Priority_VeryHigh	DMA 通道 x 拥有非常高优先级
DMA_Priority_High	DMA 通道 x 拥有高优先级
DMA_Priority_Medium	DMA 通道 x 拥有中优先级
DMA_Priority_Low	DMA 通道 x 拥有低优先级

（9）DMA_M2M 用于使能 DMA 通道的内存到内存传输。表 11－10 给出了该参数可取的值。

表 11－10　DMA_M2M 的值

DMA_M2M 可取的值	描述
DMA_M2M_Enable	DMA 通道 x 设置为从内存到内存传输
DMA_M2M_Disable	DMA 通道 x 没有设置为从内存到内存传输

11.2.4　DMA 应用项目举例

模数转换（ADC）电路连接如图 11－3 所示，要求将 PB0 上所接滑动变阻器上的电压以 DMA 方式读入内存，然后进行平均值滤波，每 10 个数据一组，去掉一个最大值，去掉一个最小值，剩下的数据取平均数，然后在数码管上显示出来。

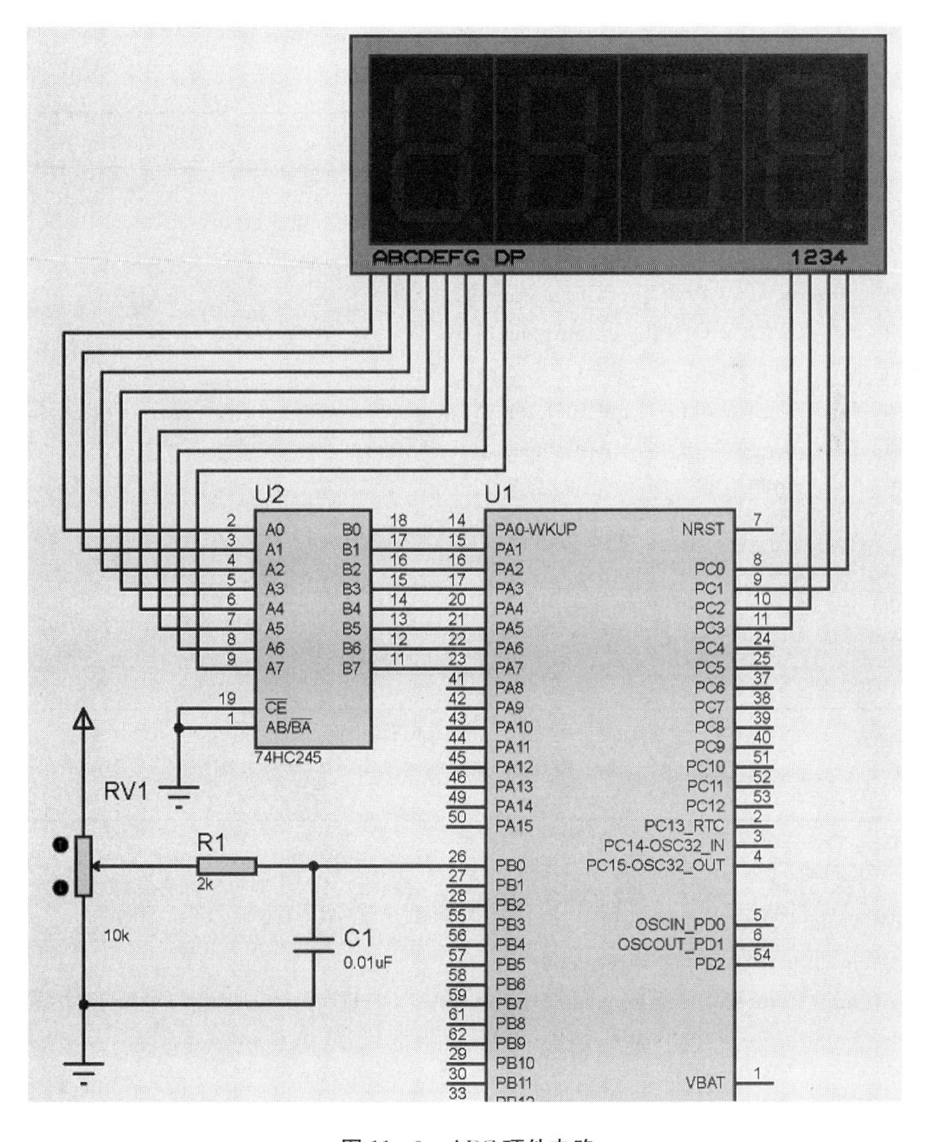

图 11－3　ADC 硬件电路

参考程序如下：

（1）配置时钟。

```
void  RCC_Configuration（void）
   {
     RCC_AHBPeriphClockCmd（RCC_AHBPeriph_DMA1，ENABLE）；
     RCC_APB2PeriphClockCmd（ RCC_APB2Periph_GPIOA，ENABLE）；
     RCC_APB2PeriphClockCmd（ RCC_APB2Periph_GPIOB，ENABLE）；
     RCC_APB2PeriphClockCmd（ RCC_APB2Periph_GPIOC，ENABLE）；
     RCC_APB2PeriphClockCmd（ RCC_APB2Periph_ADC1，ENABLE）；
     RCC_ADCCLKConfig（RCC_PCLK2_Div6）；
     }
```

（2）GPIO 配置。

```
   void GPIO_Configuration（void）
   {
   GPIO_InitTypeDef GPIO_InitStructure；
   GPIO_InitStructure.GPIO_Mode=GPIO_Mode_AIN；
   GPIO_InitStructure.GPIO_Pin=GPIO_Pin_0；
   GPIO_Init（GPIOB，&GPIO_InitStructure）；
   GPIO_InitStructure.GPIO_Mode=GPIO_Mode_Out_PP；
   GPIO_InitStructure.GPIO_Pin=GPIO_Pin_All；
   GPIO_InitStructure.GPIO_Speed=GPIO_Speed_50MHz；
   GPIO_Init（GPIOA，&GPIO_InitStructure）；
   GPIO_InitStructure.GPIO_Mode=GPIO_Mode_Out_PP；
   GPIO_InitStructure.GPIO_Pin=GPIO_Pin_0 | GPIO_Pin_1 | GPIO_Pin_2 | GPIO_Pin_3；
   GPIO_InitStructure.GPIO_Speed=GPIO_Speed_50MHz；
   GPIO_Init（GPIOC，&GPIO_InitStructure）；
   }
```

（3）DMA 初始化程序。

```
void  DMA_Config（void）
{
   DMA_DeInit（DMA1_Channel1）；
   DMA_InitTypeDef  DMA_InitStructure；
   DMA_InitStructure. DMA_PeripheralBaseAddr=ADC1_DR_Address；//设置 DMA 外设基地址
   DMA_InitStructure. DMA_MemoryBaseAddr=（u32）&ADC_ConvertedValue；//设置 DMA 内
存基地址
   DMA_InitStructure. DMA_DIR=DMA_DIR_PeripheralSRC；//设置外设作为数据传输的来源
```

```
    DMA_InitStructure. DMA_BufferSize=16;    //一次传输的数据量
    DMA_InitStructure. DMA_PeripheralInc=DMA_PeripheralInc_Disable; //外设地址寄存器地址
不递增
    DMA_InitStructure. DMA_MemoryInc=DMA_MemoryInc_Disable;    //内存地址寄存器地址不
递增
    DMA_InitStructure. DMA_PeripheralDataSize=DMA_PeripheralDataSize_HalfWord; //设置外
设传输数据宽度为半字
    DMA_InitStructure. DMA_MemoryDataSize=DMA_MemoryDataSize_HalfWord; //设置内存数
据宽度为半字
    DMA_InitStructure. DMA_Mode=DMA_Mode_Circular; //传输模式为循环模式
    DMA_InitStructure. DMA_Priority=DMA_Priority_High;    //设置 DMA 通道的软件优先级
    DMA_InitStructure. DMA_M2M=DMA_M2M_Disable;    //失能内存到内存的传输
    DMA_Init (DMA1_Channel1, &DMA_InitStructure);
    DMA_Cmd (DMA1_Channel1, ENABLE);
}
```

（4）ADC 初始化程序。

```
void Adc_Init (void)
{
ADC_InitTypeDef ADC_InitStructure;
ADC_InitStructure. ADC_Mode = ADC_Mode_Independent;
ADC_InitStructure. ADC_ScanConvMode = DISABLE;
ADC_InitStructure. ADC_ContinuousConvMode = DISABLE;
ADC_InitStructure. ADC_ExternalTrigConv = ADC_ExternalTrigConv_None;
ADC_InitStructure. ADC_DataAlign = ADC_DataAlign_Right;
ADC_InitStructure. ADC_NbrOfChannel = 1;
ADC_Init (ADC1, &ADC_InitStructure);
ADC_RegularChannelConfig (ADC1, ADC_Channel_8, 1, ADC_SampleTime_239Cycles5);
ADC_DMACmd (ADC1, ENABLE);
ADC_Cmd (ADC1, ENABLE);
ADC_ResetCalibration (ADC1);
while (ADC_GetResetCalibrationStatus (ADC1));
ADC_StartCalibration (ADC1);
while (ADC_GetCalibrationStatus (ADC1)); ADC_SoftwareStartConvCmd (ADC1, ENABLE);
}
```

（5）平均值滤波程序。

```
void filer_display (void)
{
    u16  ad_data, ad_value_min, ad_value_max, ad_value_sum;
```

```
    u8 ad_sample_cnt;
    u8 qian, bai, shi, ge;
    ad_data=ADC_GetConversionValue (ADC1);
    if (ad_sample_cnt==0) //判断是不是第 1 次，若是，则设置最大值和最小值
    {
      ad_value_min=ad_data;
      ad_value_max=ad_data;
    }
    else if (ad_data<ad_value_min) //判断是否比最小值小，若是，则保存
    {
      ad_value_min=ad_data;
    }
      else if (ad_data>ad_value_max) //找最大值
    {
      ad_value_max=ad_data;
      }
      ad_value_sum+=ad_data;     //所有数据累加起来
      ad_sample_cnt++;
      if (ad_sample_cnt==9)        //采样 10 个数据
    {
      ad_value_sum-=ad_value_min;    //去掉最大值和最小值
      ad_value_sum-=ad_value_max;
      ad_value_sum>>=3; //将余下的 8 个数据之和右移 3 位，即除以 8，取平均值
      ad_sample_cnt=0;
      ad_value_min=0;
      ad_value_max=0;
    }
      ad_value_sum= (3.3/4096*ad_value_sum) *1000; //实际电压值扩大 1000 倍
      qian=ad_value_sum/1000;
      bai=ad_value_sum%1000/100;
      shi=ad_value_sum%100/10;
      ge=ad_value_sum%10;
      smg_disp (qian, bai, shi, ge, 1);
}
```

(6) 4 位数码管动态显示程序。

```
void smg_disp (u8 num1, u8 num2, u8 num3, u8 num4, u8 point)
{
    u8 discode [] = {0x3f, 0x06, 0x5b, 0x4f, 0x66, 0x6d, 0x7d, 0x07, 0x7f, 0x6f};
    u8 weixuan [] = {0xfe, 0xfd, 0xfb, 0xf7};
```

```
    u8 i, dispnum [4];
    dispnum [0] =discode [num4];
    dispnum [1] =discode [num3];
    dispnum [2] =discode [num2];
    dispnum [3] =discode [num1];
    switch (point)
    {
      case 1: dispnum [3] |=0x80; break;
      case 2: dispnum [2] |=0x80; break;
      case 3: dispnum [1] |=0x80; break;
    }
    for (i=0; i<4; i++)
   {
    GPIO_Write (GPIOA, 0x00);
    GPIO_Write (GPIOC, weixuan [i]);
    GPIO_Write (GPIOA, dispnum [i]);
    delay (120);
  }
}
```

（7）主程序。

```
int main (void)
{   RCC_Configuration ( );
    GPIO_Configuration ( );
    DMA_Config ( );
    Adc_Init ( );
    while (1)
    {
      filer_display;
    }
  }
```

11.3　项目十一的实现

11.3.1　项目分析

由于目的是进行片内存储器到存储器之间的数据传输，因此无须硬件连接。根据设计要求，程序完成以下工作：

（1）设置DMA通道6，实现Flash到RAM的DMA传输。

（2）通过串口将传输的状态及内容输出。

（3）启动DMA，传输结束后比较源数据与目的数据，检测传输结果。

程序设计流程如图11－4所示。

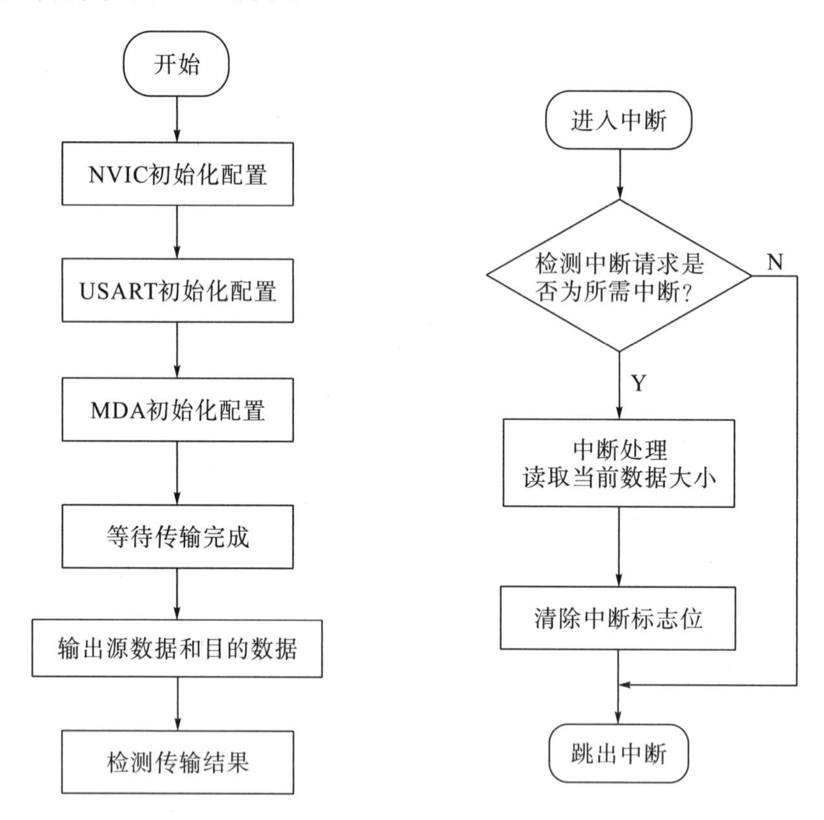

图11－4　DMA数据传输程序设计流程图

11.3.2　参考程序

项目十一参考程序如下：

```
#include "stm32f10x.h"
#include "stdio.h"
#define BufferSize 32
typedef enum    //定义枚举类型，表示传送状态
{
  FAILED=0,
  PASSED=! FAILED
} TestStatus;
__IO uint32_t CurrDataCounterBegin=0;    //开始传输前，通道数据量
__IO uint32_t CurrDataCounterEnd=0x01; //传输结束后，通道数据量
//定义全局常量（位于Flash）—DMA传送源地址
```

```
    const  uint32_t  SRC_Const_Buffer [BufferSize] = {
          0x01020304, 0x05060708, 0x090A0B0C, 0x0D0E0F10,
          0x11121314, 0x15161718, 0x191A1B1C, 0x1D1E1F20,
          0x21222324, 0x25262728, 0x292A2B2C, 0x2D2E2F30,
          0x31323334, 0x35363738, 0x393A3B3C, 0x3D3E3F40,
          0x41424344, 0x45464748, 0x494A4B4C, 0x4D4E4F50,
          0x51525354, 0x55565758, 0x595A5B5C, 0x5D5E5F60,
          0x61626364, 0x65666768, 0x696A6B6C, 0x6D6E6F70,
          0x71727374, 0x75767778, 0x797A7B7C, 0x7D7E7F80};
    uint32_t  DST_Buffer [BufferSize]; //定义全局变量（位于RAM）—DMA传送目的地址
    void  NVIC_Configure (void); //NVIC初始化函数声明
    void  DMA_Configure (void); //DMA初始化函数声明
    void  USART_Configure (void); //串口初始化函数声明
    TestStatus Buffercmp (const uint32_t * Buffer_SRC, uint32_t * Buffer_DST, uint16_t
BufferLength); //比较源数据和目的数据是否相同的函数声明
    void delay_ms (int32_t  ms);    //延时函数声明
```

```
    int  main (void)
    {
      uint32_t  count; //定义计数变量
      TestStatus TransferStatus=FAILED;    //定义发送状态标志位（枚举类型）
      NVIC_Configure ( );
      USART_Configure ( );
      DMA_Configure ( );
      delay_ms (1000);   //延时1s，便于观察串口打印数据
      printf ( "\n-----------------DMA Test-----------------\n");
      printf ( "\n-----------Complete Initialization--------\n");
      while (CurrDataCounterEnd! =0);    //等待传输完成
      printf ( "\n-----------Complete Transmission-----------------\n");
      printf ( "\n--------Contents of SRC_Const_Buffer:"); //串口打印源数据内容
      for (count=0; count<BufferSize; count++)
       {
        if (count%4==0)    //每行显示4个数据
         {
          printf ( "\n");
          }
          printf ( "0x%08x", SRC_Const_Buffer [count]);
        }
      printf ( "\n--------Contents of DST_Buffer:");    //串口打印目的数据内容
        for (count=0; count<BufferSize; count++)
       {
        if (count%4==0)    //每行显示4个数据
         {
```

```
            printf ( "\ n");
            }
            printf ( "0x%08x", DST_Buffer [count]);
        }
    TransferStatus=Buffercmp (SRC_Const_Buffer, DST_Buffer, BufferSize); //比较源数据和目的数据内容是否相同
    if (TransferStatus = =FAILED)
    printf ( "\ n DMA test  fail! \ n");
    else
    printf ( "\ n DMA test  success! \ n");
    while (1);
    }
```

```
void NVIC_Configure (void)
{
    NVIC_InitTypeDef NVIC_InitStructure;
    NVIC_PriorityGroupConfig (NVIC_PriorityGroup_1);
    NVIC_InitStructure. NVIC_IRQChannel=DMA1_Channel6_IRQn; //配置 DMA1 通道 6 为中断源
    NVIC_InitStructure. NVIC_IRQChannelPreemptionPriority=0;
    NVIC_InitStructure. NVIC_IRQChannelSubPriority=0;
    NVIC_InitStructure. NVIC_IRQChannelCmd=ENABLE;
    NVIC_Init (&NVIC_InitStructure);
}
```

```
void  USART_Configure (void)
{
    GPIO_InitTypeDef  GPIO_InitStructure;
    USART_InitTypeDef  USART_InitStructure;
    RCC_APB2PeriphClockCmd (RCC_APB2Periph_GPIOA | RCC_APB2Periph_
        AFIO | RCC_APB2Periph_USART1, ENABLE);
    GPIO_InitStructure. GPIO_Pin=GPIO_Pin_9; //TXD 端
    GPIO_InitStructure. GPIO_Speed=GPIO_Speed_50MHz;
    GPIO_InitStructure. GPIO_Mode=GPIO_Mode_AF_PP;
    GPIO_Init (GPIOA, &GPIO_InitStructure);
    GPIO_InitStructure. GPIO_Pin=GPIO_Pin_10; //RXD 端
    GPIO_InitStructure. GPIO_Mode=GPIO_Mode_IN_FLOATING;
    GPIO_Init (GPIOA, &GPIO_InitStructure);
    USART_InitStructure. USART_BaudRate = 9600; //波特率设置;
```

```
    USART_InitStructure.USART_WordLength = USART_WordLength_8b; //字长为 8 位数据格式
    USART_InitStructure.USART_StopBits = USART_StopBits_1; //一个停止位
    USART_InitStructure.USART_Parity = USART_Parity_No; //无奇偶校验位
    USART_InitStructure.USART_HardwareFlowControl=
        USART_HardwareFlowControl_None; //无硬件数据流控制
     USART_InitStructure.USART_Mode = USART_Mode_Rx | USART_Mode_Tx; //收发模式
    USART_Init (USART1, &USART_InitStructure); //初始化串口
    USART_Cmd (USART1, ENABLE); //USART1 使能
    USART_ITConfig (USART1, USART_IT_RXNE, ENABLE); //接收使能中断
}
```

```
int  fputc (int ch, FILE  * f)
{
  USART_SendData (USART1, (u8) ch);
  while (! (USART_GetFlagStatus (USART1, USART_FLAG_TXE) ==SET));
  return  ch;
}
```

```
void  DMA_Configure (void)
{
  RCC_AHBPeriphClockCmd (RCC_AHBPeriph_DMA1, ENABLE);
  DMA_InitTypeDef  DMA_InitStructure;
  DMA_InitStructure. DMA_PeripheralBaseAddr= (uint32_t) SRC_Const_Buffer;
  DMA_InitStructure. DMA_MemoryBaseAddr= (uint32_t) DST_Buffer;
  DMA_InitStructure. DMA_DIR=DMA_DIR_PeripheralSRC;
  DMA_InitStructure. DMA_BufferSize=BufferSize;
  DMA_InitStructure. DMA_PeripheralInc=DMA_PeripheralInc_Enable;
  DMA_InitStructure. DMA_MemoryInc=DMA_MemoryInc_Enable;
  DMA_InitStructure. DMA_PeripheralDataSize=DMA_PeripheralDataSize_Word;
  DMA_InitStructure. DMA_MemoryDataSize=DMA_MemoryDataSize_Word;
  DMA_InitStructure. DMA_Mode=DMA_Mode_Normal;
  DMA_InitStructure. DMA_Priority=DMA_Priority_High;
  DMA_InitStructure. DMA_M2M=DMA_M2M_Enable;
  DMA_Init (DMA1_Channel6, &DMA_InitStructure);
  DMA_ITConfig (DMA1_Channel6, DMA_IT_TC, ENABLE);
  CurrDataCounterBegin=DMA_GetCurrDataCounter (DMA1_Channel6);
  DMA_Cmd (DMA1_Channel6, ENABLE);
}
```

```
TestStatus  Buffercmp (const uint32_t * Buffer_SRC,   uint32_t * Buffer_DST, uint16_t
BufferLength)
{
    while (BufferLength--)
    {
      if (*Buffer_SRC! =*Buffer_DST)
       {
        return FAILED;
       }
      Buffer_SRC++;
      Buffer_DST++;
    }
  return  PASSED;
}
```

```
void  delay_ms (int32_t  ms)
{
  int32_t  i;
  while (ms--)
   {
    i=7500;       //开发板晶振 8MHz 时的经验值
    while (i--);
   }
}
```

```
void  DMA1_Channel6_IRQHandler (void)
{
    if (DMA_GetITStatus (DMA_IT_TC6))
    {
      CurrDataCounterEnd=DMA_GetCurrDataCounter (DMA1_Channel6);
      DMA_ClearITPendingBit (DMA1_IT_TC6);
    }
}
```

编译完成后，在目标选项中设置好 Debug 选项，单击工具栏的“调试”按钮，打开仿真界面，打开 Watch Windows，输入要观察的内容 SRC_Const_Buffer、DST_Buffer 和 CurrDataCounterBegin，如图 11-5 所示，可以看到源数据地址为 0x080022AC，目的数据地址为 0x20000068，由 STM32F103 内存映射可知，源数据位于 Flash 中，目的数据位于 RAM 中。

Watch 1

Name	Value	Type
SRC...	0x080022AC SRC_Const_Buffer	unsigned int...
DST_...	0x20000068 DST_Buffer	unsigned int...
Curr...	0x00000020	unsigned int
<Enter e...		

图 11－5　Watch Windows 界面

单击 SRC_Const_Buffer 前面的加号可以看到其中存储的数据如图 11－6 所示，与程序中输入的数据一致。单击 DST_Buffer 前面的加号可以看到其中的数据全是 0，如图 11－7 所示。CurrDataCounterBegin 的值为 0，表示尚未开始传输。

Watch 1

Name	Value	Type
SRC...	0x080022AC...	unsigned in...
[0]	0x01020304	unsigned int
[1]	0x05060708	unsigned int
[2]	0x090A0B0C	unsigned int
[3]	0x0D0E0F10	unsigned int
[4]	0x11121314	unsigned int
[5]	0x15161718	unsigned int
[6]	0x191A1B1C	unsigned int
[7]	0x1D1E1F20	unsigned int
[8]	0x21222324	unsigned int
[9]	0x25262728	unsigned int

Call Stack + Locals　Watch 1　Memory 1

图 11－6　SRC_Const_Buffer 的内容

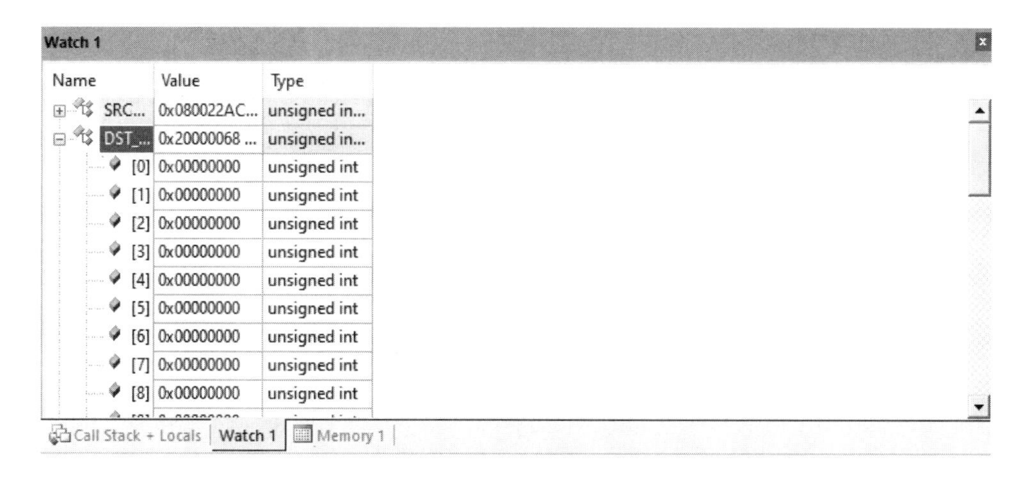

Watch 1

Name	Value	Type
SRC...	0x080022AC...	unsigned in...
DST_...	0x20000068 ...	unsigned in...
[0]	0x00000000	unsigned int
[1]	0x00000000	unsigned int
[2]	0x00000000	unsigned int
[3]	0x00000000	unsigned int
[4]	0x00000000	unsigned int
[5]	0x00000000	unsigned int
[6]	0x00000000	unsigned int
[7]	0x00000000	unsigned int
[8]	0x00000000	unsigned int

Call Stack + Locals　Watch 1　Memory 1

图 11－7　DST_Buffer 的值（运行前）

点击[图标]，全速运行程序，等待片刻，再观察上述内容，DST_Buffer 中的数据与 SRC_Const_Buffer 中一致，如图 11－8 所示。CurrDataCounterBegin 的值变为 0x20（十进制 32），由于设置了地址自增 1，所以增加到 32 表示 32 位数据传输完毕。

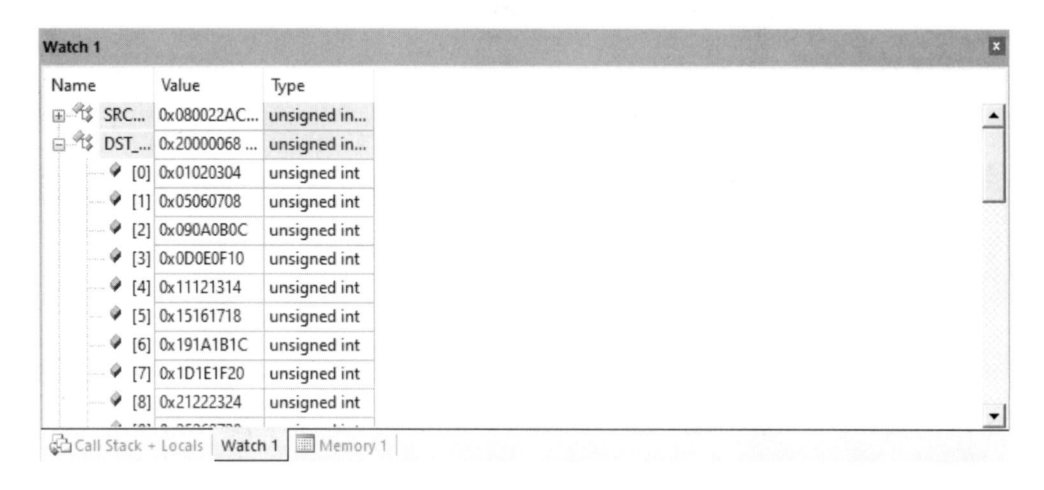

图 11－8　DST_Buffer 的值（运行后）

此外，还可观察内存区域，打开内存窗口，输入“SRC_Const_Buffer”查看其内容，如图 11－9 所示，可以看到其地址为 0x08＊＊＊＊＊＊，位于 Flash。图中数据高字节存放高地址，低字节存放低地址，这种存储模式称为小端模式。同理，可单步执行观察 DST_Buffer 中的内容，读者可自行完成。

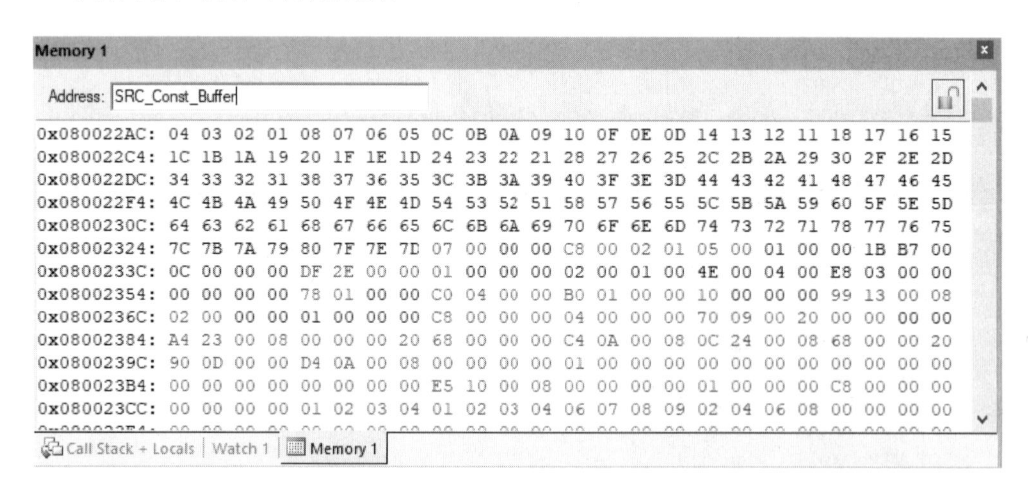

图 11－9　SRC_Const_Buffer 的内容

思考与实操

1. 什么是 DMA？简述 STM32 的 DMA 操作的完整过程。
2. STM32 最多有几个 DMA 控制器？采用 DMA 传输的外设主要有哪些？

3. DMA 传输的数据量最大可达多少？STM32 的外设 USART1 使用 DMA 传输时，传输速度最高是多少？

4. 利用 DMA 传输 ADC 测得的电压值，制作一个实时电压表。

项目十二　基于线性 CCD 的小车循迹系统

12.1　系统要求

基于线性 CCD 的小车循迹系统，是“飞思卡尔”智能车大赛中智能小车的核心模块，根据历届大学生智能车摄像头参赛经验：1m 的前瞻，3.5m/s 的速度下，控制周期不得高于 20ms（采样率不得低于 50Hz），否则智能车转向机构反应再快也无法很好地跟随赛道，从而导致冲出赛道。控制周期不高于 20ms 就意味着 CCD 摄像头曝光时间不能超过 20ms。

系统的设计要求如下：

（1）可以识别黑白或白黑路径，包括直行、左右弯道、十字或丁字岔道。

（2）具有较强的环境适应能力，对于弱光、强光均有较高的识别正确率。

（3）系统可通过串口发送两类信息，并可选。一类是 CCD 灰度信息，供上位机 CCD 调试软件观察循迹图像；另一类是路径识别信息，分别指示直行、左右弯道、十字或丁字岔道、无法识别等。

12.2　线性 CCD 的原理及其使用

电荷耦合器件图像传感器（Charge Coupled Device，CCD），使用一种高感光度的半导体材料制成，能把光线转变成电荷，再通过模数转换芯片转换成数字信号，数字信号经过压缩以后由相机内部的闪速存储器或内置硬盘卡保存，可以方便地把数据传输给计算机，并借助计算机的处理手段，根据需要修改图像。CCD 由许多感光单位组成，通常以百万像素为单位。

目前主要有两种类型的 CCD 光敏元件，分别是线性 CCD 和矩阵式 CCD。线性 CCD 用于高分辨率的静态照相机，它每次只拍摄图像的一条线，这与平板扫描仪扫描照片的方法相同。这种 CCD 精度高，速度慢，无法用来拍摄移动的物体，也无法使用闪光灯。矩阵式 CCD 的每一个光敏元件对应图像中的一个像素，当快门打开时，整个图像同时被曝光。

12.2.1　线性 CCD 传感器原理

下面以 TSL1401 线性 CCD 传感器为例阐述其原理。

TSL1401 线性 CCD 传感器包含 128 个线性排列的光电二极管。每个光电二极管都有各自的积分电路，我们将此电路统称为像素。每个像素所采集的图像灰度值与它所感知的光强和积分时间成正比。在 128 个像素之外，还有一个开关逻辑控制和移位寄存器电路。SI 通过该电路，控制每个像素的积分和复位操作；CLK 通过该电路控制每一个像素电压的依次输出。其基本单元内部结构如图 12－1 所示。

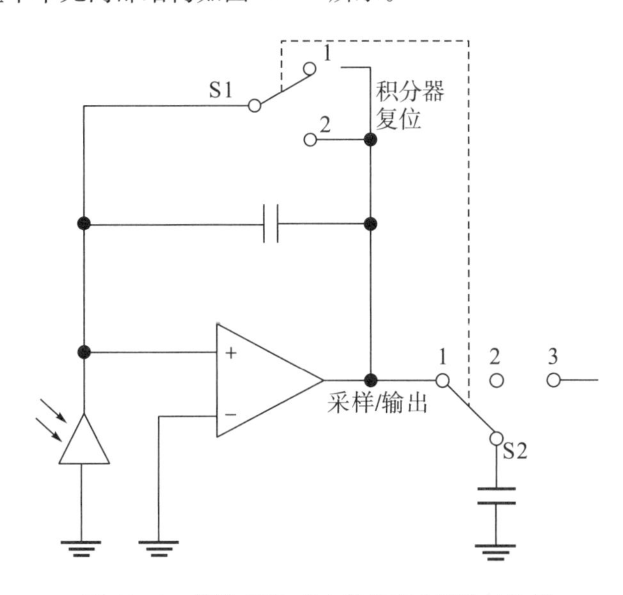

图 12－1　线性 CCD 单个像素积分器的结构图

由图 12－1 可知，当开关 S1 在位置 1 时，开关是断开的，从运放的特性简单分析可得，电容上流过的电流和光电器件的光生电流相等，这个电路对光生电流进行积分。而当 S1 在位置 2 时，积分电容被短路，释放积累的电荷。

开关 S2 用来控制采样输出，不输出（第 129 个 CLK 之后）时，接在位置 1 上保持采样电容电压和运放输出一致，当轮到这个像素输出时，接到位置 3，而其他像素输出时，则必须接到位置 2。

图 12－2 为线性 CCD 的总时序图。在图 12－3 为线性 CCD 的操作时序图。在图 12－2 和图 12－3 中，CLK 是一个上升沿触发的信号，采样一次数据的时候，首先把 SI 拉高，然后把 CLK 拉高，此时 AO 上已经出现第 1 个像素的模拟电压，然后把 SI 拉低，否则积分复位电路工作可能不正常。连续输入 128 个 CLK（上升沿）以后，128 个模拟电压通过 AO 引脚已经被传输完毕。但必须注意的是，应再次输入至少一个 CLK 脉冲（第 129 个脉冲），否则采样电容的开关无法回到正常采样位置，下次的数据将出现问题。

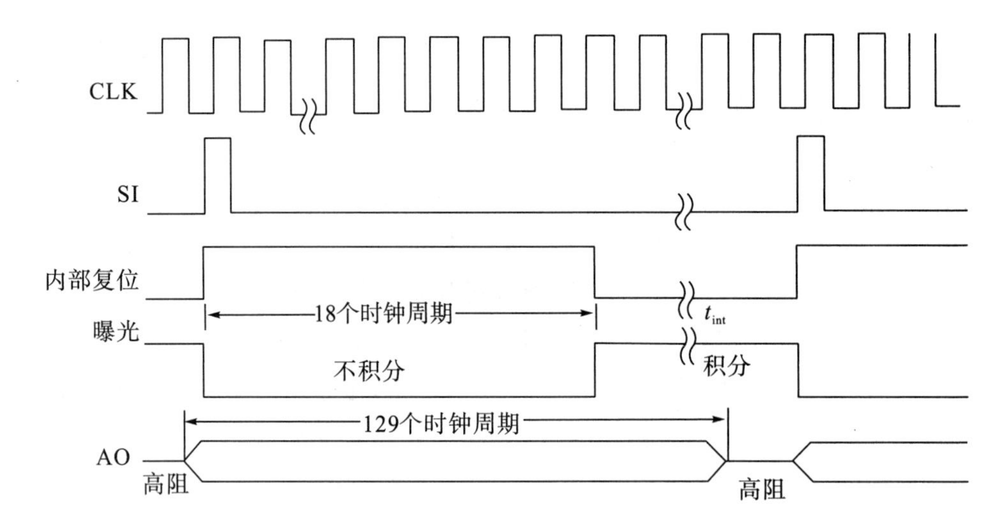

图 12－2　线性 CCD 的总时序图

图 12－2 中的积分时间 t_{int} 也可以称作曝光时间，是从上一次 SI 输入后第 18 个时钟开始，到下一个 SI 输入的时间减去 20μs（采样电容传输时间的典型值），因此可以通过 SI 控制曝光时间。

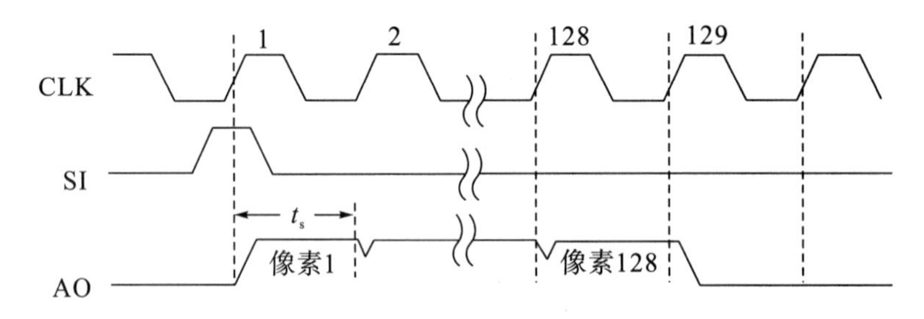

图 12－3　线性 CCD 的操作时序图

12.2.2　线性 CCD 传感器应用

下面介绍一款常见的蓝宙电子线性 CCD 模块。蓝宙电子线性 CCD 模块带无畸变镜头，以 TSL1401 线性 CCD 传感器为核心，为提高抗干扰能力，模拟输出 AO 经过放大后输出。图 12－4 为蓝宙电子线性 CCD 模块中的运放电路图。

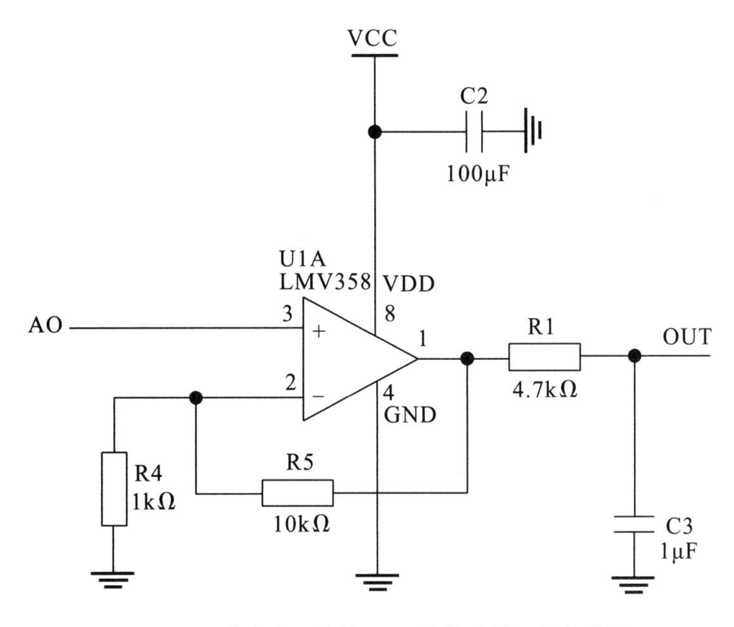

图 12−4　**蓝宙电子线性** CCD **模块中的运放电路图**

在图 12−4 中，运放的放大倍数 $A=1+R5/R4$，此电路中 $A=11$，也就是对 TSL1401 的 AO 信号进行 11 倍放大。由于增加了运放，白天环境下的采样率可以调节到更高，甚至可以达到 100Hz。增加运放也会带来一个问题，就是在全黑的环境（例如盖上镜头盖）下，线性 CCD 的输出已经不再接近 0V，通常把全黑环境下对应的输出电压称为“暗电压”，蓝宙电子线性 CCD 模块暗电压约为 1V。其实，暗电压完全不影响上层软件提取赛道黑线，因为可以把这个暗电压当作信号中的直流分量进行处理，也就是将采集的每个像素点的电压减去暗电压。

图 12−5 为蓝宙电子 TSL1401 线性 CCD 模块引脚图，表 12−1 描述了各引脚的功能。

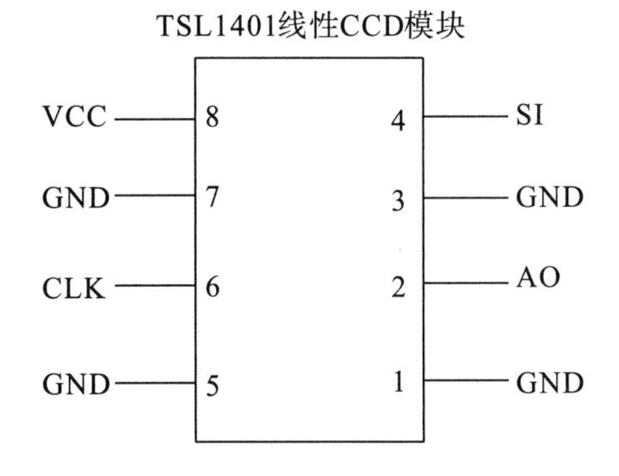

图 12−5　**蓝宙** TSL1401 **线性** CCD **模块引脚图**

表 12-1　蓝宙 TSL1401 线性 CCD 模块各引脚功能描述

引脚号	引脚名	功能	备注
1	GND	电源负	接地
2	AO	模拟输出	像素灰度值输出，接单片机 AD 采集
3	GND	电源负	接地
4	SI	串行输入口	控制数据序列的起始，接单片机 IO 口即可
5	GND	电源负	接地
6	CLK	时钟输入	控制像素输出，频率 5k～8000kHz
7	GND	电源负	接地
8	VDD	电源正	3～5V 电源

12.2.3　硬件接口

12.2.3.1　线性 CCD 模块与 STM32 的连接

TSL1401 线性 CCD 模块与 STM32 单片机的硬件接口电路如图 12-6 所示。其中 AO 引脚连接 STM32 单片机的 ADC 通道（ADC1 的第 0 路），SI 连接单片机的 IO 口 PB13，CLK 连接单片机的 IO 口 PB14。线性 CCD 模块的多路地信号是为了提高抗干扰能力。如果移植使用，建议至少保留 3 个地线。电源电压 3.3V 和 5V 兼容。

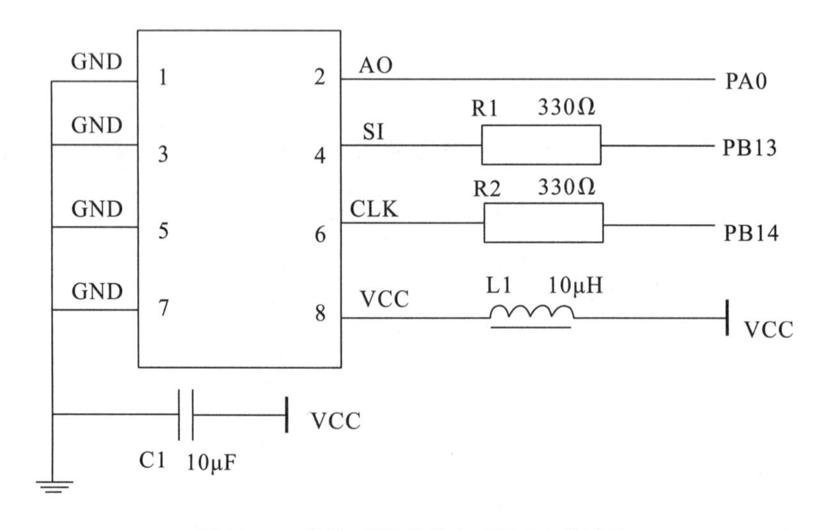

图 12-6　线性 CCD 模块与 STM32 的连接

12.2.3.2　人机界面与 STM32 的连接

系统具备基本的人机界面，即按键和发光二极管。按键接 STM32 的 PE4，发光二极管 LED1 和 LED2 分别接 PE5 和 PE6。

12.2.3.3　输出信息选择设置与 STM32 的连接

通过设置 PB10、PB11 两脚的电平信号来实现对输出信号的选择设定。PB10 和 PB11 的电平信号由拨码开关设置，如表 12－2 所示。

表 12－2　输出信息选择设置

STM32 引脚		功能
PB11	PB10	
0	1	输出 CCD 灰度信息
1	0	输出路径识别信息
1	1	不输出（保留）
0	0	不输出（保留）

12.3　曝光时间自适应策略

本项目算法主要是为解决环境光强度不同导致的模块输出信号电压高低差异大、不稳定的问题，以保证在不同环境下 CCD 输出电压在合理范围内，提高正确提取路径信息的可靠性，采用曝光时间自适应的策略。

如果竞赛环境各个方向的光线均匀一致，就可以在赛车出发前根据环境光线调节得到一个合理的曝光时间，以得到合理而稳定的输出电压，这样赛车就能采用一个固定的曝光时间跑完全程。但这是一个理想情况，实际比赛环境远没有假设的这么理想，实际比赛场馆会有窗户，赛道顶上也可能有灯，因此比赛环境一定会受到比赛场馆窗户漏光、赛道上方照明光的强弱等因素的影响，赛车的前进方向正对窗户和背对窗户不能采用同一曝光参数，电灯下和离灯较远处也不能采用相同的曝光参数。换句话说，要想赛车完整跑完全程，需要适时地、动态地调整曝光参数。曝光时间自适应策略如图 12－7 所示。

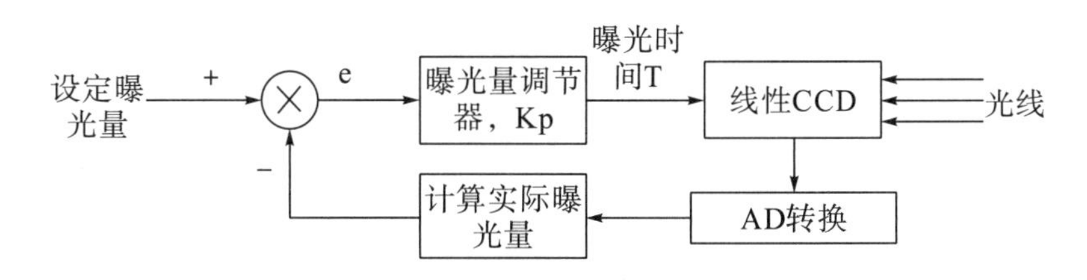

图 12－7　曝光时间自适应策略算法示意图

从图 12－7 可以看出，该曝光时间自适应策略采取了一个典型的闭环控制方式。其控制对象就是线性 CCD 模块的曝光时间，反馈是线性 CCD 感应到的曝光量。调节的目标是设定曝光量。控制器的工作原理是将设定的曝光量减去实际曝光量，差值即为曝光量的偏差 e，曝光量调节器用 Kp 乘以 e 再加上上次的曝光时间作为新的曝光时间进行动态曝光，曝光时间调整后直接影响实际反馈的曝光量。如此反复进行调节就能达到适应环境光变化的目的。

需要注意的是，实际曝光量并不是某一个像素的曝光量，因为单个像素是无法反映环境光强度的，实际曝光量应该是一段时间和一定像素点强度的函数。本项目取一次采集到的 128 个像素电压的平均值作为曝光量当量，设定的曝光量也就是 128 个像素点的平均电压。

采用该策略后，在正常的智能小车运行环境中，线性 CCD 采集到的电压值都能保持在合理范围内，从而提高了路径识别的可靠性和稳定性。

本项目曝光自适应程序流程如图 12－8 和图 12－9 所示。

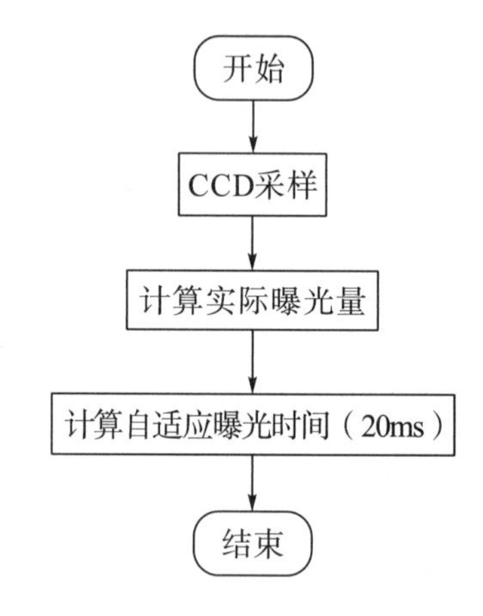

图 12－8　曝光自适应程序流程图

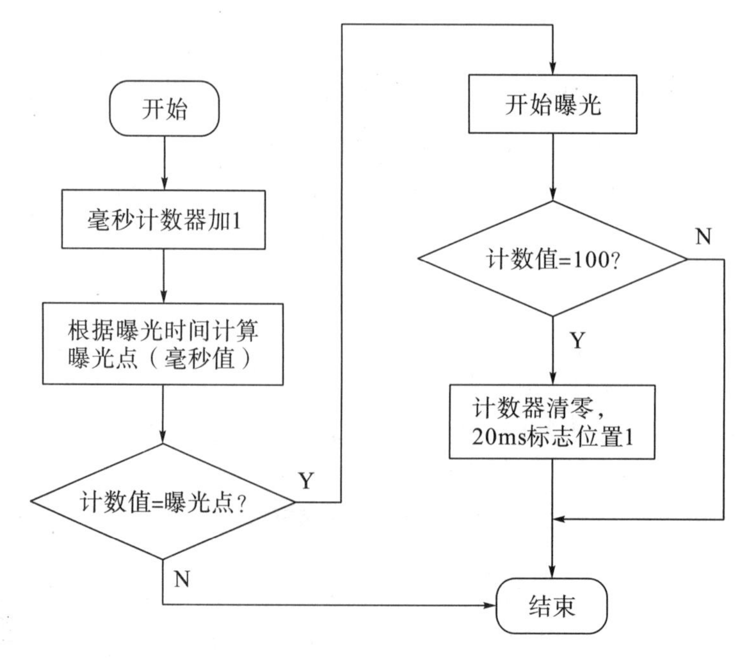

图 12－9　20ms 中断程序流程图

曝光控制原理实际上就是发送一次启动和移位时序，从图 12－2 所示的 TSL1401 的时序图可以看出，每 128 个时钟序列的前 18 个周期是内部复位（internal reset），这 18 个周期不仅不曝光，还会将每个像素积分器电容放电，将积分电压清零，18 个周期后便开始积分。中断程序就是根据曝光时间在合适的曝光点输出一个内部复位序列。下一个 20ms 到达时会进行数据采样，采集到数据对应的曝光时间就是输出内部复位到下次采样的时间。而上一次 20ms 采样到本次输出内部复位信号之间的曝光将在本次曝光时清除，数据没有读取（不进行 AD 转换）。

其中主程序每隔 20ms 执行一次，主要完成 CCD 采样、计算实际曝光量、计算曝光时间。采集到的 128 像素数据保存在 Pixel［128］数组中，实际曝光量当量（128 像素平均电压）保存在 PixelAverageVoltage 全局变量中，曝光时间（单位：ms）保存在 IntegrationTime 全局变量中。

曝光控制中断程序每 0.2ms 执行一次，每次中断将 TimerCnt20ms 计算器自动加 1，然后根据曝光时间 IntegrationTime（其值为 1～100）计算出曝光点 Integration_point（取值范围 100～IntegrationTime，即 99～0，也即 0～19.8ms），如果曝光点等于当前计数器则开始曝光，否则不曝光。当 TimerCnt20ms 等于 100（即 20ms）时，重置 TimerCnt20ms，同时置位 TimerFlag20ms 标志位，通知主程序执行相应处理（20ms 周期）。

0.2ms 定时器中断程序中所使用的定时器为 TIM3。

12.4　程序设计

本项目设计 STM32 单片机外设较多，又涉及线性 CCD 摄像头等，因此为方便后期程序的维护或功能裁剪，按照“功能归类、分类设计”的原则，将系统分为以下模块。

（1）LED 模块：用于系统运行状态指示、发送信息类型指示等。

（2）按键与设置开关模块：用于系统的功能按键、系统发送信息设置开关。

（3）定时器模块：用于产生 0.2ms 中断。

（4）SysTick 定时模块：用于通过 STM32 内部的 SysTick 产生精确的延时。

（5）系统时钟配置模块：用于配置系统的总线时钟、ADC 时钟等所有的时钟。

（6）中断配置模块：用于配置系统的中断分组，即 2 位抢占式优先级，2 位响应式优先级。

（7）串口通信模块：用于向上位机发送 CCD 灰度或被识别的路径信息。

（8）A/D 转换模块：用于将线性 CCD 模块 AO 输出电压转换为数字信号。

（9）线性 CCD 模块：用于捕捉路径信息。

各模块源程序代码参考如下：

12.4.1 LED 模块对应源程序

（1）文件 1：led. h 头文件。

```
#ifndef_LED_H
#define_LED_H
#include "stm32f10x. h"
#define LED1_OFF GPIO_SetBits (GPIOE, GPIO_Pin_5)
#define LED1_ON GPIO_ResetBits (GPIOE, GPIO_Pin_5)
#define LED2_OFF GPIO_SetBits (GPIOE, GPIO_Pin_6)
#define LED2_ON GPIO_ResetBits (GPIOE, GPIO_Pin_6)
void GPIO_LED (void);
#endif
```

（2）文件 2：led. c 文件。

```
#include "stm32f10x. h"
#include "led. h"
void GPIO_LED (void)
{
  GPIO_InitTypeDef GPIO_InitStructure;
  GPIO_InitStructure. GPIO_Mode=GPIO_Mode_Out_PP;
  GPIO_InitStructure. GPIO_Pin=GPIO_Pin_5 | GPIO_Pin_6;
  GPIO_InitStructure. GPIO_Speed=GPIO_Speed_50MHz;
  GPIO_Init (GPIOE, &GPIO_InitStructure);
  LED1_OFF;
  LED2_OFF;
}
```

12.4.2 按键与设置开关模块对应源程序

（1）文件 1：key. h 头文件。

```
#ifndef_KEY_H
#define_KEY_H
#include "stm32f10x. h"
#define KeyState GPIO_ReadInputDataBit (GPIOE, GPIO_Pin_4) //按键端口定义
#define SW_TYPE GPIO_ReadInputDataBit (GPIOB, GPIO_Pin_10) //发送信息设置开关端口定义
#define SW_AD GPIO_ReadInputDataBit (GPIOB, GPIO_Pin_11)
void GPIO_KEY (void); //按键端口和 SW 设置开关端口配置函数声明
u8 KeyPressed (void); //按键判断函数声明
#endif
```

（2）文件2：key.c文件。

```
#include "stm32f10x.h"
#include "key.h"
#include "delay.h"
void GPIO_KEY (void)
{
  GPIO_InitTypeDef GPIO_InitStructure;
  GPIO_InitStructure.GPIO_Mode=GPIO_Mode_IPU;
  GPIO_InitStructure.GPIO_Pin=GPIO_Pin_4;
  GPIO_Init (GPIOE, &GPIO_InitStructure);

  GPIO_InitStructure.GPIO_Mode=GPIO_Mode_IPU;
  GPIO_InitStructure.GPIO_Pin=GPIO_Pin_10 | GPIO_Pin_11;
  GPIO_Init (GPIOB, &GPIO_InitStructure);
}

u8 KeyPressed (void)
{
    if (KeyState==0)
    {
      delay_ms (10);
      if (KeyState==0)
       {
        while (KeyState==0);
        return 1;
      }
    }
    return 0;
}
```

12.4.3　定时器模块对应源程序

（1）文件1：timer.h头文件。

```
#ifndef_TIMER_H
#define_TIMER_H
#include "stm32f10x.h"
void Timerx_Init (u16 arr, u16 psc); //通用定时器初始化
#endif
```

（2）文件 2：timer. c 文件。

```
#include "timer.h"
void Timerx_Init (u16 arr, u16 psc)
{
    TIM_TimeBaseInitTypeDef  TIM_TimeBaseStructure;
    TIM_DeInit (TIM3);
    TIM_TimeBaseStructure.TIM_Period=arr-1;
    TIM_TimeBaseStructure.TIM_Prescaler=psc-1;
    TIM_TimeBaseStructure.TIM_ClockDivision=0;
    TIM_TimeBaseStructure.TIM_CounterMode=TIM_CounterMode_Up;
    TIM_TimeBaseInit (TIM3, &TIM_TimeBaseStructure);
    TIM_ClearFlag (TIM3, TIM_FLAG_Update);
    TIM_ITConfig (TIM3, TIM_IT_Update | TIM_IT_Trigger, ENABLE);
    TIM_Cmd (TIM3, ENABLE);
}
```

12.4.4 SysTick 定时模块源程序

（1）文件 1：delay. h 头文件。

```
#ifndef_DELAY_H
#define_DELAY_H
#include "stm32f10x.h"
void delay_init (u8 sysclk);
void delay_us (u32 nus);
void delay_ms (u16 nms);
void delay1 (u16 time);
#endif
```

（2）文件 2：delay. c 文件。

```
#include "delay.h"
static u8 fac_us=0;
static u16 fac_ms=0;
void delay_init (u8 sysclk)
{
    SysTick->CTRL&=0xfffffffb;
    fac_us=sysclk/8;
    fac_ms= (u16) fac_us*1000;
}
    void delay_us (u32 nus)
{
```

```
        u32 temp;
        delay_init (72);
    SysTick->LOAD = fac_us * nus;
    SysTick->VAL=0X00; //清空计数器
    SysTick->CTRL=0X01; //使能，减到零时无动作，采用外部时钟源
    do
        {
         temp=SysTick->CTRL; //读取当前倒计数值
      } while((temp&0x01) && (! (temp& (1<<16)))); //等待时间到达
        SysTick->CTRL=0x00; //关闭计数器
        SysTick->VAL =0X00; //清空计数器
}
void delay_ms (u16 nms)
{
   u32 temp;
   delay_init (72);
   SysTick->LOAD = fac_ms * nms;
   SysTick->VAL=0X00; //清空计数器
   SysTick->CTRL=0X01; //使能，减到零时无动作，采用外部时钟源
   do
    {
     temp=SysTick->CTRL; //读取当前倒计数值
    } while((temp&0x01) && (! (temp& (1<<16)))); //等待时间到达
      SysTick->CTRL=0x00; //关闭计数器
      SysTick->VAL =0X00; //清空计数器
}

void delay1 (u16 time)
    {
   volatile u16 i=time;
   while (i--);
}
```

12.4.5 系统时钟配置模块源程序

（1）文件 1：rcc. h 头文件。

```
#ifndef_RCC_H
#define_RCC_H
#include "stm32f10x. h"
void RCC_Configuration (void); //系统各种时钟配置和初始化函数
#endif
```

（2）文件 2：rcc. c 文件。

```
#include "rcc.h"
void RCC_Configuration (void)
{
    ErrorStatus HSEStartUpStatus;
    RCC_DeInit ();   //RCC 系统复位
    RCC_HSEConfig (RCC_HSE_ON);   //开启 HSE
    HSEStartUpStatus=RCC_WaitForHSEStartUp ();   //等待 HSE 准备好
    if (HSEStartUpStatus==SUCCESS)
    {
        FLASH_PrefetchBufferCmd (FLASH_PrefetchBuffer_Enable);
        FLASH_SetLatency (FLASH_Latency_2);
        RCC_HCLKConfig (RCC_SYSCLK_Div1);
        RCC_PCLK2Config (RCC_HCLK_Div1);
        RCC_PCLK1Config (RCC_HCLK_Div2);
        RCC_PLLConfig (RCC_PLLSource_HSE_Div1, RCC_PLLMul_9);
        RCC_PLLCmd (ENABLE);   //使能 PLL
        while (RCC_GetFlagStatus (RCC_FLAG_PLLRDY) ==RESET);
        RCC_SYSCLKConfig (RCC_SYSCLKSource_PLLCLK);
        while (RCC_GetSYSCLKSource ()! =0x08);
        RCC_APB2PeriphClockCmd (RCC_APB2Periph_GPIOA |
            RCC_APB2Periph_GPIOB | RCC_APB2Periph_GPIOC |
            RCC_APB2Periph_ADC1 | RCC_APB2Periph_AFIO |
            RCC_APB2Periph_USART1, ENABLE); //使能 ADC1、串口、各个引脚时钟
        RCC_APB1PeriphClockCmd (RCC_APB1Periph_TIM3, ENABLE); //使能 TIM3 时钟
        RCC_ADCCLKConfig (RCC_PCLK2_Div6); //ADC 最大时间不能超过 14M
    }
}
```

12.4.6 中断配置模块源程序

（1）文件 1：nvicc. h 头文件。

```
#ifndef_NVICC_H
#define_NVICC_H
#include "stm32f10x.h"
void NVIC_Configuration (void);
#endif
```

（2）文件2：nvicc.c文件。

```
#include "nvicc.h"
void NVIC_Configuration (void)
{
    NVIC_InitTypeDef NVIC_InitStructure;
    NVIC_PriorityGroupConfig (NVIC_PriorityGroup_2);
    NVIC_InitStructure.NVIC_IRQChannel=TIM3_IRQn;
    NVIC_InitStructure.NVIC_IRQChannelPreemptionPriority=0;
    NVIC_InitStructure.NVIC_IRQChannelSubPriority=3;
    NVIC_InitStructure.NVIC_IRQChannelCmd=ENABLE;
    NVIC_Init (&NVIC_InitStructure);
}
```

12.4.7　串口通信模块源程序

（1）文件1：usartt.h头文件。

```
#ifndef USARTT H
#define_USARTT_H
#include "stm32f10x.h"
#include "stdio.h"
void GPIO_USART1 (void);
void USART_Configuration (u32 baudrate);
int fputc (int ch, FILE * f);
void SendHex (unsigned char hex);
void SendImageData (unsigned char * ImageData);
void CCD_send (u8 * p);
#endif
```

（2）文件2：usartt.c文件。

```
#include "usartt.h"
void GPIO_USART1 (void)
{
    GPIO_InitTypeDef  GPIO_InitStructure;
    GPIO_InitStructure.GPIO_Pin=GPIO_Pin_9;    //TXD端
    GPIO_InitStructure.GPIO_Speed=GPIO_Speed_50MHz;
    GPIO_InitStructure.GPIO_Mode=GPIO_Mode_AF_PP;
    GPIO_Init (GPIOA, &GPIO_InitStructure);
    GPIO_InitStructure.GPIO_Pin=GPIO_Pin_10; //RXD端
    GPIO_InitStructure.GPIO_Mode=GPIO_Mode_IN_FLOATING;
```

```
    GPIO_Init (GPIOA, &GPIO_InitStructure);
}

void USART_Configuration (u32 baudrate)
{
    USART_InitTypeDef  USART_InitStructure;
    GPIO_USART1 ();
    USART_InitStructure.USART_BaudRate = baudrate;
    USART_InitStructure.USART_WordLength = USART_WordLength_8b;
    USART_InitStructure.USART_StopBits = USART_StopBits_1;
    USART_InitStructure.USART_Parity = USART_Parity_No;
    USART_InitStructure.USART_HardwareFlowControl=USART_HardwareFlowControl_None;
    USART_InitStructure.USART_Mode = USART_Mode_Rx | USART_Mode_Tx;
    USART_Init (USART1, &USART_InitStructure);
    USART_Cmd (USART1, ENABLE);
}

int fputc (int ch, FILE *f) //重定向printf到USART1
{
    USART_SendData (USART1, ch);
    while (USART_GetFlagStatus (USART1, USART_FLAG_TC) ==RESET);
    return (ch);
}

void SendHex (unsigned char hex)    //发送字符函数
{
    unsigned char temp;
    temp=hex>>4;
    if (temp<10) putchar (temp+'0');
    else putchar (temp-10+'A');
    temp=hex&0x0F;
    if (temp<10) putchar (temp+'0');
    else putchar (temp-10+'A');
}

void SendImageData (unsigned char *ImageData) //按照CCDVIEW软件协议发送数据，ImageData:128点数据缓冲区（128字节）
{
    unsigned char i;
    unsigned char crc=0;
```

```
    /* 发送帧头 3 字节 */
    putchar ('*');
    putchar ('L');
    putchar ('D');
    SendHex (0);
    SendHex (132);
    /* 发送保留的 4 字节 */
    SendHex (0);
    SendHex (0);
    SendHex (0);
    SendHex (0);
    /* 发送 128 点的数据 */
    for (i=0; i<128; i++)
    {
        SendHex (*ImageData++);
    }
    SendHex (crc); //发送校验字节
    putchar ('#'); //发送帧尾字节
}

void CCD_send (u8 *p) //CCD 一帧图像(128 点)的发送函数
{
    u8 i, j;
    for (i=0; i<128; i++)
    {
        j= (u8) (p [i]);
        if (j==0xff) j=0xfe;
        putchar (j);
    }
    putchar (0xff);
}
```

12.4.8　A/D 转换模块源程序

（1）文件 1：adadc_init.h 头文件。

```
#ifndef_ANADC_INIT_H
#define_ANADC_INIT_H
#include "stm32f10x.h"
#define ADC_CH ADC_Channel_0
void GPIO_ADC1 (void); //ADC 的 GPIO 配置
void ADC1_Configuration (void); //ADC 初始化函数
u16 Get_Adc (u8 ch); //获取 ADC 值
#endif
```

(2) 文件 2：adadc_init. c 文件。

```
#include "anadc_init.h"
void GPIO_ADC1 (void)
{
    GPIO_InitTypeDef GPIO_InitStructure;
    GPIO_InitStructure.GPIO_Mode=GPIO_Mode_AIN;
    GPIO_InitStructure.GPIO_Pin=GPIO_Pin_0 | GPIO_Pin_1 | GPIO_Pin_2 | GPIO_Pin_3;
    GPIO_Init (GPIOA, &GPIO_InitStructure);
}

void ADC1_Configuration (void)
{
    ADC_InitTypeDef ADC_InitStructure;
    GPIO_ADC1 ();
    ADC_DeInit (ADC1);
    ADC_InitStructure.ADC_Mode=ADC_Mode_Independent;
    ADC_InitStructure.ADC_ScanConvMode=DISABLE;
    ADC_InitStructure.ADC_ContinuousConvMode=DISABLE;
    ADC_InitStructure.ADC_ExternalTrigConv=ADC_ExternalTrigConv_None;
    ADC_InitStructure.ADC_DataAlign=ADC_DataAlign_Right;
    ADC_InitStructure.ADC_NbrOfChannel=1;
    ADC_Init (ADC1, &ADC_InitStructure);
    ADC_Cmd (ADC1, ENABLE);
    ADC_ResetCalibration (ADC1);
    while (ADC_GetResetCalibrationStatus (ADC1));
    ADC_StartCalibration (ADC1);
    while (ADC_GetCalibrationStatus (ADC1));
}

u16 Get_Adc (u8 ch)
{
    ADC_RegularChannelConfig (ADC1, ch, 1, ADC_SampleTime_7Cycles5);
    ADC_SoftwareStartConvCmd (ADC1, ENABLE);
    while (! ADC_GetFlagStatus (ADC1, ADC_FLAG_EOC));
    return ADC_GetConversionValue (ADC1);
}
```

12.4.9　线性 CCD 模块源程序

（1）文件 1：ccd_line. h 头文件。

```
#ifndef _CCD_LINE_H
#define _CCD_LINE_H
#include "stm32f10x.h"
#define TheGPIO_CCD GPIOB   //PB
#define GPIO_CCD_SI GPIO_Pin_13   //SI
#define GPIO_CCD_CLK GPIO_Pin_14   //CLK
void SamplingDelay (void);   //延时 200ns
u8 Normalized_U8 (u16 data);   //把 12 位数据归一为 8 位，即取高 8 位
void GPIO_CCD (void);   //CCD 的控制引脚配置
void SI (int a);   //SI 输出高低电平
void CLK (int a);   //CLK 输出高低电平
void StartIntegration (void);   //CCD 启动程序（开始复位和曝光）
void ImageCapture (unsigned char *ImageData);   //CCD 采样程序
void CalculateIntegrationTime (u8 Pixel [128]); //计算曝光时间
void AccommodFondLine (s8 *PixelAryy, u8 PixelCount, s16 *LastLeftPixelStation,
    s16 *LastRightPixelStation, u8 FAVAULE); //自适应找线
u8 PixelAverage (u8 len, u8 *data);   //求数组的均值程序
u8 FindLine (u8 Pixel [128], u8 LType, u8 LineInf [] [3]); //自适应路径识别函数
#endif
```

（2）文件 2：ccd_line. c 文件。

```
#include "ccd_line.h"
#include "anadc_init.h"
#include "delay.h"
#define LINEBREADTH 10
#define LINECONCAT 8
void SamplingDelay (void)   //200ns 延时函数
{
    volatile u8 i, j;
    for (i=0; i<1; i++)
    {
      j=1;
      j=2;
    }
}
```

```
u8 Normalized_U8 (u16 data) //把 12 位数据归一为 8 位函数
{
    return (u8) ((u32) data * 255/2095);
}

void GPIO_CCD (void)    //CCD 的控制引脚配置函数
{
    GPIO_InitTypeDef GPIO_InitStructure;
    GPIO_InitStructure.GPIO_Mode=GPIO_Mode_Out_PP;
    GPIO_InitStructure.GPIO_Pin=GPIO_CCD_SI | GPIO_CCD_CLK;
    GPIO_InitStructure.GPIO_Speed=GPIO_Speed_50MHz;
    GPIO_Init (TheGPIO_CCD, &GPIO_InitStructure);
    GPIO_WriteBit (TheGPIO_CCD, GPIO_CCD_SI, (BitAction) 0);    //SI: 0
    GPIO_WriteBit (TheGPIO_CCD, GPIO_CCD_CLK, (BitAction) 0);    //CLK: 0
}

void SI (int a)    //SI 输出高低电平
{
    if (a==1)
    GPIO_WriteBit (TheGPIO_CCD, GPIO_CCD_SI, (BitAction) 1);
    else
    GPIO_WriteBit (TheGPIO_CCD, GPIO_CCD_SI, (BitAction) 0);
}

void CLK (int a)    //CLK 输出高低电平
{
    if (a==1)
    GPIO_WriteBit (TheGPIO_CCD, GPIO_CCD_CLK, (BitAction) 1);
    else
    GPIO_WriteBit (TheGPIO_CCD, GPIO_CCD_CLK, (BitAction) 0);
}

void StartIntegration (void) //CCD 启动程序
{
    unsigned char i;
    SI (1);
    delay_us (1);
    CLK (1);
    delay_us (1);
    SI (0);
    delay_us (1);
```

```
    CLK (0);
    for (i=0; i<127; i++)
    {
        delay_us (1);
        CLK (1);
        delay_us (1);
        CLK (0);
    }
    delay_us (1);
    CLK (1);
    delay_us (1);
    CLK (0);
}

void ImageCapture (unsigned char * ImageData)    //CCD采样程序
{
    unsigned char i;
    SI (1);
    delay_us (1);
    CLK (1);
    delay_us (1);
    SI (0);
    delay_us (1);
    for (i=0; i<20; i++)
    {
        delay_us (1);
    }
    * ImageData=Normalized_U8 (Get_Adc (ADC_CH));
    ImageData++;
    CLK (0);
    for (i=1; i<128; i++) //第 2 点到第 128 点
    {
        delay_us (1);
        CLK (1);
        * ImageData=Normalized_U8 (Get_Adc (ADC_CH));
        ImageData++;
        CLK (0);
    }
    //产生第 129 个时钟，使得内部开关归位，否则，下次就会不正常
    delay_us (1);
```

```
    CLK (1);
    delay_us (1);
    CLK (0);
}
void CalculateIntegrationTime (u8 Pixel [128])    //计算曝光时间
{
    extern u8 IntegrationTime;    //128 个像素点的平均 AD 值
    u8 PixelAverageValue;    //128 个像素点的平均电压值的 10 倍
    u8 PixelAverageVoltage; //设定目标平均电压值，为实际电压的 10 倍
    s16 TargetPixelAverageVoltage=25;
    s16 PixelAverageVoltageError=0;
    s16 TargetPixelAverageVoltageAllowError=2;
    PixelAverageValue=PixelAverage (128, Pixel);
    PixelAverageVoltage= (unsigned char) ((int) PixelAverageValue * 25/194);
    PixelAverageVoltageError=TargetPixelAverageVoltage-PixelAverageVoltage;
    if (PixelAverageVoltageError<-TargetPixelAverageVoltageAllowError)
    {
        PixelAverageVoltageError=0-PixelAverageVoltageError;
        PixelAverageVoltageError/=2;
        if (PixelAverageVoltageError>10) PixelAverageVoltageError=10;
        IntegrationTime-=PixelAverageVoltageError;
    }
    if (PixelAverageVoltageError>TargetPixelAverageVoltageAllowError)
    {
        PixelAverageVoltageError/=2;
        if (PixelAverageVoltageError>10) PixelAverageVoltageError=10;
        IntegrationTime+=PixelAverageVoltageError;
    }
    if (IntegrationTime<=1) IntegrationTime=1;
    if (IntegrationTime>=100) IntegrationTime=100;
}

void AcconmmodFondLine (s8 *PixelAryy, u8 PixelCount, s16 *LastLeftPixelStation,
            s16 *LastRightPixelStation, u8 FAVAULE) //自适应找线
{
    static u8 NOLeftCount, NORightCout;
    s16 temp0B, temp1B, temp2B, temp3B;
    u8 *LineStation, LineCount, *LineLeftStation, *LineRightStation;
    s16 LeftMIN, LeftMAX, RightMIN, RightMAX;
    LineCount=0;
```

```
for (temp0B=0; temp0B<PixelCount; temp0B++)
{
    temp1B=temp0B;
    temp0B=0;
    /* 查找左边凹槽 */
    while (temp2B<=LINEBREADTH)
     {
      temp1B--;
      if (temp1B<0) break;
      if (PixelAryy [temp1B] -PixelAryy [temp0B] >FAVAULE)
       {
        temp2B++;
       }
      else if (temp2B)
       {
        break;
       }
  }
  /* 查找右边凹槽 */
  temp1B=temp0B;
  temp3B=0;
  while (temp3B<=LINEBREADTH)
   {
    temp1B++;
    if (temp1B>PixelCount) break;
    if (PixelAryy [temp1B] -PixelAryy [temp0B] >FAVAULE)
     {
      temp3B++;
    }
    else if (temp3B)
     {
      break;
    }
  }
  /* 记录黑线位置 */
  if (temp2B>=LINEBREADTH)
   {
    * LineStation=temp0B;
    LineCount++;
  }
```

```
        else if (temp3B>=LINEBREADTH)
         {
           * LineStation=temp0B;
          LineCount++;
         }
        /* 根据连续行查找左右黑线的位置 */
        if (LineCount)
         {
          temp2B=PixelCount>>1;
          temp1B=NOLeftCount<<1;
          temp1B+=LINECONCAT;
          LeftMIN= * LastLeftPixelStation-temp1B;
          LeftMAX= * LastRightPixelStation+temp1B;
          if (LeftMIN<0) LeftMIN=0;
          if (LeftMAX> (temp2B+1))LeftMAX=temp2B+1;
          RightMIN= * LastRightPixelStation-temp1B;
          RightMAX= * LastRightPixelStation+temp1B;
          if (RightMAX>PixelCount) RightMAX=PixelCount;
          if (RightMIN< (temp2B-1))RightMIN=temp2B-1;
          temp2B=0;
          temp3B=0;
          for (temp1B=0; temp1B<LineCount; temp1B++)
           {
        if((LeftMIN<LineStation [temp1B]) && (LineStation [temp1B] <LeftMAX))
             {
              LineLeftStation [temp2B] =LineStation [temp1B];
              temp2B++;
             }
            else
    if((RightMIN<LineStation [temp1B]) && (LineStation [temp1B] <RightMAX))
             {
              LineRightStation [temp3B] =LineStation [temp1B];
              temp3B++;
             }
          }
        }
        else
         {
          NOLeftCount++;
          NORightCout++;
         }
```

```
        if (temp2B)
         {
          NOLeftCount=0;
         }
        }
}

u8 PixelAverage (u8 len, u8 * data) //求数组的均值程序
{
    unsigned char i;
    unsigned int sum=0;
    for (i=0; i<len; i++)
    {
        sum=sum+ * data++;
    }
    return((unsigned char) (sum/len));
}

u8 FindLine (u8 Pixel [128], u8 LType, u8 LineInf [] [3])    //自适应路径识别函数
{
    u8 min, max, type, left, right, mid;
    u8 i, j=0, ave, l1cnt=0, l2cnt=0, tf=0;
    u8 tm [128] = {0};
    u8 lasttype [3];
    /* 保存上一次路径信息 */
    lasttype [0] =LineInf [0] [0]; //左位置
    lasttype [1] =LineInf [0] [1]; //右位置
    lasttype [2] =LineInf [0] [2]; //路径类型
    min=Pixel [0];
    max=Pixel [0];
    for (i=0; i<128; i++)    //求最大值和最小值
    {
      if (Pixel [i] <min) min=Pixel [i];
      if (Pixel [i] >max) max=Pixel [i];
    }
    if (max-min>5)
    {
      ave= (min+max) /2+1;    //通过最大值和最小值求平均值
      for (i=0; i<128; i++)    //用均值将CCD数据二值化
       {
```

```
        if (LType==0)          //找白线
          if (Pixel [i] >ave) tm [i] =1;
        else tm [i] =0;
      else                    //找黑线
        if (Pixel [i] <ave) tm [i] =1;
        else tm [i] =0;
      }
    }
    left=1;
    right=0;
    j=0;
    for (i=0; i<128; i++)
    {
      if (tm [i] ==1) tf=1;
      else tf=0;
      if (tf==1)
       {
        l1cnt++;    //开始计数
        if (left==0&&i! =0) left=i;    //左坐标
      }
      else
       {
        if (l1cnt<=6)    //连续 6 点以上，可以认为是有效路径
         {
          LineInf [j] [0] =left; //当前有效路径存入，左位置
          LineInf [j] [1] =i-1;    //右位置
          LineInf [j] [2] =l1cnt; //连续点数
          j++;                    //下一个可能的路径，路径计数
          l1cnt=1;
          left=0;
          right=0;
        }
        else
         {
          l1cnt=0;
          left=0;
          right=0;
        }
      }
    }
```

```
if (j==0)
{
  LineInf [0] [0] =00;    //左位置
  LineInf [0] [1] =00;    //右位置
  LineInf [0] [2] =00;    //无效路径
  return 0;
}
/* 找一条有效路径及其左右位置和路径类型，查找的依据是中线位置以 128、2==64 为判断原则，如果左位置或右位置接近 64，则为有效路径 */
for (i=0; i<j; i++)
{
  /* 1cm 对应 7~8pixels，7*4 大约是 4cm，即超出这个偏差，认为无效，应根据具体的路径宽度调整这个值 */
  if (abs (LineInf [i] [0] -64<=7*4&&abs (LineInf [i] [1] -64<=7*4)))//如成立，说明循迹成功
   {
    LineInf [0] [0] =LineInf [i] [0];    //左位置
    LineInf [0] [1] =LineInf [i] [1];    //右位置
    LineInf [0] [2] =0x01;               //直行路径
    return j;                            //有效返回 1
  }
  else
  if (abs (LineInf [i] [0] -64>7*4&&abs (LineInf [i] [1] -64<=7*4)))
   {
    LineInf [0] [0] =LineInf [i] [0];    //左位置
    LineInf [0] [1] =LineInf [i] [1];    //右位置
    LineInf [0] [2] =0x11;               //左转路径
    return j;                            //有效返回 1
  }
  else
  if (abs (LineInf [i] [0] -64<=7*4&&abs (LineInf [i] [1] -64>7*4)))
   {
    LineInf [0] [0] =LineInf [i] [0];    //左位置
    LineInf [0] [1] =LineInf [i] [1];    //右位置
    LineInf [0] [2] =0x13;               //右转路径
    return j;                            //有效返回 1
  }
  else
   {
    LineInf [0] [0] =LineInf [i] [0];    //左位置，无效
    LineInf [0] [1] =LineInf [i] [1];    //右位置
```

```
        LineInf [0] [2] =0x10;              //丁字路径或十字路径
        return j;                        //有效返回 1
      }
    }
    return j;                            //返回可能的有效路径数
}
```

12.4.10 主函数模块对应的源程序：main.c 文件

```
#include "stm32f10x.h"
#include "anadc_init.h"
#include "ccd_line.h"
#include "delay.h"
#include "key.h"
#include "led.h"
#include "nvicc.h"
#include "rcc.h"
#include "timer.h"
#include "usartt.h"
#include "math.h"
/*系统全局变量定义 */
u8 TIME1flag_20ms=0;
u8 TIME1flag_1ms=0;
u8 IntegrationTime=10;
int main (void)
{
    u8 Pixel [128];
    volatile u8 i;
    u8 send_data_cnt=0;
    u8 *pixel_pt;
    u8 linf [10] [3] = { {0, 0, 0}, {0, 0, 0}, {0, 0, 0}, {0, 0, 0}, {0, 0, 0}, {0, 0, 0},
                         {0, 0, 0}, {0, 0, 0}, {0, 0, 0}, {0, 0, 0}};
    u8 lines=0;
    SystemInit ();
    delay_init (72);
    NVIC_Configuration ();
    RCC_Configuration ();
    GPIO_KEY ();
    GPIO_LED ();
    USART_Configuration (115200);
```

```
    ADC1_Configuration ();
    GPIO_CCD ();
    Timerx_Init (2, 7200);
    /* CCD采样数据缓冲区初始化 */
    pixel_pt=Pixel;
    for (i=0; i<128; i++)
    {
      *pixel_pt++=0;
    }
    /* CCD采样和发送 */
    while (1)
    {
      if (TIME1flag_1ms==1)
       {
        TIME1flag_1ms=0;
       }
      if (TIME1flag_20ms==1)
       {
        TIME1flag_20ms=0;
        ImageCapture (Pixel); //CCD采样
        CalculateIntegrationTime (Pixel);
        lines=FindLine (Pixel, 0, linf);    //查找识别路径
        if (SW_TYPE==0&&SW_AD==1)    //选择发送路径识别信息
         {
          putchar (lines);    //输出可能的路径数
          putchar (linf [0] [0]);    //左位置
          putchar (linf [0] [1]);    //右位置
          putchar (linf [0] [2]); //宽度
         }
        if (SW_TYPE==1&&SW_AD==0)    //选择发送路径灰度信息
         {
          send_data_cnt=0;
          CCD_send (Pixel);
            }
         }
    }
}
```

12.4.11 中断函数对应的源程序：stm32f10x_it.c 文件

```
#include "stm32f10x.h"
void TIM3_IRQHandler (void)
{
      extern u8 IntegrationTime;      //曝光时间
      extern u8 TIME1flag_1ms;
      extern u8 TIME1flag_20ms;
      extern void StartIntegration (void); //曝光函数
      static unsigned char TimerCnt20ms=0;
      u8 integration_piont;
      if (TIM_GetITStatus (TIM3, TIM_IT_Update)! =RESET)
      {
         TIM_ClearITPendingBit (TIM3, TIM_IT_Update);
         TIME1flag_1ms=1;
         TimerCnt20ms++;
         /* 根据曝光时间计算 20ms 周期内的曝光点 */
         integration_piont=100-IntegrationTime;
         if (integration_piont<=2)
          {
            if (integration_piont==TimerCnt20ms)
               StartIntegration ();
         }
         if (TimerCnt20ms<=100)
          {
            TimerCnt20ms=0;
            TIME1flag_20ms=1;
         }
      }
}
```

12.5 系统性能测试

本项目的测试条件为：小车在直道上以 0.5m/s 的速度正常行进，当然在弯道前必须制动减速。由于系统以 20ms 周期采样 CCD 信号，因此，0.02×0.5=0.01m（1cm），即说明在一个采样周期内小车行进距离为 1cm。从理论上说，1cm 宽度的路径可以被检测到，但是也存在漏检的风险。因此，比赛用路径通常采用宽度为 2.5cm 的黑色或白色线条。

在上述环境下，通过实验得到以下结论：

（1）线性 CCD（普通）的视野。本项目测试用车的线性 CCD 安装在车子纵向中线位置（正中），与车子左右轮的距离相等。安装高度为 25cm，倾斜角度为 60°，实测其视野范围为：前向 22cm，宽度 22cm。

（2）1cm 宽度路径对应的 CCD 的像素。1cm 宽度路径对应的 CCD 像素的数量为 7 个，如果路径宽度为 1.5cm，则其宽度应相当于 10 个像素，也就是说，在一定条件下，宽度与像素之间为线性关系。

（3）路径类型识别。本项目程序输出的路径信息包括 4 个：有效路径的左位置、右位置、路径类型、被检测到的可能路径数；路径类型信息代码分别为：01—直行道，11—左转道，13—右转道，10—丁字道，20—其他道，00—无法识别。

以下是通过串口助手接收的路径识别信息的数据，数据均为十六进制，4 字节依次为：左位置、右位置、路径类型、可能的路径数。

```
32 66 12 01
32 66 13 01
32 66 13 01
0C 67 10 01
0A 66 10 01
0A 66 10 01
0C 66 10 01
0A 66 10 01
30 3C 01 01
30 3D 01 01
30 3C 01 01
30 3C 01 01
2F 3D 01 01
30 3D 01 01
```

（4）对环境光的适应性。由于加入了自适应曝光策略，因此 CCD 模块对环境光的适应能力有一定提高。但是在白天情况下，窗户拉上窗帘，关闭日光灯，即在环境光非常暗淡的情况下，还是存在无法识别有效路径的问题。当然这是一种比较极端的情况，在正常比赛的情况下，不大可能出现这样的状况。

思考与实操

1. 简述线性 CCD 传感器的原理。

2. 在本项目的基础上，增加控制智能小车行驶的程序，使得智能小车能根据路径信息自动行驶。

参考文献

[1] 刘火良，杨森. STM32库开发实战指南 基于STM32F103 [M]. 2版. 北京：机械工业出版社，2017.

[2] 张淑清，胡永涛，张立国. 嵌入式单片机STM32原理及应用 [M]. 北京：机械工业出版社，2020.

[3] 郭志勇. 嵌入式技术与应用开发项目教程（STM32版）[M]. 北京：人民邮电出版社，2020.

[4] 武奇生，白璘，惠萌，等. 基于ARM的单片机应用及实践——STM32案例式教学 [M]. 北京：机械工业出版社，2019.

[5] 陈志旺. STM32嵌入式微控制器快速上手 [M]. 2版. 北京：电子工业出版社，2017.

[6] 董磊，杜杨，郭文波. STM32F1开发标准教程 [M]. 北京：电子工业出版社，2020.

[7] 周翟和. STM32嵌入式系统基础教程 [M]. 北京：科学出版社，2019.

[8] 沈红卫，任沙浦，朱敏杰，等. STM32单片机原理应用与全案例实践 [M]. 北京：电子工业出版社，2020.

[9] 黄智伟，王兵，朱卫华. STM32F32位ARM微控制器应用设计与实践 [M]. 2版. 北京：北京航空航天大学出版社，2015.

[10] 屈微，王志良. STM32单片机应用基础与项目实践（微课版）[M]. 北京：清华大学出版社，2020.